# 2024
# 中国水利发展报告

中华人民共和国水利部 编

中国水利水电出版社

www.waterpub.com.cn

·北京·

图书在版编目（CIP）数据

2024中国水利发展报告 / 中华人民共和国水利部编
. -- 北京：中国水利水电出版社，2024.3
ISBN 978-7-5226-2396-2

Ⅰ. ①2… Ⅱ. ①中… Ⅲ. ①水利建设－研究报告－
中国－2024 Ⅳ. ①F426.9-54

中国国家版本馆CIP数据核字(2024)第062661号

| 书 名 | **2024 中国水利发展报告**<br>2024 ZHONGGUO SHUILI FAZHAN BAOGAO |
| --- | --- |
| 作 者 | 中华人民共和国水利部 编 |
| 出版发行 | 中国水利水电出版社<br>（北京市海淀区玉渊潭南路 1 号 D 座　100038）<br>网址：www. waterpub. com. cn<br>E－mail：sales@ mwr. gov. cn<br>电话：（010）68545888（营销中心） |
| 经 售 | 北京科水图书销售有限公司<br>电话：（010）68545874、63202643<br>全国各地新华书店和相关出版物销售网点 |
| 排 版 | 中国水利水电出版社微机排版中心 |
| 印 刷 | 天津嘉恒印务有限公司 |
| 规 格 | 170mm×240mm　16 开本　34 印张　522 千字 |
| 版 次 | 2024 年 3 月第 1 版　2024 年 3 月第 1 次印刷 |
| 印 数 | 0001—2000 册 |
| 定 价 | **188.00 元** |

# 《2024中国水利发展报告》

## 编 委 会

# 前　言

2023 年是全面贯彻党的二十大精神的开局之年。以习近平同志为核心的党中央对水利工作作出一系列重要部署，为新时代新征程水利高质量发展提供了根本遵循和行动指南。

一年来，在水利部党组的坚强领导下，各级水利部门深入学习贯彻习近平新时代中国特色社会主义思想，认真践行习近平总书记治水思路和关于治水重要论述精神，攻坚克难、担当作为，水利工作经受重大考验、取得重大进展。

水旱灾害防御夺取重大胜利。有效抵御大江大河 4 次编号洪水、708 条河流超警以上洪水、49 条河流有实测资料以来最大洪水，实现各类水库无一垮坝、重要堤防无一决口、蓄滞洪区转移近百万人无一伤亡。发布县级山洪灾害预警 16.7 万次，提前转移 560.8 万人（次）。加强山洪灾害防御，向西南、西北严重干旱地区应急调水，迅速排查处置甘肃震区险情，最大程度保障了人民群众生命财产安全，最大限度减轻了灾害损失。

水利建设投资和规模创历史新高。44 项重大水利工程开工建设，一批重大水利工程建设实现关键节点目标，流域防洪工程体系不断完善。5 处大型灌区开工建设，598 处大中型灌区建设与现代化改造加快推进，2.3 万处农村供水工程开工建设，农村自来水普及率达到 90%。全年完成水利建设投资 11996 亿元，吸纳就业 273.9 万人，同比增长 8.9%，为推动经济回升向好、巩固夯实安全发展基础贡献了水利力量。

水利改革创新取得突破性进展。辽河防汛抗旱总指挥部的设立，标志着我国七大江河流域防汛抗旱指挥机构全部建立。黄河流域跨省区区域水权交易、福建长汀水土保持项目碳汇交易、浙江丽水"取水贷"改革等取得创新探索。全国水权交易系统完成部署。河湖长动态调整和责任递补机制全面建立。两手发力"一二三四"工作框架体系落地生效。第一批 21 个深化农业水价综合改革推进现代化灌区建设试点启动。《中华人民共和国黄河保护法》于 2023 年 4 月 1 日正式施行。

一年来，各项水利工作进展顺利，圆满完成年度主要目标任务。水利工程运行管理有力有效，水资源节约集约利用深入推进，江河湖库生态保护治理持续强化，数字孪生水利建设取得积极进展，水利行业发展能力加快提升，全面从严治党深入推进。

2024 年是新中国成立 75 周年，是习近平总书记发表保障国家水安全重要讲话 10 周年，是完成"十四五"规划任务的关键之年。推动新阶段水利高质量发展，面临新形势、新任务、新机遇。各级水利部门要坚持以习近平新时代中国特色社会主义思想为指导，全面贯彻落实党的二十大和二十届二中全会、中央经济工作会议、中央农村工作会议精神，深入落实习近平总书记"节水优先、空间均衡、系统治理、两手发力"治水思路和关于治水重要论述精神，着力提升水旱灾害防御能力、水资源节约集约利用能力、水资源优化配置能力、江河湖泊生态保护治理能力，为以中国式现代化全面推进强国建设、民族复兴伟业提供有力的水安全保障。

《2024 中国水利发展报告》内容丰富、信息量大，全书围绕推动新阶段水利高质量发展取得的突破性进展，集中展示 2023年水利行业在水旱灾害防御、水利基础设施建设、水资源节约与管理、复苏河湖生态环境、数字孪生水利建设、流域治理管理等方面取得的显著成效，是社会各界了解水利年度工作的重要渠道和权威参考。

本书在组稿及出版过程中，得到了许多领导和专家学者的支持和帮助，我谨代表编委会表示由衷的谢意。同时为今后更好地出版《中国水利发展报告》，希望广大读者积极建言献策，多提宝贵意见和建议。

水利部副部长、编委会主任　朱程清

2024 年 3 月

# 目　录

## 491　党的建设篇

# 综述篇

# 深入学习贯彻习近平关于治水的
# 重要论述

李国英

党的十八大以来，习近平总书记站在实现中华民族永续发展的战略高度，以马克思主义政治家、思想家、战略家的深邃洞察力、敏锐判断力、理论创造力，亲自擘画、亲自部署、亲自推动治水事业，就治水发表了一系列重要讲话，作出了一系列重要指示批示，提出了一系列新理念新思想新战略，基于历史、立足当下、着眼未来，系统回答了新时代为什么做好治水工作、做好什么样的治水工作、怎样做好治水工作等一系列重大理论和实践问题，这是马克思主义基本原理同我国治水实践相结合、同中华优秀传统治水文化相结合的重大成果，是我们党百年来不懈探索治水规律的理论升华和实践结晶，是当代中国马克思主义、二十一世纪马克思主义在治水领域的集中体现。

习近平总书记关于治水的重要论述，立意高远、内涵丰富、思想深邃，以"节水优先、空间均衡、系统治理、两手发力"治水思路为核心，形成了科学严谨、逻辑严密、系统完备的理论体系，明确了新时代治水工作的根本保证、重大原则、治水思路、目标任务、政策举措，为新时代治水指明了前进方向、提供了根本遵循，在中华民族治水史上具有里程碑意义。深入学习贯彻习近平总书记关于治水的重要论述，要把握好以下八个方面。

第一，坚持和加强党对治水工作的全面领导。中国特色社会主义最本质的特征是中国共产党领导，中国特色社会主义制度的最大优势是中国共产党领导，中国共产党是最高政治领导力量，坚持党中央集中统一领导是最高政治原则。习近平总书记强调，水安全是涉及国家长治久安的大事，要求全党大力增强水忧患意识、水危机意识，从实现中华民族永续发展的战略高度，重视解决好水安全问题。党的十八大以来，以习近平同志为核心的党中央将水安全上升为国家战略，统筹推进水灾害防治、水资源节约、水生态保护修复、水环境治理，办成了许多事关战略全局、事关长远发展、事关民生福祉的治水大事要事，治水事业取得举世瞩目的巨大成就。深入学习贯彻习近平总书记关于治水的重要论述，要坚持以习近平新时代中国特色社会主义思想为指导，进一步深刻领悟"两个确立"的决定性意义，增强"四个意识"、坚定"四个自信"、做到"两个维护"，不断提高政治判断力、政治领悟力、政治执行力，坚定不移在思想上政治上行动上同以习近平同志为核心的党中央保持高度一致，坚决贯彻落实好习近平总书记和党中央关于治水的各项决策部署。

第二，坚持治水安邦、兴水利民。水是万物之母、生存之本、文明之源，是人类以及所有生物存在的生命资源。习近平总书记强调，水能维持生命，也可以终结生命；水可以兴国富民，也可能衰国害民；所以，兴水利、除水害，古今中外，都是治国大事；我国独特的地理条件和农耕文明决定了治水对中华民族生存发展和国家统一兴盛至关重要；推进中国式现代化，要把水资源问题考虑进去。深入学习贯彻习近平总书记关于治水的重要论述，要站在党和国家事业发展全局的战略高度，深刻认识治水的重要战略地位和作用，自觉把治水放在中国特色社会主义伟大事业的全局中去谋划和部署，为全面建成社会主义现代化强国、以中国式现代化全面推进中华民族伟大复兴提供有力的水安全保障；要坚持民生为上、治水为要，始终把人民对美好生活的向往作为出发点和落脚点，下大气力解决好人民群众最关心、最直接、最现实的涉水利益问题，持续提高水安全的保障标准、保障能力、保障质量，提升水利公共服务均等化水平，不断增强人民群众的获得感、幸福感、安全感。

第三，坚持高度重视水安全风险。随着我国经济社会不断发展，水安全中的老问题仍有待解决，新问题越来越突出、越来越紧迫。老问题，就是地理气候环境决定的水时空分布不均以及由此带来的水灾害。新问题，主要是水资源短缺、水生态损害、水环境污染。习近平总书记强调，水已经成为了我国严重短缺的产品，成了制约环境质量的主要因素，成了经济社会发展面临的严重安全问题；河川之危、水源之危是生存环境之危、民族存续之危；我国水安全已全面亮起红灯，高分贝的警讯已经发出，部分区域已出现水危机。习近平总书记直言水量减少、河枯岸荒、水生态功能丧失等现象令人痛心。当前，我国发展已经进入战略机遇和风险挑战并存、不确定因素增多的时期，水灾害突发性、极端性、反常性越来越明显，水资源短缺、水生态损害、水环境污染等新问题越来越紧迫。深入学习贯彻习近平总书记关于治水的重要论述，要进一步增强使命感、责任感、紧迫感，统筹发展和安全两件大事，深刻认识我国社会主要矛盾变化带来的新特征新要求，深刻认识新征程治水肩负的新使命新任务，增强风险意识、底线意识、忧患意识，树牢底线思维、极限思维，全面提升防范化解水安全风险的能力和水平，牢牢守住水安全底线。

第四，坚持以"节水优先、空间均衡、系统治理、两手发力"治水思路为引领。保障水安全，关键要转变治水思路，按照"节水优先、空间均衡、系统治理、两手发力"的方针治水，统筹做好水灾害、水资源、水生态、水环境治理。习近平总书记深刻指出，要做到人与自然和谐，天人合一，不要试图征服老天爷；治水也一样，不要总想着征服水；要尊重规律，摒弃征服水、征服自然的冲动思想；要从改变自然、征服自然转向调整人的行为、纠正人的错误行为；既讲人定胜天，也讲人水和谐。深入学习贯彻习近平总书记关于治水的重要论述，要准确把握人与水、水与生态、水与经济社会等辩证统一关系，把"节水优先、空间均衡、系统治理、两手发力"治水思路不折不扣落实到推动新阶段水利高质量发展各领域、各环节、全过程。坚持节水优先方针，落实全面节约战略，从观念、意识、措施等各方面都要把节水摆在优先位置，大力推动农业节水增效、工业节水减排、城镇节水降损，推进由粗放用水方式向节约集约用水方式的根本性转变。坚持人口经济与资源环境相均衡的原则，全方位贯彻以水定城、以水定地、以水定人、以水定产的原则，把水资源、水生态、水环境承载能力作为刚性约束，"有多少汤泡多少馍"，严守水资源开发利用上限，促进经济社会发展全面绿色转型。坚持山水林田湖草沙一体化保护和系统治理，从生态系统整体性和流域系统性出发，统筹协调上下游、左右岸、干支流关系，追根溯源、系统治疗，让河流恢复生命、流域重现生机。坚持政府作用和市场机制两只手协同发力，水是公共产品，政府既不能缺位，更不能手软，同时要充分发挥市场在资源配置中的决定性作用，努力形成政府作用和市场作用有机统一、相互促进的格局，增强水利发展生机活力。

第五，坚持始终把保障人民群众生命财产安全放在第一位。特殊的自然地理和气候条件决定了我国水旱灾害频发多发，防灾减灾救灾是一项长期任务。习近平总书记强调，要坚持人民至上、生命至上，立足防大汛、抗大洪、抢大险，提前做好各种应急准备，全面提高灾害防御能力，切实保障人民群众生命财产安全；要针对防汛救灾暴露出的薄弱环节，补好灾害预警监测短板，补好防灾基础设施短板。深入学习贯彻习近平总书记关于治水的重要论述，要坚持安全第一、预防为主，锚定人员不伤亡、水库不垮坝、重要堤防不决口、重要基础设施不受冲击的目标，以流域为单元科学安排洪水出路，优化流域防洪工程布局，加快完善由水库、河道及堤防、蓄滞洪区等组成的流域防洪工程体系，加快数字孪生水利建设，强化预报预警预演预案功能，提升水旱灾害防御的数字化、网络化、智能化水平，构建抵御水旱灾害严密防线。

第六，坚持加快构建国家水网。自古以来，我国基本水情一直是夏汛冬枯、北缺南丰，水资源时空分布极不均衡。进入新发展阶段、贯彻新发展理念、构建新发展格局，形成全国统一大市场和畅通的国内大循环，促进南北方协调发展，需要水资源的有力支撑。习近平总书记强调，要加快构建国家水网，"十四五"时期以全面提升水安全保障能力为目标，以优化水资源配置体系、完善流域防洪减灾体系为重点，统筹存量和增量，加强互联互通；要遵循确有需要、生态安全、可以持续的重大水利工程论证原则，立足流域整体和水资源空间均衡配置，科学推进工程规划建设。习近平总书记对国家水网给予希冀，"水网建设起来，会是中华民族在治水历程中又一个世纪画卷，会载入千秋史册"。深入学习贯彻习近平总书记关于治水的重要论述，要适度超前开展水利基础设施网络建设，优化水利基础设施布局、结构、功能和系统集成，以大江大河大湖自然水系、重大引调水工程和骨干输配水通道为"纲"，以区域河湖水系连通工程和供水渠道为"目"，以控制性调蓄工程为"结"，联网、补网、强链，形成"系统完备、安全可靠，集约高效、绿色智能，循环通畅、调控有序"的国家水网，全面提升水资源统筹调配能力、供水保障能力、战略储备能力。

第七，坚持实施国家"江河战略"。江河湖泊是地球的血脉，哺育生命、支撑发展、承载文明。保护江河湖泊，事关人民福祉，事关中华民族长远发展。习近平总书记十分牵挂祖国的大江大河，先后在长江上游、中游、下游考察并多次主持召开座谈会，从黄河源头到入海口深入调研并多次主持召开座谈会，足迹遍及大江南北、大河上下。习近平总书记强调，继长江经济带发展战略之后，我们提出黄河流域生态保护和高质量发展战略，国家的"江河战略"就确立起来了。深入学习贯彻习近平总书记关于治水的重要论述，要准确把握国家"江河战略"的丰富内涵和实践要求，以更大力度加强大江大河大湖生态保护治理，推进流域生态保护和高质量发展。推动长江经济带发展要把修复长江生态环境摆在压倒性位置，统筹考虑水环境、水生态、水资源、水安全、水文化和岸线等多方面的有机联系，共抓大保护、不搞大开发，推进长江上中下游、江河湖库、左右岸、干支流协同治理，探索出一条生态优先、绿色发展新路子，实现"人民保护长江、长江造福人民"的良性循环，早日重现"一江碧水向东流"的胜景。黄河流域要以水而定、量水而行，因地制宜、分类施策，上下游、干支流、左右岸统筹谋划，共同抓好大保护，协同推进大治理，着力加强生态保护治理、保障黄河长治久安、促进全流域高质量发展，让黄河成为造福人民的幸福河。要坚持以流域为单元、水资源为核心、江河为纽带，统筹流域和区域、上下游、左右岸、干支流、地上地下，强化流域统一规划、统一治理、统一调度、统一管理，促进人水和谐共生、建设幸福江河。

第八，坚持保护传承弘扬中华水文化。文化自信是一个国家、一个民族发展中更基本、更深沉、更持久的力量。习近平总书记指出，水在中国文化中具有重要的象征意义。水文化作为中华文化的重要组成部分，有悠久的历史积淀和丰硕的成果，在建设社会主义文化强国进程中不可或缺、作用重要。习近平总书记强调，黄河文化是中华文明的重要组成部分，是中华民族的根和魂；要深入挖掘黄河文化蕴含的时代价值，讲好"黄河故事"，延续历史文脉，坚定文化自信，为实现中华民族伟大复兴的中国梦凝聚精神力量；要把长江文化保护好、传承好、弘扬好；大运河是祖先留给我们的宝贵遗产，是流动的文化。深入学习贯彻习近平总书记关于治水的重要论述，要增强文化自信，保护传承弘扬中华优秀传统水文化，立足治水实践，发展面向现代化、面向世界、面向未来的，民族的科学的大众的先进水文化。通过挖掘、保护、传承、弘扬水文化，为推动新阶段水利高质量发展提供强大的精神动力和文化源泉。

习近平总书记关于治水的重要论述，为新时代我国水利事业描绘了宏伟蓝图、指明了前进方向。为深入学习、研究和阐释习近平总书记关于治水的重要论述，更好地指导我国治水实践，水利部党组专门成立课题组，坚持以习近平新时代中国特色社会主义思想为指导，对党的十八大以来习近平总书记关于治水的重要论述进行了系统梳理，力求全面、深入、系统地研究和解读。本书是学习研究习近平总书记关于治水的重要论述的阶段性成果，也是水利系统深入学习贯彻党的二十大精神的重大成果。我们要在坚持深入学习习近平新时代中国特色社会主义思想和党的二十大精神的基础上，不断深化对习近平总书记关于治水的重要论述的学习研究，坚定不移用习近平总书记"节水优先、空间均衡、系统治理、两手发力"治水思路和关于治水的重要论述精神武装头脑、指导实践、推动工作，更加自觉地走好水安全有力保障、水资源高效利用、水生态明显改善、水环境有效治理的高质量发展之路，为全面建设社会主义现代化国家、全面推进中华民族伟大复兴提供有力的水安全保障。

（编者注：原文选自水利部部长李国英为《深入学习贯彻习近平关于治水的重要论述》所作的序言）

# 加快构建国家水网　为强国建设、民族复兴提供有力的水安全保障

中共水利部党组

国家水网是以自然河湖为基础、引调排水工程为通道、调蓄工程为结点、智慧调控为手段，集水资源优化配置、流域防洪减灾、水生态系统保护等功能于一体的综合体系。加快构建国家水网，建设现代化高质量水利基础设施网络，统筹解决水资源、水生态、水环境、水灾害问题，是以习近平同志为核心的党中央作出的重大战略部署。习近平总书记多次研究国家水网重大工程，强调水网建设起来，会是中华民族在治水历程中又一个世纪画卷，会载入千秋史册。2023年5月25日，中共中央、国务院印发《国家水网建设规划纲要》，这是我国水利发展史上具有重要里程碑意义的大事。我们要深入学习贯彻习近平总书记重要讲话重要指示批示精神，认真落实《国家水网建设规划纲要》，切实把思想和行动统一到党中央、国务院决策部署上来，加快构建国家水网，为全面建设社会主义现代化国家、全面推进中华民族伟大复兴提供有力的水安全保障。

## 一、切实增强国家水网建设的使命感责任感

习近平总书记站在中华民族永续发展的全局和战略高度，亲自擘画、亲自部署、亲自推动国家水网建设，多次深入国家水网工程实地考察，作出重要讲话重要指示批示。2021年5月14日，总书记主持召开推进南水北调后续工程高质量发展座谈会，对加快构建国家水网作出系统部署，强调要以全面提升水安全保障能力为目标，加快构建国家水网主骨架和大动脉，为全面建设社会主义现代化国家提供有力的水安全保障。2022年4月26日，总书记主持召开中央财经委员会第十一次会议，会议指出要加强水利等网络型基础设施建设，把联网、补网、强链作为建设的重点，着力提

升网络效益；再次明确要求加快构建国家水网主骨架和大动脉。2022 年 10 月 16 日，总书记在党的二十大报告中明确要求，优化基础设施布局、结构、功能和系统集成，构建现代化基础设施体系。水利部门要坚持以习近平新时代中国特色社会主义思想为指导，深刻领悟"两个确立"的决定性意义、坚决做到"两个维护"，不断提高政治判断力、政治领悟力、政治执行力，切实增强加快构建国家水网的使命感和责任感，确保国家水网建设始终沿着总书记指引的方向前进。

加快构建国家水网是推进中国式现代化的必然要求。习近平总书记强调，推进中国式现代化，要把水资源问题考虑进去，以水定城、以水定地、以水定人、以水定产。我国基本水情一直是夏汛冬枯、北缺南丰，水资源时空分布极不均衡，与国土空间开发保护、人口经济发展布局不匹配的问题突出。水资源的承载空间影响着经济社会发展空间，必须适度超前开展水利基础设施建设，加强水资源跨流域跨区域科学配置，增强水资源调控能力和供给能力，促进人口经济与水资源相均衡，为构建新发展格局、推进中国式现代化提供坚实的水安全保障。

加快构建国家水网是更高标准筑牢国家安全屏障的必然要求。习近平总书记指出，水安全是生存的基础性问题，要高度重视水安全风险，不能觉得水危机还很遥远。特定的地理和气候条件决定了我国水旱灾害多发频发。随着全球气候变化影响加剧，暴雨洪涝干旱等灾害突发性、反常性、极端性、不可预见性日益突出，突破历史纪录、颠覆传统认知的水旱灾害事件频繁出现。比如，2021 年郑州 "7·20" 特大暴雨最大小时降雨量突破了我国大陆气象观测记录历史极值；2021 年至 2022 年冬春季节，珠江三角洲发生 60 多年来最严重的干旱；2022 年珠江流域北江发生 1915 年以来最大洪水；2022 年长江流域发生 60 多年来最严重的气象水文干旱。这就要求我们必须统筹发展和安全，加快补齐基础设施等领域短板，充分发挥超大规模水利工程体系的优势和综合效益，在更高水平上保障国家水安全，保障经济社会平稳健康安全运行。

加快构建国家水网是推进生态文明建设的必然要求。习近平总书记指出，水是生存之本、文明之源；必须牢固树立和践行绿水青山就是金山银山的理念，站在人与自然和谐共生的高度谋划发展。党的十八大以来，在以习近平同志为核心的党中央坚强领导下，水利部门深入实施水生态保护治理，推动江河湖泊面貌实现根本性改善。但仍有一些地区经济社会用水超过水资源承载能力，导致水质污染、河道断流、湿地萎缩、地下水超采等水生态问题，河湖水域空间保护、生态流量保障、水质维护改善、生物多样性保护依然面临严峻挑战。水是维系生态系统的基础性与控制性要素。必须系统谋划水资源优化配置网络，发挥水资源综合效益，既保障经济社会用水需求，又实现"还水于河"，复苏河湖生态环境。

## 二、加快构建国家水网建设总体布局

习近平总书记强调，要坚持系统观念，用系统论的思想方法分析问题，处理好开源和节流、存量和增量、时间和空间的关系，做到工程综合效益最大化；要坚持遵循规律，研判把握水资源长远供求趋势、区域分布、结构特征，科学确定工程规模和总体布局。总书记的重要论述为国家水网建设指明了前进方向、提供了根本遵循。《国家水网建设规划纲要》明确要坚持立足全局、保障民生，坚持节水优先、空间均衡，坚持人水和谐、绿色生态，坚持系统谋划、风险管控，坚持改革创新、两手发力，统筹存量和增量，加强互联互通，到2025年，建设一批国家水网骨干工程，国家骨干网建设加快推进，省市县水网有序实施，国家水安全保障能力明显增强；到2035年，基本形成国家水网总体格局，国家水网主骨架和大动脉逐步建成，省市县水网基本完善，构建与基本实现社会主义现代化相适应的国家水安全保障体系。要不折不扣贯彻落实党中央、国务院关于国家水网建设的决策部署，立足流域整体和水资源空间均衡配置，结合江河湖泊水系特点和水利基础设施布局，加快构建"系统完备、安全可靠，集约高效、绿色智能，循环通畅、调控有序"的国家水网，实现经济效益、社会效益、生态效益、安全效益相统一。

着力构建国家水网之"纲"。以大江大河人湖自然水系、重大引调水工程和骨干输排水通道为"纲"，重点解决国家层面水资源空间分布不均问题，实现大尺度的空间均衡。目前，南水北调东、中线一期工程累计调水量已超过 630 亿 $m^3$，直接受益人口 1.5 亿人。环北部湾广东水资源配置工程、淮河入海水道二期工程等一批具有战略意义的国家水网骨干工程先后开工，引江济淮一期工程、鄂北水资源配置工程等重大引调水工程实现重要节点目标，逐步构建南北、东西纵横交错的骨干输排水通道。要继续大力推进南水北调后续工程高质量发展，抓紧完成南水北调工程总体规划修编，加快中线引江补汉工程建设，实施中线防洪安全保障工程，积极推动东线二期工程立项建设，加强西线工程前期论证。加快建设一批跨流域跨区域重大水资源配置工程，以及大江大河大湖防洪治理骨干工程，加快实施重要江河堤防达标提质升级和河道综合治理，增强流域间、区域间水资源统筹调配能力，巩固拓展重要江河洪水宣泄能力。加强重要河湖生态保护修复，打造河湖绿色生态廊道。

着力织密国家水网之"目"。以区域性河湖水系连通工程和供水渠道为"目"，重点解决区域性水资源空间分布不均问题。要加快国家重大水资源配置工程与区域重要水资源配置工程的互联互通，推进区域河湖水系连通和引调排水工程建设，高质量推进省级水网建设，持续推进市县级水网建设，因地制宜完善农村供水工程网络，积极推进城乡供水一体化、农村供水规模化建设及小型工程规范化改造，提升水利基本公共服务水平，逐步形成城乡一体、互联互通的水网格局。加强现代化灌区建设，围绕实施新一轮千亿斤粮食产能提升行动，以粮食生产功能区、重要农产品生产保护区和特色农产品优势区为重点，结合国家骨干网水源工程和输配水工程，新建一批节水型、生态型灌区。

着力打牢国家水网之"结"。以具有控制性地位、控制性功能的调蓄工程为"结"，这是水流集蓄、中转、再分配的枢纽，重点解决水资源时间分布不均问题。要加快推进控制性调蓄工程和重点水源工程建设，综合考虑防洪、供水、灌溉、航运、发电、生态等综合功能，加强流域水工程的联合调度，提升水资源调控能力。实施一批重点水源工程，充分挖掘现有水源调蓄工程供水潜力，增加水资源储备能力和水流调控能力，实现多源互补、多向调节。加快欠发达地区、革命老区、民族地区和海岛地区、国家乡村振兴重点帮扶县中小型水源工程建设，增强城乡供水保障能力。

推进蓄滞洪区建设，及时有效地发挥分蓄洪水作用。

## 三、加快完善国家水网建设体系构造

习近平总书记强调，要加快构建国家水网，"十四五"时期以全面提升水安全保障能力为目标，以优化水资源配置体系、完善流域防洪减灾体系为重点。《国家水网建设规划纲要》提出完善水资源配置和供水保障体系、流域防洪减灾体系、河湖生态系统保护治理体系，要求进一步提升水旱灾害防御能力、水资源节约集约利用能力、水资源优化配置能力、大江大河大湖生态保护治理能力。

完善水资源配置和供水保障体系。习近平总书记强调，进入新发展阶段、贯彻新发展理念、构建新发展格局，形成全国统一大市场和畅通的国内大循环，促进南北方协调发展，需要水资源的有力支撑。我国水资源时空分布不均，人均水资源占有量远低于世界平均水平，汛期降水占全年60%至80%，南北方差异明显。未来很长一个时期，水资源短缺问题仍将十分突出。要围绕保障国家重大区域发展战略实施，坚持节水优先、量水而行、开源节流并重，采取"控需、增供"相结合的举措，在深度节水控水的前提下，科学规划建设水资源配置工程和水源工程，完善水资源配置格局，推进水资源互济联调。

完善流域防洪减灾体系。习近平总书记强调，要统筹发展和安全两件大事，提高风险防范和应对能力；高度重视全球气候变化的复杂深刻影响，从安全角度积极应对，全面提高灾害防控水平，守护人民生命安全。洪涝灾害一直是中华民族的心腹大患。随着经济社会快速发展，我国经济总量、产业结构、城镇化水平等显著提升，江河中下游平原、三角洲等受洪涝灾害威胁仍较严重，与洪涝灾害的斗争将是一项长期而艰巨的任务。要进一步优化流域防洪减灾体系布局，综合采取"扩排、增蓄、控险"相结合的举措，构建由水库、河道及堤防、分蓄滞洪区组成的现代化流域防洪工程体系，科学提升防御工程标准，筑牢防御洪涝灾害防线，确保人民群众生命财产安全。

完善河湖生态系统保护治理体系。习近平总书记强调，要从生态系统整体性和流域系统性出发，追根溯源、系统治疗。近年来，通过实施河湖生态环境复苏行动，京杭大运河实现百年来首次全线通水，永定河连续 3 年实现全线通水，滹沱河、子牙河、大清河等一批断流多年的河流实现全线通水，白洋淀生态水位达标率 100%，人民群众享受到了绿水长流、鱼翔浅底的美好生态环境。河湖生态问题具有长期性、累积性，维护河湖健康生命任重道远。要深入贯彻习近平生态文明思想，以提升生态系统质量和稳定性为核心，坚持系统治理、综合治理、源头治理，统筹流域上中下游，兼顾地表地下，因地制宜、综合施策，大力推进河湖生态保护修复，加强地下水超采综合治理，加强水源涵养与水土保持生态建设，加快复苏河湖生态环境，维护河湖健康生命，实现河湖功能永续利用。

## 四、推动国家水网高质量发展

习近平总书记强调，要完整、准确、全面贯彻新发展理念，按照高质量发展要求，遵循确有需要、生态安全、可以持续的重大水利工程论证原则，立足流域整体和水资源空间均衡配置，科学推进工程规划建设。加快构建国家水网，要全面贯彻落实总书记"节水优先、空间均衡、系统治理、两手发力"的治水思路，坚持问题导向、目标导向，统筹规划国家骨干网和省市县水网建设，坚持高标准、高水平、高质量，全面提升水安全保障能力和水平。

推进安全发展。提升水安全保障标准，高标准建设国家水网工程，对已建工程进行升级改造，提高水网整体安全性。加强水安全风险防控，以水资源、水生态、水环境、水灾害等风险防控为重点，建立风险查找、研判、预警、防范、处置、责任等全链条管控机制，健全国家水网工程安全防护制度，确保水网工程安全运行、运行安全。加强水网统一调度，发挥水网运行整体效能，增强系统安全韧性和抗风险能力。

实现绿色发展。将习近平生态文明思想贯穿国家水网规划、设计、建设、运行、管理全过程。强化水资源承载能力刚性约束，坚持以水定城、以水定地、以水定人、以水定产，加强水资源节约集约安全利用，合理控制水资源开发利用强度，先节水后调水、先治污后通水、先环保后用水，建设节水高效水网工程。加强水网生态调度，保障河湖生态流量，维护河湖生态系统完整性和生物多样性。

加快智能发展。坚持"需求牵引、应用至上、数字赋能、提升能力"，同步推进数字孪生水网建设，打造全覆盖、高精度、多维度、保安全的水网监测体系，强化对物理水网全时空、全过程、全要素数字化映射、智能化模拟、前瞻性预演，推动新一代信息技术、高分遥感、人工智能等新技术新手段应用，实现国家水网调控运行管理的预报、预警、预演、预案功能，提升水网工程建设运行管理的数字化、网络化、智能化能力和水平。

统筹融合发展。加强国家骨干网和省级水网的衔接和互联互通，有序推进省市县水网协同融合，优化市县河湖水系布局，推进水利基础设施建设，打通防洪排涝和水资源调配"最后一公里"，提升城乡水利基本公共服务水平，加强水网与现代农业、水电、航运等相关产业协同发展，发挥水网整体效能和综合效益。

坚持创新发展。创新水网建设管理体制，探索投建运营一体化建设管理模式。深化水利投融资体制机制改革，多渠道筹措建设资金，充分发挥政府投资撬动作用，支持社会资本参与符合条件的水网项目建设运营。建立健全有利于促进水资源节约和水利工程良性运行、与水利投融资体制机制改革相适应的水价形成机制。推进用水权市场化交易。积极开展国家水网建设重大问题研究和关键技术攻关，推动水网规划设计、建设运行、联合调度等科技进步。

加强廉洁建设。紧盯水利工程招投标、水利工程项目审查审批、水利建设市场资质审批等关键环节，积极推进重大水利工程项目建设特约廉洁监督员现场监督，做好项目建设参与方签署廉洁协议工作，加强对水利工程建设、水利资金管理使用、水利建设市场资质管理等重点领域监管，确保国家水网工程建成精品工程、绿色工程、安全工程、廉洁工程。

国家水网建设责任重大、使命光荣。我们要更加紧密地团结在以习近平同志为核心的党中央周围，以功成不必在我的精神境界和功成必定有我的历史担当，开拓进取、苦干实干，加快推进国家水网建设，为全面建设社会主义现代化国家、以中国式现代化全面推进中华民族伟大复兴作出更大贡献。

（编者注：原文刊载于《求是》2023 年第 13 期）

# 为以中国式现代化全面推进强国建设、民族复兴伟业提供有力的水安全保障

李国英

## 一、2023 年工作回顾

2023 年是全面贯彻党的二十大精神的开局之年。以习近平同志为核心的党中央对水利工作作出一系列重要部署。习近平总书记多次主持召开会议研究水利工作，亲自部署、亲自指挥防汛抗洪救灾工作，专程考察、专题研究灾后恢复重建工作，就堤防安全、库区安全、农村饮水安全、江河保护治理、发展节水产业、重大水利工程建设、南水北调水质保护等作出一系列重要讲话指示批示，为新时代新征程水利高质量发展提供了根本遵循和行动指南。李强总理、刘国中副总理等领导同志多次专题研究或批示解决水利重大问题。

在党中央、国务院的坚强领导下，各级水利部门深入学习贯彻习近平新时代中国特色社会主义思想，认真践行习近平总书记治水思路和关于治水重要论述精神，攻坚克难、担当作为，水利工作经受重大考验、取得重大进展。

——水旱灾害防御夺取重大胜利。2023 年，我国江河洪水多发重发，海河流域发生 60 年来最大流域性特大洪水，松花江流域部分支流发生超实测记录洪水，防汛抗洪形势异常复杂严峻。我们始终把保障人民群众生命财产安全放在第一位，坚决扛起防汛天职，贯通雨情水情汛情灾情防御，强化预报预警预演预案措施，牢牢把握防御主动，有效抵御大江大河 4 次编号洪水、708 条河流超警以上洪水、49 条河流有实测资料以来最大洪水。科学调度运用流域防洪工程体系，全国 4512 座（次）大中型水库拦蓄洪水 603 亿 m³，减淹城镇 1299 个（次），减淹耕地 1610 万亩，避免人员转

移 721 万人（次），实现各类水库无一垮坝、重要堤防无一决口、蓄滞洪区转移近百万人无一伤亡，最大程度保障了人民群众生命财产安全，最大限度减轻了灾害损失。在抗御海河"23·7"流域性特大洪水过程中，强化监测预报、数字赋能、靶向预警、协调联动，逐河系超前研判、逐河系科学防控，精准有序调度流域 84 座大中型水库拦洪 28.5 亿 $m^3$，启用 8 处国家蓄滞洪区蓄洪 25.3 亿 $m^3$，及时果断处置白沟河左堤等堤防重大险情。在抗御松花江流域洪水期间，强化超标准洪水应对措施，果断实施工程抢护，及时消除磨盘山、龙凤山两座大型水库超设计水位重大险情。加强山洪灾害防御，发布县级山洪灾害预警 16.7 万次，提前转移 560.8 万人（次）。科学实施应急水量调度，有效应对西南、西北部分地区 1961 年以来最严重干旱，有力保障了旱区群众饮水安全和灌区农作物时令灌溉用水需求。迅速排查处置甘肃积石山县地震震损水利设施险情，保障了水利工程安全、群众饮水安全。

——**水利建设投资和规模创历史新高**。2023 年是贯彻落实《国家水网建设规划纲要》的开局之年，我们全力推动水利基础设施建设，国家水网主骨架和大动脉加快构建，省级水网先导区建设持续推进，市县级水网先导区接续启动。全年完成水利建设投资 11996 亿元，在 2022 年首次迈上万亿元大台阶基础上，再创历史最高纪录。吉林水网骨干工程、黑龙江粮食产能提升重大水利工程、雄安干渠、环北部湾广西水资源配置等 44 项重大水利工程开工建设。一批重大水利工程建设实现关键节点目标，西江大藤峡水利枢纽主体工程完工，引汉济渭先期通水，引江济淮试调水，广东珠三角水资源配置工程具备全线通水条件，引江补汉、滇中引水工程加快建设，黑河黄藏寺水利枢纽下闸蓄水。流域防洪工程体系不断完善，长江流域姚家平、凤凰山等水库，长江干流安庆段治理工程，鄱阳湖康山、珠湖等蓄滞洪区开工建设；黄河流域东庄水库、王瑶水库扩容工程加快建设，下游防洪工程建设全力推进；淮河流域重点平原洼地治理、沿淮行蓄洪区治理等开工建设，淮河入海水道二期工程加快实施；海河流域实施北京温潮减河、天津北运河、河北滹沱河、滏阳新河治理，青山水库开工建设；珠江流域梧州防洪堤、松花江流域十六道岗水库、太湖流域扩大杭嘉湖南排后续西部通道开工建设，吴淞江治理有序推进，太湖环湖大堤全线达标。云南腾冲、广西下六甲等 5 处大型灌区开工建设，598 处大中型灌区建设与现代化改造加快推进，建成后将新增恢复改善灌溉面积约 7000 万亩。开工建设农村供水工程 2.3 万处，提升 1.1 亿农村人口供水保障水平，农村自来水普及率达到 90%，规模化供水工程覆盖农村人口比例达到 60%。水利基础设施建设吸纳就业 273.9 万人，同比增长 8.9%，为推动经济回升向好、巩固夯实安全发展基础贡献了水利力量。

**——水利改革创新取得突破性进展。**国家防总批复设立辽河防汛抗旱总指挥部，标志着我国七大江河流域防汛抗旱指挥机构全部建立。水土保持生态产品价值实现机制探索实现新突破，全国首单水土保持碳汇交易在福建长汀成功实现。水土流失综合治理工程新增耕地和新增产能纳入耕地占补平衡政策新机制在陕西宝鸡成功试点，开拓了吸引社会资本参与水土流失治理新路径。用水权市场化交易改革迈出新步伐，黄河流域首单跨省域用水权交易在四川和宁夏间成功实现。全国水权交易系统完成部署，中国水权交易所交易 5762 单、水量 5.39 亿 $m^3$，同比分别增长 64% 和 116%。浙江丽水开展以"取水权"为质押物的"取水贷"改革，为农村饮水安全提升、灌区现代化改造、水库除险加固等工程建设拓展了资金投入渠道。河湖长动态调整和责任递补机制全面建立，保障了"换届年"全国江河湖泊管理保护责任不脱节、任务不断档。两手发力"一二三四"工作框架体系落地生效。创新应用特许经营、项目融资+施工总承包（F+EPC）、设计—建设—融资—运营—移交（DBFOT）、股权合作、政府购买服务等多种模式，吸引更多市场主体投入水利项目建设，财政资金、金融信贷、社会资本共同发力的水利投融资格局初步形成，全年落实地方政府专项债券、金融信贷和社会资本 5451 亿元，占落实水利投资的 44.5%。第一批 21 个深化农业水价综合改革推进现代化灌区建设试点启动。水法、防洪法修改列入十四届全国人大常委会立法规划，黄河保护法于 2023 年 4 月 1 日正式施行，水行政执法与刑事司法衔接、水行政执法与检察公益诉讼协作机制落地见效，水利系统运用法治思维和法治方式的能力得到明显提升。

一年来，各项水利工作进展顺利，圆满完成年度主要目标任务。

一是水利工程运行管理有力有效。三峡工程安全运行综合管理机制进一步健全，三峡库区地质灾害防治全面加强，工程巨大综合效益持续发挥。南水北调安全防御体系经受考验，东中线工程圆满完成年度调水85.4亿 m³ 任务。开展白蚁等害堤动物普查，全面完成应急整治任务，建立健全综合防治长效机制。蓄滞洪区维修养护经费保障取得突破。启动构建现代化水库运行管理矩阵，完成3125座水库安全鉴定、3663座病险水库除险加固及19189座水库雨水情测报设施、17400座水库大坝安全监测设施建设，水库安全状况和监测预警能力显著提升。全面落实水库、水闸、堤防安全责任制，全面推进水利工程标准化管理。在大规模推进水利工程建设中，未发生重特大安全生产事故，水利安全生产形势总体平稳。

二是水资源节约集约利用深入推进。深入实施国家节水行动，节水政策和定额标准体系加快完善。第三次全国水资源调查评价工作取得重要成果。实施用水总量和强度双控，全国重要跨省江河流域水量分配基本完成。取用水管理专项整治行动累计整治427万个取水口违规取用水问题。取用水监测计量体系加快建设，13万个取水在线计量点接入全国取用水管理平台，规模以上取水在线计量率达到75%。严格节水评价审查，叫停77个节水评价不达标项目，核减水量14.8亿 m³。促进节水产业发展，实施合同节水管理项目204项，遴选发布成熟适用节水技术205项，新建成节水型社会达标县（区）323个，遴选公布重点用水企业、园区水效领跑者74家。长江经济带、黄河流域、京津冀地区年用水量1万 m³ 以上的工业服务业单位实现计划用水管理全覆盖。

三是江河湖库生态保护治理持续强化。构建丹江口库区及其上游流域水质安全保障工作体系。落实《关于加强新时代水土保持工作的意见》，流域、省级水土保持协调机制加快建立，水土保持率目标量化分解到县，水土保持空间管控、信用评价、生产建设活动监管、生态清洁小流域等制度标准颁布实施，查处水土保持违法违规行为1.33万个，完成水土流失治理面积6.3万 km²。实施母亲河复苏行动，对88条（个）河（湖）开展"一河（湖）一策"保护修复。断水百年之久的京杭大运河再度全线水流贯通，断流干涸26年之久的永定河首次实现全年全线有水。山西晋祠千年古泉30年来首次复流。福建木兰溪、吉林查干湖、安徽巢湖等重点河湖水生态治理修复加快实施。强化河湖生态流量（水位）管理，开展幸福河湖建设，完成7280条（个）河湖健康评价。编制完成七大流域河湖岸线保护利用规划，清理整治河湖库乱占、乱采、乱堆、乱建问题1.7万个。以流域为单元推进998条中小河流治理。新一轮地下水超采区划定基本完成，华北地区深层地下水人工回补试点启动实施。新增130座绿色小水电示范电站。新增17个国家水利风景区。公布新一批11条"最美家乡河"。

**四是数字孪生水利建设取得积极进展。**数字孪生流域、数字孪生水网、数字孪生工程建设全面推进。全国首个数字孪生流域建设重大项目长江流域全覆盖水监控系统开工建设。数据量达千万亿字节（PB）级的全国一级数据底板建设完成，部级水利模型平台、知识平台、资源共享平台建设取得明显进展。雨水情监测预报"三道防线"加快构建，流域防洪业务"四预"应用取得突破。国家水土保持监测站点优化布局工程立项建设。数字孪生灌区先行先试持续推进。水利智能业务应用体系加快构建，21万余处水利工程电子档案动态更新，3.2万余条（个）河湖管理范围内地物实现遥感图斑复核。北斗、人工智能、大数据、遥感、激光雷达等技术应用不断深化，130万亿次双精度浮点高性能计算群初步建成。

**五是水利行业发展能力加快提升。**七大流域防洪规划修编工作取得重要进展，中小河流治理总体方案、流域水土保持规划、全国农田灌溉发展规划编制有序推进。14项国家重点研发计划项目获批立项，改革重组2家全国重点实验室。新组建水利部科学技术委员会，开展10项重大课题咨询论证。遴选101项成熟适用水利科技成果推广应用。发布16项水利技术标准。河湖安全保护专项执法行动、黄河流域水资源保护专项行动启动实施，全年立案查处水事违法案件2.9万余件。成功举办第18届世界水资源大会，积极参加联合国水大会等重要国际水事活动，推动习近平总书记治水思路成为国际主流治水理念。5项涉水工作成果纳入"一带一路"国际合作高峰论坛成果清单。世界灌溉工程遗产名录再添4项中国工程。水利高层次人才培养全面加速，24人入选全国创新争先奖等国家级高层次人才工程或奖项，20人当选水利青年科技英才。"水利办"政务服务品牌面向全社会发布，"我陪群众走流程""政务服务体验员"试点工作有序展开。综合政务、新闻宣传、财务审计、水库移民、离退休干部、后勤保障等工作持续加强，水文化建设、水利精神文明建设取得新成效。

**六是全面从严治党深入推进。** 深入开展学习贯彻习近平新时代中国特色社会主义思想主题教育，牢牢把握"学思想、强党性、重实践、建新功"总要求，一体推进理论学习、调查研究、推动发展、检视整改，着力以学铸魂、以学增智、以学正风、以学促干。组织编写《深入学习贯彻习近平关于治水的重要论述》，并公开出版发行，推动学习贯彻习近平总书记关于治水重要论述精神进·步走深走实。大兴调查研究，积极推动调研成果转化，形成了一批促进发展的政策举措。扎实开展部属系统干部队伍教育整顿和纪检干部队伍教育整顿。持续抓好中央巡视整改，组织对8家直属单位党组织开展常规巡视、机动巡视和巡视"回头看"。高度重视、扎实做好审计整改"下半篇文章"。意识形态工作持续强化。深入推进政治机关建设，部直属机关22个党支部获评中央和国家机关"四强"党支部。加强干部队伍建设，激励干部担当作为，开展"学治水重要论述、建防汛抗洪新功"及时奖励。扎实开展"以案促教、以案促改、以案促治"专项行动，开展贯彻执行中央八项规定精神专项检查，强化对"一把手"和领导班子的监督，持之以恒正风肃纪反腐，一体推进不敢腐、不能腐、不想腐。

一年来，推动水利高质量发展取得重大进展，根本在于有习近平总书记作为党中央的核心、全党的核心掌舵领航，根本在于有习近平新时代中国特色社会主义思想和习近平总书记治水思路的科学指引，同时也得益于有关部门、地方和社会各界的关心支持，得益于全国广大水利干部职工的团结奋斗。

在推动新阶段水利高质量发展的实践中，我们积累了一些宝贵经验。**一是必须坚持治水思路。** 坚定不移用习近平总书记"节水优先、空间均衡、系统治理、两手发力"治水思路和关于治水重要论述精神武装头脑、指导实践、推动工作，确保水利工作始终沿着习近平总书记指引的方向前进。**二是必须坚持问题导向。** 立足国情水情，聚焦水灾害、水资源、水生态、水环境问题，善于发现、科学认识水利发展不平衡不充分问题，奔着问题去、对准问题干，在解决问题中推动水利高质量发展。**三是必须坚持底线思维。**增强忧患意识，树牢极限思维，统筹好发展和安全，对水安全面临的各种风险挑战做到见微知著、心中有数，立足最不利情况，向最好结果努力，牢牢守住水安全底线。**四是必须坚持预防为主。**遵循"两个坚持、三个转变"防灾减灾救灾理念，"预"字当先、以防为主、防线外推，建重于防、防重于抢、抢重于救，以工作措施的前瞻性、治理措施的确定性应对风险隐患的突发性、不确定性，打有准备之仗、有把握之仗。**五是必须坚持系统观念。**把握治水规律，从生态系统完整性和流域系统性出发，统筹流域与区域，统筹上下游、左右岸、干支流，统筹山水林田湖草沙一体化保护和系统治理，统筹近期、中期、远期，加强全局性谋划、战略性布局、整体性推进。**六是必须坚持创新发展。**积极识变应变求变，以理念创新、制度创新、政策创新、科技创新、方法创新，塑造水利高质量发展新动能，不断提升水利治理管理能力和水平。

在总结成绩的同时，我们还要清醒看到，水利工作仍存在不少短板弱项。水旱灾害防御能力不强，雨水情监测预报体系建设滞后，洪水调控能力不足，江河干流堤防仍有部分未达标，蓄滞洪区建设管理依然薄弱；水资源节约集约利用水平不高，粗放用水现象依然存在，节水政策体系不完善、激励约束作用不强；水资源优化配置能力不足，水利基础设施布局、结构、功能和系统集成有待优化，国家水网建设任重道远，农村饮水安全保障还不稳固；河湖生态保护治理能力有待提升，河湖库乱占、乱采、乱堆、乱建问题时有发生，河道断流、湖泊萎缩等问题仍有存在，地下水超采综合治理、水土流失综合治理力度仍需加大；数字孪生水利建设尚不能满足水利高质量发展需求，水利治理管理数字化、网络化、智能化水平亟待提高；水利体制机制法治管理仍需强化，水行政执法效能有待提升，以水价改革为龙头的水利改革任务繁重；水利系统违纪违法案件时有发生，党风廉政建设和反腐败工作仍需加力推进；等等。对这些短板弱项，我们必须以"时时放心不下"的责任感紧迫感认真研究解决。

## 二、新形势、新任务、新机遇

推动新阶段水利高质量发展，为以中国式现代化全面推进强国建设、民族复兴伟业提供有力的水安全保障，是水利肩负的重大历史使命。正确认识、准确把握水利发展的新形势、新任务、新机遇，是我们谋划水利发展战略、制定水利发展策略的重要考量。

**——水利高质量发展的新形势。** 近年来，颠覆传统认知的极端天气事件频繁发生，水旱灾害趋多趋频趋强趋广，极端性、反常性、复杂性、不确定性显著增强。**从国际看，** 2023 年，受飓风"丹尼尔"带来强降雨影响，全境 95%面积为沙漠和半沙漠地区的利比亚遭受严重洪涝灾害，2 座水库接连溃坝，溃坝洪水瞬间冲击历史名城德尔纳，造成 2 万多人死亡失踪，全国超过五分之一人口遭受洪灾；印度南洛纳克湖遭遇极端强降雨溃决，冲垮下游琼塘大坝，发生该地区 50 年来最严重灾难；刚刚经历 40 多年来最严重干旱的索马里，遭受持续暴雨袭击，造成 230 多万人受灾；欧洲多国继 2022 年经历 500 年来最严重干旱后，再次经历严重干旱。**从国内看，** 2023 年"七下八上"防汛关键期，第 5 号台风"杜苏芮"北上深入内陆，残余环流携丰沛水汽影响华北东北，导致京津冀地区遭遇连续 5 天极端强降雨，北京门头沟清水镇累计点雨量达 1014.5 mm，接近常年全年降水量的 2 倍，海河流域发生 60 年来最大流域性特大洪水，松花江流域部分支流发生超实测记录洪水。接踵而至的第 6 号超强台风"卡努"，在我国东海两度大转弯、呈罕见"之"字移动，若重复第 5 号台风路径，后果不堪设想。**从趋势看，** 国家气候中心监测显示，中等强度的厄尔尼诺事件已于 2023 年 11 月形成并将持续到 2024 年春季。厄尔尼诺事件叠加全球气候变暖，极可能导致灾害复合链发风险加大，全球及区域气候变化更趋极端化。受此影响，2023 年 12 月，泰国南部发生了 50 年来非雨季最严重洪灾，德国出现了北半球冬季罕见风暴，汉诺威东部遭遇 25 年来最大洪水。我国 1998 年多流域历史性特大洪水、2005 年珠江流域西江特大洪水、2016 年太湖流域特大洪水，均发生在厄尔尼诺事件形成的次年。历史和现实警示我们，必须主动适应极端水旱灾害频发"常态"，着力提高极端情况风险预见和处置能力，加快构建安全可靠的水旱灾害防御体系，有效应对水旱灾害"黑天鹅""灰犀牛"事件，切实筑牢保障人民群众生命财产安全防线。

——**水利高质量发展的新任务**。推进中国式现代化是最大的政治。习近平总书记强调，推进中国式现代化，要把水资源问题考虑进去；中国式现代化，也包括水利现代化；大涝大灾之后，务必大建大治，大幅度提高水利设施、防汛设施水平；水网建设起来，会是中华民族在治水历程中又一个世纪画卷，会载入千秋史册。中央经济工作会议、中央农村工作会议对加强水利基础设施建设等提出明确要求。我们要学深悟透习近平总书记重要讲话指示批示精神，深入落实党中央、国务院决策部署，胸怀"国之大者"，准确把握水利在中国式现代化进程中的职责定位，统筹水灾害、水资源、水生态、水环境治理，适度超前谋划构建现代化水利基础设施体系，提升水旱灾害防御体系、水资源优化配置体系安全保障能力和水平，强化对国土空间开发保护、生产力布局、国家重大战略实施的支撑作用，集中力量抓好办成一批群众可感可及的水利实事，以高水平安全保障高质量发展。

——**水利高质量发展的新机遇**。以习近平同志为核心的党中央高度重视水利工作，习近平总书记亲自部署、亲自推动实施国家"江河战略"，多次主持召开会议研究部署战略性、标志性重大水利工程建设。中央经济工作会议要求，积极的财政政策要适度加力、提质增效，稳健的货币政策要灵活适度、精准有效，强化国家重大战略任务财力保障，合理扩大地方政府专项债券用作资本金范围；发挥好政府投资的带动放大效应，完善投融资机制，实施政府和社会资本合作新机制。国家增发1万亿元国债，重点用于灾后恢复重建和提升防灾减灾能力。《以京津冀为重点的华北地区灾后恢复重建提升防灾减灾能力规划》经国务院批准实施。这些重要部署，为加快完善水利基础设施体系提供了强有力的政策支持和资金保障。各地党委、政府高度重视水利工作，纷纷出台推动水利高质量发展的政策文件，积极谋划推进水利基础设施建设。社会各界关心支持水利建设的氛围愈加浓厚，有关部门、金融机构出台一系列积极政策措施支持水利建设。我们要进一步增强使命感责任感紧迫感，抓住一切有利时机、利用一切有利条件，因势而动、乘势而上，多措并举推动新阶段水利高质量发展，把中国式现代化的水利篇章一步步变成美好现实。

## 三、2024 年重点工作

今年是新中国成立 75 周年，是习近平总书记发表保障国家水安全重要讲话 10 周年，是完成"十四五"规划任务的关键之年。我们要坚持以习近平新时代中国特色社会主义思想为指导，全面贯彻落实党的二十大和二十届二中全会、中央经济工作会议、中央农村工作会议精神，坚持稳中求进工作总基调，完整、准确、全面贯彻新发展理念，坚持治水思路，坚持问题导向，坚持底线思维，坚持预防为主，坚持系统观念，坚持创新发展，前瞻性思考、全局性谋划、整体性推动水利高质量发展，着力提升水旱灾害防御能力、水资源节约集约利用能力、水资源优化配置能力、江河湖泊生态保护治理能力，为以中国式现代化全面推进强国建设、民族复兴伟业提供有力的水安全保障。

**（一）加快完善水旱灾害防御"三大体系"。**坚持人民至上、生命至上，树牢底线思维、极限思维，加快完善流域防洪工程体系、雨水情监测预报体系、水旱灾害防御工作体系。

**加快完善流域防洪工程体系。**完成七大流域防洪规划修编基础工作。准确把握流域特点及洪水特征，科学布局水库、河道、堤防、蓄滞洪区建设，全面提升流域防灾减灾能力。长江流域，开工建设沅江宣威水库、长江干流铜陵河段治理工程，加快华阳河、康山等蓄滞洪区项目建设。黄河流域，高标准推进古贤水利枢纽建设，打造黄河流域水利枢纽新标杆，支撑保障黄河长久安澜。加快推进黑山峡水利枢纽前期工作。开工建设黄河干流四川、青海、甘肃、宁夏、内蒙古河段治理工程。淮河流域，开工建设沙颍河昭平台水库扩容，淮河干流峡涡段、浮山以下段行洪区调整和建设工程。海河流域，全面完成水毁水利设施修复重建任务，加快陈家庄、张坊水库前期工作，针对重要保护对象扩大或开辟分洪通道，实施骨干河道治理及堤防达标建设，实施中小河流和山洪沟治理，开工建设献县泛区、东淀等蓄滞洪区。珠江流域，开工建设柳江洋溪水库，全面推进河道综合整治和堤防达标建设。松辽流域，全面完成水毁水利设施修复重建任务，推进辽河干流堤防全线达标。太湖流域，开工建设曹娥江镜岭水库、交溪上白石水库。

**加快完善雨水情监测预报体系。**按照"应设尽设、应测尽测、应在线尽在线"原则，统筹结构、密度、功能，重点围绕流域防洪、水库调度实际需求，加快构建气象卫星和测雨雷达、雨量站、水文站组成的雨水情监测预报"三道防线"，积极推进暴雨洪水集中来源区、山洪灾害易发区以及大型水库、重大引调水工程防洪影响区测雨雷达组网建设，加密雨量站、水文站，推进新技术、新装备研发推广应用，提高各类水文测站的现代化测报能力。加快产汇流水文模型、洪水演进水动力学模型研发应用，加快遥感、激光雷达等观测技术应用，实现云中雨、落地雨、本站洪水监测预报并延伸产汇流及洪水演进预报，进一步延长洪水预见期、提高洪水预报精准度。

**加快完善水旱灾害防御工作体系。**锚定"人员不伤亡、水库不垮坝、重要堤防不决口、重要基础设施不受冲击"目标，贯通"四情"防御，强化"四预"措施，绷紧"四个链条"，依法严格落实各方面防汛抗旱责任制。健全汛前检查机制，加大对水库大坝、溢洪道、放空设施、堤防险工险段、穿堤建（构）筑物、淤地坝等关键部位隐患排查整治。科学精准调度流域防洪工程体系，系统运用"拦、分、蓄、滞、排"措施，最大程度发挥减灾效益。强化蓄滞洪区运用及人员安全保障措施，细化实化在建工程安全度汛措施，强化水库、堤防巡查防守和险情抢护，完善超标准洪水防御预案。强化中小河流洪水和山洪灾害防御，动态调整山洪灾害预警阈值，健全临灾预警"叫应"机制。坚持旱涝同防同治，加强中长期旱情预报，精准范围、精准对象、精准时段、精准措施，提前储备、科学调度抗旱水资源，确保城乡供水安全和灌区农作物时令灌溉用水需求。

**（二）全面推进国家水网建设。**深入落实《国家水网建设规划纲要》，锚定"系统完备、安全可靠，集约高效、绿色智能，循环通畅、调控有序"目标要求,以联网、补网、强链为重点,扎实推进国家水网建设。

**实施国家水网骨干工程。**加快推进南水北调后续工程高质量发展,加快推进西线、东线后续工程前期工作,高质量建设中线引江补汉工程,加快实施防洪安全风险隐患处理,做好南水北调东中线一期工程竣工验收准备工作,加快完善国家水网主骨架和大动脉。完成区域水网规划编制。全面检视"十四五"规划确定的国家水网骨干工程推进情况,扎实做好前期论证,加快推进立项实施。

**推动各层级水网协同融合发展。**加快完善区域水网建设规划布局,持续推进国家区域重大战略供水保障工程建设,加强区域水资源互联互通、联合调配、丰枯调剂,加快推动省市县级水网规划建设,高质量建设水网先导区,打通国家水网"最后一公里"。开工建设四川引大济岷等工程,推进甘肃白龙江引水、青海引黄济宁等跨流域跨区域重大引调水工程前期工作,深化海南昌化江水资源配置、淮河临淮岗水资源综合利用等工程前期论证。加快水源调蓄工程建设,力争开工建设贵州花滩子、广西长塘等水库,深化重庆福寿岩等水库前期论证。

**建构现代化水库运行管理矩阵。**强化数字赋能,实施全覆盖、全要素、全天候、全周期"四全"管理,完善体制、机制、法治、责任制"四制(治)"体系,强化预报、预警、预演、预案"四预"措施,加强除险、体检、维护、安全"四管"工作,提升水库运行管理精准化、信息化、现代化水平。今年汛前完成承担防洪任务的大中型水库库容曲线复核,强化库区、坝体、下游河道监管与问题整治,维护水库库容安全、工程安全、河道安全,科学推进水库减淤清淤。开展水库不动产登记试点。加快实施312座大中型、2906座小型病险水库除险加固。今年汛前完成8623座水库雨水情测报设施、8706座大坝安全监测设施建设。

**加强水利工程建设与运行管理。**加快实施三峡后续工作规划,抓好三峡库区危岩崩塌防治,强化三峡水库综合管理。精准实施南水北调东中线一期工程年度水量调度,进一步提升工程效益。加强白蚁等害堤动物防治,实现防治工作制度化、专业化、常态化。持续推进水利工程标准化管理和工程管理保护范围划定。推动水利安全生产风险管控"六项机制"落地见效，全面排查整治安全风险隐患，实施水利工程建设安全生产责任保险制度。严格落实工程建设质量终身责任制，健全项目组织实施体系，强化建设进度、质量、安全、资金监管，确保建成民心工程、优质工程、廉洁工程。

**（三）夯实乡村全面振兴水利基础。** 锚定建设农业强国目标，学习运用"千万工程"经验，坚持不懈做好水利保障工作，为确保国家粮食安全、建设宜居宜业和美乡村贡献水利力量。

**推动农村供水高质量发展。** 深刻认识农村饮水安全保障是巩固脱贫攻坚成果、推动乡村全面振兴的重要标志，抓紧编制省级农村供水高质量发展规划，优化布局、改善结构，强化管理、提质增效。以县域为单元，全面推行"3+1"标准化建设和管护模式，优先推进城乡供水一体化、集中供水规模化建设，因地制宜实施小型供水工程规范化建设，实施专业化管理全覆盖，建立数字化、网络化、智能化管理平台，推进县域统一管理、统一运维、统一服务，最大程度实现城乡供水同源、同网、同质、同监管、同服务。加强农村饮用水水源地保护，深入实施水质提升专项行动，农村集中供水工程全部按要求配备净化消毒设施设备，强化城乡一体化、规模化农村供水工程水质自检和小型集中、分散农村供水工程水质巡检，健全从水源到水龙头的全链条农村饮水安全保障体系。完善农村供水问题发现、处置、回访机制和应急预案，提升应急保障和抗风险能力。全国农村自来水普及率达到92%，规模化供水工程覆盖农村人口比例达到63%。

**推进灌区现代化建设与改造。** 完成全国农田灌溉发展规划编制，科学布局灌区现代化建设，加快广西下六甲、四川向家坝等灌区建设，开工建设江西峡江、湖南梅山、云南潞江坝、河南前坪等大型灌区。实施1000处以上大中型灌区改造升级，统筹灌区骨干工程与高标准农田建设，不断完善灌排工程体系。健全灌区管理运维机制和政策标准，推动农田灌溉自动化、灌溉方式高效化、用水计量精准化、灌区管理智能化。

**实施重点区域水利帮扶。** 统筹推进脱贫地区特别是国家乡村振兴重点帮扶县、革命老区、民族地区、边境地区水利帮扶，抓好水利定点帮扶工作，一体推进西藏、新疆巩固拓展水利扶贫成果和乡村全面振兴水利保障工作。大力推进水利项目以工代赈，促进脱贫群众和低收入人口就业增收。

**（四）持续复苏河湖生态环境。**坚持生态优先、绿色发展，维护河湖健康生命，实现河湖功能永续利用。

**建构河流伦理。**深入贯彻习近平生态文明思想，落实党的二十大"推动绿色发展，促进人与自然和谐共生"要求，把自然界河流视作生命体，尊重河流生存与健康的基本权利，深入研究人与河流关系的价值取向、道德准则、责任义务和行为规范，强化规划、治理、调度、管理等制度约束引导，推动法治、教育、宣传、科普等环节共同发力，在全社会牢固树立和践行绿水青山就是金山银山的理念，进而形成维护河流健康生命的文化认同、观念自觉，实现人与河流和谐共生。

**强化河湖生态流量管理。**完善河湖生态流量（水位）、地下水水位监测体系，严格取用水总量控制和生态流量泄放管理，健全生态流量预警响应机制。开展 7400 条（个）河湖健康评价。推进幸福河湖建设。因地制宜推进河湖水系连通和生态补水，加快推进 88 条（个）母亲河（湖）复苏行动，保持永定河全年全线有水，实现漳河、滹沱河、汾河等 26 条河流全线贯通，有效提升 53 条河流生态用水保障条件，稳定白洋淀、七里海等 9 个湖泊生态水位。力争实现西辽河干流全线过流。持续实现京杭大运河水流全线贯通。保障石羊河、黑河、塔里木河生态安全。完成黄河流域小水电清理整改任务，巩固提升长江经济带小水电清理整改成果，强化小水电生态流量监管，规范创建 80 座以上绿色小水电示范电站。

**强化水土流失综合治理。**完成流域水土保持规划编制，建立健全水土保持协调机制，开展水土保持目标责任考核评估。加快国家水土保持监测站点优化布局工程建设。实施水土保持空间管控，全覆盖开展水土保持遥感监测，加强水土流失预防保护，严格查处违法违规行为。加大长江上中游、东北黑土区等重点区域水土流失综合治理力度。以黄河粗泥沙集中来源区为重点，建设淤地坝、拦沙坝 600 座，除险加固病险淤地坝、提升改造老旧淤地坝 800 座。以流域为单元一体化实施小流域综合治理，建设 400 条生态清洁小流域。全年新增水土流失治理面积 6.2 万 km² 以上。研究制定水土保持碳汇标准。

**强化江河湖库保护治理。**推动重要江河湖库生态保护治理，加强重要江河源头区、饮用水水源地保护。强化丹江口库区及其上游流域水质安全保障，确保"一泓清水永续北上"。加快实施永定河、洞庭湖等重点河湖综合治理与生态修复，严格河湖水域岸线空间管控，强化涉河建设项目全过程监管。纵深推进河湖库"清四乱"常态化规范化，以妨碍河道行洪、侵占水库库容为重点，全面整治河湖库管理范围内各类违法违规问题。落实全国重点河段、敏感水域河道采砂管理"四个责任人"，全面推行河道砂石采运管理单制度，严厉打击非法采砂。加强乡村河湖库管护和山区河道管理，逐一落实各方责任。建设一批国家水利风景区。

**强化地下水超采综合治理。**公布新一轮地下水超采区划定成果，加快地下水禁采区、限采区划定。完善地下水监测站网，加强地下水超采区、海（咸）水入侵区监测分析，实施地下水超采动态预警，强化地下水取水总量和水位双控。继续实施华北地区地下水超采综合治理，加强地下水运动规律研究，实施华北地区深层地下水人工回补试点。全面推进重点区域地下水超采综合治理，持续推进南水北调工程受水区地下水压采，加强治理成效跟踪评估。

**（五）大力推进数字孪生水利建设。**坚持"需求牵引、应用至上、数字赋能、提升能力"，加快构建数字孪生水利体系，为水利治理管理提供前瞻性、科学性、精准性、安全性支撑。

**全面提升水利监测感知能力。**实施"天空地"一体化监测感知夯基提能行动，全面提升水利对象全要素和治理管理全过程智能感知能力。运用遥感、激光雷达、无人船、水下机器人等技术，动态提取流域下垫面、水下地形等信息，强化水利工程位移形变、渗流渗压、应力应变等智能监测。推进水利部视频级联集控平台应用和北斗水利规模应用。强化资源共建共享，按照数字孪生需求加快完善水利行业各类技术标准规范。

**大力推进数字孪生流域建设。**全力推进七大流域数字孪生整体立项建设。完成水利专业模型平台研发及水文、水动力学、水资源、土壤侵蚀、泥沙动力学、水生态环境、水利工程调度等模型集成应用，推动人工智能大模型算法落地应用，提升"2+N"智能业务水平。进一步加强算力建设，同步提高数字孪生水利安全防护能力和水平。

**大力推进数字孪生水网建设。**推进第一批国家水网重要结点工程数字化改造，深化南水北调东中线数字孪生应用，推进水网先导区数字孪生建设，初步构建省级数字孪生水网平台，提升科学精准安全调度水平。加快数字孪生农村供水、数字孪生灌区、数字孪生蓄滞洪区建设。

**大力推进数字孪生工程建设。**迭代优化三峡、小浪底、丹江口、岳城、尼尔基、江垭皂市、万家寨、南四湖二级坝、大藤峡、太浦闸等数字孪生工程成果。推进全口径在建水利工程数据库建设。积极推进新建工程竣工验收同步交付数字孪生工程。

**（六）全面提升水资源节约集约利用水平。**实施全面节约战略，强化水资源刚性约束，加快构建节水综合体系，推动用水方式由粗放向节约集约转变。

**实施水资源刚性约束制度。**确定流域区域可用水量，完善水资源刚性约束指标体系，发挥年度考核"指挥棒"作用。严格水资源论证和取水许可管理，强化违规取用水问题查处整改，加快建立取用水领域信用体系。实施黄河流域水资源超载地区、临界超载地区和不超载地区分类管理。完善取水监测计量体系，规模以上取水在线计量数据全面接入全国取用水管理平台，推进农业灌溉机井"以电折水"取水计量。

**扎实推进国家节水行动。**加快推进农业节水增效、工业节水减排、城镇节水降损，2024年全国万元国内生产总值用水量、万元工业增加值用水量比2020年下降13%，农田灌溉水有效利用系数进一步提升。统筹推进节水载体建设，建立节水型社会建设动态评估与退出机制。启动编制国家节水中长期规划（2025—2035年）。制修订5项以上工业服务业用水定额国家标准，探索用水预算管理试点，研究建立节水统计调查制度。严格用水总量和强度指标管控，推进黄河流域高耗水行业实行强制性用水定额管理，推动全国年用水量1万 $m^3$ 以上的工业服务业单位计划用水管理全覆盖。推进南水北调东中线工程受水区全面节水。开展非常规水利用提升行动，非常规水年利用量超过 180 亿 m³。

**完善支持节水产业发展政策。** 加强水资源税改革试点跟踪评估，深化用水权改革，加快用水权初始分配，规范开展用水权交易，创新交易形式、扩大交易规模。推动实施 200 项以上合同节水管理项目，推广"节水贷"金融服务。鼓励建设节水科技创新中心和节水产业园区。扩大用水产品水效标识范围，健全节水认证制度，持续遴选发布水效领跑者。

**（七）完善水治理体制机制法治体系。** 坚持目标导向、问题导向、效用导向，强化体制机制法治管理，不断提升水利治理管理能力和水平。

**全面强化河湖长制。** 健全河湖长制责任体系，压紧压实各级河湖长责任，规范河湖长履职行为，着力解决河湖重大问题，确保每条河流都管得好、每个湖泊都护得好。在重大引调水工程输水干线推行河长制。加强对河湖长制落实情况的监督检查，建立涉河湖重大问题倒查机制，对履职不力的严肃追责问责，推动各级河湖长有名有实、履职尽责。

**强化流域治理管理。** 充分发挥流域防总、流域省级河湖长联席会议等机制作用，强化流域统一规划、统一治理、统一调度、统一管理。健全流域规划体系，做好流域综合规划和专业规划实施情况评估，切实发挥规划指导约束作用。打破一地一段一岸治理的局限，推进流域协同保护治理，强化流域水工程统一调度，实现流域涉水效益"帕累托最优"。

**深化水价形成机制改革。** 深入推进水利工程供水价格改革，健全有利于促进水资源节约和水利工程良性运行、与投融资体制相适应的水价形成机制。完善农村供水工程水价形成和水费收缴机制，推进用水计量收费。根据工程类型、种植结构分类施策，精准定价、配水、计量、奖补，深化农业水价综合改革，总结推广第一批试点经验，适时启动第二批试点。加快完善水价动态调整机制，建立健全水生态产品价值实现机制。

**创新拓展水利投融资机制。** 充分利用增发国债、地方政府专项债券、金融信贷资金，运用好政府和社会资本合作新机制，推广建设—运营—移交（BOT）、设计—建设—融资—运营—移交（DBFOT）、转让—运营—移交（TOT）、改建—运营—移交（ROT）等模式，鼓励和吸引更多社会资本通过募投建管一体化方式，参与水利基础设施建设，积极推进水利基础设施投资信托基金（REITs）试点。积极发挥水利投融资企业作用，构建多元化、多层次、多渠道的水利投融资体系。

**健全水利法治体系。**加快水法、防洪法修改。推动节约用水条例颁布施行，抓好长江保护法、黄河保护法配套制度建设，健全重点领域法规制度。完善水行政执法体制机制，加强执法能力建设，充分发挥水行政执法与刑事司法衔接、水行政执法与检察公益诉讼协作机制作用，强化部门协同、流域协同、上下协同，依法打击水事违法行为。深入实施"八五"普法规划，不断提高运用法治思维和法治方式解决水利问题的能力和水平。

**以科技创新推动水利高质量发展。**加快重大水利科技问题攻关，积极推动全国重点实验室、部级野外科学观测研究站等水利科技创新平台建设，加强成熟适用水利科技成果推广应用。聚焦水文、水资源、水工程等重点领域，加快完善符合高质量发展要求的水利技术标准体系，推动优势领域国际标准制定。强化水利计量管理，筹建水利行业国家专业计量站。加大水利科普工作力度。加强水利多双边交流合作，抓好中国支持高质量共建"一带一路"八项行动水利任务落实，积极推进"小而美"民生水利项目。

**（八）纵深推进全面从严治党。**坚定拥护"两个确立"，坚决做到"两个维护"，认真贯彻新时代党的建设总要求，落实党的二十大及二十届中央纪委三次全会部署，压紧压实水利系统各级党组织管党治党政治责任，坚定不移推进全面从严治党，全面提升党的建设质量，以高质量党建引领保障水利高质量发展。

**强化政治引领。**坚持"第一议题"制度，坚持不懈用习近平新时代中国特色社会主义思想凝心铸魂，坚定不移践行习近平总书记治水思路和关于治水重要论述精神，持续巩固深化主题教育成果，不断提高政治判断力、政治领悟力、政治执行力，贯彻执行党中央方针政策和工作部署不打折、不变通、不走样。推进政治机关建设，积极开展模范机关创建。严明政治纪律和政治规矩，严肃党内政治生活，严格执行民主集中制和重大事项请示报告制度。持续深化中央巡视整改和审计整改。全面落实意识形态工作和国家安全工作责任制。

**全面增强党组织政治功能和组织功能。**坚持大抓基层的鲜明导向，坚持党建和业务深度融合，深入推进党支部标准化规范化建设，深化"四强"党支部创建，加强党员教育管理监督，充分发挥党支部战斗堡垒作用和党员先锋模范作用。统筹抓好工会、共青团、妇女、统战、双拥、侨联等工作。

**培养造就高素质水利干部人才队伍。**坚持党管干部原则，坚持选人用人正确导向，突出把好政治关、廉洁关，努力建设忠诚干净担当、堪当水利高质量发展重任的高素质专业化水利干部队伍。持续加强领导班子建设，选好配强"一把手"，增强班子整体功能。健全优秀年轻干部培养选拔常态化工作机制。完善考核评价体系，激励干部敢担当、勇作为。加快建设水利战略人才力量，实施卓越水利工程师培养工程，加强水利青年科技人才、高技能人才队伍建设。完善人才激励政策体系，让水利事业激励水利人才，让水利人才成就水利事业。

**持之以恒正风肃纪反腐。**深入贯彻习近平总书记关于党的自我革命的重要思想，以永远在路上的坚韧和执着，精准发力、持续发力，以零容忍态度坚决查处"靠水吃水"腐败问题，坚决打赢反腐败斗争攻坚战持久战。常态长效深化落实中央八项规定及其实施细则精神，持续深化纠治"四风"特别是形式主义、官僚主义。坚持党性党风党纪一起抓，以学习贯彻新修订的纪律处分条例为契机，全面加强纪律建设，以案为鉴抓好纪律教育、警示教育，强化水利基础设施建设和招投标、水利资金管理使用、水利建设市场资质管理等重点领域廉政风险防控，加强新时代廉洁文化建设，一体推进不敢腐、不能腐、不想腐，涵养新时代水利人的浩然正气。

加快推进水文化建设，保护、传承、弘扬中华优秀水文化，改进创新水利精神文明建设工作。扎实做好综合政务、财务审计、监督管理、水库移民、离退休干部、后勤保障等工作。凝聚推动新阶段水利高质量发展的智慧和力量。

（编者注：本文选自水利部部长李国英2024年1月11日在全国水利工作会议上的讲话）

# 扎实推动水利高质量发展

## 李国英

党的十八大以来,习近平总书记站在实现中华民族永续发展的战略高度,亲自谋划、亲自部署、亲自推动治水事业,就治水发表了一系列重要讲话、作出了一系列重要指示批示,开创性提出"节水优先、空间均衡、系统治理、两手发力"的治水思路,形成了科学严谨、逻辑严密、系统完备的理论体系,系统回答了新时代为什么做好治水工作、做好什么样的治水工作、怎样做好治水工作等一系列重大理论和实践问题,为推进新时代治水提供了强大思想武器。

党的二十大擘画了全面建设社会主义现代化国家、以中国式现代化全面推进中华民族伟大复兴的宏伟蓝图。新时代新征程,水利工作面临新形势、肩负新使命、承担新任务。我们要结合深入开展学习贯彻习近平新时代中国特色社会主义思想主题教育,坚持学思用贯通、知信行统一,把习近平新时代中国特色社会主义思想转化为坚定理想、锤炼党性和指导实践、推动工作的强大力量,扎实推动水利高质量发展,为全面建设社会主义现代化国家、全面推进中华民族伟大复兴提供有力的水安全保障。

## 一、坚持不懈用习近平新时代中国特色社会主义思想凝心铸魂

坚持用马克思主义中国化时代化最新成果武装全党、指导实践、推动工作,是我们党创造历史、成就辉煌的一条重要经验。习近平新时代中国特色社会主义思想是当代中国马克思主义、二十一世纪马克思主义,是中华文化和中国精神的时代精华,实现了马克思主义中国化时代化新的飞跃,为新时代党和国家事业发展提供了根本遵循。

党的十八大以来,在习近平新时代中国特色社会主义思想特别是习近平总书记关于治水的重要论述指引下,我国水旱灾害防御能力实现整体性跃

升，农村饮水安全问题实现历史性解决，水资源利用方式实现深层次变革，水资源配置格局实现全局性优化，江河湖泊面貌实现根本性改善，水利治理能力实现系统性提升。新时代十年，是我国水利事业发展取得巨大成就的十年，在中华民族治水史上具有里程碑意义。这些成绩的取得，根本在于有习近平总书记作为党中央的核心、全党的核心掌舵领航，在于有习近平新时代中国特色社会主义思想科学指引。

新征程上，我们要坚持以习近平新时代中国特色社会主义思想为指导，坚持"节水优先、空间均衡、系统治理、两手发力"的治水思路，全面贯彻落实习近平总书记关于治水的重要论述精神，坚定不移推动水利高质量发展，确保水利工作始终沿着习近平总书记指引的方向前进。进一步深刻领悟"两个确立"的决定性意义，增强"四个意识"、坚定"四个自信"、做到"两个维护"，不断提高政治判断力、政治领悟力、政治执行力，在思想上政治上行动上同以习近平同志为核心的党中央保持高度一致。深刻领会习近平总书记关于治水的重要论述的核心要义，准确把握蕴含其中的世界观和方法论，坚持好、运用好贯穿其中的立场观点方法，坚决扛起新时代治水政治责任。牢记"国之大者"，提高政治站位，完善党中央重大决策部署落实机制，担当作为、埋头苦干，坚定不移把党中央决策部署落到实处，向党和人民交出水利高质量发展的优异答卷。

## 二、加快构建现代化水利基础设施体系

习近平总书记在党的二十大报告中指出，高质量发展是全面建设社会主义现代化国家的首要任务，明确提出优化基础设施布局、结构、功能和系统集成，构建现代化基础设施体系。水利是实现高质量发展的基础性支撑和重要带动力量。适度超前开展水利基础设施建设，不仅能为经济社会发展提供有力的水安全保障，而且可以有效释放内需潜力，发挥投资乘数效应，增强国内大循环内生动力和可靠性，具有稳增长、调结构、惠民生、促发展的重要作用。党的十八大以来，习近平总书记多次考察三峡工程、南水北调工程等重大水利工程，研究部署全面加强水利基础设施建设，擘画国家水网建设。水利部门认真贯彻落实，一批重大战略性水利工

程开工建设，我国水资源统筹调配能力、供水保障能力、战略储备能力进一步增强。2022年，我国完成水利建设投资历史性地迈上万亿元台阶，水利基础设施建设规模、强度、投资、吸引金融资本和社会资本等均创新中国成立以来最高纪录。

新征程上，要坚持以推动高质量发展为主题，完整、准确、全面贯彻新发展理念，面向建成社会主义现代化强国目标，坚持近期、中期、远期系统规划，做好战略预置，前瞻性谋划推进一批战略性水利工程，加快优化水利基础设施布局、结构、功能和系统集成，建设"系统完备、安全可靠，集约高效、绿色智能，循环通畅、调控有序"的国家水网，强化对国家重大战略和经济社会高质量发展的支撑保障。具体来说，要着力加快建设国家水网主骨架大动脉，根据国家重大战略新要求、水资源供需新形势、工程功能定位新变化、生态环境保护新理念，抓紧完成南水北调工程总体规划修编；准确把握东线、中线、西线三条线路各自特点，扎实推进南水北调后续工程高质量发展；完善南水北调工程风险防范长效机制，确保工程安全、供水安全、水质安全。按照国家水网总体布局，立足国家重大战略部署和区域水安全保障需求，有序推进区域水网规划建设，加快推进一批重大引调水工程和重点水源工程建设；围绕建设农业强国、实施新一轮千亿斤粮食产能提升行动，加快编制全国农田灌溉发展规划，推进大中型灌区续建配套与现代化改造，夯实粮食安全水利基础和保障。完善省市县水网体系，加快推进省级水网规划建设，做好省市县级水网的合理衔接，构建互联互通、联调联控的网络格局；高质量推进省级水网先导区建设，有序推进市县级水网建设；因地制宜完善农村供水工程网络，切实提高农村供水保障水平。

## 三、增强水利科技创新支撑引领能力

党的二十大报告指出，必须坚持科技是第一生产力、人才是第一资源、创新是第一动力，开辟发展新领域新赛道，不断塑造发展新动能新优势。党的十八大以来，习近平总书记对深入实施科教兴国战略、人才强国战略、创新驱动发展战略作出一系列重大决策部署，对提升流域设施数字化、网络化、智能化水平提出明确要求。经过多年努力，我国水利科技创新取得长足发展，并跑、领跑领域进一步扩大，水利高层次人才总量不断增加，但水利科技创新能力仍需加快提升。当前，新一轮科技革命和产业变革加速演进，各种新技术新运用不断涌现。推动水利高质量发展，比以往任何时候都更需要科技创新的支撑引领、科技人才的智慧力量。

新征程上，水利科技创新要坚持面向世界科技前沿、面向经济主战场、面向国家重大需求、面向人民生命健康，认真落实创新驱动发展战略，实现水利领域高水平科技自立自强。按照"需求牵引、应用至上、数字赋能、提升能力"的要求，统筹建设数字孪生流域、数字孪生水网、数字孪生工程，持续推进水利智能业务应用体系建设，构建具有预报、预警、预演、预案功能的数字孪生水利体系。以国家战略需求为导向，集聚力量进行原创性引领性水利科技攻关，加强水利科学基础研究，强化水利科技创新平台建设，提高水利科技成果转化和产业化水平。持续深化人才发展体制机制改革，抓好青年人才培养使用，集聚一批具有国际水平的水利科技人才、科技领军人才和高水平创新团队，建设一支规模宏大、结构合理、充满活力的水利人才队伍，让水利事业激励水利人才，让水利人才成就水利事业。

## 四、提升水利体制机制法治能力和水平

党的二十大报告指出，必须更好发挥法治固根本、稳预期、利长远的保障作用，在法治轨道上全面建设社会主义现代化国家；深入推进改革创新，着力破解深层次体制机制障碍。完善的法治、健全的体制机制是推进治理体系和治理能力现代化的有效保障。党的十八大以来，习近平总书记多次对完善治水管水体制机制法治提出要求、作出部署，强调要完善流域管理体系，完善跨区域管理协调机制；健全湖泊执法监管机制；加强流域内水生态环境保护修复联合防治、联合执法。近年来，依法治水管水取得重要进展，长江保护法、黄河保护法、地下水管理条例等重要法律法规出台，水利投融资改革取得重大突破，用水权市场化交易改革加快推进。

新征程上，我们要坚持目标导向、问题导向，进一步破除体制性障

碍、打通机制性梗阻、推出政策性创新，提升水利治理能力和水平。完善水利法治体系，全力抓好长江保护法、黄河保护法等学习宣传贯彻，加快配套制度建设，健全涉水法律法规制度体系，强化水行政执法与刑事司法衔接、水行政执法与检察公益诉讼协作等机制落地见效，开展重点领域专项执法，扎实推进依法行政，不断提升运用法治思维和法治方式解决水问题的能力和水平。强化流域治理管理，坚持流域系统观念，强化流域统一规划、统一治理、统一调度、统一管理，健全流域规划体系，推进流域协同保护治理，实施流域控制性水工程联合调度、统一调度，推进上下游、左右岸、干支流联防联控联治。深化重点领域改革攻坚，坚持"两手发力"、多轮驱动，在创新多元化投融资模式、更多运用市场手段和金融工具上取得新突破，完善水利工程供水价格形成机制，积极稳妥推进农业水价综合改革。

### 五、强化江河湖库生态保护治理

习近平总书记在党的二十大报告中指出，尊重自然、顺应自然、保护自然，是全面建设社会主义现代化国家的内在要求，明确提出统筹水资源、水环境、水生态治理，推动重要江河湖库生态保护治理。我国众多的江河湖泊哺育了世世代代的人民、滋养了悠久深厚的中华文明。习近平总书记一直牵挂祖国的江河山川，先后在长江上游、中游、下游召开座谈会，从源头到入海口深入考察黄河，部署了长江经济带发展、黄河流域生态保护和高质量发展，确立了国家"江河战略"。我国河长制湖长制已全面建立，一大批长期积累的河湖生态环境突出问题得到有效解决，越来越多的河流恢复生命、越来越多的流域重现生机。特别是近年来，通过实施母亲河复苏行动，永定河、潮白河、滹沱河等一批断流多年的河流恢复全线通水，京杭大运河实现百年来首次全线贯通，白洋淀生态水位达标率达到100%，华北地区大部分河湖实现了有流动的水、有干净的水。

新征程上，我们要牢固树立和践行绿水青山就是金山银山的理念，从流域系统性出发，坚持山水林田湖草沙一体化保护和系统治理，统筹上下游、左右岸、干支流，推动河湖生态环境持续复苏，维护河湖健康生命。

全面实施母亲河复苏行动，健全河湖生态保护标准，全面开展河湖健康评价，持续开展京杭大运河贯通补水、华北地区河湖夏季集中补水和常态化补水，继续开展西辽河流域生态调度，逐步恢复西辽河全线过流。加大河湖保护治理力度，加强重要河湖生态保护修复，推进"河湖长+"部门协作机制，严格水域岸线空间管控，重拳出击整治侵占、损害河湖乱象，持续推进农村水系综合整治。强化地下水超采综合治理，统筹"节、控、换、补、管"措施，巩固拓展华北地区地下水超采综合治理成效，在重点区域探索实施深层地下水回补，加大重点区域地下水超采综合治理力度。推进水土流失综合防治，加大水土流失严重区域治理力度，在黄土高原多沙粗沙区特别是粗泥沙集中来源区加快实施淤地坝、拦沙坝建设，推进坡耕地治理和生态清洁小流域建设，加快建立水土保持新型监管机制。

## 六、推进水资源节约集约利用

习近平总书记在党的二十大报告中指出，推动经济社会发展绿色化、低碳化是实现高质量发展的关键环节，明确提出实施全面节约战略，推进各类资源节约集约利用。党的十八大以来，习近平总书记多次就节水工作作出重要论述，强调节水工作意义重大，对历史、对民族功德无量，从观念、意识、措施等各方面都要把节水放在优先位置。我国水资源时空分布极不均衡，人均水资源占有量仅为世界平均水平的28%，水资源短缺是制约经济社会发展的重要因素。加快水资源利用方式根本转变，全面提升水资源利用效率，是实施全面节约战略的重要内容。近年来，国家节水行动、水资源消耗总量和强度双控行动加快实施，国家用水定额体系、水资源监测体系不断完善，全国用水总量基本保持平稳。我国以占全球6%的淡水资源养育了世界近20%的人口，创造了世界18%以上的经济总量。

新征程上，我们要坚持节水优先方针，全方位贯彻以水定城、以水定地、以水定人、以水定产的原则，建立健全节水制度政策，精打细算用好水资源，从严从细管好水资源，不断推进水资源节约集约利用，推动经济社会发展全面绿色转型。具体来说，要深入实施国家节水行动，以农业节水增效、工业节水减排、城镇节水降损为重点方向，持续推动全社会节水。建立水资源刚性约束制度，严格水资源论证和取水许可管理，加快取水监测计量体系建设，强化水资源管理考核。健全完善节水支持政策，加快初始用水权分配，大力推广合同节水管理，引导金融和社会资本投入节水领域。

## 七、坚决守住水旱灾害防御底线

习近平总书记在党的二十大报告中指出，必须坚定不移贯彻总体国家安全观，把维护国家安全贯穿党和国家工作各方面全过程，明确提出提高防灾减灾救灾和重大突发公共事件处置保障能力。水安全是国家安全的重要组成部分，是生存发展的基础性问题。党的十八大以来，习近平总书记明确提出"两个坚持、三个转变"防灾减灾救灾理念，每当防汛抗旱紧要关头都会作出重要指示批示，反复强调要把保障人民群众生命财产安全放在第一位，提升水旱灾害应急处置能力。近年来，在党中央坚强领导下，我们成功战胜了大江大河大湖多次严重洪涝干旱灾害。2022年成功抗御珠江流域性较大洪水和北江1915年以来最大洪水、长江流域1961年有完整实测资料以来最严重长时间气象水文干旱和长江口咸潮入侵等历史罕见、交叠并发的洪水、干旱、咸潮灾害，全年因洪涝死亡失踪人数为新中国成立以来最低，大旱之年实现供水无虞、粮食丰收。

新征程上，我们要更好统筹发展和安全，坚持人民至上、生命至上，坚持安全第一、预防为主，增强风险意识、忧患意识，树牢底线思维、极限思维，加快完善以水库、河道及堤防、蓄滞洪区为主要组成的流域防洪工程体系，提升水旱灾害防御能力。具体来说，要加快完善流域防洪工程体系，加快推进具有流域洪水控制性的重大工程建设，开展大江大河大湖堤防达标建设3年提升行动，强化蓄滞洪区安全建设与运行管理。加快补齐防御短板，加强水文现代化建设，构建气象卫星和测雨雷达、雨量站、水文站组成的雨水情监测"三道防线"，加强水库除险加固、安全鉴定、日常维护、安全保障各环节工作，突出抓好山洪灾害防御。抓早抓细抓实灾害防御，锚定"人员不伤亡、水库不垮坝、重要堤防不决口、重要基础设施不受冲击"和确保城乡供水安全目标，贯通雨情、汛情、旱情、灾情

"四情"防御，落实预报、预警、预演、预案"四预"措施，绷紧"降雨—产流—汇流—演进""流域—干流—支流—断面""总量—洪峰—过程—调度""技术—料物—队伍—组织"四个链条，紧盯每一场洪水、每一场干旱，筑牢守护人民群众生命财产安全防线。

（编者注：原文刊载于《求是》2023年第8期）

# 强化依法治水　携手共护母亲河

## ——写在黄河保护法施行和 2023 年
## "世界水日""中国水周"之际

李国英

3月22日是第三十一届"世界水日",第三十六届"中国水周"的宣传活动同步开启。联合国确定今年"世界水日"的主题是"加速变革"。结合黄河保护法将自今年4月1日起施行,我国纪念今年"世界水日""中国水周"的活动主题是"强化依法治水　携手共护母亲河"。

黄河是中华民族的母亲河。习近平总书记指出:"保护黄河是事关中华民族伟大复兴的千秋大计。黄河流域生态保护和高质量发展,同京津冀协同发展、长江经济带发展、粤港澳大湾区建设、长三角一体化发展一样,是重大国家战略。"党的十八大以来,习近平总书记从实现中华民族永续发展的战略高度,明确提出"节水优先、空间均衡、系统治理、两手发力"治水思路,亲自谋划、亲自部署、亲自推动黄河流域生态保护和高质量发展重大国家战略,指引黄河保护治理取得历史性成就、发生历史性变革。水利部门防御了新中国成立以来最大秋季大洪水,确保了人民群众生命财产安全;坚持不懈实施调水调沙,下游河道主河槽行洪能力不断提升;实施水资源消耗总量和强度双控,维护了黄河健康生命;全面加强水土流失综合防治,水土流失实现面积和强度"双下降";持续向黄河三角洲生态补水,河口湿地生态系统稳定向好,生物多样性明显增加。

黄河保护法以水为核心、河为纽带、流域为基础,统筹上下游、干支流、左右岸,更加注重保护治理的系统性、整体性、协同性,以黄河流域存在的突出困难和问题为导向,明确了一系列针对性、保障性、约束性的制度措施,为推动黄河流域生态保护和高质量发展提供了坚实的法治保障，在中华民族黄河治理史上具有重要里程碑意义。我们要深刻领会黄河保护法的立法意图、核心要义、实践要求，将宣传贯彻黄河保护法与全面学习、全面把握、全面落实党的二十大精神结合起来，坚决履行好法定职责，在法治轨道上有力有效做好黄河流域生态保护和高质量发展各项水利工作。

一是抓紧抓好学习宣传和配套制度建设。抓住关键时间节点，创新方式方法，加大宣传和普法力度，让黄河保护法"家喻户晓"，推动尊法学法守法用法成为习惯和自觉。对照黄河保护法，全面梳理配套制度建设要求，坚持突出重点，加快制定取水许可、强制性用水定额、水沙统一调度等系列配套制度，推进黄河保护法明确的规划、标准、目录、名录、方案制定，推动法律制度规范衔接有序、协调统一。

二是完善黄河保护治理水利规划体系。黄河保护法坚持流域"一盘棋"，明确建立以国家发展规划为统领，以空间规划为基础，以专项规划、区域规划为支撑的黄河流域规划体系，要求依法编制黄河流域综合规划、水资源规划、防洪规划。要坚持问题导向，坚持系统观念，做好黄河流域相关规划实施情况评估和修订工作，抓紧推进各专项规划和方案编制，切实发挥好规划的指导、约束作用，为节约、保护、开发、利用水资源和防治水害等工作提供强有力支撑。

三是强化黄河水沙调控和防洪安全。黄河保护法聚焦洪水风险这个最大威胁，紧紧抓住水沙关系调节这个"牛鼻子"，对建设水沙调控和防洪减灾工程体系、完善水沙调控和防洪防凌调度机制、加强水文和气象监测预报预警等作出了全面规定。要加快建设以水库、河道及堤防、蓄滞洪区为主要组成的流域防洪工程体系。完善水沙调控体系和方案，实施干支流水库群联合统一调度。编制完善黄河防御洪水方案、洪水调度方案、防凌调度方案，强化流域统一调度。健全气象卫星和测雨雷达、雨量站、水文站组成的雨水情监测"三道防线"，构建预报、预警、预演、预案体系。制定完善黄河滩区名录，实施河道和滩区综合治理。加强河道、湖泊和骨干水库库区管理，确保防洪安全。

四是促进黄河水资源节约集约利用。黄河保护法针对黄河流域水资源短缺这个最大矛盾，对用水总量控制、强制性用水定额、水资源配置工程建设等作出了全面规定。要坚持以水定城、以水定地、以水定人、以水定产，强化水资源刚性约束，精打细算用好水资源，从严从细管好水资源。落实取用水总量和强度控制制度，适当优化黄河水量分配方案，健全省、市、县三级行政区用水总量和强度管控指标体系。严格水资源论证和取水许可管理，落实强制性用水定额管理制度，根据水资源承载能力实施水资源差别化管理。打好黄河流域深度节水控水攻坚战，强化农业节水增效、工业节水减排、城镇节水降损。深化水价改革，开展用水权市场化交易，加强合同节水管理、水效标识等机制创新，完善节水支持政策。科学论证、规划和建设跨流域调水和重大水源工程，加快实施国家水网重大工程，不断完善流域水资源配置格局。

五是加强黄河流域水生态保护修复。黄河保护法针对黄河流域生态环境脆弱等问题，对水源涵养、水土保持、河口整治、生态流量等作出了全面规定。要从黄河流域生态环境系统性和完整性出发，坚持山水林田湖草沙综合治理、系统治理、源头治理，分区分类推进生态环境保护修复。加强水源涵养区保护，加大黄河干支流源头保护力度。抓好重点区域水土流失防治，实施水土保持重点工程，严格生产建设活动水土流失监督管理。加强河口生态保护与修复，保障入海河道畅通和河口防洪防凌安全。强化生态流量和生态水位管控，开展地下水超采综合治理，修复流域水生态。

六是提升流域治理管理能力和水平。黄河保护法对建立统筹协调机制、加强协作、促进高质量发展等作出了全面规定。要增强流域意识，充分发挥流域管理机构作用，强化流域统一规划、统一治理、统一调度、统一管理，为黄河流域统筹协调机制相关工作提供支撑保障。加强黄河保护治理重大科技问题研究，加快建设数字孪生黄河，提升流域治理管理数字化、网络化、智能化水平。加大执法力度，深入推进水行政执法与刑事司法衔接、水行政执法与检察公益诉讼协作机制落地见效，加强跨区域联动、跨部门联合执法，依法严厉打击各类水事违法行为。

向着新目标，奋楫再出发。让我们更加紧密地团结在以习近平同志为核心的党中央周围，踔厉奋发、久久为功，扎扎实实推动黄河保护法落地见效，让母亲河永葆生机。

（编者注：原文刊载于《人民日报》2023 年 3 月 22 日 16 版）

# 大力推进节水产业创新发展

李国英

## 一、我国节水产业发展现状

党的十八大以来，水利部认真贯彻落实习近平总书记"节水优先、空间均衡、系统治理、两手发力"治水思路，深入实施国家节水行动，全社会水资源利用效率、效益持续提升。2022 年与 2012 年相比，万元国内生产总值用水量、万元工业增加值用水量分别下降 46.5%、60.4%。目前，我国节水产业初具规模，涵盖农业节水灌溉、工业废水处理、生活节水器具、管网漏损控制、污水再生利用、海水淡化、智慧节水等领域，基本形成了从研发设计、产品装备制造到工程建设、服务管理的全产业链条。其中，节水服务管理又延伸出节水运营、技术、信息、金融等多个方向。

一是强化科技创新驱动，积极推进农业节水增效、工业节水减排、城镇节水降损等领域节水科技创新和技术推广，大力支持节水产品、技术、装备研发，遴选发布 160 项国家成熟适用节水技术，公布 219 项国家鼓励的工业节水工艺、技术和装备，涵盖 14 个主要用水行业。

二是坚持"两手发力"，建立健全用水权交易制度体系，培育和发展用水权交易市场，持续推动水利工程供水价格改革、农业水价综合改革等重点领域改革，倒逼提升节水实效。

三是推进节水机制创新，推行水效标识制度，推动将节水认证纳入统一绿色产品认证标识体系，实施水效领跑者引领行动。2019 年至 2022 年共遴选发布 271 家水效领跑者。大力推广合同节水管理，"十三五"以来推动全国实施合同节水管理项目 559 项，吸引社会资本 84.6 亿元，节水量约 3.48 亿 $m^3$。

## 二、节水产业发展面临的难点和堵点

党的二十大对"推动绿色发展，促进人与自然和谐共生"作出全面部署，强调要实施全面节约战略，推进各类资源节约集约利用。对照高质量发展要求，有些行业和地区用水效率不高，节水产业发展仍面临不少难点和堵点。

一是内生动力不够强，有利于促进水资源节约集约利用的水价形成机制尚未完全建立，市场主导的投资内生增长机制尚不健全，节水领域民间投资活力还需进一步激发。

二是行业竞争力不足，我国节水企业总体呈现小、少、散的特点，具有社会广泛认知度、品牌影响力和规模优势的龙头节水企业较少。

三是技术创新能力偏弱，节水技术研发投入相对不足，与新一代信息技术、生物技术、新材料技术的融合发展尚不充分，节水设备成套化、系列化、标准化水平较低，节水产品技术含量和整体质量与国际先进水平相比还有不小差距。

## 三、推动节水产业创新发展的工作思路

水利部将坚持节水优先方针，坚持政府作用和市场机制"两只手"协同发力，全面推进理念、制度、技术、模式创新，健全节水政策体系和标准体系，构建节水市场调节机制和技术支撑体系，推动节水产业高质量发展。

一是理念创新。深化对经济规律、自然规律、生态规律认识，树牢节水优先理念，聚焦农业、工业、城镇节水，统筹生产、生活、生态用水，探索智慧节水、深度节水、精细节水路径，为节水产业发展拓展新思路、开辟新领域。

二是制度创新。强化水资源刚性约束，完善用水定额、计划用水、节水评价等制度，健全节水激励机制，推动出台财政、税收、金融信贷等节水支持政策，引导金融和社会资本积极投入节水产业。

三是技术创新。推进产学研用相结合的节水技术创新体系建设，加强

节水关键技术、重大装备研发，加强新一代信息技术与节水技术、管理及产品深度融合，加大先进适用节水技术、工艺、装备推广力度，推动实施重大节水技术装备产业化工程，培育一批自主创新水平高、带动能力强的节水骨干企业。

四是模式创新。在公共机构、公共建筑、高耗水工业、高耗水服务业、农业灌溉、供水管网漏损控制等领域大力推广合同节水管理，推广"节水贷"等绿色信贷支持节水产业发展的金融服务模式，借力多元化模式创新为节水产业发展注入新动能。

（编者注：本文选自新华社北京 2023 年 11 月 16 日电《大力推进节水产业创新发展——水利部部长李国英谈发展节水产业》）

# 《深入学习贯彻习近平关于治水的重要论述》公开出版发行

## 水利部办公厅

党的十八大以来，习近平总书记站在实现中华民族永续发展的战略高度，亲自擘画、亲自部署、亲自推动治水事业，发表了一系列重要讲话，作出了一系列重要指示批示，明确了"节水优先、空间均衡、系统治理、两手发力"治水思路，确立了国家"江河战略"，谋划了国家水网等重大水利工程，提出了一系列新理念新思路新战略。习近平总书记关于治水的重要论述，系统回答了新时代为什么要做好治水工作、做好什么样的治水工作、怎样做好治水工作等一系列重大理论和实践问题，具有很强的政治性、思想性、理论性，为新时代治水指明了前进方向、提供了根本遵循。

为深入学习、研究和阐释习近平总书记关于治水的重要论述，更好地指导我国治水实践，水利部党组专门成立编委会，编写出版《深入学习贯彻习近平关于治水的重要论述》（以下简称《重要论述》）。部党组高度重视，部长亲自部署、亲自推动，审定书稿并为本书作序。各参编单位合力攻坚，按照"深入学习、深刻领悟，专业解读、精准表达，系统思维、辩证考量，精益求精、最高质量"的原则全力推进编写工作，力求全面、深入、系统地研究和解读习近平总书记关于治水的重要论述精神。

一是深刻阐释习近平总书记关于治水重要论述的科学体系。深入研究习近平总书记关于治水重要论述的丰富内涵、精神实质、核心要义、实践要求，把握好世界观、方法论和贯穿其中的立场观点方法，融汇贯通、学以致用，全面展现习近平总书记关于治水重要论述的科学体系、精髓实质和历史意义、理论意义、实践意义。

二是聚焦探究习近平总书记关于治水重要论述的战略部署。系统梳理和深入挖掘习近平总书记关于治水重要论述蕴含的科学思想体系、原创性理论贡献和战略性部署要求，以《重要论述》引导各级水利部门和广大水利干部职工统一思想、统一意志、统一行动，推动水利事业坚定不移地沿着习近平总书记指引的方向前进。

三是全面展示习近平总书记关于治水重要论述的生动实践。全方位展现习近平总书记关于治水重要论述指引我国水利事业取得的历史性成就、发生的历史性变革，全方位呈现水利部门对标对表、不折不扣贯彻落实习近平总书记关于治水重要论述的工作谋划、重要举措、实践创新、突出亮点。

四是大力推动习近平总书记关于治水重要论述的广泛传播。在忠实反映习近平总书记关于治水重要论述精神基础上，坚持理论性与实践性相统一、系统性与具体性相统一、思想性与可读性相统一，有效衔接人民群众实际生产生活，推动习近平总书记关于治水重要论述在水利系统、在全党全社会广大干部群众中更加广泛地传播，凝聚全党全社会团结治水的强大合力。

2023年7月，《重要论述》由人民出版社出版，在全国公开发行。全书24.8万字，由"序言+总论+11个主题+后记"四大部分组成，分专题阐述了习近平总书记关于治水重要论述的时代背景、思想脉络、重大意义、丰富内涵、精神实质、实践要求。

王 凯 毕鹏飞 张岳峰 执笔

唐 亮 王 鑫 审核

# 中国水利代表团出席 2023 年联合国水大会

## 水利部国际合作与科技司

2023 年联合国水大会于 3 月 22—24 日在纽约联合国总部举行，是近 50 年来联合国召开的规格最高、影响力最大的涉水专题会议，在国际社会引发高度关注和热烈反响。大会议程十分密集，3 天时间共举行 6 场全体会议、5 场互动对话会、4 场特别会议和 500 多场边会，来自 200 多个国家和国际组织的近万余名代表参会。大会主要成果为大会报告和《水行动议程》，号召全体成员国和利益相关方形成合力，作出具备实用性、可操作性、可推广的自愿承诺。

经国务院批准，水利部部长李国英率中国水利代表团出席大会开幕式，在全体会议上做一般性辩论发言，并向全球提出四点治水倡议：一是保障人人享有安全饮水的基本权利；二是充分认识淡水资源的有限性和不可替代性；三是尊重自然界河流生存的基本权利，把河流视作生命体，建构河流伦理；四是充分发挥联合国机构作用，为各国政府、国际组织、智库、社会组织等发挥各自优势参与应对全球气候变化提供交流合作平台。李国英部长还与欧盟副主席舒伊察主持"水与可持续发展"互动对话，会见 17 位有关国家部长和国际组织领导人，出席多场重要高级别边会。我国向大会提交了 28 项《水行动议程》自愿承诺。

出席水大会期间，代表团认真贯彻习近平外交思想和习近平生态文明思想，积极服务外交工作大局，全面深度参与水大会各项议程，充分展现中国负责任大国的国际形象，广泛与各有关国家部门及国际组织深入交流，积极引导有关各方在习近平总书记全球发展倡议、全球安全倡议、全球文明倡议引领下，深化务实合作，推动全球水治理变革。

在本次会议上，中方提出的观点受到了各方的热烈响应。联合国有关机构和国际组织认为中国在保障饮水安全、水资源节约集约利用、河湖保护方面为世界作出了突出贡献，支持"充分发挥联合国机构作用"这一倡议，愿意与中国围绕2030年可持续议程水目标深入合作。巴基斯坦、印度尼西亚、哈萨克斯坦、葡萄牙等多国水主管部门负责人认为中国提出的"尊重自然界河流生存的基本权利""建构河流伦理"是中国为世界贡献的又一珍贵治水智慧。世界水理事会、亚洲开发银行等也积极支持"充分发挥联合国机构作用"这一倡议，愿意与中国围绕可持续发展议程涉水目标深入合作，通过各类科研交流与务实项目，推动在更大范围内实现水资源的可持续管理。美国学者认为中国四点倡议极具启发性，尤其赞同建构河流伦理、维护河流健康生命的理念。

我国深度参与此次联合国水大会取得了良好的成效，习近平总书记"节水优先、空间均衡、系统治理、两手发力"治水思路为全球水治理贡献了中国智慧，中国治水制度和理念创新成果以及政府集中力量办大事的能力深受发展中国家推崇，中国水利建设的显著成就和经验做法得到国际社会的普遍认可和广泛赞誉。

池欣阳　沈可君　高雅祺　执笔

金　海　李　戈　审核

# 第 18 届世界水资源大会成功举办

水利部水资源管理司　水利部国际合作与科技司

水利部水利水电规划设计总院

由水利部和国际水资源学会联合举办的第 18 届世界水资源大会于 2023 年 9 月 11—15 日在北京召开。本届大会是世界水资源大会首次在中国召开，全球高度瞩目。据统计，本届大会参会国家共 83 个（含中国）、国际组织 37 个以及涉水学术组织机构 822 个。水利部及各流域管理机构、各省（自治区、直辖市）水利（水务）厅（局）均派员参加了会议。

在 5 天会期内，围绕大会主题"水与万物：人与自然和谐共生"和 6 个分主题，共召开会议 129 场，特邀 37 位行业权威专家开展研讨，会期内共进行 751 个学术报告，通过海报展示学术论文 278 篇。

大会举办了大规模的展览。展区总面积约 12000 $m^2$，共有 87 家单位参展，其中来自法国、加拿大、挪威、韩国、印度尼西亚、马来西亚等国的国际展商及国际组织 16 家，国内展商 71 家。展区专门设置了"中国水利高质量发展"主题成就展，采用图片、文字、图表、实体模型、视频、多媒体互动等方式全面展示了中国治水理念与成就。

大会主要取得了五个方面成果：一是中国治水思路为全球水治理贡献了中国智慧；二是中国治水实践与成就为全球水治理提供了中国经验；三是水利多双边合作水平得到全面提升；四是全球水利专家充分交流学术科技成果；五是《北京宣言》形成全球水治理共识。

大会受到了国内外一致广泛好评。来自多个国家和国际组织的专家高度赞誉中国治水智慧、治水方案、治水经验，认为值得向全球分享和推广。此外，本届大会得到中央与地方主要媒体和网络新媒体高度关注，营造了积极良好的舆论氛围。在水利部和各有关单位的共同努力下，大会取得了圆满成功，达到了预期效果，有力推动了习近平总书记"节水优先、空间均衡、系统治理、两手发力"治水思路国际主流化。

常　帅　刘　婷　执笔

于琪洋　齐兵强　审核

专栏四

# 2018—2022年水利发展主要指标

水利部规划计划司

| 指 标 名 称 | 单位 | 2018年 | 2019年 | 2020年 | 2021年 | 2022年 |
|---|---|---|---|---|---|---|
| 1. 耕地灌溉面积 | 万亩 | 102407 | 103019 | 103742 | 104414 | 105539 |
| 2. 除涝面积 | 万亩 | 36393 | 36795 | 36879 | 36720 | 36193 |
| 3. 水土流失治理面积 | 万 km² | 132 | 137 | 143 | 150 | 156 |
| 其中：本年新增面积 | 万 km² | 6.4 | 6.7 | 6.4 | 6.8 | 6.8 |
| 4. 万亩以上灌区 | 处 | 7881 | 7884 | 7713 | 7326 | — |
| 其中：30万亩以上 | 处 | 461 | 460 | 454 | 450 | — |
| 万亩以上灌区耕地灌溉面积 | 万亩 | 49986 | 50252 | 50457 | 53249 | — |
| 其中：30万亩以上 | 万亩 | 26698 | 26991 | 26733 | 26802 | — |
| 5. 水库总计 | 座 | 98822 | 98112 | 98566 | 97036 | 95296 |
| 其中：大型 | 座 | 736 | 744 | 774 | 805 | 814 |
| 中型 | 座 | 3954 | 3978 | 4098 | 4174 | 4192 |
| 总库容 | 亿 m³ | 8953 | 8983 | 9306 | 9853 | 9887 |
| 其中：大型 | 亿 m³ | 7117 | 7150 | 7410 | 7944 | 7979 |
| 中型 | 亿 m³ | 1126 | 1127 | 1179 | 1197 | 1199 |
| 6. 堤防长度 | 万 km | 31.2 | 32.0 | 32.8 | 33.1 | 33.2 |
| 保护耕地 | 万亩 | 62114 | 62855 | 63252 | 63288 | 62958 |
| 保护人口 | 万人 | 62837 | 67204 | 64591 | 65193 | 64284 |
| 7. 水闸总计 | 座 | 104403 | 103575 | 103474 | 100321 | 96348 |
| 其中：大型 | 座 | 897 | 892 | 914 | 923 | 957 |

续表

| 指 标 名 称 | 单位 | 2018 年 | 2019 年 | 2020 年 | 2021 年 | 2022 年 |
|---|---|---|---|---|---|---|
| 8. 水灾 | | | | | | |
|   受灾面积 | 万亩 | 9640 | 10020 | 10785 | 7140 | 5121 |
| 9. 旱灾 | | | | | | |
|   受灾面积 | 万亩 | 11096 | 13167 | 12528 | 6672 | 9135 |
|   成灾面积 | 万亩 | 5501 | 6270 | 6122 | 3416 | 4287 |
| 10. 农村水电装机容量 | 万 kW | 8044 | 8144 | 8134 | 8290 | 8063 |
|   全年发电量 | 亿 kW·h | 2346 | 2533 | 2424 | 2241 | 2360 |
| 11. 全年总供（用）水量 | 亿 m³ | 6016 | 6021 | 5813 | 5920 | 5998 |
| 12. 完成水利建设投资 | 亿元 | 6603 | 6712 | 8182 | 7576 | 10893 |

**注**  1. 本表不包括香港特别行政区、澳门特别行政区以及台湾地区的数据；

    2. 本表中堤防长度为 5 级及以上堤防的长度；

    3. 万亩以上灌区处数及灌溉面积按设计灌溉面积达到万亩以上进行统计；

    4. 农村水电的统计口径为装机容量 5 万 kW 及以下水电站。

张光锦 张 岚 杨 波 执笔

谢义彬 审核

# 水旱灾害防御篇

# 2023 年水旱灾害防御取得重大胜利

水利部水旱灾害防御司

2023 年，我国气候极端反常，部分地区暴洪急涝、旱涝急转、情势偏重，海河流域发生 60 年来最大流域性特大洪水，松花江流域部分支流发生超实测记录洪水，水旱灾害防御任务艰巨。各级水利部门坚决贯彻习近平总书记重要指示精神，按照党中央、国务院决策部署，坚持人民至上、生命至上，树牢底线思维、极限思维，坚决做到守土有责、守土负责、守土尽责，奋力夺取水旱灾害防御重大胜利。

## 一、汛情旱情

2023 年，全国累计面雨量 537 mm，较常年偏少 2%，海河、松花江、淮河、太湖、黄河流域降雨量较常年偏多一至二成，大江大河发生 4 次编号洪水，708 条河流发生超警以上洪水，其中 129 条超保证、49 条超历史实测记录，一些地方发生严重山洪灾害；全国旱情总体偏轻，局地发生阶段性干旱。主要呈现以下特点。

一是台风影响偏重，降雨时空高度集中。在"七下八上"防汛关键期，台风"杜苏芮"登陆后一路北上，7 月 28 日—8 月 1 日，华北地区遭遇罕见强降雨，北京市门头沟清水站累计点雨量达 1014.5 mm。8 月 1—5 日，强降雨区集中于松花江流域东南部，随后台风"卡努"呈罕见"之"字形路径登陆继续影响东北。9 月 7—8 日，受台风"海葵"影响，广东省深圳市、佛山市、肇庆市日雨量突破当地历史实测记录。

二是海河流域旱涝急转，发生流域性特大洪水。受海河流域 1963 年以来最强降雨过程影响，前期偏枯的大清河、子牙河、永定河在 12 h 内相继发生编号洪水，永定河发生 1924 年以来最大洪水。大清河水系拒马河都衙站流量 1 h 内从 600 m³/s 猛涨至 5500 m³/s，永定河卢沟桥枢纽流量 1.5 h 内从 1000 m³/s 猛涨至 4650 m³/s。

三是松花江支流汛情重，部分河流发生超保洪水。受强降雨影响，松花江、嫩江、第二松花江支流 96 条河流先后超警，其中拉林河、蚂蚁河全线发生超历史实测记录洪水。松花江干流发生编号洪水。黑龙江省五常市磨盘山、龙凤山两座水库出现超设计水位运行工况。

四是水利设施水毁损失重，山洪灾害多发突发。据初步统计，全国水利工程设施直接经济损失达 620 亿元，较近 3 年同期均值上升 32.3%，其中京津冀地区和闽粤桂地区损失分别达到 362 亿元和 82 亿元，占比分别为 58.4% 和 13.2%。受短时局地强降雨影响，四川省金阳县、汶川县及重庆市万州区等地发生严重山洪地质灾害。

五是旱情阶段性特征明显，部分地区旱情偏重。先后发生西南地区春旱、北方局地夏旱、西北地区伏秋旱。云南省 1—5 月降雨量为 1964 年以来同期最少，一度有 54 万人、16 万头大牲畜因旱饮水困难。甘肃省一度有 387 万亩耕地受旱，2.8 万人、5.6 万头大牲畜饮水困难。内蒙古自治区旱情程度重、持续时间长，一度有 4009 万亩耕地受旱、142 万头大牲畜饮水困难。

## 二、水旱灾害防御工作

针对严峻汛情旱情，各级水利部门始终把保障人民群众生命财产安全放在第一位，把防汛抗旱天职牢牢扛在肩上、落在实处，锚定"人员不伤亡、水库不垮坝、重要堤防不决口、重要基础设施不受冲击"和确保城乡供水安全目标，强化"四预"措施，贯通"四情"防御，绷紧"四个"链条，科学谋划、抓实抓细各项防御措施，成功抗御海河"23·7"流域性特大洪水和松花江流域性洪水，有效应对西南、西北部分地区 1961 年以来最严重干旱，实现各类水库无一垮坝、重要堤防无一决口、蓄滞洪区转移近百万人无一伤亡，最大限度保障了人民群众生命财产安全，最大限度减轻了灾害损失。

一是超前部署、充分准备。先后召开水旱灾害防御、水库安全度汛、山洪灾害防御等工作视频会议，逐流域召开防总会议提前安排部署，开展洪水调度和防御演练，选取历史典型洪涝灾害案例进行模拟实战、检验队伍。举办水旱灾害风险管理与水资源刚性约束网上专题班，针对性调训全国 3400 多名水旱灾害防御行政首长。部领导带队赴七大流域、重点区域、重点工程开展督导检查，针对发现的问题以"一省一单"督促整改。指导地方充分做好蓄滞洪区运用准备，组织做好运用预案修订完善、运用补偿基础数据更新、隐患排查等工作，确保蓄滞洪区及时有效运用。

二是靠前指挥、有力指导。密切监视雨情水情汛情旱情，逐日跟踪分析，滚动会商研判 155 次，会商意见直达相关地区防御一线，主汛期建立部长"周会商+场次会商"机制。国家防总副总指挥、水利部部长李国英多次率队赴松花江、嫩江、海河、淮河等流域，检查防汛备汛、现场会商研判、指挥调度部署。水利部启动水旱灾害防御应急响应 22 次，全系统派出工作组 5.56 万组（次）、23.86 万人（次）赶赴前线，协助指导地方做好水旱灾害防御工作；派出专家组 1.44 万组（次）、6.74 万人（次）提供防汛抢险技术支持，指导处置水利工程险情 7826 处。

三是"四预"当先、关口前移。强化预报预警预演预案"四预"措施，牢牢掌握防御工作主动权。各级水利部门滚动发布洪水预报 34.9 万次，山洪灾害预警 16.74 万次，启动预警广播 34.7 万次。首次应用水利部数字孪生平台，构建蓄滞洪区水动力学模型进行预演，有力支撑蓄滞洪区调度及防守决策。联合调度运用流域防洪工程体系，共下达调度指令 2.05 万道，4512 座（次）大中型水库投入调度运用、拦蓄洪水 603亿 m³，成功减淹城镇 1299 个（次），减淹耕地面积 1610 万亩，避免人员转移 721 万人（次）。

四是尽锐出击、鏖战洪水。在抗御海河"23·7"流域性特大洪水期间，8 天内共组织 7 次专题会商，逐河系超前部署、逐河系主动出击、逐河系科学防控。协同京津冀调度 84 座大中型水库拦洪超 28.5 亿 m³，调度北关、卢沟桥等关键枢纽有序分泄洪水，启用 8 处蓄滞洪区蓄洪滞洪 25.3亿 m³，确保了流域防洪安全。22 万多人巡堤查险，处置堤防险情 131 处，特别是面对白沟河左堤重大险情，果断决策，立即扩大右堤分洪，加固左堤堤防及外围围堰并封堵公路桥涵构筑"三道防线"，确保了雄安新区防洪安全。在抗御松花江流域洪水过程中，精细调度察尔森、尼尔基、丰满、白山、亮甲山、老龙口等骨干水库群拦洪削峰错峰，极大减轻了松花江流域防洪压力；果断实施工程抢护，及时消除磨盘山、龙凤山两座大型水库超设计水位重大险情。

五是汛旱并防、满蓄保供。强化流域统一调度，汛末全国水库蓄水较常年同期多蓄一成。长江流域成功实现汉江秋汛防御和汛后蓄水双胜利，三峡、丹江口水库达到满蓄水位，纳入长江流域联合调度水库群蓄水量达 1069 亿 m³，创历史新高；黄河流域干支流 10 座主要水库汛后蓄水量比 2022 年同期多蓄 50 亿 m³，为冬春城乡供水储备了充足水资源。有关旱区分类制定方案，采取应急调水、建设应急水源工程、延伸供水管网、拉水送水等措施，确保城乡居民饮水安全。

六是密切协同、凝聚合力。水利部会同国家发展改革委、财政部系统谋划水利灾后恢复重建工作。商财政部安排水利救灾资金 38.736 亿元，支持地方做好安全度汛、水毁修复、白蚁防治和抗旱减灾工作；针对海河流域启用的 8 处国家蓄滞洪区，采取超常规措施预拨中央补偿资金 15 亿元，支持受灾群众尽快恢复生产生活，国务院批准补偿资金总额 110.98 亿元，已全部拨付地方，确保群众温暖过冬。与应急管理部强化汛情、旱情、灾情信息共享和会商研判。会同中国气象局联合发布山洪灾害气象预警 139 期，通过"三大运营商"向社会公众发布预警短信 20.3 亿条。

七是完善机制、提升效能。进一步明确汛期时段划分及发布机制，建立重大险情灾情报告与救灾资金分配挂钩机制，健全水旱灾害防御重要信息对外发布机制。及时开展海河"23·7"流域性特大洪水、山洪灾害等防御工作复盘分析，总结经验、查漏补缺，确保打一仗进一步。组织完成 98 处国家蓄滞洪区"三逐一、一完善"工作，推动出台国家蓄滞洪区工程维修养护中央财政补助政策，强化蓄滞洪区建设管理。《中华人民共和国防洪法》（以下简称《防洪法》）的修改列入十四届全国人大常委会立法规划，组建《防洪法》修改工作组，《防洪法》修改工作全面提速。指导各流域管理机构结合流域水工程现状、雨水情形势和新一轮防洪规划修编成果，启动流域防御洪水方案和洪水调度方案修订。

### 三、2024 年重点工作

按照党中央、国务院决策部署，以"时时放心不下"的高度责任感，抓紧开展汛前准备，全面排查整改消除风险隐患，及时修订完善各类方案预案，通过雨水情监测预报"三道防线"，延长预见期，提高预报精度，构建数字孪生流域，强化"四预"措施，牢牢守住水旱灾害防御底线。一是确保大江大河安全。以流域为单元，精准实施水工程防洪抗旱联合调度。强化堤防巡查防守，做到抢早、抢小、抢住。二是突出做好山洪灾害防御工作。强化局地短临降雨预报预警，提前转移危险区群众，做到应撤必撤、应撤尽撤、应撤早撤、应撤快撤。三是确保水库安全度汛。落实水库防汛"三个责任人"和"三个重点环节"，做到责任到位、调度到位、巡查值守到位和险情处置到位，确保水库安全度汛，坚决避免垮坝。四是强化中小河流洪水防御。修订完善中小河流应急抢险预案，加强监测预警，及时发布洪水预警，提前转移受威胁群众。五是做好抗旱工作。加强流域水资源统一调度，加快抗旱应急工程建设，完善应急水量调度和抗旱保供水方案预案，确保城乡供水安全。六是强化体制机制法治管理。加快推进《防洪法》《蓄滞洪区运用补偿暂行办法》等法律法规修改工作，及时修订完善水工程调度方案、超标洪水防御预案，健全水旱灾害防御技术标准体系。

火传鲁　高　龙　赵雪莹　马苗苗　执笔

王章立　审核

专栏五

# 全力以赴做好松花江流域洪水防御工作

### 水利部水旱灾害防御司

2023 年汛期，松辽流域天气形势异常严峻，平均降水量 457 mm，较常年同期偏多一成，其中 8 月 1—5 日，强降雨区集中于松花江流域东南部，随后台风"卡努"呈罕见"之"字形路径登陆持续影响东北，生命期长达 15 天。受降雨影响，松辽流域 140 条河流发生超警以上洪水，其中 27 条河流发生超保洪水，松花江支流拉林河、蚂蚁河，牡丹江，嫩江支流雅鲁河、绥芬河等 18 条河流发生有实测资料以来最大洪水。松花江发生 1 次编号洪水，干流超警历时长达 12 天；拉林河蔡家沟站、蚂蚁河一面坡站和莲花站水位分别达 1952 年、1950 年和 1957 年有实测资料以来第 1 位；乌苏里江干流全线超警历时长达 40 天、超保 16 天；绥芬河干流全线发生超保洪水。

面对松辽流域严峻复杂的汛情形势，各级水利部门坚决贯彻习近平总书记关于防汛救灾工作的重要指示精神，按照党中央、国务院决策部署，组织各级水利部门超前谋划，提前行动，科学调度，有力保障了防洪安全。

一是提前安排部署洪水防御工作。2023 年 4 月，国家防总副总指挥、水利部部长李国英率国家防总检查组检查松花江、嫩江、图们江流域防汛准备工作；防汛关键期，水利部多次组织专题会商，提前部署东北地区洪水防御工作。

二是紧盯"四预"措施落实落地。强化预报预警预演预案"四预"措施，牢牢掌握防御工作主动权。点对点提醒有关地区，做好短时强降雨防范应对。滚动发布洪水预报 7.78 万次，向社会公众发布江河洪水预警 151 次。应对松花江 1 号洪水期间，提前 1 周对松花江流域暴雨洪水形势作出研判。在应对乌苏里江、图们江、鸭绿江等国际界河洪水时，利用中俄、中朝防洪信息共享机制，及时交换水文测站以及防洪工程调度信息，为指挥决策提供有力支撑。

三是及时启动应急响应加强应对。根据东北地区雨水汛情发展态势，水利部启动洪水防御Ⅳ级应急响应2次、Ⅲ级应急响应1次，加强会商研判和指挥调度，落实落细暴雨洪水应对各项措施；共派出14个水利部工作组、专家组赴一线协助指导地方开展防汛抗洪抢险工作。

四是科学精准调度水工程。精细调度察尔森、尼尔基、丰满、白山、亮甲山、老龙口等骨干水库群拦洪削峰错峰，及时腾出防洪库容，极大减轻松花江流域防洪压力。特别是在应对洮儿河流域洪水时，精细调度察尔森水库38 h零出流，有效削减洪峰，减轻下游防洪压力。2023年汛期，松辽流域326座（次）大中型水库投入调度运用，拦蓄洪水72亿 $m^3$，减淹城镇211个（次），减淹耕地326.86万亩，避免人员转移57.21万人（次），最大限度减轻了灾害损失。

五是指导做好险情妥善处置。针对蚂蚁河、拉林河漫决和雅鲁河管涌险情，第一时间派出工作组、专家组赴现场，为有效处置险情提供有力技术支撑。针对磨盘山、龙凤山等水库超设计水位运行工况，迅即制定应急保坝方案，果断落实超标准洪水应对措施，确保不垮坝。严防死守、加固堤防、垒筑子堤、压渗保堤，有效应对乌苏里江长历时超保洪水。

下一步，将继续深入复盘检视2023年松辽流域洪水防御工作，推动流域防洪工程体系不断完善，不断提升防洪"四预"能力，强化流域统一调度管理水平，全力保障流域人民群众生命财产安全。

闫永銮　徐林柱　冯明轩　袁　乾　执笔

张长青　审核

专栏六

# 汉江秋汛防御取得胜利

## 水利部水旱灾害防御司

2023 年 10 月 6 日 20：00，汉江下游汉川站水位 28.98 m，低于警戒水位 0.02 m，汉江中下游全线退至警戒水位以下，超警历时 5 天，没有发生重大险情，2023 年汉江秋汛防御取得重大胜利。

2023 年华西秋雨期间（8 月 24 日—10 月 6 日），汉江流域降水量 337 mm，为近 30 年同期均值的 2.2 倍。9 月下旬至 10 月上旬，丹江口水库连续发生两次入库洪水过程，最大入库流量分别为 16400 m³/s（9 月 30 日 4：00）、14300 m³/s（10 月 2 日 17：00）。汉江干流发生两次编号洪水，其中，9 月 29 日 20：00 丹江口水库入库流量涨至 15100 m³/s，汉江上游形成"汉江 2023 年第 1 号洪水"；10 月 2 日 22：00 中游皇庄站水位涨至 48.02 m，超过警戒水位 0.02 m，汉江中游形成"汉江 2023 年第 2 号洪水"。

水利部高度重视汉江秋汛防御工作，深入贯彻习近平总书记关于防灾减灾救灾工作的重要指示批示精神，坚决守住水旱灾害防御安全底线。9 月 29 日，国家防总副总指挥、水利部部长李国英检查防汛值班值守工作，安排部署中秋国庆假期汉江洪水防御工作。水利部多次组织防汛会商，分阶段细化安排汉江洪水预测预报、水工程调度和巡查防守等工作。水利部及时启动汉江洪水防御Ⅳ级应急响应，加强双节期间值班力量，每日滚动会商研判并下发洪水防御"一省一单"，督促做好山洪灾害人员防范避险转移和水利工程巡查防守，指导流域机构和地方水利部门科学实施水库群联合调度，累计发布汉江干流洪水预报 215 站次，洪水蓝色预警 1 次，提前 4 天精准预报中游干流控制站皇庄站洪峰水位和流量，为精准调度决策提供科学支撑；派出 3 个专家组、工作组坚守汉江洪水一线，全程协助指导湖北、陕西开展防御工作。

　　水利部长江水利委员会先后发出 17 道调度令精细调度丹江口水库，会同湖北省水利厅、陕西省水利厅、河南省水利厅联合调度石泉、安康、潘口、三里坪、鸭河口等干支流控制性水库拦洪削峰错峰，两次洪水过程累计拦洪 17.5 亿 $m^3$，水利工程发挥重大防洪减灾作用。在应对汉江第 1 号洪水过程中，水库群累计拦洪 11.9 亿 $m^3$，其中丹江口水库拦洪 8 亿 $m^3$，将入库洪峰 16400 $m^3/s$ 削减至 9800 $m^3/s$ 下泄，削峰率约 40%，避免了汉江中下游水位超警戒；在应对汉江第 2 号洪水过程中，水库群累计拦洪 5.6 亿 $m^3$，其中丹江口水库拦洪 5.1 亿 $m^3$，将入库洪峰 14300 $m^3/s$ 削减至 6820 $m^3/s$ 下泄，削峰率达 52%，圆满实现丹江口入库洪水与汉江中下游区间洪水错峰的调度目标，将皇庄站洪峰流量从 20000 $m^3/s$ 降低至 13900 $m^3/s$。通过汉江流域水库群联合调度，有效降低了汉江中下游主要控制站水位 0.8~1.5 m，避免了仙桃至汉川河段超保证水位及杜家台蓄滞洪区分洪道运用，缩短了主要控制站水位超警戒时间 5~10 天，大大减轻了汉江中下游防洪压力，中下游堤防没有发生重大险情，丹江口水库大坝及库区安全监测正常，有力保障了汉江流域防洪安全。同时统筹防洪与汛末蓄水，合理拦蓄洪水资源，为水库群完成蓄水目标打下了坚实基础。

骆进军　范　填　熊　刚　执笔

尚全民　审核

## 专栏七

# 西北地区抗旱保供保灌成效显著

### 水利部水旱灾害防御司

2023 年 6—8 月，西北地区东部北部降雨量较常年同期偏少三至七成，黄河上游干流及支流清水河、黑河来水较常年同期偏少二至三成，水库蓄水偏少一至二成、部分水库几近干涸。受其影响，内蒙古、甘肃、青海、宁夏 4 省（自治区）相邻集中连片地区发生伏秋旱，甘肃省河西地区发生 1961 年有完整实测记录以来最严重旱情。8 月上旬 4 省（自治区）耕地受旱面积一度达 1821 万亩，主要分布在非灌区和小型灌区末梢，受旱作物主要为玉米、土豆、荞麦、莜麦等，受旱时段正处于作物生长关键期，需水量较大；牧区草场受旱 3.7 亿亩；3 万人、74 万头大牲畜因旱饮水困难，甘肃省张家川、山丹、古浪和宁夏回族自治区隆德、盐池、沙坡头等区县城镇供水紧张。

面对严峻旱情，水利部坚决贯彻习近平总书记关于防汛抗旱和农业防灾减灾重要指示精神，落实李强总理等国务院领导批示要求，指导 4 省（自治区）精准范围、精准对象、精准时段、精准措施，做好各项抗旱工作，全力确保城乡居民饮水安全、确保规模化养殖和大牲畜用水安全、保障灌区农作物时令灌溉用水需求。

一是周密安排部署。国家防总副总指挥、水利部部长李国英主持抗旱专题会商会，分析研判旱情发展态势，研究部署西北地区抗旱保供水工作并提出具体指导意见。水利部黄河水利委员会及内蒙古、甘肃、宁夏 3 省（自治区）启动干旱防御Ⅳ级应急响应，落实落细各项供水保障措施。二是强化"四预"措施。密切监视西北地区雨情、水情、农情、旱情，滚动预报预警；组织编制黄河流域抗旱应急水量调度预案，督促旱区编制完善区域抗旱应急水量调度预案、抗旱保供水方案。三是精准调度水工程。灌溉关键期，调度龙羊峡、刘家峡等骨干水库，维持黄河干流兰州断面流量 $1000 \sim 1300\,\mathrm{m^3/s}$，加强黑河水量统一调配，保障沿线灌区灌溉水源稳定供给。精准掌握作物用水需求，逐灌区做好水量调度，严格用水定额管理，用足用好每一方水。四是全力保障饮水安全。指导旱区分门别类落实人饮安全保障措施，城乡一体化供水、集中规模化供水地区盯紧水源保障，及时启动当地备用水源或者衔接异地水源；偏远地区、游牧地区分散供水的农户，采取拉水送水措施保障供水。五是大力指导支持。派出 4 个工作组赴旱区一线指导落实抗旱保供水措施；商财政部下达中央水利救灾资金 2.09 亿元，支持旱区修建抗旱应急水源工程、购置提运水设备和补助用油用电等。六是加强部门协作。水利部与农业农村部、应急管理部、中国气象局联合编制印发《科学防灾减灾夺秋粮丰收预案》，分区域分灾种加强指导，联合召开全国农业防灾减灾工作推进视频会部署相关工作，建立信息共享机制，逐月通报旱情、农情，为抗旱决策提供支撑。

通过水利部科学谋划、精心组织、精准调度和西北旱区各地加大投入、多措并举、全力抗旱，确保了城乡居民饮水安全，保障了 1300 多万亩秋粮作物灌溉用水，最大限度减轻了干旱影响和损失，打赢了抗旱保供保灌攻坚战。

王　为　黄　慧　耿浩博　执笔

杨卫忠　审核

# 成功抗御海河"23·7"流域性特大洪水

### 水利部水旱灾害防御司

2023 年,海河继 1963 年后再次发生流域性特大洪水,习近平总书记亲自部署、亲自指挥,在防汛抗洪的关键时刻连续作出重要指示、提出明确要求。在党中央、国务院的坚强领导下,水利系统闻"汛"而动、尽锐出击、昼夜鏖战,奋力夺取了防汛抗洪的重大胜利。

## 一、雨情水情

2023 年 7 月 28 日—8 月 1 日,受第 5 号台风"杜苏芮"北上与冷空气交绥影响,海河流域出现大范围长历时强降雨过程,多条河流发生洪水,其中永定河发生特大洪水(1924 年以来最大洪水),大清河发生特大洪水(1963 年以来最大洪水),子牙河发生大洪水,北运河、漳卫河发生较大洪水,综合判定海河发生"23·7"流域性特大洪水。本次暴雨洪水主要呈现以下特点。

一是降水范围广、总量大。本次强降水过程累计面雨量 400 mm、250 mm、100 mm 以上笼罩面积分别为 1.1 万 km²、6.5 万 km²、16.8 万 km²,分别占海河流域总面积(31.8 万 km²)的 3.5%、20.4%、52.8%,过程降水总量初步估算约 494 亿 m³、面雨量 155.3 mm,超过海河"96·8"流域性大洪水(327 亿 m³),次于"63·8"流域性特大洪水(624 亿 m³)。

二是暴雨时空集中、强度大。本次强降水过程主要集中在大清河系拒马河、子牙河系滹沱河和滏阳河、永定河官厅山峡区间。京津冀地区平均累计面雨量 175 mm,超过常年平均降水量的 1/3。河北累计最大点雨量出现在邢台市临城县 1003 mm,相当于当地两年的降水量。北京累计最大点雨量为门头沟清水站 1014.5 mm,最大 1 h 雨量为丰台千灵山站 111.8 mm,超过 2012 年"7·21"、2016 年"7·19"、2021 年"7·12"的小时雨强纪录。7月29日20：00—8月2日7：00北京市平均降水量331 mm，83 h内降雨量是常年平均年降水量（552 mm）的60%。

三是洪水并发、量级大。受强降雨影响，7月30日23：00—31日11：00，12 h内子牙河、永定河、大清河相继发生3次编号洪水，其中永定河发生1924年以来最大洪水，大清河发生1963年以来最大洪水，海河流域发生近60年来最大场次洪水。海河流域五大水系22条河流发生超警以上洪水，其中永定河及支流清水河、妫水河，大清河系北支拒马河支流大石河和白沟河、南支沙河及唐河支流通天河，子牙河系滹沱河支流清水河等8条河流发生有实测资料以来最大洪水，占超警河流条数的40%。

四是洪水涨势猛、演进快。本次洪水过程中，永定河卢沟桥枢纽流量自7月31日13：00由1030 m³/s涨至14：30洪峰流量4650 m³/s，1.5 h内流量涨幅高达3620 m³/s，官厅水库至卢沟桥区间（集水面积1800 km²）雨峰洪峰间隔仅3 h 50 min；大清河系大石河的漫水河水文站流量自7月31日9：00由1440 m³/s涨至11：20洪峰流量5300 m³/s，2 h左右流量涨幅高达3860 m³/s，漫水河以上区间（集水面积653 km²）雨峰洪峰间隔仅2 h 20 min。

## 二、防御工作

### （一）靠前指挥决策，滚动会商部署

建立部长"周会商+场次会商"机制，国家防总副总指挥、水利部部长李国英8天内7次主持海河流域防汛专题会商，提前7天研判海河将发生流域性洪水，逐河系部署调度，4次率队赴海河流域检查指导防汛工作。水利部逐日组织会商，跟踪分析雨情水情汛情旱情，滚动会商155次，会商意见直达防御一线，为科学有序抗洪打下坚实基础。水利部启动水旱灾害防御应急Ⅱ级响应，水利部海河水利委员会、京津冀豫各级水利部门均启动洪水防御Ⅰ级响应，夯实上下联动的防御工作机制。

### （二）强化"四预"措施，把握防御主动

坚持关口前移、"预"字当先，持续强化预报、预警、预演、预案"四预"措施，构建纵向到底、横向到边的水旱灾害防御矩阵。采集报送

雨水情监测信息 142 万余条，抢测洪峰 359 场，滚动预报 9300 余站次；组建应急监测队 70 余支 1600 余人次分赴重点河段和关键部位开展应急监测，布设监测断面 280 多个，强化"以测补报"；实现天空地多源监测信息在线融合，预见期延长 3~5 天；启用多源空间信息融合的洪水预报系统，预报精度提高 15%；预报能力显著提升。开展卫星云图和测雨雷达预警，信息直达一线防御人员；基于中国风云 4 号等气象卫星、海河 11 部天气雷达及河北大清河 4 部相控阵测雨雷达的实时监测数据和外推预报产品，发布卫星云图、天气雷达、测雨雷达临近暴雨风险预警和洪水预警 2155 次，预警发布及时准确。采用二维水动力学和遥感解译等技术，对东淀、永定河泛区、兰沟洼、小清河等蓄滞洪区启用、演进过程和退水时间等进行滚动预测，预演支撑科学有力。根据预报预警预演结果，以水库、蓄滞洪区等水工程为对象，滚动制订调度方案，充分发挥流域防洪工程体系综合减灾效益，预案制定精细有效。

### （三）系统科学调度，工程效益显著

通过系统调度京津冀 84 座大中型水库拦洪超 28.5 亿 $m^3$，精细调度卢沟桥、北关等关键枢纽有序分泄洪水，科学启用 8 处蓄滞洪区，蓄洪滞洪 25.3 亿 $m^3$，减淹城镇 24 个、耕地 751 万亩，避免 462.3 万人转移。

精细调控永定河洪水。针对官厅山峡突发洪水，动态调度以卢沟桥枢纽为核心的防洪工程体系，妥善处理分、泄、滞关系。一是调度官厅水库关闸拦蓄洪水，累计拦洪 0.7 亿 $m^3$，削峰率 96.5%，特别是 7 月 31 日—8 月 1 日强降雨期间关闸错峰，有效减轻了下游防洪压力。二是调度支流斋堂水库运用至接近设计水位，在洪峰来临时，水库的下泄流量始终控制在 150 $m^3/s$ 以下。三是调度卢沟桥枢纽精准削峰，每半小时联合调度卢沟桥拦河闸和小清河分洪闸，利用大宁、稻田、马厂水库库容全力削峰，始终将下泄流量控制在 2500 $m^3/s$ 之内，确保了下游永定河卢沟桥至梁各庄段的行洪安全。四是及时启用永定河泛区缓洪滞洪，最大蓄洪量达 2.56 亿 $m^3$。

有效调控大清河洪水。面对大清河北支洪水来势猛、缺乏控制性水库的不利局面，全力控制洪水风险。一是及时启用小清河、兰沟洼、东淀等

3处蓄滞洪区，最大蓄滞洪量15.3亿 m³，洪峰流量从张坊6200 m³/s 演进至新盖房枢纽降低为2790 m³/s。二是调度大清河南支上游王快、西大洋等水库群充分拦洪，削峰率均超过90%，将南支诸河入白洋淀洪峰控制在757 m³/s 上下，平稳控制白洋淀水位，避免大清河南北支洪水遭遇，有力减轻了下游地区防洪压力。三是调度枣林庄、新盖房枢纽和独流减河进洪闸等工程，根据上下游水势，有序行泄洪水，保证了新盖房分洪道、赵王新河、独流减河等骨干河道行洪安全。

科学调控子牙河洪水。联合运用上拦、中滞、下排措施。一是联合调度滹沱河岗南、黄壁庄水库，岗南水库拦洪3.4亿 m³，削峰率99.9%，并为岗南至黄壁庄区间冶河来水错峰近20 h；黄壁庄水库充分拦蓄，最大入库洪峰6250 m³/s，相应出库流量1600 m³/s，削峰率达74.4%，将下游流量控制在石家庄市上下游河道安全泄量之下，减淹耕地512万亩，避免354万人转移，保障了石家庄市及下游河北省、天津市广大地区防洪安全。二是调度滏阳河上游朱庄、临城等水库充分拦洪。三是及时启用大陆泽、宁晋泊、献县泛区等3处蓄滞洪区，科学调度艾辛庄枢纽、献县枢纽，保证了滏阳新河、子牙新河等骨干河道行洪安全。

系统调控北运河洪水。统筹北运河、潮白河来水，系统安排洪水出路。一是调度北运河上游十三陵水库充分拦蓄，削峰率为100%。二是调度密云、怀柔水库累计拦洪1.47亿 m³，降低潮白河水位，为北运河洪水东排创造条件。三是精细调度北关、土门楼枢纽，分别通过运潮减河、青龙湾减河向潮白河分泄洪水，在保证北运河行洪安全的同时，避免了天津大黄堡洼蓄滞洪区启用。

**（四）加强检查指导，有效处置险情**

水利部先后派出26个工作组、专家组，督促指导地方做好水工程调度运用、堤防水库巡查防守、险情应急处置等工作。京津冀各级水利部门派出技术专家到一线指导科学查险抢险，组织22万多人（次）巡堤查险，及时处置堤防险情131处。特别是8月1日，白沟河左堤在建排水涵闸出现渗漏重大险情，李国英部长连夜会商并于翌日紧急赶赴现场，部署险情处置工作，指导地方扩大白沟河右堤分洪，同时加固堤防、加固外围围堰、封堵公路桥涵以构筑"三道防线"，全力控制风险，直至 8 月 6 日白沟河东茨村水位低于警戒水位后解除风险，确保了雄安新区防洪安全。

通过各方共同努力，海河"23·7"流域性特大洪水中各类水库无一垮坝，重要堤防和蓄滞洪区围堤无一决口，蓄滞洪区内撤退转移近百万人无一伤亡。针对暴露出的薄弱环节，下一步要加快完善防洪工程体系，开工建设献县泛区、东淀等蓄滞洪区，加快陈家庄、张坊水库前期工作，全面完成水毁修复，完成防洪规划修编工作；加快完善雨水情监测预报体系，按照"应设尽设、应测尽测、应在线尽在线"原则加快构建雨水情监测"三道防线"，深化流域产汇流机制研究；加快完善水旱灾害工作体系，推进《中华人民共和国防洪法》修订有关工作，持续加强蓄滞洪区建设管理，强化中小河流洪水和山洪灾害防御。

李琛亮　周　晋　刘鹏强　执笔

张长青　审核

# 北京市：
## 充分运用永定河防洪工程体系蓄洪调峰

　　7月29日—8月2日，受台风"杜苏芮"北上与冷空气交绥影响，北京市遭遇极端强降雨。短时间内的暴雨令永定河河水陡涨，7月31日11：00，永定河三家店水文站流量涨至622 m³/s，编号为"永定河2023年第1号洪水"。本次洪峰形成后，水量大、水流急、水位涨速快，在水利部及水利部海河水利委员会的统一指挥下，北京市水务局迅速反应，联合调度，首次动用了1998年建成的滞洪水库蓄洪，将总库容8000万 m³的滞洪水库提前分蓄洪水7500万 m³，并最大限度发挥了永定河防洪工程体系蓄洪调峰作用。

　　汛前，北京水务系统通过完善由气象卫星与测雨雷达、雨量站、水文站组成的雨水情监测预报"三道防线"，完成5类17项气象数据接入工作；整合水务、气象、排水集团等部门雨量站、水文站等，统一纳入智慧水务数据基础底座，实现了市域内洪水、山洪、积水内涝预报全覆盖。

　　在此次暴雨洪水防御过程中，北京市根据洪水预报推演，提前36 h实施水库、河道、湖泊、管网预泄腾容调度，腾出蓄洪空间1800万 m³；官厅水库在本轮强降雨防御中将永定河山峡段以上洪水全部拦蓄，拦蓄洪水量5737万 m³，密云水库上游1.12亿 m³洪水全部被拦蓄，拦洪率与削峰率均达100%，充分发挥了水库蓄洪削峰作用；全市25座水库超汛限水位运行，共计拦蓄洪水4.6亿 m³。

　　斋堂水库作为永定河北京段上游支游清水河上的控制性水利工程，在断电、停水、通信中断、"前哨水文站"失联的严峻形势下，安全有序实施调度，有效发挥拦洪削峰作用，全力减轻下游防洪压力，入库洪峰流量 1170 m³/s，出库流量仅 150 m³/s，瞬时削峰率达到了 87%。

位于永定河下游的大宁水库，在卢沟桥拦河闸与小清河分洪闸之间分水堤出现豁口的情况下，水位突破 58 m，离蓄满仅剩 1000 万 m³。通过展开精细研判，分析变化态势，科学实施滞洪水库退水调度，在水位到达 59.58 m 后开始回落，确保了工程安全。

本次永定河流域洪水调度以流域为单元，按照"上蓄、中疏、下排、有效蓄滞利用雨洪"的原则，统筹上下游、左右岸、干支流，采取预报预泄、拦洪蓄洪、调洪错峰、控泄滞洪等措施，最大限度降低洪涝灾害损失。面对历史罕见特大洪水对防洪工程体系和防洪调度带来的严峻考验，北京市科学调度水库、河道、蓄滞洪区，最大限度降低了洪涝灾害损失，保障了首都防洪安全。

石珊珊　执笔

陈　岭　李海川　审核

# 优化布局　加快完善流域
# 防洪工程体系

水利部规划计划司

2023 年，各级水利部门全面贯彻落实党的二十大精神和习近平总书记关于防灾减灾救灾工作的重要指示批示精神，坚持人民至上、生命至上，树牢底线思维、极限思维，践行"两个坚持、三个转变"防灾减灾救灾理念，科学布局水库、河道、堤防、蓄滞洪区建设，全面提升流域防灾减灾能力。

## 一、加快完善流域防洪工程布局

### （一）高质量抓好七大流域防洪规划修编

加强组织推动，定期开展调度会商，加强技术指导和高层次专家咨询，上下联动，共同推进七大流域防洪规划修编工作。目前，各流域已基本完成规划修编主要技术工作，初步形成新形势下七大流域防洪治理方略、防洪区划和防洪标准、洪水出路安排、防洪总体布局等成果，提出规划报告初稿，基本形成规划数字信息平台，开展基础资料和规划成果"上图入库"。

### （二）加快流域防洪工程体系建设

以流域为单元，加快水库、河道及堤防、蓄滞洪区等防洪工程建设，印发实施《七大江河干流重要堤防达标建设三年行动方案（2023—2025年）》，一批流域防洪骨干工程建设加快推进。

### （三）全面加强蓄滞洪区管理

按照"分得进、蓄得住、排得出、人安全"的要求，完成 98 处国家蓄滞洪区逐一建档立卡、逐一明确建设管理目标任务、逐一开展安全运用分析评价工作，完善国家蓄滞洪区数字"一张图"并接入国家防汛调度会商系统。蓄滞洪区维修养护经费保障取得突破。

## 二、加快补齐防洪短板和薄弱环节

### （一）加快构建雨水情监测预报"三道防线"

印发《关于加快构建雨水情监测预报"三道防线"实施方案》，推进现代化水文监测预报体系建设。加快水文基础设施提档升级，安排中央预算内投资 12 亿元，新建改建雨量站、水位站、水文站 2400 处。修订发布《水文站网规划技术导则》（SL/T 34—2023）等行业标准，新增遥感监测网络、测雨雷达站布设等内容。

### （二）加强病险水库除险加固

安排中央预算内投资 24.57 亿元，支持大中型病险水库除险加固，已开工 128 座，完工 58 座。完成 3125 座水库安全鉴定、3663 座病险水库除险加固及 19189 座水库雨水情测报设施、17400 座水库大坝安全监测设施建设，水库安全状况和监测预警能力显著提升。

### （三）加快推进中小河流系统治理

安排中央资金 357.8 亿元，以流域为单元推进主要支流和 998 条中小河流治理。印发《关于加强流域面积 3000 平方公里以上中小河流系统治理的意见》，编制完成全国中小河流治理总体方案。

### （四）实施山洪灾害防治和水毁工程修复

安排中央水利发展资金 24 亿元，实施山洪灾害防治非工程措施建设和 176 条山洪沟治理。启动新一轮山洪灾害防治项目实施方案编制。督促指导有关地方在主汛期前完成 6832 处防洪工程设施水毁修复。

## 三、抓早抓细抓实洪涝灾害防御

贯通"四情"防御，强化"四预"措施，科学调度运用流域防洪工程体系，有效抵御海河"23·7"流域性特大洪水、松花江流域洪水，最大限度保障了人民群众生命财产安全，最大限度减轻了灾害损失。

### （一）全面开展重点环节部位汛前检查

组织完成 2096 座水库、561 座水闸、559 段堤防险工险段安全运行监督检查。完成淤地坝工程质量专项检查行动和汛前风险隐患抽查。推进河湖库"清四乱"常态化规范化，累计清理整治"四乱"问题 1.73 万个。

### （二）科学做好水工程防洪调度

新制定或修编洪水预报方案 3801 套，修订完善水工程调度预案。科学调度运用防洪工程体系，全国 4512 座（次）大中型水库拦蓄洪水 603 亿 $m^3$，减淹城镇 1299 个（次），减淹耕地面积 1610 万亩，避免人员转移 721 万人（次）。海河流域启用 8 处蓄滞洪区，最大蓄洪 25.3 亿 $m^3$，保障了重要防洪目标安全。

### （三）落实水库大坝安全责任制

汛前逐座核实并公布 726 座大型水库大坝安全责任人，分级公布中小型水库大坝安全责任人。组织开展电话抽查 146 期，累计抽查 15700 座水库责任人汛期履职情况，督促加强巡查值守，严格落实度汛措施。

### （四）抓好山洪灾害防御

加强山洪灾害防御，发布县级山洪灾害预警 16.7 万次，提前转移 560.8 万人（次）。提升国家和省级山洪灾害预报预警平台功能，完善省级平台"四预"功能及"预警叫应"机制。

## 四、下一步工作重点

通过防洪规划实施评估和洪水防御复盘检视，当前流域防洪减灾体系还存在不少短板弱项，水旱灾害防御能力不强，雨水情监测预报体系建设滞后，洪水调控能力不足，江河干流堤防仍有部分未达标，蓄滞洪区建设管理依然薄弱。下一步，水利系统将全面贯彻党的二十大和二十届二中全会精神，深入落实习近平总书记关于防灾减灾救灾工作的重要指示批示精神，按照党中央、国务院决策部署，加快完善流域防洪工程体系、雨水情监测预报体系、水旱灾害防御工作体系，着力提升水旱灾害防御能力，为以中国式现代化全面推进强国建设、民族复兴伟业提供有力的水安全保障。

王　晶　郭东阳　执笔

高敏凤　审核

## 专栏八

# 开展七大江河干流堤防达标
# 建设三年提升行动

### 水利部规划计划司

习近平总书记强调，要确保大江大河重要堤防、大中型水库、重要基础设施的防洪安全。《国民经济和社会发展第十四个五年规划和2035年远景目标纲要》提出，全面推进堤防和蓄滞洪区建设。为深入贯彻落实习近平总书记重要指示精神和党中央、国务院决策部署，水利部紧盯大江大河大湖不达标堤防，深入开展七大江河干流堤防达标建设三年提升行动，确保七大江河重要堤防特别是干流堤防2025年全部实现达标。

一是制定印发《七大江河干流重要堤防达标建设三年行动方案（2023—2025年）》（以下简称《三年行动方案》）。全面检视国务院批复的七大江河防洪规划实施情况，深入分析七大江河干流1~2级重要堤防以及流域直管河段堤防（含1~4级）达标情况、存在的问题和建设需求，聚焦重要堤防达标建设，提出总体思路、主要目标、重点任务，以及分流域、分年度、分项目实施安排，全面推进堤防达标建设。共17项工程被纳入《三年行动方案》，计划到2025年年底，不达标堤防全部开工建设。

二是加强组织协调，保障方案落地落实。推动各流域机构按照《三年行动方案》要求，逐项制定工作方案。按照基建程序，分成若干项目开展前期工作并组织实施。建立项目协调推进机制，明确职责分工，细化工作安排，按月调度进展情况，加快推进堤防达标建设项目实施。积极协调发展改革、自然资源、林草、生态环境等部门，推进项目环评、用地预审等要件办理，加快审查审批进度。

三是全力推动项目前期工作，重要堤防达标建设行动初见成效。太湖环湖大堤实现全线达标，辽河流域辽河干流防洪提升工程、黄河流域黄河下游"十四五"防洪工程、海河流域卫河干流淇门至徐万仓治理工程加快建设。2023 年，淮河流域苏北灌溉总渠堤防加固、海河流域滹沱河、滏阳新河等骨干河道治理，珠江流域西江广西梧州市防洪堤工程开工建设。全力推动纳入《三年行动方案》其余项目前期工作，海河流域漳卫新河四女寺至辛集闸段达标治理、黄河甘肃段河道防洪治理工程（二期）等 2 项工程可行性研究报告已报国家发展改革委。

刘　伟　李方毅　执笔

王九大　审核

## 专栏九

# 以流域为单元实施中小河流系统治理

### 水利部水利工程建设司

水利部门坚决贯彻落实党中央、国务院决策部署，牢固树立底线思维，统筹推进中小河流治理，加快完善流域防洪减灾工程体系。2023年，水利部联合财政部组织各地编制《全国中小河流治理总体方案》（以下简称《总体方案》），制定规范性文件，进一步加强对中小河流治理工作的规范管理，督促各地加快推进治理任务实施进度，顺利完成了年度目标。

一是牢固树立系统观念，以流域为单元完成全国中小河流治理总体方案编制。盯紧完善流域防洪减灾体系这个首要目标，以流域为单元，以系统观念谋划中小河流治理工作。联合财政部全面开展《总体方案》编制工作，组织指导各地以流域为单元，统筹上下游、左右岸、干支流，与流域防洪规划修编工作衔接。

二是完善体制机制，规范中小河流系统治理工作。全面梳理中小河流治理有关的制度和规范性文件，对标中小河流系统治理的有关要求，以流域为单元，逐流域规划、逐流域治理、逐流域验收、逐流域建档立卡，规范中小河流治理工作。全面落实一条河一条河治理和资金跟着项目走的要求，制定出台《中小河流治理建设管理办法》《中小河流治理技术指南（试行)》等规范性文件，完善责任体系，规范工作程序，明确技术要求，全面推进中小河流系统治理。

三是狠抓年度项目实施管理，全面完成治理任务。结合已经印发的"十四五"有关规划，组织各地按照整河流治理的要求，以流域为单元，建立年度中小河流治理项目台账。强化在建项目管理，对治理进度严重滞后的省份开展约谈，压实地方主体责任，确保建设任务按期完成。2023年，下达治理任务1.19万km，涉及998条河流，截至12月底完成治理河长 1.16 万 km，任务完成率 97.5%，超过 80% 的预期目标。其中完成整河流治理 369 条，河道行洪能力提高，沿线的重要城镇、耕地和基础设施等得到有效保护，洪涝灾害风险明显降低。

2024 年，将进一步聚焦完善流域防洪工程体系，加快推进中小河流治理工作，印发《全国中小河流治理总体方案》。对 2024 年实施的中小河流治理项目投资计划执行、建设进展情况进行监督指导，逐类项目建立台账，逐项掌握实施进度，加强分析研判，落实地方责任，全力推进建设进度，确保完成年度目标任务。适时组织监督检查，确保项目质量安全、资金安全，实现治理一条，见效一条。

黄　玄　钱　彬　翟　媛　王　竑　执笔

刘远新　审核

# 安徽省六安市：
## 推进中小河流治理　建设皖西幸福家园

　　新中国成立以来，安徽省六安市经过 70 余年的努力奋斗，境内淠河、史河、杭埠河 3 条主要支流和 25 条流域面积 200 ~ 3000 $km^2$ 的中小河流治理均取得了显著成效，绘就了青山绿水红土地的生态美景。2022 年 7 月，六安市启动了新一轮中小河流系统治理方案编制，完成了有治理任务的 21 条河流治理方案编制工作。标志着六安市全面结束长期以来分段治理模式，全面迈入源头治理、系统治理、综合治理的新阶段，为六安老区绿色振兴赶超发展提供坚强水安全保障。

　　河流治理是现实所需，更是民之所盼。过去，六安市对中小河流治理工作资金投入较少、治理力度不大，境内众多中小河流普遍存在防洪标准偏低、河道功能萎缩等问题。自 2009 年起，六安市落实《全国重点地区中小河流近期治理建设规划》，全面启动中小河流治理工作，累计投入 28 亿元，实施中小河流治理项目 65 个，总治理河长 700 余 km，在防灾减灾、水生态建设、助力区域经济社会发展等方面取得明显成效。

　　防洪减灾注重科学规划，更注重要素保障。为做好治水文章，六安市始终坚持规划引领，把中小河流治理作为水利发展规划中的重要内容，先后出台《六安市灾后水利建设总体规划（2016—2030 年）》《六安市灾后水利薄弱环节建设两年行动方案》等规划文件。同时，划拨 3000 万元专项资金，编制了淠河、史河、杭埠河、汲河等重点流域综合治理规划和六安水网规划，压茬推进中小河流治理等重点水利项目前期工作，加大项目争取力度。

综合施策要河湖安澜，更要水韵灵动。从"安澜河"到"幸福河"，人民群众对水生态环境的需求和期盼越来越高。六安市将城区建设发展定位为"滨水城市、绿色城市、生态城市、宜居城市"，谋划并实施建坝蓄水、治污净水、源头活水等重点项目，精心把淠河（城区段）打造成为六安市的生态轴、景观轴、发展轴。在治理过程中，六安市注重统筹文化、旅游、城建等项目，按照"清、疏、建、管"的思路，将淠河中下游段特别是城区段打造为"看得见的水面、摸得到的水流、记得住的水景"。同时，强化生态建设，先后建成新安和城北橡胶坝及淠河城南节制闸，形成连续的蓄水梯级，总蓄水量1亿 $m^3$，有效减轻了洪水对淠河河道两岸的冲刷。据此建成淠河国家湿地公园，形成可持续利用的资源保障体系、生态环境体系。

吕红雨　执笔

石珊珊　李海川　审核

# 强化蓄滞洪区建设与管理

水利部水旱灾害防御司

习近平总书记高度重视蓄滞洪区建设和管理工作，多次作出重要指示批示，要求加强安全建设和运行管理。水利部制定专项工作方案，认真抓好贯彻落实，取得突破性进展和标志性成果，进一步筑牢流域防洪安全底线，为夺取 2023 年水旱灾害防御重大胜利作出了积极贡献。

## 一、运用与补偿

一是汛前扎实准备。汛前印发《关于做好 2023 年蓄滞洪区运用准备工作的通知》，指导地方根据流域防洪形势、工程建设和经济社会发展等新变化滚动修订蓄滞洪区运用预案，排查消除围堤、进退洪闸等工程风险隐患，细化区内人员转移措施，开展群众转移避险演练，扎实做好蓄滞洪区运用准备工作，确保蓄滞洪区能够及时安全有效运用。

二是科学调度运用。海河"23·7"流域性特大洪水期间，根据雨水情滚动监测预报情况，提前研判并按规定及时启用 8 处国家蓄滞洪区，组织利用遥感监测、模型计算等技术手段开展洪水演进模拟预演，精准支撑人员转移和科学布防，区内近百万群众提前有序转移、无一伤亡，最大蓄滞洪量 25.3 亿 $m^3$，确保了流域和重点保护地区防洪安全。

三是加快推进补偿。针对海河流域启用的 8 处国家蓄滞洪区，配合财政部首次采取超常规措施预拨 15 亿元中央补偿资金，支持受灾群众尽快恢复生产生活；指导河北、天津、河南 3 省（直辖市）压茬推进运用补偿工作，核定补偿资金总额 110.98 亿元，中央资金于 2023 年年底全部拨付地方，帮助群众温暖过冬。

## 二、建设与运维

一是逐一问诊开方。组织成立工作专班，针对全国 98 处国家蓄滞洪区逐一建档立卡、逐一明确建设管理目标任务、逐一开展安全运用分析评价，完善国家蓄滞洪区数字一张图，形成"一区一册"。针对围堤不达标、进退洪控制能力弱、临时转移人口多等问题及短板弱项，逐蓄滞洪区明确"十四五"规划和"十五五"规划期间的重点目标任务，为下阶段加快推进蓄滞洪区建设管理工作提供重要支撑。

二是积极推进建设。推动江西省康山、珠湖黄湖方洲斜塘和安徽省淮河流域一般行蓄洪区等项目开工建设，2023 年在建蓄滞洪区项目 12 项，年度中央投资计划 99.25 亿元。指导地方把握中央财政增发 1 万亿元国债的有利契机，做好蓄滞洪区建设项目储备，加快推进前期工作。2024 年在建蓄滞洪区项目将接近 30 项，创历史新高。

三是强化工程运维。针对长期以来维修养护资金不到位、工程管理薄弱的问题，积极协调财政部，首次将国家蓄滞洪区工程维修养护纳入中央财政水利发展资金支持范围。2023 年 10 月，提前下达 2024 年中央财政补助资金 2.97 亿元，用于国家蓄滞洪区堤防和进退洪闸的维修养护，基本实现对重要和一般国家蓄滞洪区全覆盖。选取 9 处国家蓄滞洪区，开展首批工程运维社会化专业化管理试点，探索蓄滞洪区工程运维管理新模式。

### 三、管理与制度

一是深入调查研究。结合防汛抗洪检视复盘、大兴调查研究等工作，深入 11 个省（直辖市）的 50 余处蓄滞洪区开展调研，系统梳理蓄滞洪区建设和管理的薄弱环节，以问题为导向研究提出工作措施，制定强化蓄滞洪区建设和管理工作方案，明确 34 项重点工作任务。特别是针对海河流域蓄滞洪区运用暴露的突出问题，提出相应政策举措，纳入海河流域系统治理方案。

二是大力加强监管。组织流域管理机构制定监管实施方案，加强蓄滞洪区内已批非防洪建设项目事中事后监管，针对部分项目存在的未落实洪水影响防治补救措施、未报备施工度汛方案等问题，及时责令整改。探索运用卫星遥感影像解译技术手段，对蓄滞洪区内的非防洪建设项目进行动态监管，排查疑似违规建设项目并移交地方水利部门核实处置。

三是强化法治保障。组织开展蓄滞洪区建设管理法规制度专题研究，结合《中华人民共和国防洪法》修订工作，细化实化强化蓄滞洪区管理法治保障。结合近年来尤其是 2023 年海河流域蓄滞洪区运用补偿实践，围绕群众和基层反映强烈的补偿对象、标准、程序等问题，商财政部研究修订蓄滞洪区运用补偿暂行办法。

下一步，水利系统将认真贯彻落实习近平总书记重要指示批示精神，锚定"分得进、蓄得住、排得出、人安全"的目标，加快工程建设，加强运行维护，尽快整体性提升蓄滞洪区防洪能力。同时，实行洪水影响评价提级审批，推动运用卫星遥感等手段全面强化非防洪建设项目监管，确保蓄滞洪区蓄洪滞洪功能，实现蓄滞洪区高标准建设、高水平管理、高质量发展。

杜晓鹤　李俊凯　执笔

张长青　审核

# 加快构建雨水情监测预报
# "三道防线"

水利部水文司

党中央、国务院高度重视防汛救灾工作，习近平总书记反复强调"要始终把保障人民群众生命财产安全放在第一位"，多次强调要强化监测预报预警，补好灾害预警监测短板。2023 年，水利部党组深入贯彻落实习近平总书记关于防灾减灾救灾工作的重要讲话指示批示精神，作出了加快构建气象卫星和测雨雷达、雨量站、水文站组成的雨水情监测预报"三道防线"的决策部署。一年来，雨水情监测预报"三道防线"建设进展顺利，取得积极进展。

## 一、加强雨水情监测预报"三道防线"建设顶层设计

7 月 11 日，水利部召开专题会议，研究加快构建雨水情监测预报"三道防线"。会议强调要锚定防汛"四不"目标，坚持"预"字当先、关口前移、防线外推，加快构建气象卫星和测雨雷达、雨量站、水文站组成的雨水情监测预报"三道防线"，建设现代化水文监测预报体系，实现延长洪水预见期和提高洪水预报精准度的有效统一，为打赢现代防汛战提供有力支撑。按照相关工作部署，"三道防线"建设坚持需求牵引、应用至上，强化顶层设计，推动各项工作有序开展。一是组织编制专题分析报告。全面、准确、系统分析每道防线的特点、"三道防线"相互关系，论证"三道防线"建设的重要性、必要性、可行性，编制完成雨水情监测预报"三道防线"建设分析报告。二是印发实施方案。8 月 7 日，水利部办公厅印发《关于加快构建雨水情监测预报"三道防线"实施方案》，明确了加快构建雨水情监测预报"三道防线"建设总体要求、主要目标、重点任务、责任分工以及有关要求。三是出台指导意见。12 月 29 日，水利部办公厅

印发《关于加快构建雨水情监测预报"三道防线"的指导意见》,指导和推进各单位结合职能,围绕流域防洪、水库调度等业务应用需求,以流域为单元,统筹结构、密度、功能,积极推进暴雨洪水集中来源区、山洪灾害易发区以及大型水库、重大引调水工程防洪影响区测雨雷达组网建设,加密雨量站,提升水文测站监测能力,推动产汇流水文模型、洪水演进水动力学模型研发应用,加快构建雨水情监测预报"三道防线"。"第一道防线"气象卫星和测雨雷达实现云中雨监测预报并延伸产汇流及洪水演进预报,"第二道防线"雨量站实现落地雨监测并延伸产汇流及洪水演进预报,"第三道防线"水文站实现本站洪水测报并延伸洪水演进传导预报;强化"四预"功能,不断提升预报预警预演预案能力。

## 二、开展"第一道防线"建设应用先行先试

一是组织召开工作现场会。9月18日,水利部召开水利测雨雷达试点建设应用现场会,动员部署加快构建雨水情监测预报"三道防线"。会议组织相关单位实地调研嵩山测雨雷达站、㮾梨水文站测雨雷达系统和数字孪生平台"四预"系统,交流试点应用成果。二是组织开展先行先试工作。9月4日,水利部办公厅印发《关于开展雨水情监测预报"三道防线"建设先行先试工作的通知》,部署在重要流域暴雨洪水集中来源区、山洪灾害易发区以及大型水库工程、重大引调水工程防洪影响区等,加快建成一批水利测雨雷达系统,率先开展水利测雨雷达建设应用先行先试,凝练形成可复制、可推广的技术成果,逐步扩大建设规模和覆盖范围。三是组织编制建设框架方案。综合考虑重要流域暴雨洪水集中来源区、山洪灾害易发区以及大型水库工程、重大引调水工程防洪影响区、重要城市暴雨洪水防御及山脉地形等因素,组织编制水利测雨雷达建设总体布局方案,指导各单位做好水利测雨雷达建设先行先试实施方案编制,推进雨水情监测预报"三道防线"先行先试算力和水利测雨雷达管理与应用平台建设。

## 三、加快推进雨水情监测预报"三道防线"建设

以流域为单元,检视水文站网结构、布局、密度,加密布设监测站,

加快推进雨水情监测预报"三道防线"站网建设。一是组织报送新增中央投资项目。围绕提升防灾减灾救灾能力，建设水利测雨雷达、雨量站、水文站，以及水文监测预报系统，加快水文设施设备升级改造，改建超标准洪水测验设施设备等，组织编制流域水文测报体系建设方案，加快构建水文监测预报预警体系。二是组织加快推进新增项目前期工作。印发通知，督促各单位加强项目储备，抓紧完成水文项目前期工作，加强与有关部门沟通协调，争取水文基础设施建设投资规模，提升流域防洪水文测报能力和水平，加快构建"天空地"一体化现代化水文测报体系。三是加快水文基础设施建设项目建设。重点实施中小河流洪水易发区、大江大河支流、重点水生态敏感区等水文站网建设，新建改建雨量站、水位站、水文站2400处，进一步补充完善水文站网。

## 四、加强水文技术标准制修订和技术指导

围绕构建雨水情监测预报"三道防线"需求，加快完善水文技术规范标准，加强测雨雷达技术应用、雨水情预报预警等方面人才培养和队伍建设。一是加快技术标准制修订。修订发布《水文站网规划技术导则》（SL/T 34—2023），新增布设测雨雷达站、遥感监测点，在暴雨洪水区加密雨量站、水文站等相关技术要求，为构建现代化国家水文站网、开展水文站网规划和管理、加快构建雨水情监测预报"三道防线"提供重要技术依据。完成水位观测标准报批，加快编制修订河流流量测验规范、水文情报预报规范、水库水文泥沙观测规范、水利测雨雷达系统建设与应用规范等标准规范。二是加大技术指导力度。印发《水利部办公厅关于加强超标准洪水测报水文基础设施建设的通知》，对水文站网布局、水文基础设施建设标准、水文测报设施设备配置等提出更高要求。印发《丹江口库区及其上游流域水文监测评价技术要求》，按照"应设尽设、应测尽测、应在线尽在线"的原则，明确提出站网布设、监测方式、监测频次等方面的具体要求，指导加快构建严密的水文水质监测体系。三是加强业务培训。组织举办水利测雨雷达系统建设应用技术培训，对中国长江三峡集团有限公司、中国南水北调集团有限公司，各省（自治区、直辖市）水利（水务）

厅（局），新疆生产建设兵团水利局，有关工程管理单位相关技术人员进行了水利测雨雷达技术建设应用培训。

下一步，各级水利部门将坚决贯彻习近平总书记关于防灾减灾救灾工作的重要讲话指示批示精神，认真落实党中央、国务院决策部署和水利部工作安排，坚持人民至上、生命至上，立足防大汛、抗大险、救大灾，增强风险意识、忧患意识，树牢底线思维、极限思维，主动适应和把握气候变化和水旱灾害的新特点和新规律，重点围绕流域防洪、水库调度实际需求，加快构建气象卫星和测雨雷达、雨量站、水文站组成的雨水情监测预报"三道防线"，积极推进暴雨洪水集中来源区、山洪灾害易发区以及大型水库、重大引调水工程防洪影响区测雨雷达组网建设，加密雨量站、水文站，推进新技术、新装备研发推广应用，加快产汇流水文模型、洪水演进水动力学模型研发应用，加快遥感、激光雷达等观测技术应用，实现云中雨、落地雨、本站洪水监测预报并延伸产汇流及洪水演进预报，进一步延长洪水预见期、提高洪水预报精准度，为打赢水旱灾害防御硬仗奠定坚实的水文基础。

程增辉　执笔

刘志雨　审核

# 水利基础设施篇

# 全面加强水利基础设施建设工作综述

水利部规划计划司

加快构建国家水网，建设现代化高质量水利基础设施网络，统筹解决水资源、水生态、水环境、水灾害问题，是以习近平同志为核心的党中央作出的重大战略部署。

2023年是全面贯彻党的二十大精神的开局之年，以习近平同志为核心的党中央对水利工作作出一系列重要部署。水利部门坚持以习近平新时代中国特色社会主义思想为指导，深入贯彻党的二十大精神，深入践行习近平总书记"节水优先、空间均衡、系统治理、两手发力"治水思路和关于治水重要论述精神，认真落实党中央、国务院决策部署，围绕《国家水网建设规划纲要》建设任务，聚焦新阶段水利高质量发展目标路径，全力加快水利基础设施建设，国家水网主骨架和大动脉加快构建，省级水网先导区建设持续推进，市县级水网先导区接续启动，44项重大水利工程开工建设，全国水利建设完成投资11996亿元，在2022年首次迈上万亿元大台阶基础上，再创历史最高纪录，为推动经济回升向好、巩固夯实安全发展基础作出积极贡献。

一是加强组织推进。2023年年初制定工作方案，落实工作责任，细化工作举措和进度安排，加强组织协调和跟踪督促，围绕年度目标，以月保季，以季保年，狠抓任务落实。

二是加快前期工作。提前制定2023年推进重大水利工程项目清单，建立台账，逐项细化工作方案，将责任明确到岗到人，节点控制到事到天，专人盯办、专班推进，每周跟踪，确保重大水利工程应开尽开、能开早开。

三是抓好投资落实。按照推进两手发力"一二三四"工作框架体系，积极争取财政投入，在用足用好地方政府专项债券、金融支持水利政策的同时，创新运用特许经营、项目融资+施工总承包、股权合作、政府购买服务等多种模式，拓宽水利投资渠道。

四是开展调度会商。充分发挥水利基础设施建设调度会商机制作用，累计开展 22 次调度会商，加强分析研判，及时解决前期工作、建设进度、资金落实等存在的突出问题。

五是强化建设管理。指导流域管理机构、地方水利部门和项目法人抓好项目建设组织实施。强化质量控制和安全生产管理，加强稽察、巡查等监督管理，确保工程安全、生产安全、资金安全。

在各级水利部门的共同努力下，2023 年水利基础设施建设成效显著。主要体现在以下四个方面。

一是新开工水利项目创历史新高，一批重大工程开工建设。2023 年全国新开工水利项目 2.79 万个，较 2022 年增加 2890 个、增长 11.5%；其中，投资规模超过 1 亿元的项目 1946 个，比 2022 年多 552 个。黑龙江粮食产能提升重大水利工程、吉林水网骨干工程、环北部湾广西水资源配置工程、河北雄安干渠供水工程、福建金门供水水源保障工程、北京城市副中心温潮减河防洪工程等 44 项重大水利工程开工建设，工程建成后可新增供水能力 51.9 亿 m³，新增改善灌溉面积 1388 万亩，新增加固堤防 1125 km，将为国家重大战略实施和区域高质量发展提供更加坚实的水安全保障。

二是水利建设落实投资、完成投资为历史最多。在争取各级财政投入的同时，深化水利投融资改革，积极争取金融信贷、社会资本投入水利建设，多渠道筹集建设资金。全国落实水利建设投资 12238 亿元，同比增长 5.8%。其中，落实银行贷款 2187 亿元，较 2022 年同期增长 26.7%；落实社会资本 1295 亿元，较 2022 年同期增长 42.7%。完成水利建设投资 11996 亿元，同比增长 10.1%。其中，广东、湖北等 13 个省份完成投资超过 500 亿元。

三是水利工程建设全面提速，一批重大工程实现了重要节点目标。2023 年，陕西引汉济渭工程、甘肃引洮供水二期工程实现通水，福建平潭及闽江口水资源配置工程、江西花桥水库工程建成。南水北调中线引江补汉工程、淮河入海水道二期工程、环北部湾水资源配置工程等重大工程加快推进。全国实施 128 座大中型和 3617 座小型病险水库除险加固。开展 134 条主要支流和 998 条中小河流治理、598 处大中型灌区建设与现代化改造，提升 1.1 亿农村人口供水保障能力，农村自来水普及率达到 90%。治理水土流失面积 6.3 万 km²。

四是水利建设吸纳就业人数持续增加，充分发挥稳就业作用。水利建设吸纳就业 273.9 万人、同比增长 8.9%，发放工资 568.2 亿元、同比增长 38.2%。其中，吸纳农村劳动力 220.7 万人、同比增长 7.4%，发放工资 430.3 亿元、同比增长 35.3%，实现吸纳就业人数和工资收入双增长，更多劳动者在水利建设中获得更多劳动报酬。大规模水利基础设施建设为稳增长、稳就业发挥了重要作用。

2024 年，水利系统将坚持以习近平新时代中国特色社会主义思想为指导，全面贯彻党的二十大和二十届二中全会、中央经济工作会议、中央农村工作会议精神，积极践行习近平总书记关于治水重要论述精神，完整、准确、全面贯彻新发展理念，统筹高质量发展和高水平安全，坚持治水思路，坚持问题导向，坚持底线思维，坚持预防为主，坚持系统观念，坚持创新发展，围绕《国家水网建设规划纲要》目标任务，强化部门协同和上下联动，高质量高标准推进水利基础设施建设，着力提升水旱灾害防御能力、水资源节约集约利用能力、水资源优化配置能力、江河湖泊生态保护治理能力，推动新阶段水利高质量发展，为以中国式现代化全面推进强国建设、民族复兴伟业提供有力的水安全保障。

袁　浩　王　熙　韩沂桦　朱丽珊　执笔

谢义彬　审核

## 专栏十

# 环北部湾广西水资源配置工程开工建设

### 水利部水利工程建设司

环北部湾广西水资源配置工程是国家水网骨干工程，是国务院部署实施的 150 项重大水利工程之一。2023 年 9 月 8 日工程开工建设。

广西环北部湾地处华南、西南和东盟经济圈结合部，是"21 世纪海上丝绸之路"与"丝绸之路经济带"有机衔接的重要门户。但广西环北部湾地区水资源时空分布不均，主要城市及县域供水河道型水源占比较大，存在一定水质风险。随着北部湾经济区、西部陆海新通道、沿边临港产业园区等国家战略的实施，区域经济社会快速发展，城镇化和工业化进程不断加快，当地水资源供水潜力有限，仅靠强化节水难以解决水资源供需矛盾。毗邻的郁江干流水资源总量丰沛，具备向北部湾地区提供水源的基础条件。为长远解决环北部湾区域水资源承载能力与经济发展布局不匹配问题，支撑环北部湾区域经济社会高质量发展，环北部湾广西水资源配置工程被纳入《中华人民共和国国民经济和社会发展第十四个五年规划和 2035 年远景目标纲要》《国家水网建设规划纲要》等，并纳入国家 2020 年及后续 150 项重大水利工程建设项目清单。目前，工程各项工作的推进步入快车道。

工程初步设计批复总工期 72 个月，工程以郁江为核心水源，通过连通郁江与北部湾桂南诸河以及多座大中型水库，形成内连外调、区域互济的水网格局。主要建设内容包括 6 条输水干线和 12 条支线，输水线路总长491.10 km；主要输水建筑物包括提水泵站 7 座，进水口 10 座，隧洞 41 座173.18 km，管道 302.85 km，穿管隧洞 6 座，箱涵 13 座，倒虹吸 7 座，进出水池 8 座，分水闸 1 座。

工程总投资 278.39 亿元，工程供水范围为南宁、钦州、北海、玉林 4

市城区，8个县城区，9个工业园区，31个乡镇，预计到2035年多年平均供水量为7.91亿 m³，是广西壮族自治区投资最大、输水线路最长、覆盖人口最多的调水工程。工程实施后，与当地水源工程联合调度，可长远解决环北部湾广西区域水资源承载能力与经济社会发展布局不匹配问题，构建区域水网，有效缓解缺水情势，完善多水源供水保障格局，进而提高供水安全保障能力；还可为发展农业灌溉、保障粮食安全、发展现代特色农业和改善水生态环境创造条件。

唐　甜　王禄洲　张　昕　执笔

赵　卫　审核

# 河北雄安干渠工程正式开工

水利部水利工程建设司

河北雄安干渠工程是国务院部署实施的 150 项重大水利工程之一，被列入《国家水网建设规划纲要》，是 2023 年水利部重点推进的全国重大水利工程。2023 年 6 月 20 日工程开工建设。

2018 年 12 月，经党中央、国务院同意，国务院批复《河北雄安新区总体规划（2018—2035 年）》，提出"建设南水北调调蓄库和雄安干渠，完善新区供水网络，强化水源互联互通，形成多源互补的新区供水格局。城镇生活生产用水由南水北调供应，上游水库、地下水作为应急备用水源"。明确了雄安新区城镇生产生活用水由南水北调供应，且供水保障率不低于 97%。

雄安新区由南水北调天津干线两个口门（容城北城南和雄县口头）供给，输水规模分别为 $1.0\,\mathrm{m^3/s}$ 和 $0.5\,\mathrm{m^3/s}$，年总供水规模 3000 万 $\mathrm{m^3}$。2020 年以来，为支持新区规划建设，每年从天津干线雄安新区下游霸州调剂 2500 万 $\mathrm{m^3}$ 水量至新区，年供水规模增加至 5500 万 $\mathrm{m^3}$。随着雄安新区规划建设及非首都功能疏解工作加快推进，根据 2018—2023 年用水情况及雄安新区规划建设时序，预测 2025 年年底雄安新区原水需求为 5500 万 $\mathrm{m^3}$，达到雄安新区原水可供水规模。为解决雄安新区 2025—2030 年近期用水需求，雄安干渠工程从雄安调蓄库引水，综合考虑雄安调蓄库建设时序，工程在南水北调中线总干渠西黑山排冰闸后蓄冰池增设临时水源接口，有助于进一步形成多源互补、丰枯调剂的水资源优化配置主骨架。雄安干渠工程各项工作的推进步入快车道。

河北雄安干渠工程计划工期为 24 个月，从南水北调中线总干渠新建输水线路至雄安新区原水应急调蓄池，涉及保定市徐水区及雄安新区容城县。工程设计输水规模为 $15\,\mathrm{m^3/s}$，输水线路总长度约为 $38.2\,\mathrm{km}$，新建原水应急调蓄池的总库容约为 118 万 $\mathrm{m^3}$。

工程总投资约 26 亿元，是雄安新区主要水源保障建设项目。工程建成后，将作为雄安新区主要的供水水源，进一步完善雄安新区多水源保障的供水体系，有效保障雄安新区用水安全，为雄安新区的健康有序可持续发展提供有力保障。

王禄洲　王新明　张　昕　执笔

赵　卫　审核

# 引汉济渭工程实现先期通水
# 长江和黄河在关中"握手"

## 水利部水利工程建设司

引汉济渭工程是"十三五"期间国务院确定的 172 项重大水利工程之一，是国家南水北调工程的重要补充，也是国家水网建设的重要一环，于 2007 年开工建设。

自古以来，陕西省基本水情一直是夏汛冬枯、北缺南丰，多年平均水资源总量为全国总量的 1.48%，人均水资源量为全国平均水平的一半，水资源总量不足且时空分布不均，缺水成为制约陕西省经济社会发展的"瓶颈"。引汉济渭工程是破解陕西省水资源瓶颈制约、实现水资源配置空间均衡的一项全局性、基础性、公益性、战略性重大水利基础设施建设项目。工程地跨长江、黄河两大流域，从陕南汉江流域调水至关中渭河流域，年最大调水量 15 亿 m³，主要任务是向渭河沿岸重要城市、县城、工业园区供水，增加 500 万人城市用水，支撑 1.1 万亿元 GDP，受益人口 1411 万人。

引汉济渭工程分为调水工程和输配水工程，总投资 516 亿元。调水工程由黄金峡水利枢纽、三河口水利枢纽和秦岭输水隧洞组成。输配水工程由黄池沟配水枢纽、南北干线及支线组成。作为调水工程的控制性工程，秦岭输水隧洞是人类首次横穿世界十大山脉——秦岭山脉，全长 98.3 km，最大埋深 2012 m，综合施工难度举世罕见。自建设以来，先后克服穿越岭脊段突涌水、高频强岩爆、断层塌方、软岩变形、长距离连续极硬岩掘进及通风、可燃有害气体、高温高湿等施工难题，历经十余年的艰苦鏖战，于 2023 年 7 月 16 日实现先期通水。源自长江最大支流汉江的清澈水流，从秦岭南麓的三河口水利枢纽出发，自流涌入秦岭输水隧洞，历经 12 h 进入关中，流向古城西安，与渭河在关中大地"握手"。

黄金峡水利枢纽是引汉济渭工程的"龙头"水源工程，从汉江干流取水，与位于汉江支流子午河的另一水源工程三河口水利枢纽通过水源丰枯调度，共同完成引汉济渭工程年均调水 15 亿 $m^3$ 任务。工程于 2023 年 7 月正式下闸蓄水，目前首台机组已具备发电上网条件，标志着引汉济渭调水工程已基本完工，进入全面试运行阶段，工程效益即将全面发挥。

郭一舟　黄　晨　张　昕　执笔

赵　卫　审核

# 完善全国水网规划体系
# 统筹推进水网骨干工程建设

水利部规划计划司

2023 年，水利部门全面贯彻党的二十大精神，深入贯彻落实习近平总书记关于治水重要论述精神，围绕加快构建"系统完备、安全可靠，集约高效、绿色智能，循环通畅、调控有序"的国家水网，着力提升水利基础设施网络效益，大力推进国家水网重大工程建设，进一步增强国家水安全保障能力，推动新阶段水利高质量发展。

## 一、加快完善国家水网主骨架和大动脉

深入推进南水北调后续工程高质量发展。一是进一步完善南水北调工程总体布局。国家发展改革委、水利部牵头，会同财政部、自然资源部、生态环境部、住房城乡建设部、农业农村部、中国南水北调集团有限公司等部门和单位，开展《南水北调工程总体规划》修编，完成了重大专题研究和总体规划修编报告初稿。二是加快推进后续工程前期工作。批复引江补汉工程初步设计，推动主体工程全面开工建设。深化东线二期工程可研论证，优化完善输水线路方案比选。组织完成西线工程重大专题研究和工程规划编制，全面启动先期实施工程可研工作。三是加快建设引江补汉和防洪安全保障工程。积极推动引江补汉工程加快建设、多形成实物工作量，7 个主体施工标正式开工，引江补汉工程进入全面施工新阶段。完成中线工程防洪加固 26 项工程建设。四是完成南水北调东中线年度调度任务。中线年度调水 74.1 亿 m³、水质稳定保持在 Ⅱ 类及以上；东线一期工程年度调水 8.5 亿 m³、水质稳定保持在 Ⅲ 类。

## 二、加快推进骨干输排水通道建设

合理布局建设一批跨流域、跨区域重大水资源配置工程，形成南北、

东西纵横交错的骨干输排水通道。环北部湾广西水资源配置等一批具有战略意义的项目相继开工建设。引江济淮一期工程实现试调水；湖北鄂北水资源配置、甘肃引洮供水二期、福建平潭及闽江口水资源配置工程通水发挥效益；特别是陕西引汉济渭工程的建成，长江、黄河在关中大地实现"握手"；内蒙古引绰济辽工程枢纽主体工程基本完成，珠江三角洲水资源配置工程全线隧洞已贯通。

## 三、大力推进水网调蓄工程建设

充分挖掘现有水源调蓄工程供水潜力，加快推进骨干水源工程建设。推动四川三坝、云南桃源、安徽凤凰山、河北青山、湖北姚家平等一批国家水网重大结点工程，以及湖北太湖港、广西下六甲、云南腾冲、四川向家坝一期二步、江西平江5处大型灌区开工建设，黄河古贤水利枢纽进入可研审批阶段。推动南水北调中线雄安调蓄库建设。浙江朱溪、海南天角潭、青海蓄集峡等一批大型水库开始蓄水，多源互补、多向调节的国家、区域水网水资源储备能力和水流调控能力明显提升。

## 四、协同推进省市县级水网规划建设

31个省（自治区、直辖市）省级水网建设规划全部编制完成，区域水网建设规划加快编制。水利部确定的第一批7个省级水网先导区开展先行先试，在组织推动、水网规划、重大工程建设、水网融合发展、体制机制创新、数字孪生水网等方面，形成了一批典型经验。2023年9月，启动开展第二批省级水网先导区和第一批市级、县级水网先导区建设。在先导区的示范引领下，各地加快构建城乡一体、互联互通的水网体系，打通防洪排涝和水资源调配"最后一公里"。开工建设农村供水工程2.3万处，提升1.1亿农村人口供水保障水平，农村自来水普及率达到90%，规模化供水工程覆盖农村人口比例达到60%。

## 五、加快推进数字孪生水网建设

编制数字孪生国家骨干网建设方案框架，全面完成数字孪生南水北调

5 项数字孪生流域建设先行先试任务。印发《水利部关于开展数字孪生水网建设先行先试工作的通知》，10 个省级数字孪生水网建设先行先试实施方案编制完成。浙江省数字孪生水网（浙东区域）初步建成综合信息一张图以及四大应用模块，初步实现水资源调配"四预"功能。山东省初步建成省级水网综合调度平台。江苏省宿迁市和湖北省天门市编制完成数字孪生水网建设实施方案。

## 六、提升水网运行调度能力

批复《2023 年长江流域水工程联合调度运用计划》《三峡水库 2023 年蓄水计划》。指导省级水行政主管部门印发需开展水资源调度的江河以及调水工程名录并实施水资源统一调度，涉及 278 条江河流域及 80 项调水工程。完成水量分配方案、生态流量等水资源刚性约束指标符合情况审查，部分省市编制完成省级行政区域应急水量调度预案。

2024 年，水利部门将继续围绕《国家水网建设规划纲要》目标任务，强化部门协同和上下联动，高质量高标准推进水利基础设施建设，着力提升水旱灾害防御能力、水资源节约集约利用能力、水资源优化配置能力、江河湖泊生态保护治理能力，推动新阶段水利高质量发展，为以中国式现代化全面推进强国建设、民族复兴伟业提供有力的水安全保障。

徐 吉 韩 松 梁 栋 赵崇旭 执笔

谢义彬 审核

专栏十三

# 水网先导区建设取得新突破

### 水利部规划计划司

《国家水网建设规划纲要》明确要求，创新省级水网建设推进机制，开展省级水网先导区建设。2022年8月，水利部确定广东、浙江、山东、江西、湖北、辽宁、广西7个省（自治区）作为第一批省级水网先导区。一年多来，水利部加强统筹协调和跟踪指导，先导区省份按照国家水网"一张网"的总体要求，立足本省水情工情，坚持一张蓝图绘到底，以先导区建设为契机，抢抓重大水利基础设施建设"窗口期"，以超常规力度、超常规举措，强力推进省级水网建设，取得明显的阶段性成效。

一是组织有力。先导区省份党委、政府高度重视，按照"中央统筹、省负总责、市县抓落实"的要求，均建立了省有关负责同志牵头的协调推动机制，纳入重要工作议事日程，切实加强组织领导，研究出台政策文件，制定实施方案、细化任务措施、明确工作要求、压实工作责任、强化要素保障。

二是科学规划。根据国家水网总体布局，先导区省份立足省情、水情、工情，加强与国家骨干网有机衔接，加强与市县水网协同融合，加快完善省、市、县三级水网规划体系，系统谋划水网纲、目、结，着力构建城乡一体、互联互通的水网体系，提升城乡水利基本公共服务水平。

三是加大投入。先导区省份坚持政府和市场"两手发力"，抢抓基础设施建设重大政策机遇，积极利用地方专项债、银行信贷、社会资本等多元渠道持续加大水网工程建设投入力度。2023年，7省（自治区）共完成水利建设投资4038亿元，较2022年投资增幅达15%，占全国水利建设总投资的34%。

四是数字孪生同步推进。先导区省份强化数字孪生水网建设顶层设计，科学编制实施方案，启动实施数字孪生水网先行先试，浙江、山东、安徽、广东等省级水网具有水资源调配"四预"功能的综合调度平台初步建成，着力提升水网工程建设运行管理的数字化、网络化、智能化水平。

五是体制机制不断创新。先导区省份积极探索水网建设运行管理体制机制创新，组建水利发展集团等投融资主体，积极探索水网投建运营一体化管理模式。持续深化水价形成机制，推行异源共网、同网同价，提高水资源配置效率和效益，促进水网工程良性运行。

2023年9月，水利部确定宁夏、安徽、福建3个省（自治区）作为第二批省级水网先导区，浙江省宁波市、河南省平顶山市、山东省烟台市、江苏省宿迁市、山西省大同市、湖南省娄底市、陕西省延安市7个地市作为第一批市级水网先导区，广东省高州市、湖北省天门市、福建省武平县3个市县作为第一批县级水网先导区。在水网先导区的示范引领下，各地加快构建城乡一体、互联互通的水网体系，打通防洪排涝和水资源调配"最后一公里"。

王　晶　郭东阳　刘　震　执笔
高敏凤　审核

# 浙江省台州市：
## 推进现代水网建设　向幸福水城进发

从实施农田排灌、防洪安全、水源保障、水系生态"四网建设"，到打造平安水利、民生水利、资源水利、生态水利、科技水利，再到加快构建综合立体"现代水网"、建设人水和谐"幸福水城"。浙江省台州市立足"山海水城、水利先行"，全面掀起水利基础设施建设热潮。

强基提能，做好水文章。近年来，台州市着力补齐水利基础设施短板，实施"强塘"工程、百项千亿防洪排涝工程、海塘安澜千亿工程等工程措施，建成一批防洪排涝御潮工程，完成海塘提标加固超过240余km、小流域堤防加固370余km、水闸加固180余座（次）。随着台州市湾新区海塘提升工程、三门县海塘加固工程等一批水利工程的建成，水旱灾害防御体系实现整体性跃升。如今，全市"上蓄、中防、下排"防洪排涝御潮工程体系基本建成，椒江流域防洪、沿海平原排涝、沿海防台御潮标准大幅提升。

开源引调，谱写兴水之法。台州市以实施水资源保障百亿工程、重点水源和引调水工程等为重要抓手，建成方溪水库、黄龙水库、盂溪水库、佃石水库等重点水源工程，同时建设实施台州供水二期、椒北引水、临海沿海引水、玉环引水等重点引调水工程，朱溪水库工程下闸蓄水，台州市引水、南部湾区引水等两项工程通水投用，全市水资源优化配置能力显著提升。全市新增年供水量3亿 m³，万元工业增加值用水量较"十五"期末下降83.62%，9个县（市、区）实现国家和省级县域节水型社会建设"双达标"全覆盖。

治水管水,打造水美之城。从"万里清水河道建设"到"五水共治",再到"美丽河湖"建设,台州市持续加大河道综合整治、水系连通等工作力度,不断创新河湖长制,累计完成河道整治及中小河流治理超过1400 km、河道疏浚清淤1.16万余km、水土流失治理900余km²,创建省级美丽河湖49条。天台县入选全国水系连通及水美乡村建设试点县,仙居县永安溪获评首届全国"最美家乡河",天台县始丰溪获选长江经济带"最美河流",3个工程获评国家水土保持生态文明工程,台州市河湖水生态面貌实现根本性改善。

除险保安,夯实幸福之基。水是农业生产的重要根源,也是城市发展的重要保障。台州市以农田水利标准化建设为抓手,加快推进农田灌溉和农业节水设施建设,农田灌溉水利用系数提高到0.6,金清灌区、里石门水库灌区上榜首批国家级节水型灌区。此外,台州还不断推进"百库保安"、病险水库山塘除险整治三年行动等,完成长潭、牛头山、佛岭等大中型水库除险加固,累计完成病险水库除险加固290余座(次)、重点山塘除险整治830余座(次),以满满的安全感,夯实幸福城市建设之基。

奚巧芝　张妮婷　执笔

石珊珊　李海川　审核

# 全面加强水利工程质量监管

水利部水利工程建设司　水利部监督司

2023 年，水利部门深入实施质量强国战略，统筹发展和安全，完善体制机制法治，强化质量责任落实，全面提升水利工程建设质量管理能力和水平。

## 一、完善顶层设计，落实质量责任

### （一）健全工程质量管理体制机制

修订出台《水利工程质量管理规定》，制定《水利工程造价管理规定》《深入贯彻落实〈质量强国建设纲要〉提升水利工程建设质量的实施意见》，印发《水利工程建设项目法人工作手册（2023 版）》，加快修订《水利工程质量事故处理暂行规定》《水利工程建设监理规定》《水利水电工程单元工程施工质量验收评定标准》等规章制度和技术标准，进一步规范质量管理行为。

### （二）全面加强工程质量责任落实

一是在《水利工程质量管理规定》中强化各参建单位的质量责任，明确项目法人对水利工程质量承担首要责任，勘察、设计、施工、监理单位承担主体责任，检测、监测单位以及原材料、中间产品、设备供应商等单位依据有关规定和合同承担相应责任。二是按照中央质量督查考核工作部署，组织开展对省级水行政主管部门的质量工作考核，重点关注地方水行政主管部门质量管理情况，通过实地核查在建项目，对各参建单位落实法律、法规、规章规定的质量责任情况等进行考核，督促各方进一步落实水利工程建设质量责任。三是加大水利工程建设质量事故通报力度，如吉林西部城市供水工程发生重大质量事故，在 2022—2023 年度水利建设质量工作考核中直接认定吉林省水利厅考核结果为 D 级。

## 二、加强政府监管，提升建设质量

### （一）强化水利建设质量工作考核

为更好发挥质量工作考核在水利建设质量管理工作中的指挥棒作用，进一步提升水利工程建设质量管理能力和水平，修订印发《2022—2023 年度水利建设质量工作考核评分细则》，细化流域管理机构评分标准，提升考核指标的可操作性和针对性。派出考核工作组分赴各地开展现场考核评价，推动各级水利部门更好履行质量监督管理职责、确保大规模水利建设质量安全。同时，组织制定《水利建设质量工作考核组工作纪律》《水利建设质量工作考核组专家廉洁承诺书、廉政情况报告书》，进一步规范水利建设质量工作考核行为，强化工作纪律要求。

### （二）开展水行政主管部门质量监督履职情况巡查

为进一步规范水行政主管部门质量监督工作，修订印发《水行政主管部门质量监督履职情况巡查指导手册（2023 年版）》，细化巡查评价细则。组织 32 个巡查组、282 人（次），对 31 个省（自治区、直辖市）及新疆生产建设兵团的省、市、县三级共计 96 个水行政主管部门开展质量监督履职情况巡查。同时，组织流域管理机构对前两轮巡查发现的问题进行了"回头看"。从巡查情况看，水利行业监督人员数量和监督经费较 2022 年均呈"双升"态势，巡查发现省均问题数量较 2022 年下降 23%，总问题数和涉及行政管理方面的问题数较 2022 年均呈下降趋势，各级水行政主管部门质量监督"法定职责必须为"意识不断提升，防范化解在建水利工程质量风险的能力不断增强。

### （三）组织实施水利建设项目稽察

聚焦工程质量等建设管理行为，持续开展在建水利工程项目稽察。修订印发《水利建设项目稽察工作指导手册（2023 年版）》《水利建设项目稽察常见问题清单（2023 年版）》，对重大水利工程、水土保持工程、大中型水库除险加固等 100 个工程建设项目开展稽察，对 2022 年度稽察项目开展"回头看"。针对稽察发现问题，印发了 89 份"一省一单"整改意见，指导督促省级水行政主管部门组织问题整改。根据稽察发现问题数量和严重程度，对 2 家单位进行了约谈，对 14 家单位进行了通报，印发了 30 份责任追究意见，责成 21 个省级水行政主管部门对 94 家单位实施责任追究，有效发挥项目稽察效能。

### （四）组织实施水利工程质量监督

严格履行政府质量监督职责。对水利部设站监督的 24 个重大工程开展日常质量监督，核备 34 个单位工程、355 个分部工程、1452 个重要隐蔽（关键部位）单元工程质量结论，为工程顺利实施提供监督保障。组织 8 个巡查组 103 人（次），对处于施工高峰期的 8 个重大工程实施质量与安全巡查，对滇中引水工程等 5 个引调水工程开展了隧洞工程施工质量专项检测，查找质量管理、工程实体等问题，印发 13 份整改意见，督促项目法人整改，防范化解工程建设质量和安全风险。组织 10 个检查组 129 人（次），对 20 个在建水利工程开展设计质量现场监督检查，覆盖重大水利工程、病险水库除险加固工程和中小河流治理工程 3 类，强化工程设计质量"源头"监督。

### （五）实施水利工程建设质量提升工作

按照《水利工程建设质量提升行动（2022—2025 年）实施方案》要求，持续开展水利工程建设质量提升行动，提前谋划工作方案，强化工作部署。印发《2023 年度水利工程建设质量提升工作方案》，组织各地用 1 年时间通过深入学习贯彻《质量强国建设纲要》，全面落实《水利工程质量管理规定》，提升水利工程建设质量监管效能，开展水利工程建设质量普遍性问题专项整治，进一步提高水利工程建设质量管理水平，推动新阶段水利高质量发展。

### （六）认真组织开展质量创优活动

为加强质量文化建设，发挥优质水利工程的示范引领作用，指导开展中国水利工程优质（大禹）奖评选，推选水利工程参评中国建设工程鲁班奖（国家优质工程）和中国土木工程詹天佑奖。河南省出山店水库工程、安徽省淮河流域西淝河等沿淮洼地治理应急工程凤台县西淝河泵站工程荣获中国建设工程鲁班奖（国家优质工程），杭州市第二水源千岛湖配水工程荣获中国土木工程詹天佑奖，36 项工程荣获中国水利工程优质（大禹）奖（2021—2022 年度）。

### （七）推动解决质量管理能力不平衡问题

开展水利建设质量管理东、西部协作帮扶工作，发挥上海、浙江、江苏等东部省（直辖市）质量管理先进优势，组织对口帮扶质量管理力量相对薄弱的西部省（自治区），通过协助健全制度标准、开展业务培训、互派人员指导或跟班学习等方式，有针对性地开展帮扶，提升被帮扶地区的质量管理水平。

### （八）持续推进＂党建进工地＂

推进党建与水利工程建设业务深度融合，创新开展"党建进工地"工作，以在建重大水利工程为重点，通过支部联建、理论联学、实践联动，凝聚党建合力、增强党建引领力，以"党建+质量""党建+创新""党建+服务"等工作模式，发挥党建工作在水利工程建设中的政治引领作用，有力提升水利工程建设质量管理水平。

## 三、强化数字赋能，推动技术升级

### （一）推进水利工程建设数字孪生技术应用

加快制定《关于推进水利工程建设数字孪生技术应用的指导意见》，推进 BIM 技术、智能建造、智能监控、智能感知等数字孪生技术在水利工程建设领域的综合应用，推动水利工程建设数字赋能和转型升级，充分发挥数字孪生技术对水利工程建设高质量发展的驱动作用，提升水利工程建设全要素、全过程的数字化、网络化、智能化管理能力。

### （二）逐步扩大电子签章应用试点范围

围绕水利工程建设管理内容与管理流程数字化需求，进一步扩大电子签章应用试点范围，逐步推动电子签章系统在水利行业建设管理中应用匹配。2023 年，先后在引江济淮二期合肥水源、环北部湾广东水资源配置、海宁市百里钱塘综合整治提升、南水北调中线引江补汉、新疆玉龙喀什水利枢纽、新疆大石峡水利枢纽 6 项工程开展水利工程建设电子签章应用试点工作，逐步实现工程建设过程中的图纸提交、施工方案审批、质量验评、合同签署、支付审批、竣工验收等流程的电子化签署，促进水利工程建设管理信息化工作与工程建设的深度融合。

下一步，水利系统将深入落实党中央、国务院关于质量强国建设的决策部署，全面贯彻《质量强国建设纲要》，统筹发展与安全，聚焦制约水利工程建设高质量发展的突出问题，提出新思路新办法，完善体制机制法治，严格落实质量终身责任制，强化质量监管，推进水利工程建设数字孪生技术应用，提高质量创新和管理能力，推动水利工程建设高质量发展。

鄢　涛　吴留伟　丁　镇　韩绪博　王　瑞
李玉起　谢　冬　徐振博　执笔
赵　卫　满春玲　审核

# 《深入贯彻落实〈质量强国建设纲要〉提升水利工程建设质量的实施意见》印发

## 水利部水利工程建设司

党中央、国务院高度重视质量强国建设，印发《质量强国建设纲要》，指出建设质量强国是推动高质量发展、促进我国经济由大向强转变的重要举措，是满足人民美好生活需要的重要途径。为深入贯彻落实《质量强国建设纲要》，2023 年 8 月，水利部印发《深入贯彻落实〈质量强国建设纲要〉提升水利工程建设质量的实施意见》（以下简称《实施意见》），旨在进一步树牢质量第一意识、落实质量责任、强化质量监管、提高质量创新和管理能力，进一步提高水利工程建设质量管理水平。

《实施意见》坚持守正创新、坚持问题导向、坚持系统观念，围绕进一步提升水利工程质量工作效率和管理能力的目标，聚焦制约水利工程建设高质量发展的突出问题，加强过程管理，强化监管效能，完善体制机制法治，推动水利工程建设高质量发展。包括"总体要求""强化工程质量保障""提升水利工程品质""推进工程质量管理现代化""保障措施"5 个部分，主要是结合水利建设实际，对工程质量提升进行规范，对《质量强国建设纲要》相关内容和要求进行集成和整合。

《实施意见》明确提出，到 2025 年，质量第一意识更加牢固，质量管理体系更加完善，质量创新能力进一步增强，质量管理能力明显提高，工程质量不断提升；到 2035 年，水利工程品质显著提升，工程效益明显增强，先进质量文化蔚然成风，创新能力大幅提高，高素质人才队伍全面建立，水利工程质量管理体系和管理能力基本实现现代化。围绕工程质量保障、质量提升、质量管理现代化，《实施意见》提出健全责任体系、强化质量责任追溯、推进质量创新发展能力、强化质量管理数字赋能、完善工程质量标准体系、提升工程质量监管效能、强化考核评估等 25 项重点内容，对工程项目法人和各参建单位的质量体系、质量行为提出具体要求，明确不断推进质量管理标准化机制创新、建立质量管理标准化评价体系、完善水利工程建设质量激励机制、开展水利工程建设质量提升专项行动，要求充分发挥考核对提升质量管理能力和水平的指挥棒和助推器作用等。

《实施意见》印发以来，各级水利部门积极组织开展学习研讨，并结合本地区本单位工作实际细化工作措施。水利部加快建立健全水利工程建设制度标准，进一步强调质量责任落实，不断增强水利工程建设质量管理效能，确保推动质量强国任务部署落地见效。

韩绪博　鄢　涛　执笔
赵　卫　审核

# 持续推动水利工程运行管理
# 取得新进展

水利部运行管理司

2023 年，水利部门牢固树立底线思维和忧患意识，综合采取工程措施和非工程措施，落实全覆盖管理责任，实施全周期动态监管，水利工程运行管理水平显著提升，全国水库无一垮坝、大江大河干流堤防无一决口。

## 一、锚定"四不"目标，切实强化水利工程安全管理

坚持"管住为王"，多措并举强化水利工程安全运行，牢牢筑起守护人民群众生命财产安全防线。

一是落实安全责任制更加严格。严格落实水库大坝安全责任制，汛前逐座核实并公布 726 座大型水库大坝安全责任人，分级公布中小型水库大坝安全责任人。全面落实并培训小型水库防汛"三个责任人"27 万人（次）。印发《堤防运行管理办法》《水闸运行管理办法》，督促落实行政首长负责制和安全运行责任制。汛期对 15700 座水库开展电话抽查，有效促进责任人履职尽责，确保每座水库有人管、工作有人抓、责任有人担。

二是部署度汛措施更加到位。汛前全面部署水库、堤防、水闸安全度汛工作，有针对性地召开北方地区水库安全度汛工作会，部署应急处置措施，提前落实应急抢险力量和物资。指导各地完善水库调度规程和应急预案，开展质量抽查。推进大中型水闸安全鉴定，完成"十四五"时期目标任务 70% 以上。突出抓好病险工程安全度汛，逐库落实限制运用措施，严格执行病险水库主汛期原则上一律空库运行的要求，确保水利工程安全度汛万无一失。

三是工程隐患排查治理更加细致。制定印发安全运行监督检查工作方案、工作手册和问题清单，督促指导各地全覆盖开展水库、堤防工程汛前

检查，采取"四不两直"方式，组织对 2096 座水库、559 座水闸、559 段堤防险工险段等进行监督检查，督促各地强化问题整改落实，及时消除闸门启闭异常、溢洪道侵占、近坝岸坡失稳等各类安全隐患。

四是水库库容管理力度显著加大。组织开展大中型水库防洪库容安全管理专项行动，印发《水利部关于加强水库库容管理的指导意见》，启动修订《水库大坝安全管理条例》，全面加强水库库容管理，明确库区管控边界，复核库容曲线，严格管控库区利用行为，依法整治库区违法违规问题，严厉查处非法侵占库容行为，切实维护水库库容安全。

## 二、对标高质量发展，加快构建现代化水库运管矩阵

按照全覆盖、全要素、全天候、全周期"四全"管理，完善体制、机制、法治、责任制"四制（治）"体系，强化预报、预警、预演、预案"四预"措施，加强除险、体检、维护、安全"四管"工作，全面提升水库运行管理精准化、信息化、现代化要求，制定印发《水利部关于加快构建现代化水库运行管理矩阵的指导意见》以及重点任务分工方案、先行先试工作方案等文件，明确总体要求、任务分工、工作安排、保障措施以及试点水库、先行区域建设的技术要求，完成现代化水库运行管理矩阵顶层设计。选取 329 座水库和 65 个区域，开展矩阵先行先试工作，推进水库精准化、信息化、现代化管理。

## 三、加强项目管理，大力推进水库除险加固和运行管护

深入贯彻落实《国务院办公厅关于切实加强水库除险加固和运行管护工作的通知》精神，筹措中央补助资金、地方财政预算资金和地方政府一般债券共 228 亿元，全力推进水库除险加固和运行管护。

一是小型水库除险加固进展显著。完成 3125 座水库安全鉴定，实现常态化开展。紧抓汛前汛后施工有利时机，压茬推进项目实施，2022 年安排实施 3400 座小型水库除险加固，主体工程全部完成；2023 年计划安排 3500 座小型水库除险加固，实际安排实施 3796 座，主体工程完工 3617 座。

二是小型水库监测能力不断提升。2022 年度 19189 座小型水库雨水情测报设施和 17400 座大坝安全监测设施建设全部完成并投入使用，2023 年度项目有序实施。持续开展小型水库安全监测能力提升试点，加快推进部、省级监测平台建设。研究制定水库大坝安全监测管理办法，加大智能传感器等新技术研究推广，积极推进强化大中型水库安全监测设施建设与运行管理。

三是小型水库管护机制提质增效。督促各地完成小型水库运行管护定额标准制定，加快制定小型水库巡查管护人员补助定额标准并积极落实资金，进一步落实责任、明确主体，稳定管护经费投入渠道，提升管护水平和质量。

## 四、严守安全底线，打好白蚁等害堤动物防治攻坚战

认真学习贯彻落实习近平总书记重要批示精神，深入开展调查研究，提出水利工程白蚁防治工作方案，举一反三，在全行业开展水利工程白蚁等害堤动物防治工作。

一是主汛期前完成应急整治专项行动。争取治理资金 3.4 亿元，在全国范围内组织开展水利工程白蚁等害堤动物隐患应急整治，在主汛期前及时消除危及水库和堤防安全的风险隐患。

二是全面摸清危害及防治情况底数。组织对全国 9.3 万座水库和 24 万 km 堤防开展普查，逐工程建档立卡，全面掌握白蚁等害堤动物危害水利工程数量、危害区域、危害程度、发展趋势以及各地防治机构设置、人员配备、经费落实、新技术新设备新药物研发应用情况。

三是健全完善防治制度标准体系。印发《水利工程白蚁防治工作指导意见》《水利工程白蚁防治技术指南（试行）》，指导各地制定完善本地区防治工作相关制度标准，编制白蚁等害堤动物防治实施方案。

四是加快推进防治新技术应用。组建水利部白蚁防治重点实验室，积极开展害堤动物习性规律、发展趋势、生物防治措施等基础研究以及隐患探查和处置技术攻关，提升三维探地雷达、多功能直接电法仪、瞬变电磁仪等新技术新设备应用水平。

五是逐步建立综合防治工作体系。积极争取并落实中央补助资金，健全常态化防治经费保障机制。建构"研究—实验—规律""预防—发现—处置""能力—机制—经费""规范—定额—制度"综合防治工作体系。

## 五、聚焦能力提升，全面推进运行管理标准化信息化

对标新阶段水利高质量发展要求，坚持目标导向、问题导向、效用导向，不断提升水利工程标准化、信息化管理水平，助力水治理体系和治理能力现代化。

一是水利工程管理标准化水平持续提升。指导各地加快构建标准化制度标准体系，积极开展标准化创建。1083 座水库、1333 座水闸、21222 km 堤防工程通过省级或流域评价，其中 45 处工程通过水利部评价。2003 座水库、2954 座水闸、17407 km 堤防完成管理与保护范围划定，分别完成"十四五"时期任务量的 94%、81%、93%。

二是水利工程信息化管理加快推进。以运行管理业务全链条线上管理为目标，积极推进水库运行管理信息系统 2.0 版建设，开发水库"四全"管理功能，推进水库雨水情、视频图像、卫星遥感影像等信息集成共享。开展堤防水闸运行管理信息系统升级改造，实现堤防水闸工程信息数据上图。

2024 年，水利系统将统筹发展和安全，全面强化水利工程安全管理，不断提升运行管理现代化水平，为新阶段水利高质量发展提供支撑保障。一是加快构建现代化水库运行管理矩阵。全力推进先行先试工作，探索创新现代化水库管理路径，形成一批可复制、可推广的成果和经验，为全面构建现代化水库运行管理矩阵建设提供支撑。二是强化水利工程安全管理。严格落实安全责任制，全面部署落实度汛措施，深入开展安全隐患排查治理，及时消除重大安全隐患，切实提高应急处置能力。持续抓好白蚁等害堤动物防治，全面加强水库库容管理。三是加强水利工程信息化建设。加快推进智能传感器等新技术应用，加快实施水库安全监测设施建设和更新改造，强化监测信息汇集和应用，全面提升水利工程监测感知能力。四是不断提升工程管理水平。健全水库除险加固和运行管护常态化机

制，不断提升水利工程标准化管理水平，深入推进水利工程管理和保护范围划定，积极开展水库不动产登记试点工作，加快推进《水库大坝安全管理条例》修订，持续夯实运行管理基础，全力保障水利工程安全运行。

万玉倩　韩　涵　执笔
张文洁　刘宝军　审核

## 专栏十五

# 打好水利工程白蚁等害堤动物
# 隐患防治攻坚战

水利部运行管理司　水利部财务司
水利部国际合作与科技司

白蚁等害堤动物对水利工程的危害具有很强的隐蔽性、反复性、长期性，给水库安全运行带来风险隐患。2023 年，水利部门认真学习贯彻落实习近平总书记重要批示精神和"两个坚持、三个转变"防灾减灾救灾理念，深入调查研究，在全系统组织开展了水利工程白蚁等害堤动物隐患防治工作，为水利工程运行安全提供了有力保障。

一是深入一线调查研究，精准研提防治对策措施。4 月 17—19 日、5 月 23—24 日，李国英部长先后赴湖北省武汉市和荆州市长江干支流堤防、河北省衡水市卫运河堤防和浙江省宁波市象山县赤坎水库、余姚市四明湖水库现场调研，走访基层干部职工、农民群众、专家学者，召开 3 次座谈会听取意见建议，查摆存在的问题，分析问题成因，共商防治对策和措施，形成《水利工程白蚁等害堤动物危害及防治调研报告》。有关单位结合大兴调查研究，组织专题调研组调研白蚁等害堤动物危害情况、防治工作开展及经费保障情况、新技术新设备研发应用情况等，为制定相关政策、制度、技术标准等提供支撑。

二是抢抓汛前隐患整治窗口期，实施完成应急整治专项行动。4 月 16 日，印发《关于做好水利工程白蚁等害堤动物隐患应急整治工作的通知》，组织各地各流域，结合日常巡查和汛前检查发现的危害问题，全面开展隐患排查和应急整治，多措并举争取资金，逐库落实工作责任，全力推进危害治理，消除风险隐患。应急整治工作于 6 月 30 日全面完成，总计布设监控诱杀桩（包）22.67 万个、坝面施药 12.06 万处，涉及水库 9131 座、堤防 5665.5 km，完成治理投资 3.4 亿元，在主汛期前及时消除了危及水库和堤防安全的风险隐患，为水利工程安全度汛增添了保障。

三是全面开展白蚁等害堤动物防治情况普查，摸清危害及防治底数。4 月 28 日，印发《关于开展水利工程白蚁等害堤动物危害及防治情况普查的通知》，组织各地各流域对全国 9.3 万座水库和 24 万 km 堤防开展全覆盖普查，全面掌握了白蚁等害堤动物危害水利工程数量、危害区域、危害程度、发展趋势以及各地防治机构设置、人员配备、经费落实、新技术新设备新药物研发应用情况，编制完成《全国水利工程白蚁等害堤动物危害及防治情况普查报告》，为持续有效控制白蚁等害堤动物危害提供参考和依据。

四是健全完善体制机制，推动实现防治工作制度化、专业化、常态化。制定完善防治制度标准，印发《水利工程白蚁防治工作指导意见》《水利工程白蚁防治技术指南（试行）》《水利工程白蚁等害堤动物防治工作实施方案（2024—2030 年）》，修订颁布《水利工程维修养护白蚁等害堤动物防治定额标准》，从国家行业管理层面进一步强化政策供给和行业指导。积极落实防治经费，推动健全常态化防治经费保障机制，商财政部下拨 2023 年水利部流域管理机构直管工程白蚁等害堤动物隐患排查和应急整治经费 1080 万元，安排水利救灾资金 2.28 亿元支持地方及时开展白蚁等害堤动物应急整治，提前下达 2024 年水利发展资金 6 亿元用于支持开展白蚁等害堤动物防治。加强基础研究、强化科技赋能，组建水利部白蚁防治重点实验室，组织召开白蚁防治技术交流会，支持立项"堤坝白蚁巢穴低频声音脉冲探测技术"水利技术示范项目，推动白蚁等害堤动物防治实现由末端治理向前端预防转变。

夏志然　李成业　王宁舸　赵海宏　王洪明　管玉卉　执笔

司毅军　付　涛　曾向辉　审核

# 有序实施病险水库除险加固

水利部运行管理司　水利部水利工程建设司

2023 年，水利部门坚持以习近平新时代中国特色社会主义思想为指导，坚决贯彻党中央、国务院决策部署，认真贯彻落实《国务院办公厅关于切实加强水库除险加固和运行管护工作的通知》《国务院关于"十四五"水库除险加固实施方案的批复》，积极协调国家发展改革委、财政部落实资金，有序实施病险水库除险加固，确保现有水库安然无恙。

## 一、常态化开展水库大坝安全鉴定

督促各地全面梳理竣工验收 5 年、后续 10 年到期应鉴定的水库清单，严格按照《水库大坝安全鉴定办法》要求全面开展水库大坝安全鉴定工作，并指导对遭遇特大洪水、强烈地震、工程发生重大事故或者出现影响安全的异常现象的水库，组织专门安全鉴定。完善水库大坝安全鉴定常态化工作机制，所有水库信息均纳入全国水库大坝运行管理信息系统统一管理，滚动推进水库大坝安全鉴定有序实施，实行销号制度，动态管控安全风险。2023 年完成水库大坝安全鉴定 3125 座。"十四五"以来，累计完成水库大坝安全鉴定 37820 座，存量鉴定任务全面完成，新到期限水库及时进行鉴定，水库大坝安全鉴定工作全面步入常态化，为开展水库除险加固提供有力支撑。

## 二、全面有序实施除险加固项目

按照"十四五"期间全部完成存量病险水库 13025 座（大中型 256 座、小型 12769 座）除险加固任务，"十四五"期间新增的病险水库及时实施除险加固的要求，印发《小型病险水库除险加固项目管理办法》《小型水库除险加固工程初步设计技术要求》，规范项目建设管理，全面、精准、动态掌握除险加固项目进展，加强督导检查和技术帮扶，全力保证项目建设质量、安全和进度，及时消除水库安全隐患，进一步提升防洪、供水安全保障能力。

### （一）落实属地管理责任

督促指导各地不断完善省负总责、市县抓落实的水库除险加固责任体系，继续将水库除险加固工作纳入地方政府重要议事日程和河湖长制管理体系。各流域管理机构按任务分工，监督指导地方优化项目组织实施、加强质量安全和工程验收监管。地方各级水行政主管部门上下联动，夯实属地管理责任，完善责任体系，挂图作战、压茬推进，加快项目建设、严格过程管理、强化质量安全监管，扎实有序推进项目实施，持续抓好水库除险加固相关工作，按期完成年度任务。

### （二）多渠道落实资金

积极协调国家发展改革委，继续对符合中央投资政策要求的大中型水库除险加固项目给予中央预算内投资优先支持。"十四五"以来，累计落实中央预算内投资 108 亿元，安排实施大中型水库除险加固项目 250 座，完工 178 座。

协调财政部，将小型水库安全作为中央财政重点保障领域，持续安排水利发展资金，统筹地方财政预算资金和地方政府一般债券额度，做好小型水库除险加固工作。2023 年落实中央财政水利发展资金 30 亿元、新增地方政府一般债券额度 80 亿元，安排实施小型水库除险加固项目 3796 座。"十四五"以来，累计落实中央财政水利发展资金 93 亿元、新增地方政府一般债券额度 203 亿元，安排实施小型水库除险加固项目 11513 座，完工 11332 座。

组织各地申报 2023 年新增国债水库除险加固项目，要求各地积极开展前期工作，确保项目按期完成。

### （三）加快实施水库除险加固

2023 年大中型水库除险加固计划实施 128 座，实际开工 128 座，其中中央投资支持 71 座，地方自筹资金 57 座。

2023 年小型水库除险加固计划实施 3500 座，实际实施 3796 座，主体工程完工 3617 座。其中，使用中央补助资金的水库 1890 座，开工 1889

座，主体工程完工 1869 座，完工率为 99%；使用地方政府一般债的水库 1906 座，开工 1888 座，主体工程完工 1748 座，完工率为 92%。

### （四）加强水库除险加固监督检查

制定印发《2023 年度水库安全运行监督检查工作方案》，落实月调度、季分析、半年总结制度，统筹全国监督检查工作整体推进情况，紧盯重点区域监督检查工作开展情况。组织水利部建设管理与质量安全中心和各流域管理机构现场检查水库 536 座，并要求检查单位在现场工作结束后立即梳理问题清单，录入全国水库运行管理信息系统等，印发整改通知，及时跟进问题整改情况，实行闭环销号管理。

### （五）开展"十四五"小型水库除险加固中期评估

5 月，印发《水利部办公厅关于开展"十四五"小型水库除险加固省级中期评估工作的通知》，组织各省级水行政主管部门开展省级中期评估工作。"十四五"以来，全国已完成 1 万余座小型水库除险加固，恢复总库容约 101 亿 $m^3$，恢复防洪库容约 23 亿 $m^3$，已经完成除险加固的水库保护下游人口 3289 万人，保护下游耕地 2294 万亩，保护下游乡村、城镇、重要工矿企业及交通等基础设施 11518 项，新增和恢复灌溉面积 1749 万亩，新增和恢复年供水量近 12 亿 $m^3$。

### （六）完善除险加固信息台账

继续推动全国水库运行管理信息系统与地方水库管理系统互联互通，规范系统管理，明确数据质量及安全责任，推进数据治理工作，加快实现"一数一源"，组织各流域管理机构开展水库数据抽查复核，优化水库除险加固、安全鉴定和降等报废等模块，建立精准化信息台账，为精细化管理水库除险加固项目提供数据支撑，实现水库全生命周期动态管理。

此外，持续推进《水库大坝除险加固设计导则》《小型水库监测技术规范》《水库大坝隐患探测技术规程》等技术标准制定工作。

## 三、科学妥善实施水库降等报废

对于工程规模减小、功能萎缩、除险加固技术上不可行或经济上不合理的水库，组织各地开展年度调查摸底，经过充分论证后实施降等或报废，科学制定水库降等与报废工作计划，规范降等与报废程序，加大资金投入，有序实施降等或报废。

组织各地实施完成降等与报废水库844座，其中降等618座、报废226座。"十四五"以来，累计完成3722座水库降等与报废，其中2302座鉴定为"三类坝"的水库通过实施降等或报废处置，及时化解病险水库的安全风险。

## 四、持续抓好病险水库安全度汛

把病险水库作为水库安全度汛监管的重中之重，逐库落实限制运用措施和应急保坝措施，严格执行病险水库主汛期原则上一律空库运行的要求，强化巡查防守，不断提升应急处置能力；强化除险加固在建工程安全度汛，建立完善责任体系，加强预案管理，细化度汛措施，及时预置专业抢险力量，全力保障工程安全。在海河"23·7"流域性特大洪水、松花江流域局地洪水等严重汛情情况下，各地认真落实度汛措施，科学处置水库险情，确保水库无一垮坝。

下一步，水利系统将继续加强水库除险加固工作，清除水库大坝安全隐患，确保全面高质量完成"十四五"水库除险加固任务，切实保障水库安全运行和人民生命财产安全。要求各地对2024年年底安全鉴定到期的水库大坝在规定期限内全部完成安全鉴定，实现动态清零。积极协调国家发展改革委、财政部，持续对大中型水库除险加固项目、小型水库除险加固项目提供资金和政策支持。完善2024年增发国债安排实施除险加固项目台账和计划2024年年底前完工的除险加固项目台账，跟踪项目实施进展，动态分析研判，落实调度措施，督促加快实施进度，确保按期完成年度目标任务。

龙智飞　曲璐　钱彬　黄玄　翟媛　王竑　执笔

王健　刘远新　审核

# 三峡工程管理工作再上新台阶

水利部三峡工程管理司

　　2023 年是全面贯彻落实党的二十大精神的开局之年，是推动新阶段水利高质量发展的重要一年。水利系统以习近平新时代中国特色社会主义思想为指导，深入贯彻落实习近平总书记关于治水重要论述精神和关于三峡工程的重要讲话指示批示精神，聚焦新阶段水利高质量发展，扎实推动三峡工程管理重点工作取得新成效。

　　一是坚决落实党中央、国务院指示批示精神。协调有关部门和单位赴三峡库区开展地质安全专题调研，印发《加强三峡水库地质安全管理工作的通知》，编制地质灾害防治工作方案，积极协调财政部下达三峡后续工作地质灾害防治专项资金。召开会议专题研究三峡库区生态环境综合治理问题，组织三峡工程泥沙专家组和水利部长江水利委员会（以下简称长江委）水文局，针对长江上游泥沙减少及其影响情况，研究提出相关对策。

　　二是持续强化三峡枢纽工程安全监督管理。督促中国长江三峡集团有限公司（以下简称三峡集团）严格按照《水库大坝安全管理条例》要求，落实三峡大坝安全保障措施，保障三峡工程运行安全。组织中国水利水电科学研究院开展三峡枢纽工程运行安全年度评估工作，针对信息系统安全等提出改进措施，提升三峡枢纽运行安全保障水平。编制发布《三峡工程公报 2022》，制定印发《2023 年三峡工程运行安全综合监测实施方案》，召开技术交流会，推动监测系统规范管理，提高监测水平。持续开展泥沙观测研究，组织三峡工程泥沙专家组开展洞庭湖泥沙冲淤、长江口河势演变情况调研，推动观测研究成果应用。

　　三是切实加强三峡水库库区管理。加强三峡水库库容管理，指导三峡集团完成三峡水库干流库容复核工作，组织长江委对三峡水库库容占用情况进行梳理，研究提出遏制防洪库容被侵占的措施。开展三峡水库汛前、蓄水后巡库检查，重点对安全措施落实、漂浮物清理、河湖库"清四乱"、部分支流水质等情况进行巡查，针对巡查发现的问题，督促各地进行整改。

四是加快推进三峡后续工作实施。聚焦水利高质量发展目标要求，组织制定三峡后续工作 2023 年度实施方案，实施三峡后续项目 645 个。建立项目台账，明确工作措施、责任单位和责任人，采取月调度、月通报机制，对进度滞后省份和县区不定期开展视频会商，召开三峡后续工作规划实施现场推进会，加快推进项目实施和资金拨付进度。全年项目开工率为100%，投资完成率为 95.2%。会同国家发展改革委、财政部修订印发《三峡后续工作规划实施管理办法》，对滚动项目库建设、年度方案编制、项目实施、监督检查等三峡后续项目管理全链条进行优化。组织编制2024—2025 年度项目库，严格项目绩效目标审核，进一步提高入库项目质量，做好项目储备。

五是加强资金绩效管理和项目监督管理。组织开展三峡后续工作专项资金绩效评价。采取区域自评、第三方审核、专家组抽查的"三重评价"方式，对 2022 年度专项资金开展绩效自评，形成 12 个省（自治区、直辖市）自评复核报告、整体绩效自评报告和危岩崩塌防治项目专项自评报告，并报送财政部审核，整体绩效自评等级为"优"。组织开展内部审计调查，对 2022 年度项目进行内审调查，抽查项目 60 个，对发现的问题督促整改落实。对 2023 年项目实施进度、建设管理、质量安全等情况开展"四不两直"检查，全年共检查 10 个县（区）21 个项目；对 2022 年监督检查发现问题进行跟踪监测并全部完成整改。

六是加快推进数字孪生三峡建设。编制印发数字孪生三峡 2023 年总体方案和 5 个分项方案，统筹"十大安全"及三峡后续工作管理等业务需求，明确 2023 年度数字孪生三峡建设任务和保障机制。召开数字孪生三峡建设调度会，加强实施过程督办，开展现场调度和集中办公，有效解决参建单位沟通交流不畅等问题。积极推动雨水情监测预报"三道防线"建设先行先试，组织编制测雨雷达建设实施方案。数字孪生三峡初步搭建流域级数据底板框架、模型平台及知识平台，初步实现数字孪生三峡全场景业务需求的实时响应并在相关领域实现科技突破，初步实现三峡防洪"四预"（预报、预警、预演、预案）、重点河段"智慧巡库"、枢纽安全智慧巡检、后续重点项目智能管控等功能，数字孪生三峡 1.0 版建成。

七是组织开展三峡工程安全运行和高质量发展长效扶持机制研究。编制促进三峡工程安全运行和扶持库区高质量发展需求分析（2026—2035年）工作大纲，聚焦 6 个方面，开展需求分析工作；委托第三方开展规划实施情况评估，形成阶段性评估成果；围绕 11 个专题，梳理 2011 年三峡后续工作规划实施以来重大研究成果。开展促进三峡库区高质量发展长效扶持机制研究和正常运行期加强三峡水库综合管理的指导意见研究。

八是大力开展三峡工程宣传工作。在习近平总书记视察三峡工程 5 周年之际，开展"国之重器　民之三峡"——新时代三峡后续工作成就展。组织中央媒体及中国水利报社深入三峡库区，开展主题采访活动，挖掘报道三峡后续工作中的经验做法和典型案例。围绕三峡水库蓄水 20 周年等重要节点，加大三峡工程综合效益宣传报道力度，在《中国水利报》策划刊发三峡工程专题报道；聚焦三峡工程运行管理关键重大问题研究，在《中国水利》杂志刊发专题文章；举办"我与三峡"主题征文活动，为三峡工程管理工作营造良好舆论氛围。

2024 年，水利系统将深入学习贯彻党的二十大精神和习近平总书记关于治水重要论述精神，紧紧围绕新阶段水利高质量发展重点任务，立足"大时空、大系统、大担当、大安全"，持续加强三峡工程运行安全管理，加快实施三峡后续工作规划，全力推动数字孪生三峡建设，确保三峡工程运行安全和持续发挥综合效益，确保移民安稳致富和三峡库区高质量发展。

徐　浩　执笔

王治华　审核

# 三峡水库蓄水 20 周年

### 水利部三峡工程管理司

三峡工程是国之重器，是保护和治理长江的关键性骨干工程，习近平总书记在 2018 年视察三峡工程时给予其"一个标志、三个典范"的高度评价。三峡水库自 2003 年 6 月下闸蓄水以来，持续发挥防洪、发电、航运、水资源利用和生态环境保护等巨大综合效益。

## 一、三峡水库蓄水 20 年成效显著

一是枢纽工程与输变电工程运行安全，综合效益进一步拓展。各类工程及设施设备工作性态正常、高效运行；累计拦洪总量达 2005.16 亿 $m^3$，极大减轻了中下游防洪压力；累计发电 16619.74 亿 kW·h，有力支撑了区域能源供应；累计过闸货运量达 20.09 亿 t，显著提升了黄金水道航运能力；累计向下游补水超 3100 亿 $m^3$，为中下游供水提供了坚实保障；生态调度、减淤排沙、节能减排效益明显。

二是地质灾害防治体系逐步完善，有力保障了库区人民群众生命财产安全。实施"四位一体"和"四重网格"管理新模式，采取工程治理、搬迁避让、监测预警等综合防治措施，连续 20 年实现地质灾害"零伤亡"。

三是库区水质总体稳定，生态环境持续改善。干流水质总体保持 II—III 类水平，主要污染物浓度稳中有降，库区森林面积逐年增加，长江鲟、胭脂鱼等增加明显。

四是经济社会快速发展，移民生活水平不断提高。库区产业结构持续优化，基础设施和公共服务设施得到完善，城镇化进程明显加快。城乡面貌发生很大变化。移民收入持续增长，生产生活条件不断得到改善。

五是长江中下游受影响区河势控制初见成效，生态环境、供水和灌溉

影响得到缓解。重点河段崩岸治理使中下游防洪安全得到保障；生态调度对下游鱼类繁殖促进明显，湿地生态系统得到一定恢复；重点影响区供水及农田灌溉条件得到改善，近700万人受益。

## 二、新形势新变化带来新要求

一是新发展阶段对三峡工程运行安全管理提出新要求，要全面提升标准，深入研究做好"大时空、大系统、大担当、大安全"文章。二是三峡水库运行条件更趋复杂，库区经济社会高速发展、上游水库群陆续建成、极端气候常态化等多重因素产生叠加影响。三是部分累积性影响开始显现，需要进一步加强研究和监测。四是移民安稳致富任务仍需加力，移民人均可支配收入与库区平均水平存在差距。五是为提高三峡工程运行安全管理的科学性和智能化程度，运用新技术建设数字孪生工程成为必然。

## 三、持续提升三峡工程运行管理水平

一是持续优化三峡工程安全运行综合监测工作，关注累积性影响变化。二是加强数字孪生三峡建设，提高工程运行管理智慧化模拟、精细化管理与科学化决策水平。三是推进水库群联合调度，拓展三峡工程综合效益。四是强化三峡水库综合管理，建立责权明确、务实高效的管理体系和工作机制。五是大力促进三峡库区和中下游影响区高质量发展，保护好国家重要淡水资源库。六是加快推进三峡水运新通道建设，更好发挥长江黄金水道作用。

赵仕霖　聂少安　执笔

王治华　审核

# 扎实推进南水北调工程高质量发展
# 持续提升工程综合效益

水利部南水北调工程管理司

2023 年，水利系统深入学习贯彻习近平新时代中国特色社会主义思想，深入贯彻落实习近平总书记关于治水重要论述精神和关于南水北调重要讲话指示批示精神，聚焦南水北调工程高质量发展要求，统筹发展和安全，守牢"三个安全"底线，充分发挥东、中线一期工程综合效益，持续推进南水北调后续工程高质量发展。截至 2023 年年底，工程累计调水 680.15 亿 $m^3$，惠及沿线 44 座大中城市，直接受益人口超 1.76 亿人，发挥了显著的经济、社会、生态和安全效益。

## 一、统筹发展和安全，守牢"三个安全"底线

一是全力做好防汛工作。加强监管，督导按期完成 26 项中线防洪加固项目，完善突发事件应急信息报告流程，公布防汛责任人名单，压实防汛责任，联合开展防汛应急抢险演练，全面做好防汛备汛；强化"七下八上"关键期防汛工作，有效应对海河"23·7"流域性特大洪水，妥善处置中线北拒马河暗渠险情，用最短时间完成水毁工程应急抢修，恢复正常供水，督导推进北拒马河暗渠防护加固，协调明确防护原则、工作程序和目标要求，指导中国南水北调集团有限公司提出设计方案，并推进实施，确保下一年度安全度汛。

二是强化工程安全监管。组织完成"12+1"项中线工程安全风险评估项目，正式批复安全风险评估报告，指导督促有关单位细化风险管控措施，组织开展东线及中线水源工程风险及防范对策研究，进一步完善安全风险长效机制；加强穿跨邻接项目监督管理，与国家能源局联合印发《南水北调中线干线与石油天然气长输管道交汇工程保护管理办法》，协调开

展穿跨邻接项目督导检查并督促整改发现问题,确保供水安全。

三是切实保障水质安全。加强水质安全工作部署,强化调研督导,深入推动水质检测能力建设;部署强化中线藻类防控工作,组织开展水质突发事件应急演练和专项培训,落实中线水源与干线水质信息共享,与地方建立藻类联防联控机制;强化丹江口库区及其上游流域水质安全保障工作,协调 17 个部门及沿线 3 省召开丹江口库区及其上游流域水质安全保障工作会议并召开新闻发布会介绍工作进展和成效,印发水利任务分工方案,落实各方责任,确保"一泓清水永续北上"。

四是扎实做好冰期输水安全管理。指导科学应对低温雨雪冰冻灾害复杂情况,加强监测巡查和动态调度,组织开展中线工程冰冻灾害应急抢险演练,做好应急处置措施准备,确保冰期输水安全。

## 二、强化改革驱动,持续提升工程综合效益

一是有效推动相关改革。组织开展东线一期工程水量消纳研究并提出效益提升对策措施;深入开展水量调度调研,建立完善东线、中线和东线北延工程水量调度会商工作机制;协调解决东线水量调度统计难题,东线工程首次将江苏省、安徽省净增供水量纳入新一年度水量调度计划管理。

二是科学实施水量调度。强化调度管理,通过精确精准调度,充分利用工程输水能力,向北方多调水、增供水,不断提升工程效益。圆满完成 2022—2023 年度调水计划,东线、中线、东线北延工程实际调水量分别为 8.50 亿 $m^3$、74.10 亿 $m^3$、2.77 亿 $m^3$。中线一期实施加大流量输水,保障北方地区夏季持续高温干旱期间工程沿线生产、生活和生态用水需求,有效保障群众饮水安全;丹江口水库蓄水再次达到 170 m 设计水位,为中线工程供水、向汉江中下游补水等提供有力水量保障。

三是持续发挥南水北调工程生态功能。加强优化调度,积极利用丹江口水库汛期弃水开展生态补水,有效助力复苏河湖生态环境。截至 2023 年年底,工程累计向北方 50 余条河流生态补水超 99 亿 $m^3$,推动了滹沱河、瀑河、白洋淀等一大批河湖重现生机,河湖生态环境显著改善,助力华北地区地下水水位持续下降趋势得到根本扭转,地下水超采综合治理取得明

显成效。东线北延工程为京杭大运河补水 1.45 亿 m³，助力大运河再次实现全线水流贯通。

### 三、聚焦高质量发展，深入推进后续工程各项工作

一是加快推进引江补汉工程建设。强化监管，加快推进引江补汉工程建设。工程出口段主隧洞施工进展顺利，完成近 280 亿元施工招标及合同签订，工程进入全面施工阶段，工程质量及安全可控。2023 年度建设目标按期完成，年度完成投资 29.9 亿元，出口段主隧洞开挖掘进累计完成1005 m，截至 2023 年年底，累计完成投资 46.6 亿元。

二是加快推进数字孪生南水北调工程建设。按计划推进数字孪生惠南庄泵站、数字孪生东线北延、数字孪生洪泽站、数字孪生邓楼泵站及数字孪生引江补汉工程先行先试项目建设，通过按月调度、现场督导协调，5个先行先试项目按计划完成建设，实现上线试运行。同时，依据以数字孪生流域为核心的智慧水利标准，结合南水北调工程特点和实际，积极推进《数字孪生南水北调工程建设技术导则》《数字孪生泵（闸）站工程建设技术导则》等技术标准建设，为数字孪生国家水网建设提供标准参考，为数字孪生南水北调工程建设提供标准支撑。加快推进数字孪生水网南水北调工程建设，数字孪生 1.0 版实现上线试运行，工程管理数字化、网络化、智能化水平不断提高。

三是积极推进中线调蓄工程规划建设等工作。协调推进中线在线调蓄工程规划和雄安调蓄库等调蓄工程建设。协调推进雄安干渠工程于 2023 年6 月开工建设，组织审查并批复雄安干渠新增水源接口方案。同时，加强沟通协调，组织开展东中线一期工程完工验收总结、竣工验收大纲及专项验收方案编制等，积极推进竣工验收准备。

2024 年是完成"十四五"规划目标任务的关键一年，是习近平总书记发表保障国家水安全重要讲话 10 周年，也是南水北调东、中线一期工程全面通水 10 周年和国家水网建设的关键年。水利系统将持续深入贯彻习近平总书记关于治水重要论述精神及关于南水北调工程重要讲话指示批示精神，完整、准确、全面贯彻新发展理念，统筹高质量发展和高水平安全，

切实守牢"三个安全"底线，进一步强化丹江口库区及其上游流域水质安全保障，精准实施水量调度，不断提升工程综合效益，加快完善体制机制，组织做好东中线一期工程竣工验收准备工作，进一步深化数字孪生南水北调建设与应用，高质量推进引江补汉工程建设，加快推进南水北调后续工程高质量发展，助力加快构建国家水网主骨架和大动脉，为全面推进中国式现代化建设提供坚实的水安全保障。

王泽宇　陈文艳　执笔

李　勇　审核

## 专栏十七

# 南水北调东线一期工程通水 10 周年

### 水利部南水北调工程管理司

2013 年 11 月 15 日，南水北调东线一期工程正式通水。通水 10 年来，水利部门、沿线地方政府及工程运管单位深入贯彻落实习近平总书记重要讲话指示批示精神，持续加强调度管理，确保工程安全运行和效益发挥。东线一期工程 10 个调水年度累计向山东省调水 61.38 亿 $m^3$，受水区直接受益人口超 6800 万人。2019 年以来，通过东线北延应急供水工程，累计向河北省、天津市调水 5.87 亿 $m^3$，综合效益显著。

一是区域水资源配置格局进一步优化。东线一期工程的建成通水，进一步完善了江苏省的水网体系，构建了山东省"T"字形骨干水网，有效增加了区域水资源供给保障能力。工程保障了江苏省各项用水需求尤其是农业灌溉用水需求，有效应对 2019 年苏北地区 60 年一遇气象干旱，江苏省粮食总产量连续 9 年稳定在 350 亿 kg 以上，2022 年首次突破 375 亿 kg。2016 年以来，工程向胶东地区调水超 25 亿 $m^3$，有效应对了胶东地区 2017 年、2018 年连续干旱，保障了供水安全。北延应急供水工程将供水范围扩展至河北省、天津市，为保障津冀地区春灌储备水源，确保国家粮食安全，巩固华北地区地下水超采综合治理成效提供了有力的水资源支撑。

二是沿线河湖生态环境复苏持续推进。水利部门及沿线地方政府坚决贯彻"先节水后调水、先治污后通水、先环保后用水"原则，强力推进水污染治理和河湖生态修复。工程通水以来，调水水质稳定达到地表水 Ⅲ 类标准。通过水源置换、生态补水等措施，有效保障了沿线河湖生态安全。昔日被称为"酱油湖"的南四湖目前已跻身全国水质优良湖泊行列，"泉城"济南市再现四季泉水喷涌景象。北延应急供水工程向大运河补水 3.34 亿 $m^3$，助力京杭大运河 2022 年和 2023 年实现百年来连续两次全线水流贯通。

三是防洪排涝效益充分发挥。东线一期工程增强了相关河道的防洪排涝功能，打通了部分防洪通道，提高了沿线地区的防洪排涝能力。2021年黄河严重秋汛期间，八里湾泵站、济平干渠、穿黄出湖闸等累计泄洪3.07亿 $m^3$，有效缓解了东平湖防洪压力；2013年以来，江苏省南水北调新建泵站累计抽排涝水4.45亿 $m^3$。东线一期工程在洪涝灾害防御中发挥了重要保障作用。

四是南北经济循环进一步畅通。东线一期工程打通了水资源优化配置的堵点，解决了受水区水资源短缺的痛点，将南方地区的水资源优势转化为北方地区的经济优势。工程显著改善了京杭大运河的航运条件，江苏省、山东省境内新增通航里程80 km，连通了南四湖和东平湖，多条航道通航条件得到改善，航运效益显著。山东省济宁段航道实现了内河航运通江达海，江苏省运河货运量明显提升，金宝航道货运量由2013年的年均200万t增至最大年份400万t，徐洪河线货运量由年均100万t提升至250万t。

五是工程文化科普作用更加凸显。东线一期工程使大运河焕发新的生机与活力。2014年6月，京杭大运河成功入选世界文化遗产名录。东线一期工程与文化融合持续推进，沿线建成江都水利枢纽等一批水利风景区，韩庄运河台儿庄段等河段被评为美丽幸福示范河湖。同时，依托沿线枢纽工程建成东线江苏水情教育基地等多个国情水情教育基地，年均开展水情教育1000多批（次），受众达5万多人（次）。

陈文艳　王泽宇　执笔

李　勇　审核

# 河南省焦作市：

## 实施六大行动　奋力推进
## 南水北调后续工程高质量发展

河南省焦作市是南水北调中线工程总干渠唯一从中心城区穿越的城市。近年来，焦作市着力实施六大专项行动，奋力推进南水北调后续工程高质量发展。

实施"南水北调后续工程建设行动"。按照前瞻 30 年的要求，谋划总投资 76.89 亿元的南水北调中线马村调蓄项目，纳入《河南省国民经济和社会发展第十四个五年规划和二〇三五年远景目标纲要》；谋划引沁灌区续建配套与现代化改造项目，纳入国家与河南省"十四五"水安全保障规划；谋划九渡水库项目，纳入河南省四水同治规划。

实施"现代水网体系建设行动"。加快推进重大水利工程建设，实施蟒改河、纸坊沟、荣涝河、大狮涝河 4 条中小河流治理项目；开工建设总投资 9.4 亿元的南水北调中线焦作段防洪影响处理工程；力争尽快开工总投资 1 亿元的白马泉灌区续建配套与现代化改造项目。

实施"水生态环境保护行动"。实施《焦作市水土保持规划》《焦作市北山水土保持规划》，完成全口径水土流失防治面积 22.95 km²，是年均目标值的 115%。规划建设南水北调天河公园，为焦作市中心新增绿地 3000 余亩，构筑一条一渠清水永续北送的安全屏障，确保总干渠水质安全、渠堤安全和城市防汛安全。

实施"水资源节约集约利用行动"。印发《焦作市"十四五"用水总量和强度双控目标的通知》，明确控制指标；大力开展节水型企业建设、节水企业审核，2022 年建成国家级水效领跑者企业 1 个、省级水效领跑者企业 1 个、市级节水企业 1 个；强化用水精细化管理，组织 1630 户纳入计划用水管理的非农用水户下达 2023 年用水计划 3.61 亿 $m^3$，实现计划用水全覆盖。

实施推进"五水综改"行动。利用南水北调水源和其他优质地表水源置换地下水源，实施总投资 28.47 亿元的 10 个城乡供水一体化项目，让 178 万名农村群众喝上南水北调水或其他优质地表水。积极争取地方专项债资金，利用好金融贷款、社会资本等筹措水利建设资金；大力推进小型水库专业化管护，实现从"无人管"向"有人管""专业管"转变；以"大水源、大水网、大水务"为方向，加快推进 10 个城乡供水一体化项目建设，水务改革成效显著。

实施"南水北调精神阐释弘扬行动"。2021 年 7 月 1 日，焦作市建成国家方志馆南水北调分馆，成为南水北调总干渠沿线文化传播基地、文化交流平台和重要的爱国主义教育基地，被评定为全国科普教育基地、全国法治宣传教育基地，列入《"十四五"水文化建设规划》。

苗永柱　张艳霞　执笔
石珊珊　李海川　审核

# 扎实做好水库移民工作

水利部水库移民司

2023 年是全面贯彻落实党的二十大精神的开局之年，水利系统锚定新阶段水利高质量发展的目标任务，高标准高质量做好移民安置和后期扶持各项工作，为加快构建国家水网、增进移民群众民生福祉作出了积极贡献。

## 一、高标准高效率做好水利工程移民安置工作，为推进国家水网建设做好服务

紧盯移民安置规划、移民搬迁实施和各阶段移民验收等环节，确保水利工程顺利建设和区域社会和谐稳定。全年共完成大中型水利工程搬迁移民 5.5 万人、完成征地移民投资 425 亿元。加强对水利工程移民安置前期工作的指导。指导环北部湾广西水资源配置等重大水利工程移民安置前期工作，推动工程征地移民安置规划（大纲）及时审查（审批），促进工程尽早立项开工。落实重大水利工程移民搬迁进度协调机制。实行重大水利工程移民搬迁进度月报制度，以移民安置工作的高效开展推动工程顺利建设；不断提升移民安置质量，确保移民群众得到妥善安置。及时开展移民安置验收保障工程顺利投产。加强新修订的移民安置验收办法培训和宣贯，工程建设到哪个节点，移民安置验收就跟进到哪个节点。组织完成陕西引汉济渭工程黄金峡水利枢纽下闸蓄水阶段移民安置验收和西藏拉洛水利枢纽工程竣工移民安置验收。各省持续推进的验收"去存量、遏增量"工作取得显著成效。下大力气解决移民安置住房质量问题。对移民安置住房质量安全情况开展深入调研，认真剖析共性问题，制定《水利部办公厅关于加强水利工程移民安置住房质量安全管理工作的通知》，着力解决事关群众切身利益的安置住房质量问题。

## 二、将移民群众的满意度作为衡量后期扶持工作的首要标准，提升移民群众获得感幸福感

完成 2022 年度新增大中型农村移民后期扶持人口核定，共核定 21 个省（自治区、直辖市）新增 14.08 万人，截至 2023 年年底，全国水库移民后期扶持人口已达 2546 万人。全年安排中央水库移民扶持基金 443 亿元，多措并举支持移民群众改善生产生活条件，2023 年农村移民人均可支配收入预计超过 2.1 万元。强化后期扶持项目实施进度管理和项目资产管理。印发《水利部办公厅关于进一步加强大中型水库移民后期扶持项目管理和资产监管的通知》，督促指导各地加强后期扶持项目选择和储备。持续开展后期扶持资金支付月调度工作，鼓励地方适当集中资金，采取竞争性立项等方式，提高资金使用效率。扎实推进移民美丽家园建设，印发《水利部办公厅关于推广浙江"千万工程"经验进一步推进美丽移民村建设的通知》，指导各地加快美丽家园建设、产业发展、就业能力提升等重点项目实施。建立健全与地方规定相衔接的美丽移民村建设评价标准和方法，进一步推进美丽移民村建设。加快推进后期扶持后续政策研究。组织开展后期扶持后续政策研究，大兴调查研究，深入 8 省 19 县，详细了解后期扶持政策落实情况，认真倾听各方的期盼和诉求，深入分析新形势下水库移民这一群体的特点，对于后期扶持政策延续调整的必要性和可行性开展分析。

## 三、加强制度建设提升监管效能，提高移民工作管理水平

持续推进水库移民工作规范化、制度化建设，不断完善监管制度，着力提升监督管理效果。修订印发监督检查问题清单（2023 年版），组织开展移民安置监督评估办法修订研究和移民安置验收规程修订起草工作，推进水利水电工程建设征地移民安置规划设计等 4 项技术标准的修订，不断提高移民工作管理水平。扎实推进移民志编纂工作，成立水库移民志编纂委员会，完成中国水库移民大事记初稿和全国百余名水库移民群众和移民工作者口述实录访谈。开展监督检查工作。有序开展重点项目监督检查和

后期扶持监测评估工作，完成 8 省 16 县后期扶持监测评估和浙江钦寸水库移民安置后评价。对 18 省后期扶持政策实施情况和 6 座在建水利工程移民安置开展稽察及整改情况复核。

## 四、2024 年重点工作安排

一是全面提升移民安置质量。紧紧围绕推进水利工程项目开工建设、维护移民群众合法权益的目标，高质量开展移民安置前期工作，抓好古贤、白濑等重点工程移民安置规划，持续加强移民安置实施管理，强化移民安置进度调度，扎实做好移民安置验收工作。二是深入实施后期扶持政策。锚定移民群众"稳得住、能发展、可致富"的目标，全面强化项目实施和支付进度管理，加快实施美丽家园建设、产业发展、移民就业能力提升等重点项目。加强后期扶持项目资产管理，持续开展后期扶持后续政策研究。三是强化行业能力和法规制度体系建设。不断完善移民安置、后期扶持和监督检查相关政策，推动水库移民相关规范修订，持续开展中国水库移民志编纂工作。

殷海波　执笔

朱东恺　审核

# 水资源节约与管理篇

# 深入落实全面节约战略
# 提高水资源节约集约利用能力

全国节约用水办公室　水利部水资源管理司

2023 年，水利系统坚持和落实节水优先方针，深入贯彻全面节约战略，建立健全制度政策，强化水资源刚性约束，着力复苏河湖生态环境，加强地下水保护治理，深入实施国家节水行动，全面推进节水型社会建设，水资源节约与管理各项工作取得积极进展。

## 一、建立健全制度政策

一是完善法治保障。协调有关部门修改完善节约用水条例（草案），推动条例尽早出台。二是强化政策指导。制定印发《水利部关于全面加强水资源节约高效利用工作的意见》。联合有关部门印发《地下水保护利用管理办法》《关于进一步加强水资源节约集约利用的意见》《关于加强南水北调东中线工程受水区全面节水的指导意见》《关于加强非常规水源配置利用的指导意见》《关于推广合同节水管理的若干措施》《关于加强节水宣传教育的指导意见》等制度政策。三是健全标准体系。发布《取水计量技术导则》《节水型社会评价标准》《节水产品认证规范》《节水规划编制规程》，制修订 5 项用水定额国家标准。

## 二、持续推进初始水权分配和交易

一是明晰区域初始水权。2023 年新批复滁河、窟野河、浑江等 15 条跨省江河流域水量分配方案。全国累计批复 92 条跨省江河流域水量分配方案，基本完成跨省江河流域水量分配任务。推动各省份累计批复 372 条省内跨地市江河水量分配方案，基本完成了各省内跨地市江河水量分配计划。累计完成 31 个省份地下水管控指标确定技术报告技术审查，其中 20

个省份的成果已批复实施。二是明晰取用水户取水权。全国累计发放取水许可电子证照超过 63 万套。三是引导推进水权交易。2023 年国家水权交易所累计成交 5762 单，交易水量 5.39 亿 m³。

## 三、严格水资源监管

一是健全取用水监测计量体系。13 万个取水在线计量点接入全国取用水管理平台，规模以上取水在线计量率达到 75%。联合国家电网有限公司推进农灌机井"以电折水"。组织做好 2022 年度最严格水资源管理制度考核断面信息报送和评价工作。按月编制《全国省界和重要控制断面水文水资源监测信息通报》。二是抓好河湖生态流量日常监管。全国重点河湖生态流量达标率在 97% 以上，完成 90 个河湖水系、343 个已建水利水电工程生态流量核定与保障先行先试。组织开展 173 条（个）重点河湖 283 个生态流量管控断面生态流量监测、分析评价与信息报送，定期通报生态流量满足情况。组织编制《长江流域及以南区域河湖生态流量确定和保障技术规范》。印发《黄河流域重要饮用水水源地名录》，加强饮用水水源地保护。三是严格地下水水位管控。基本完成新一轮地下水超采区划定，启动实施华北地区深层地下水人工回补试点，持续推进南水北调工程受水区地下水压采。按季度对存在地下水超采问题的地级行政区平均水位同比变化情况进行通报并排名。

## 四、深入实施国家节水行动

一是统筹部门节水行动合力。组织召开节约用水工作部际协调机制 2023 年度全体会议，制定年度工作要点；联合国家发展改革委开展《国家节水行动方案》实施情况阶段性总结，形成实施情况报告并上报国务院。二是严格总量强度双控。2022 年我国用水总量为 5998 亿 m³，万元国内生产总值用水量、万元工业增加值用水量分别较 2015 年下降 33% 和 50%，农田灌溉水有效利用系数提升至 0.572，完成国家节水行动既定目标。实施节水评价审查，叫停 77 个节水评价不达标项目，核减水量 14.8 亿 m³。长江经济带年用水量 1 万 m³ 以上的工业服务业单位计划用水管理实现全覆盖。三是推进重点领域节水。大力推进农业节水增效、工业节水减排、城镇节水降损，各行业节水能力和水平不断提升。加强非常规水源配置利用，完成78个典型地区再生水利用配置试点中期评估。强化科技创新引领，遴选发布农业农村领域国家成熟适用节水技术34项，联合工业和信息化部发布国家鼓励的工业节水工艺、技术和装备171项。四是强化重点区域节水。制定实施南水北调受水区、黄河流域年度节水工作任务清单，探索推行黄河流域强制性用水定额管理。黄河流域高校实现计划用水管理全覆盖，50%以上高校建成节水型高校。

## 五、全面建设节水型社会

一是推进县域节水型社会达标建设。新建成323个节水型社会达标县（区），截至2023年年底，全国共建成1763个达标县。二是推动节水载体建设。全国新建节水型企业835家、节水型高校485所，节水型高校建成比例达到50%以上。三是激发节水市场活力。推动签约合同节水管理项目204项。联合公告74家重点用水企业、园区水效领跑者。累计指导14个省份出台"节水贷"融资服务政策。举办第二届全国节水产业创新发展大会及成果展，吸引国内外参展企业254家，促成项目签约116亿元。四是提高全社会节水意识。制定实施节水科普效能提升行动计划。每月编发《全国节约用水信息专报》。组织中央媒体和网络新媒体发布节水相关报道超过6000篇。联合有关部门印发《中国"节水大使"选聘工作方案》，推进中国"节水大使"选聘工作。积极推动设立"中国节水奖"。举办节约用水知识大赛，参与答题约600万人（次）。开展"节水中国 你我同行"联合行动，组织实施节水主题活动7697个，抖音播放量累计超过16亿次。组织开展节水宣传"五进"活动约3万次。

下一步，水利系统将贯彻落实全面节约战略和节水优先方针，强化水资源刚性约束，全面提升水资源节约集约利用水平。一是加快健全制度政策。完善节水法规体系、规划体系、用水定额体系、节水市场化政策体系，强化顶层设计和建章立制。推进节约用水条例立法。二是实行水资源刚性约束制度。控制水资源开发利用总量，推动经济社会发展量水而行，健全水资源集约节约利用机制，健全水资源超载治理机制，强化监督管理。三是加强生态流量保障与地下水保护治理。强化河湖生态流量保障，健全监测预警响应机制，有序推进已建水利水电工程生态流量核定和保障工作。加强饮用水水源地水量水质安全保障监管。推动地下水取水总量、水位控制指标尽快批复实施，强化地下水取水总量和水位双控。进一步完善地下水水位变化通报、技术会商、约谈机制，严格实施监管。四是扎实推进国家节水行动。聚焦重点领域、区域和非常规水利用，全力实施节水重大行动。系统性重构节水型社会建设体制机制，推进节水型社会标准化和示范建设。加强产业政策支持、科技创新应用、节水市场机制和平台建设。着力构建节水宣教大格局，打造节水宣教品牌，提升全民节水惜水文明素养。五是提高监督管理能力。做好最严格水资源管理制度考核工作，完善考核内容，优化考核指标，改进考核机制，发挥考核"指挥棒"作用。完善节水工作责任制、考核评价机制、监督检查体系、奖励激励机制，约束与激励两手发力，切实提升节水内生动力。严格总量强度指标管控、用水定额执行、节水准入标准制定、节水评价审查。加快节水数字化智慧化建设，构建国家节水数据库、节水公共管理平台和社会服务平台，提升节水决策与管理的科学化、精准化和高效化水平。

周哲宇　许凤冉　邓鹏鑫　执笔

李　烽　齐兵强　审核

# 专栏十八

# 全国重要跨省江河流域水量分配工作
# 基本完成

## 水利部水资源管理司

2023 年跨省江河流域水量分配取得了新的突破。全年批复长江干流宜昌至河口河段（包括区间中小支流）、长江干流宜宾至宜昌河段（包括区间中小支流）、窟野河、海河流域等共 15 条跨省江河流域水量分配方案，全国累计批复 92 条跨省江河流域水量分配，占应分配跨省江河（95 条）的 97%，基本完成跨省江河流域水量分配工作。

一是创新思路方法，整体推动海河流域跨省江河水量分配工作。自 2011 年以来，海河流域分批次启动了 10 条跨省江河水量分配工作，由于海河流域水资源极度短缺，相关省份用水矛盾极其突出，加之采用传统的逐条开展水量分配的方法，导致没有一条流域内跨省江河能够与相关省份协调一致。为打破这种僵局，2022 年以来，通过创新工作思路，采取从总量到分量再到具体河流、逐步递进的工作方式，整体推动解决海河流域跨省江河水量分配问题，最终与 8 个省份全部达成一致意见，于 2023 年 10 月底印发《水利部关于印发海河流域跨省江河水量分配方案的通知》，历时 10 多年的海河流域跨省江河水量分配工作全部完成。二是推动长江干流宜宾至宜昌、宜昌至河口 2 条跨省江河水量分配。按照国务院授权，长江干流宜宾至宜昌、宜昌至河口 2 条跨省江河水量分配由国家发展改革委、水利部联合批复。三是加快推进其他跨省江河水量分配协调推进力度。会同相关流域管理机构积极与相关省份协调沟通，加快推进其他跨省江河水量分配，3 月批复了滁河、窟野河、洋江水量分配方案；12 月初由水利部水利水电规划设计总院完成了南四湖水量分配方案技术审查。

除跨省江河流域水量分配外，2023 年水利部持续指导相关省份加快推进省内跨市（县）江河水量分配。督促指导河南省新批复淮河干流、汉江、惠济河、大沙河、双泊河、老灌河、淇河（长江流域）、泌阳河、天然文岩渠、伊洛河、润河、蟒河、北汝河、清澳河、清流河、甘澧河、汾泉河、洪河、淇河（海河流域）19 条跨市（县）江河水量分配。截至 2023 年年底，各省份已累计批复 372 条跨市（县）江河水量分配方案，其中四川、湖南等省已完成跨市县江河水量分配工作。

常　帅　刘　婷　执笔
于琪洋　齐兵强　审核

# 《关于加强节水宣传教育的指导意见》印发

## 全国节约用水办公室

2023年5月9日，水利部、中央精神文明建设办公室、国家发展改革委、教育部、工业和信息化部、住房城乡建设部、农业农村部、广电总局、国管局、共青团中央、中国科协11部门联合印发《关于加强节水宣传教育的指导意见》（以下简称《指导意见》），旨在贯彻落实党中央关于全面加强资源节约的战略部署，深入实施国家节水行动，增强全社会节水意识，加快形成节水型生产生活方式，全面强化新形势下节水宣传教育工作。

《指导意见》明确，要坚持以习近平新时代中国特色社会主义思想为指导，全面贯彻党的二十大精神，完整、准确、全面贯彻新发展理念，坚持和落实节水优先方针，发挥政府主导作用，凝聚社会各方力量，多形式多层次开展节水宣传教育，着力宣传节水和洁水观念，推进节水宣传教育系统化、常态化、社会化。

《指导意见》坚持围绕中心、服务大局，创新引领、注重实效，分类施策、突出重点，政府主导、多方参与等原则，提出到2025年，政府主导、部门协同、社会各界广泛参与的节水"大宣教"工作格局基本形成，到2035年，现代化的节水宣传教育体系基本建立。

《指导意见》指出，节水宣传教育要聚焦节水方针政策、节水理念知识、节水工艺技术、节水经验成效等重点内容，采用夯实主流媒体宣传阵地、构建融媒体宣传矩阵、抓好精准化现场宣传教育、打造节水宣传教育品牌活动、拓展节水宣传教育载体等方式，突出党员干部、在校学生、用水大户、城市居民、农村居民等重点群体。

《指导意见》强调，要建立协调联动机制，发挥节约用水协调机制作用，使节水宣传教育有效覆盖各用水行业和领域；要健全公众参与机制，加强节水政务信息公开，拓宽公众参与途径，激发社会各界关注节水、宣传节水的热情；要完善常态长效机制，推动把节水作为生态文明建设、精神文明创建以及国民素质教育的重要内容，纳入国家和地方宣传工作计划，使节水宣传教育融入群众日常学习、生产和生活。

周哲宇　程帅龙　许凤冉　执笔

李　烽　审核

## 专栏二十

# 黄河流域打好深度节水控水攻坚战

### 全国节约用水办公室

近年来，水利部门深入贯彻习近平总书记关于黄河流域生态保护和高质量发展的重要讲话精神，大力推动黄河流域打好深度节水控水攻坚战。2021年《水利部关于实施黄河流域深度节水控水行动的意见》发布以来，黄河流域在水资源节约集约利用方面取得了明显成效。2022年黄河流域万元GDP用水量、万元工业增加值用水量、亩均灌溉用水量分别比2019年下降了14.2%、34.2%和9.1%。

一是深度节水控水顶层设计持续加强。水利部联合国家发展改革委印发《黄河流域水资源节约集约利用实施方案》，持续实施黄河流域深度节水控水。水利部黄河水利委员会（以下简称黄委）和沿黄省（自治区）全部出台深度节水控水行动方案，制定年度工作要点或任务清单，细化落实水资源节约目标任务。

二是流域节水制度政策进一步完善。《中华人民共和国黄河保护法》颁布施行，节约用水条例加快立法，黄河流域节水法治工作进一步强化。沿黄省（自治区）建立健全省、市、县三级行政区用水总量强度双控指标体系，累计制修订发布省级用水定额1846项。开展10287个规划和建设项目节水评价。

三是流域节水型社会建设全面开展。水利部等部门印发实施《"十四五"节水型社会建设规划》，实施黄河流域高校节水专项行动。沿黄省（自治区）累计建成6批647个节水型社会达标县（区）、211所节水型高校、626家节水机关、1895家节水型单位，28个城市开展再生水利用配置试点。

四是流域节水监督管理力度不断加大。水利部推动沿黄省（自治区）

全部将节水指标纳入地方党政领导班子政绩考核。流域 658 个农业灌区、2710 个工业企业、802 个服务业单位纳入重点监控用水单位名录，2.4 万家年规模以上用水单位实现计划用水管理全覆盖。流域生态环境警示片涉及节水问题按期完成整改销号。

五是流域节水能力建设有效增强。水利部征集公布国家成熟适用节水技术目录，制定支持节水产业发展政策。沿黄省（自治区）实施合同节水管理项目 122 项，18 家企业、5 处灌区、44 家公共机构遴选为国家水效领跑者。国家、流域、省、市、县五级联动开展节水宣传教育主题活动，全流域节水意识持续增强。

张建功　张树鑫　执笔

李　烽　审核

专栏二十一

# 南水北调东中线工程受水区加强全面节水

### 全国节约用水办公室

水利系统深入贯彻习近平总书记关于推进南水北调后续工程高质量发展的重要讲话精神，大力推动南水北调东中线工程受水区全面节水取得积极成效。

一是水资源刚性约束日益凸显。水利部、国家发展改革委印发《"十四五"用水总量和强度双控目标》，推动北京、天津、河北、江苏、安徽、山东、河南7省（直辖市）将双控指标逐级分解到县级行政区，加强用水指标管控。开展9468个规划和建设项目节水评价。通过指标管控，华北地区地下水取用量2022年比2018年减少40亿 $m^3$，压减地下水超采量达26.2亿 $m^3$。

二是节水制度政策逐渐完善。水利部协调司法部加快推进节约用水条例立法，7省（直辖市）全部出台节约用水法规，为节约用水工作提供坚实法治保障。水利部、国家发展改革委印发《关于加强南水北调东中线工程受水区全面节水的指导意见》，推动南水北调东中线工程受水区沿线省份加强水资源节约集约利用。在制定实施国家用水定额基础上，指导7省（直辖市）适时修订省级用水定额，累计修订1338项。

三是节水型社会建设全面推进。水利部等部门印发实施《"十四五"节水型社会建设规划》，全面推进节水型社会达标建设，7省（直辖市）累计6批共571个县（区）达到节水型社会评价标准，达标率为82.5%，超额完成北方50%以上、南方30%以上达标的要求。2045家水利行业机关全面建成节水机关，9096家企业建成节水型企业，483所高校建成节水型高校。

四是节水监督管理更加严格。水利部加强用水定额和计划管理，强化节水监管考核，推进高校节水，开展典型地区再生水利用配置试点。7省（直辖市）全部将节水纳入地方党政领导班子和领导干部政绩考核范围，9万多家年用水量1万 m³ 及以上的工业服务业单位实现计划用水管理全覆盖，407个用水单位纳入国家级重点监控名录，涵盖工业用水单位200个、服务业用水单位75个、农业灌区132个。

五是节水能力建设稳步提升。加强组织领导，指导7省（直辖市）建立节约用水工作协调机制，统筹有关部门形成工作合力，高位推动节水工作。加大节水资金投入，推动实施重点领域合同节水管理项目，完善节水激励机制，引导社会资本参与节水项目建设和运营。7省（直辖市）积极落实节水税收优惠政策，推动金融机构对符合贷款条件的节水项目优先给予支持，引导社会资本参与节水项目建设和运营。

张建功　张树鑫　执笔

李　烽　审核

# 福建省武平县：

## 念好"节水经"　激活"水动能"

福建省龙岩市武平县地处闽粤赣三省接合部，县内水资源丰富，多年平均年径流量25.47亿m³，人均水资源占有量为6367 m³。近年来，武平县始终坚持节水优先，念好"节水经"，激活"水动能"，持续推进科学管水、系统治水和全民节水，完成县域节水型社会达标建设创建工作。

一是健全科学管水体系。强化组织保障，成立县域节水型社会达标建设工作领导小组，围绕"坚持以水为基底，以流域为实施范围，以综合治理为手段，通过流域水的综合治理带动城市更新和乡村振兴"的治水理念，协调各方发力，形成节水工作"全县一盘棋"。抓好制度建设，出台《武平县创建省级节水型城市工作方案》《武平县县域节水型社会达标建设创建工作方案》等一系列节水相关文件，为节水工作有序开展提供指导依据。健全考核机制，实行最严格水资源管理制度考核机制，将水资源管理考核指标工作落实情况纳入有关单位绩效评价指标体系、党政领导生态环境目标责任制考核、河湖长制考核等政绩考核内容，并作为干部考核的重要依据，压紧压实工作责任。

二是提升系统治水效益。关注民生，抓实生活节水行动。锚定让人民群众"喝上水""喝好水"的目标，实施城乡供水一体化项目。围绕完善水价调节机制，合理定位城市供水价格，全面实行居民用水阶梯水价制度和非居民用水超计划累进加价机制，增强用水单位自觉节水内生动力。聚焦农业，推进节水高效管理。坚持把农业节水措施延伸到田间地头，近3年新建设高标准农田面积6.91万亩，其中发展高效节水灌溉面积 0.8 万亩。紧盯工业，强化节水监管手段。严格执行用水定额，每年年初向工业自备水源户、自来水管网内工业年取水量 3000 m³ 以上用水户下达计划用水通知书，定期开展用水检查。加强工业用水计量管理，为年取水量地表水50 万 m³ 或地下水 5 万 m³ 的工业取水用户安装远程自动监测信息采集系统，保持工业用水计量率 100%。开展节水型企业建设，安装循环用水设备，进行水平衡测试，2022 年每万元工业增加值用水量为 25.16 m³。

三是凝聚全民节水合力。武平县坚持以节水宣传为先导，构建全县动员、全民参与、全社会支持的节水工作格局。紧扣"世界水日""中国水周""城市节水宣传周""全国科普日"等重要节点，采取悬挂横幅、发放宣传资料、电子屏滚动播放等形式开展线下活动，利用电视台、微信、广播等平台，积极开展节水知识"五进"线上活动。全面推进节水载体建设，先后建成节水型企业 5 家。城区节水型居民小区建成率高于 15%，公共机构节水型单位建成率高于 50%，居民小区及镇区内各公共场所节水型器具普及率达 100%。

张丽华　执笔

石珊珊　李海川　审核

# 大力推动节水产业发展

全国节约用水办公室

2023 年，水利部门认真贯彻落实习近平总书记"节水优先、空间均衡、系统治理、两手发力"治水思路和关于发展节水产业的重要指示精神，发挥政府引导、科技支撑、市场调节三方面作用，大力推进节水产业创新发展。

## 一、制度政策逐步建立

持续建立健全支持节水产业发展的制度、标准和政策。一是健全制度标准。加快推进节约用水条例立法，夯实用水定额、计划用水、节水评价等制度基础，修订印发《节水产品认证规范》，制修订啤酒、氧化铝等 5项工业服务业用水定额国家标准，指导相关省（自治区、直辖市）制修订省级用水定额 662 项。指导制定出台《工业园区节水管理规范》《医院节水管理规范》2 项团体标准。二是深化水价与水权改革。截至 2022 年年底累计实施农业水价综合改革面积超过 7.5 亿亩，完成改革任务面积的 70%以上。启动第一批 21 个深化农业水价综合改革推进现代化灌区建设试点，创新投融资体制机制和建管模式，提升灌区建设和管护水平。推进用水权初始分配与明晰，推动用水权市场化交易。制定印发《用水权交易管理规则（试行）》，加快建立归属清晰、权责明确、节转交易、监管有效的用水权交易制度体系。三是完善支持政策。联合有关部门制定印发《关于推广合同节水管理的若干措施》，推动将合同节水管理纳入新修订的《绿色产业指导目录（2023 年版）》，为节水项目享受绿色信贷提供政策保障。制定《落实发展节水产业重要指示精神工作方案》，会同中国银行研究制定关于金融支持节水产业高质量发展的指导意见，推行水效标识制度，推动将节水认证纳入统一绿色产品认证标识体系，助力节水产业发展的制度政策体系逐步建立。

## 二、科技支撑持续强化

把科技创新作为驱动节水产业发展的主要动力，通过国家重点研发计划相关专项，推动农业节水增效、工业节水减排、城镇节水降损等领域科技创新，支持节水产品、技术、装备研发推广和成果产业化，遴选发布《国家成熟适用节水技术推广目录（2023 年）》，包括农业农村领域节水技术 34 项；联合工业和信息化部发布《国家鼓励的工业节水工艺、技术和装备目录（2023 年）》，包括共性通用技术和涵盖 13 个主要用水行业的节水工艺、技术和装备 171 项；联合国家发展改革委、市场监管总局印发《实行水效标识的产品目录（第四批）及水嘴水效标识实施规则》。

## 三、市场活力日益增强

引导金融和社会资本投入节水领域，累计指导 14 个省份出台"节水贷"融资服务政策，累计批复贷款超 460 亿元；2023 年推动实施合同节水管理项目 204 项，总投资额 21.2 亿元，签约项目数量再创新高。实施水效领跑者引领行动，遴选发布 74 家重点用水企业、园区水效领跑者。推动用水权市场化交易改革迈出新步伐，黄河流域首单跨省域用水权交易在四川和宁夏间成功实现，全国水权交易系统完成部署，中国水权交易所交易 5762 单、水量 5.39 亿 $m^3$，同比分别增长 64% 和 116%。举办第二届全国节水产业创新发展大会，同步举办节水产业创新发展成果展，推动节水产业参与方良性互动、精准对接、互利合作，发展壮大节水产业新业态，吸引国内外参展企业 254 家，促成项目签约金额超过 116 亿元，现场观展人数超过 4 万人，官方网站观看直播人数累计达 5.5 万人（次），各级媒体关于大会和成果展的报道近 1200 条。

## 四、产业发展势头良好

通过制度政策建设、科技创新驱动和市场机制改革，推动节水产业从研发设计、产品装备制造到工程建设、服务管理形成全产业链条。目前，节水产业已涵盖农业节水灌溉、工业废水处理、生活节水器具、管网漏损控制、污水再生利用、海水淡化、智慧节水等领域，节水服务管理又延伸出节水运营、技术、信息、金融等多个方向。节水产业契合绿色高质量发展和生态文明建设时代主旋律，涉及领域广泛，正迎来快速发展机遇期，市场需求旺盛，长期发展潜力巨大。

下一步，水利系统将深入贯彻落实习近平总书记关于发展节水产业的重要指示精神，全面推进节水理念、制度、技术、模式创新，推动节水产业高质量发展。一是发挥政府引导作用，联合有关部门制定发展节水产业的政策文件，促进节水研发设计、产品装备制造、工程建设、服务管理全产业链良性发展。支持有条件地区打造节水产业发展高地和举办节水产业国际博览会，引导建立节水产业联盟。二是发挥科技支撑作用，打通节水关键技术装备研发、转化推广、成果产业化的创新链条，促进节水科技成果应用，丰富不同领域应用场景，鼓励创建节水科技产业园区和科技创新中心。三是发挥市场的基础性作用，深化用水权改革，加快用水权初始分配，规范开展用水权交易，创新交易形式、扩大交易规模。深入推进水利工程供水价格改革，健全有利于促进水资源节约和水利工程良性运行、与投融资体制相适应的水价形成机制。扩大用水产品水效标识范围，健全节水认证制度，持续遴选发布水效领跑者，推广合同节水管理和"节水贷"金融服务模式。

周哲宇　许凤冉　执笔<br>李　烽　审核

# 强化水资源论证和取水许可管理

水利部水资源管理司

2023 年，水利部门认真贯彻落实习近平总书记关于治水重要论述精神，以从严从细管好水资源为主线，扎实抓好违规取用水问题排查整改，严格水资源论证和取水许可管理，推进取用水监测计量体系建设，提升用水统计调查能力水平，研究构建水资源领域信用体系，切实规范水资源开发利用秩序，各项工作取得枳枳进展。

## 一、抓好违规取用水问题排查整改

一是取用水管理专项整治行动全面完成。2020 年，水利部在全国范围部署开展了取用水管理专项整治行动，经过 3 年多的努力，基本摸清了全国近 590 万个取水口的分布和取水情况，累计整改完成了 427 万个取水口的违规取用水问题，取用水秩序得到明显好转。水利部长江水利委员会、水利部淮河水利委员会、水利部松辽水利委员会、水利部太湖流域管理局以及河北省、黑龙江省、上海市、江苏省、浙江省、福建省、广东省率先完成专项整治行动。二是扎实开展中央生态环境保护督察、审计发现的问题整改。扎实抓好水安全新问题治理、重大引调水工程建设运营、石羊河流域重点治理、《黄河流域生态保护和高质量发展规划纲要》落实中的违规取用水问题整改。持续推进长江经济带、黄河流域警示片、黄河流域各类公园突出问题整改，切实规范取用水及管理秩序。三是利用信息化手段对违规取用水问题进行动态排查。在全国取用水管理平台建立了违规取水问题线索动态推送机制，组织对 1 万多个疑似超管控指标审批取水、超许可水量取水、计量统计数据异常等问题进行排查整改，安徽、湖南、四川等多个省份开展违规取用水问题动态排查。

## 二、严格水资源论证和取水许可管理

一是加强取水许可管理。制定印发《取水许可实施规范》，由流域管理机构编制取水许可办事指南和实施细则。贯彻落实《中华人民共和国黄河保护法》，研究制定水利部黄河水利委员会在黄河流域跨省重要支流指定河段的取水许可管理权限。整理发布《取用水管理公众咨询200问》，解决好广大基层群众和取用水户身边的"关键小事"。二是健全建设项目水资源论证技术标准。《建设项目水资源论证导则　第1部分：水利水电建设项目》发布实施，组织南京水利科学研究院（以下简称南科院）、水利部水资源管理中心（以下简称水资源管理中心）等开展钢铁行业、纺织行业、水源热泵建设项目水资源论证标准制定，为取水许可审批提供技术支撑。组织南科院开展水资源论证区域评估政策实施情况跟踪评估，进一步完善取用水管理政策标准体系。三是严格规划水资源论证审查。配合有关单位研究制定规划水资源论证管理办法，组织水利部水利水电规划设计总院开展哈密基地"疆电外送"第三通道配套电源、山东东营经济技术开发区扩区调区等相关规划水资源论证技术审查。

## 三、推进取用水监测计量体系建设

一是《取水计量技术导则》国家标准正式发布。《取水计量技术导则》（GB/T 28714—2023）的实施有助于强化取用水户取水计量主体责任，提高取水计量工作的规范化程度，提升取用水管理的精细化水平。二是加快取用水在线监测计量体系建设和数据汇聚。接入全国取用水管理平台的取水在线计量点超过13万个，规模以上取水在线计量率达到75%。三是推进农业灌溉取水计量。联合国家电网有限公司推进农灌机井"以电折水"战略合作，河北、内蒙古、山东等10个省份"以电折水"工作取得积极进展，制定《农灌机井取水计量技术规范》。四是安排中央水利发展资金支持取水计量设施建设。2023年，继续安排中央水利发展资金5亿元，重点支持新建或改建在线监测计量设施建设、农业灌溉取水监测计量设施建设等任务。

## 四、提升用水统计调查能力水平

一是开展用水统计调查数据质量抽查。组织中国水利水电科学研究院、水资源管理中心、中国灌溉排水发展中心等，在全国范围开展用水统计调查数据质量抽查工作。确定 31 个省（自治区、直辖市）和新疆生产建设兵团共 123 个县级行政区以及 1478 个用水户作为抽查对象，完成了数据质量抽查，并将发现问题纳入水资源管理监督检查"一省一单"和最严格水资源管理制度考核。二是加强用水总量核算。编制发布《2022 年中国水资源公报》。提高用水统计数据的真实性、准确性，完成 2023 年用水总量核算和水资源量评价。利用《水资源监管信息月报》反映年度、季度流域区域及行业用水情况，支撑管理决策。三是完善用水统计调查制度机制。《用水统计调查制度》经国家统计局批准正式实施。印发《关于报备〈用水统计调查制度〉防范和惩治统计造假弄虚作假责任人的通知》，对在用水统计调查数据填报、审核、用水总量核算、水资源公报编制发布等工作中的相关负责同志和工作人员实行责任制管理。制定用水统计调查源头数据质量核查办法。

## 五、研究构建水资源领域信用体系建设

推进水资源管理领域信用体系建设，将信用体系建设作为强化取用水监管的重要抓手。组织制定取用水领域信用体系建设工作方案，将取用水领域信用体系建设内容纳入水资源刚性约束制度文件。先后赴上海、江苏、湖南、山东等省份，与水利、发展改革、生态环境、交通、市场监管等部门进行座谈交流，召开全国取用水管理座谈会，对阶段性工作成果进行分组研讨，提出了《关于实施取用水领域信用评价的指导意见》（征求意见稿）。

## 六、加快水资源管理信息化建设及应用

全面推广应用取水许可电子证照，提升取用水政务服务水平和监管能力，全国已发放电子证照 63 万套，涉及 76 万多个取水项目。推进水资源

管理与调配业务应用，加快完善水利部取用水管理平台，指导各级水利部门做好系统整合资源共享等工作，加快搭建水资源管控"一张图"相关功能模块，围绕无计量取水、超许可取水、用水统计调查数据不规范等问题建立了一系列应用场景，支撑取用水动态监管。继续探索遥感技术在农业灌溉用水统计、取用水监管等工作中的应用，完成 2022 年农业实际灌溉面积遥感监测示范应用。

## 七、下一步工作重点

一是强化违规取用水问题查处整改。充分利用信息化手段对违规取用水问题进行动态排查，严厉打击违法取水行为，对未经批准擅自取水、超量取水、无计量取水等不符合取水许可要求的行为，责令限期改正并依法予以处罚。二是严格水资源论证和取水许可监管。严格建设项目水资源论证和取水许可审批，在专项整治行动基础上，加强取水许可电子证照管理，动态全面掌握各类取水口信息。进一步研究完善水资源配置工程、疏干排水等取水许可审批政策。制定钢铁、纺织、水源热泵等建设项目水资源论证导则。出台《农灌机井取水计量技术规范》。三是完善取用水监测计量体系。开展水资源监测体系建设评估，制定全国水资源监测体系建设总体方案。以已批复的水量分配方案的跨省江河流域为单元，针对取用水量核算提出监测方案。对照《取水计量技术导则》要求，建立取水计量设施（器具）档案，将规模以上取水在线计量数据全面接入全国取用水管理平台。加快推进农业灌溉机井"以电折水"取水计量。四是提升用水统计调查能力水平。严格落实防范和惩治水利统计造假、弄虚作假责任制。加强用水统计报表填报审核、用水总量核算，继续开展用水统计调查数据质量抽查，强化问题整改落实。健全用水统计数据分析发布机制。五是加快建立取用水领域信用体系。推动关于开展取用水领域信用评价的指导意见尽快出台，将取用水领域违法违规和弄虚作假等行为计入信用记录，切实强化取用水信用监管。研究制定取用水严重失信主体信用管理办法。六是加快推进水资源管理信息化建设。完善全国取用水管理平台、国家水资源信息管理系统，整合汇集水资源量、水资源管控指标、取用水量、重要控制断面和地下水位监测等数据，建立水资源监管"一张图"，拓展应用场景，提升"四预"能力，动态支撑监管，深入探索遥感技术的实践应用。

周耀坤　王海洋　执笔
于琪洋　杨　谦　审核

# 强化流域水资源统一调度

水利部调水管理司

2023 年，水利部门扎实推进水资源统一调度管理，完善调水管理体制机制，持续深化跨省江河调度，有序推进省内江河调度，加快打造调度管理典型示范，强化生态调度，不断提升水资源调度管理能力和水平。

## 一、调水管理体制机制不断完善

开展水资源统一调度管理立法前期研究。组织编制《水资源调度管理制度框架研究报告》，系统梳理水资源调度管理制度现状，提出制度体系建设思路与框架，围绕生态补水调度、调水工程水资源调度、监督管理等，提出制度建设重点内容和相关政策建议，为水资源调度管理条例立法工作奠定基础。指导加强流域统一调度配套制度建设，印发《加强韩江流域水资源统一调度管理工作的实施意见》，进一步明确韩江流域水资源调度原则、调度管理责任、调度行为规范和配套保障措施等主要内容，最大限度地发挥韩江水资源统一调度的综合效益；指导水利部长江水利委员会、水利部珠江水利委员会以及安徽、河南、贵州、陕西等省省级水行政主管部门编制印发水资源调度管理办法或实施细则，进一步加强流域区域水资源统一调度管理，规范调度行为，促进水资源科学配置。

## 二、跨省江河调度持续深化

强化流域统一调度和管理，审批印发松花江干流、金沙江、太湖流域水资源调度方案。在第一批开展水资源调度的跨省江河流域名录中，55 条跨省江河流域已全部开展水资源统一调度，并将对生态环境影响重大及河湖复苏要求迫切的汉江、西辽河提级由水利部印发调度计划，取得显著成效。组织科学实施黄河、黑河、金沙江、淮河、西江、松花江干流、太湖等跨省江河流域调度，为区域高质量发展提供水安全保障。根据跨省江河流域水量分配工作进展，印发《水利部关于公布开展水资源调度的跨省江河流域名录（第二批）的通知》，明确30条跨省江河流域清单及审批备案要求，逐步扩大调度范围，扎实推进跨省江河流域水资源统一调度。结合近年来调度实践，选取长江流域的汉江，黄河流域的乌梁素海、黄河三角洲湿地，淮河流域的沭河，海河流域的永定河，珠江流域的韩江，松辽流域的西辽河、洮儿河，太湖流域的望虞河，西北内陆区的塔里木河、疏勒河以及石羊河，作为调度管理典型示范，打造高质量水资源统一调度样板，提升流域水资源调度管理水平和能力。

### 三、省内江河调度有序推进

指导省级水行政主管部门确定本行政区域内需要开展水资源调度的江河流域名录，截至2023年年底，31个省（自治区、直辖市）公布名录共涉及河流278条，其中广西、新疆、山东、河南、湖北等省（自治区）纳入省内名录的河流均已超过20条，水资源统一调度局面正在快速形成，成为水资源统一调度向全国范围纵深推进、推动新阶段水利高质量发展的有力抓手。

### 四、重点流域区域调度成效显著

按照推动新阶段水利高质量发展工作部署，围绕复苏河湖生态环境，实施了永定河、西辽河、白洋淀等重点流域区域生态调度。2023年，断流干涸26年之久的永定河首次实现全年全线有水，全线流动累计达228天。在西辽河春季调度期间，干流水头近25年来首次到达通辽规划城区界并最终行进至总办窝堡枢纽下游57.15 km，行进距离较2022年延长39.15 km，实现西辽河干流135.15 km过流，在来水频率远枯于上一年度条件下，超额完成年度调度计划明确的调度目标；秋冬季调度取得新进展，西拉木伦河河道结冰293.5 km、结冰水量约2200万 $m^3$，为2024年春季调度奠定了基础。优化漳河岳城、漳泽、后湾、关河等重要水库调度，严格管控沿线取水，漳河179 km河道如期实现全线贯通，并通过漳卫新河实现贯通入海。塔里木河下游实施 24 次生态输水，尾闾台特玛湖水面面积和湿地生态环境有效恢复。向乌梁素海补水 5.13 亿 m³，向黄河三角洲湿地补水 2.09 亿 m³，黄河干流及重要支流主要控制断面逐月生态流量均达标，黄河实现连续 24 年不断流，河流生态廊道功能有效提升。黑河流域超额完成年度正义峡水文断面下泄指标，两次输水到东居延海，实现连续 19 年不干涸，持续巩固黑河生态保护治理成效。

## 五、调水工程调度不断规范

第一批开展水资源调度的重大调水工程名录中已建调水工程已全部开展调度。组织印发引黄入冀补淀工程年度水资源调度计划，通过引黄入冀向河北省调水 7.3 亿 m³，其中向白洋淀补水 733 万 m³，白洋淀水面面积保持在 250 km² 以上，为白洋淀生态环境改善和华北地区地下水超采综合治理提供有力支撑；向大运河补水 1.8 亿 m³，超额完成补水任务，助力京杭大运河全线贯通。组织印发引江济淮工程水资源调度方案，指导工程在保障城乡供水、发展江淮航运中发挥重要作用。指导景电二期工程向石羊河跨流域补水 1.5 亿 m³，有力改善石羊河生态环境。组织指导引滦工程调水 9.4 亿 m³，保障天津和河北唐山等地用水安全。推进东深供水工程、珠海澳门供水工程调度工作，保障粤港澳大湾区供水安全。指导牛栏江—滇池补水持续发挥效益，滇池水质不断改善。

下一步，水利系统将深入践行习近平生态文明思想，进一步贯彻落实习近平总书记"节水优先、空间均衡、系统治理、两手发力"治水思路和关于治水重要论述精神，继续强化水资源统一调度，不断提升调水管理能力与水平，持续助力复苏河湖生态环境，维护河湖健康生命，实现河湖功能永续利用。一是继续完善调水管理制度。推进水资源调度管理条例立法工作，提出条例草案；指导完善流域区域调水管理制度，为水资源调度工作开展提供制度保障。二是全面推动水资源统一调度。继续推进第一批名录中 55 条跨省江河流域和已建调水工程科学开展调度；有序推进第二批名录中 30 条跨省江河流域启动调度；持续规范重大调水工程调度，提高精细精准调度水平；深入推进省内江河流域和调水工程有序开展水资源调度工作。三是持续强化重点流域区域生态调度。持之以恒抓好永定河、西辽河、白洋淀等重点流域区域生态调度，推动河湖生态环境复苏取得新成效。

邱立军　杨星宇　执笔
程晓冰　张玉山　审核

# 开展水资源调度的跨省江河流域名录
# （第二批）

## 水利部调水管理司

　　为有序推进跨省江河流域水资源统一调度，根据《水资源调度管理办法》，水利部组织确定了开展水资源调度的跨省江河流域名录（第二批），包括窟野河、綦江、滦河在内的30条跨省江河流域入选（见表1）。

表1　　　　　开展水资源调度的跨省江河流域名录（第二批）

| 序号 | 江河流域名称 | 涉及流域管理机构 | 江河流域范围涉及省（自治区、直辖市） | 调度方案（计划）编制、审批及备案要求 |
|---|---|---|---|---|
| 1 | 长江干流宜宾至宜昌河段（包括区间中小支流） | 水利部长江水利委员会 | 云南、四川、贵州、重庆、湖北 | 綦江、御临河纳入长江干流宜宾至宜昌河段开展干支流统一调度，水利部长江水利委员会组织编制，报水利部审批 |
| 2 | 綦江 | | 贵州、重庆 | |
| 3 | 御临河 | | 四川、重庆 | |
| 4 | 长江干流宜昌至河口河段（包括区间中小支流） | | 河南、湖北、湖南、江西、安徽、江苏、上海 | 富水、青弋江及水阳江、滁河纳入长江干流宜昌至河口河段开展干支流统一调度，水利部长江水利委员会组织编制，报水利部审批 |
| 5 | 富水 | | 湖北、江西 | |
| 6 | 青弋江及水阳江 | | 安徽、江苏 | |
| 7 | 滁河 | | 安徽、江苏 | |
| 8 | 澧水 | | 湖南、湖北 | 水利部长江水利委员会组织编制印发，报水利部备案 |
| 9 | 洞庭湖环湖区 | | 湖南、湖北、江西 | |
| 10 | 湘江 | | 湖南、广东、广西、江西 | |
| 11 | 赣江 | | 江西、福建、湖南、广东 | |
| 12 | 资水 | | 湖南、广西 | |
| 13 | 信江 | | 江西、福建、浙江 | |
| 14 | 饶河 | | 江西、安徽、浙江 | |

续表

| 序号 | 江河流域名称 | 涉及流域管理机构 | 江河流域范围涉及省（自治区、直辖市） | 调度方案（计划）编制、审批及备案要求 |
|---|---|---|---|---|
| 15 | 窟野河 | 水利部黄河水利委员会 | 内蒙古、陕西 | 窟野河纳入黄河开展干支流统一调度。依据《黄河水量调度条例》，水利部黄河水利委员会组织编制，报水利部审批 |
| 16 | 洪汝河 | | 河南、安徽 | 洪汝河、新汴河、包浍河、白塔河流域及高邮湖、池河纳入淮河开展干支流统一调度，水利部淮河水利委员会组织编制，报水利部审批 |
| 17 | 新汴河 | | 河南、安徽、江苏 | |
| 18 | 包浍河 | 水利部淮河水利委员会 | 河南、安徽 | |
| 19 | 白塔河流域及高邮湖 | | 江苏、安徽 | |
| 20 | 池河 | | 江苏、安徽 | |
| 21 | 滦河 | | 河北、内蒙古、辽宁 | 水利部海河水利委员会组织编制印发，报水利部备案 |
| 22 | 漳沱河 | 水利部海河水利委员会 | 河北、山西 | |
| 23 | 清漳河 | | 河北、山西 | |
| 24 | 浊漳河 | | 河北、山西、河南 | |
| 25 | 罗江 | 水利部珠江水利委员会 | 广西、广东 | 水利部珠江水利委员会组织编制印发，报水利部备案 |
| 26 | 阿伦河 | | 内蒙古、黑龙江 | 水利部松辽水利委员会组织编制印发，报水利部备案 |
| 27 | 音河 | 水利部松辽水利委员会 | 内蒙古、黑龙江 | |
| 28 | 霍林河 | | 内蒙古、吉林 | |
| 29 | 建溪 | 水利部太湖流域管理局 | 浙江、福建 | 水利部太湖流域管理局组织编制印发，报水利部备案 |
| 30 | 交溪 | | 浙江、福建 | |

近年来，水利部不断强化流域水资源统一调度，第一批名录公布的 55 条跨省江河流域已全部启动统一调度。下一步，水利部将严格落实名录要求，有序启动第二批名录中 30 条跨省江河流域统一调度，及时公布其他需要开展水资源调度的跨省江河流域名录，同时努力推动省级名录内江河流域水资源统一调度。

邱立军　朱昊　执笔

程晓冰　张玉山　审核

# 专栏二十三

# 长江流域控制性水库群蓄水量首次突破
# 1000 亿 $m^3$

## 水利部水旱灾害防御司

2023 年 10 月 20 日，长江流域纳入联合调度的 53 座控制性水库死水位以上蓄水量达 1069 亿 $m^3$，较 2022 年同期偏多 364 亿 $m^3$，是自 2012 年长江流域水库群联合调度以来首次蓄水量超过 1000 亿 $m^3$，其中上游 29 座控制性水库死水位以上蓄水量 659 亿 $m^3$，均创历史新高。三峡水库于 10 月 20 日 13：00 蓄至正常蓄水位 175 m，自 2010 年以来第 13 次完成 175 m 满蓄任务；丹江口水库于 10 月 12 日 19：00 蓄至 170 m 正常蓄水位，是丹江口水库大坝加高后继 2021 年以来第二次蓄满，为冬春枯水期补水和南水北调中线工程供水提供了重要水源保障。

水利部深入贯彻习近平总书记关于防汛抗旱重要指示批示和进一步推动长江经济带高质量发展重要讲话精神，国家防总副总指挥、水利部部长李国英多次主持会商，对三峡及长江流域水库群蓄水工作提出了具体要求。水利部门坚持汛旱并防，科学把握长江水情变化，统筹防洪、蓄水、发电、航运等需求，加强预测预报，滚动会商研判，精准联合调度三峡及长江流域水库群，在 2022 年发生流域性特大干旱且连续两年流域来水总体偏少的情况下，三峡、丹江口等控制性水库多数蓄满，实现了防洪、供水、灌溉、发电等多目标共赢。

一是科学开展汛前消落及汛期优化调度。汛前根据长江中下游水位大幅偏低及汛期旱重于涝的预测情况，科学调度三峡水库水位消落至 150 m 左右，在三峡及金沙江梯级等水库留存了 30 多亿 $m^3$ 水量，提前做好抗旱水源储备；汛期在确保防洪安全的前提下，动态调度三峡水库水位基本稳定在 150 m 以上运行，为流域城乡供水、农业灌溉、电力保供、航运畅通、生态良好提供可靠的水资源保障。

二是提前谋划制定蓄水方案。统筹考虑长江上游主汛期来水偏少、中下游水位偏低及后期来水形势预测，及时组织编制或批复三峡等控制性水库2023年蓄水计划，稳步有序控制蓄水进程，9月10日起三峡水库正式启动蓄水，起蓄水位较同期偏高3.68m，为完成年度蓄水任务争取了主动，极大减轻了后期蓄水压力。

三是统筹推进流域蓄水进程。科学制定并批复《2023年长江流域水工程联合调度运用计划》，在确保防洪安全的前提下，做好流域控制性水库蓄水工作。水利部长江水利委员会会同国家电网有限公司、中国长江三峡集团有限公司等单位，动态优化三峡等干支流水库实时联合调度方案，组织防汛蓄水会商35次，针对三峡水库先后9次发出调度令，有效拦蓄3次入库流量超25000 $m^3/s$ 的来水过程，适时调整出库流量，蓄水期间三峡水库平均下泄流量近15000 $m^3/s$，在保障防洪安全的同时稳步抬升水库水位，圆满完成年度蓄水任务。

骆进军　范　填　熊　刚　执笔

尚全民　审核

复苏河湖生态环境篇

# 全面强化河湖长制
# 建设安全河湖生命河湖幸福河湖

水利部河湖管理司

2023 年，水利部门以强化河湖长制为抓手，严格水域岸线空间管控和河道采砂管理，不断加大河湖管理保护力度，在建设安全河湖、生命河湖、幸福河湖上取得新成效。

## 一、强化体制机制法治管理，压实压紧责任

### （一）健全河湖长组织体系，强化履职尽责

31 个省（自治区、直辖市）党委和政府主要领导担任省级总河长，省、市、县、乡、村 120 万名河湖长（含巡河员、护河员）上岗履职，省、市、县全部设立河长制办公室，专职人员超 1.8 万名。加强河湖长制组织体系动态管理，建立河湖长动态调整和责任递补机制，压实河湖管理保护责任。各地各级河湖长巡河护河，推动突出问题整改。

### （二）完善履责工作机制，加强协调联动

召开七大流域省级河湖长联席会议，做好流域统筹、区域协同、部门联动工作，推动流域实现统一规划、统一治理、统一调度、统一管理。指导各级河长制工作部门与相关部门加强沟通协调，建立完善水行政执法跨区域联动、跨部门联合，与刑事司法衔接、与检察公益诉讼协作机制，健全"河湖长+警长""河湖长+检察长"等工作机制。

### （三）强化考核激励问责，压实属地责任

落实国务院河湖长制督查激励措施，对 2022 年度河湖长制工作真抓实干成效明显的 13 个省份的 6 个市、7 个县予以激励。组织开展河湖长制落实情况监督检查，对全国 160 个县的 1000 个河段、湖片进行监督检查。将

河湖长制工作纳入对省级人民政府最严格水资源管理制度考核。组织对地方河湖长制考核情况开展调研,指导各地抓实抓细对河湖长的考核。2023年各地对履职不到位的河湖长及相关部门责任人追责问责 1.49 万人次。

### (四)加强宣传教育培训,调动社会力量汇聚治理合力

举办强化河湖长制线上专题班,调训市县级河湖长 1 万名。举办河湖管理培训班,对各流域管理机构和各省份业务骨干进行专题培训。举办第二届寻找"最美家乡河"活动、第二届河湖长制与河湖保护高峰论坛,办好河长制湖长制专刊,组织编制全面推行河湖长制典型案例汇编,开展第五届"守护幸福河湖"短视频大赛。

### (五)完善河道采砂法规制度,压实河道采砂管理责任

积极推动河道采砂管理条例审议出台,做好《长江河道采砂管理条例》宣贯和实施办法修订工作,组织水利部长江水利委员会和沿江省份完善配套制度,推进条例实施。落实并公告 2905 个重点河段敏感水域采砂管理河长、主管部门、现场监管、行政执法"四个责任人",同步公告长江干流沿江 9 省(直辖市)河道采砂管理"五个责任人"(采砂管理各级河长、人民政府、水行政主管部门、现场监管以及行政执法责任人名单),公告南水北调工程中线干线交叉河道采砂管理"五个责任人"。

## 二、强化监督检查,严格水域岸线空间管控和河道采砂管理

### (一)推进"四乱"问题整治,加大重点问题整改力度

以妨碍河道行洪突出问题为重点,持续推进"四乱"问题清理整治。指导督促相关地方推进长江经济带、黄河流域生态环境警示片问题整改和长江干流岸线利用项目排查整治"回头看"。紧盯中央巡视反馈等重大河湖问题整改,多次组织现场调研,督促有关地方定期报送进展情况。联合最高人民检察院对有关涉河湖重大违法案件进行挂牌督办。向各地推送 63 万个河湖地物遥感图斑,组织开展疑似问题核查确认、合法项目上图及违法问题清理整治。

### (二)健全空间管控制度,严格涉河建设项目审批监管

《太湖流域重要河湖岸线保护与利用规划》经国务院同意印发,七大

流域岸线保护利用规划全部批复实施。省级负责的岸线规划已批复实施476个。组织编制《丹江口水库岸线保护与利用规划》《洪水影响评价技术导则》《河湖岸线保护和利用规划编制规程》等。督促各地和流域管理机构依法依规严格涉河建设项目审批监管，对流域管理机构全年审查的442个涉河建设项目在水利部网站公示，接受社会监督。组织各地对穿堤涉河建设项目进行风险排查，督促地方依法依规处置，落实度汛应急预案。

### （三）全面推行河道砂石采运管理单制度，规范河道采砂管理秩序

全面推行河道砂石采运管理单制度，强化采砂全过程监管。全面启用河道采砂许可电子证照，推动多地规范疏浚砂利用管理。制定河道采砂许可事项实施规范，对许可条件、程序、监管等作出具体规定。指导各地完善智慧监管体系，提升执法监管能力。

### （四）突出重点，加强非法采砂整治监管

召开长江河道采砂管理三部合作机制领导小组会议，会同公安部等组织开展长江河道非法采砂专项打击整治行动，开展南水北调工程中线干线交叉河道非法采砂和历史遗留砂坑全面排查整治。强化日常巡查，加大重点时段打击力度，春节、"两会"等重要节点组织对长江、黄河开展巡查暗访。对河道采砂管理任务重和问题多发地区开展集中整治，督促陕西、湖南等地开展全省非法采砂专项整治。2023年，打击非法采砂船2000余艘。

## 三、夯实基础工作，推进安全河湖生命河湖幸福河湖建设

### （一）完善河湖基础信息，加强山区河道管理

会同黄河流域省级人民政府公布黄河干支流目录，包括黄河干流及其流域面积 $50 km^2$ 以上（含）的一级支流、二级支流共计2025条河流目录信息。持续推进河湖名录梳理复核工作。组织开展全国山洪灾害防治区内河流及易发生山洪灾害的山区河道梳理排查，实行名录管理，落实管理责任，划定管控边界，加强巡查管护。各地梳理山区河道名录5.38万条，落实山区河道乡级和村级河长责任人、防汛抗洪人民政府行政首长责任人、

主管部门责任人、巡查管护责任人等"四个责任人"38.5万人。

### （二）开展河湖健康评价，建立河湖健康档案

全面启动河湖健康评价、河湖健康档案建立工作，明确评价指标、方法，通过河湖健康评价掌握河湖健康状况，分析河湖存在的问题，为编制"一河（湖）一策"、实施系统治理提供依据。指导各地完成7280条河湖健康评价工作，逐河（湖）建立河湖健康档案。

### （三）深化智慧河湖建设，提升河湖管护水平

进一步完善全国河湖长制管理信息系统功能模块，实现河湖长、河湖健康档案、河湖长制考核、河湖管理监督检查等成果在线填报和运用，实现一级填报、多级应用。实现21697个岸线功能区和39866个涉河建设项目审批信息等河湖基础数据上图。

### （四）因地制宜，建设幸福河湖

会同财政部遴选15个河湖开展幸福河湖项目建设，指导相关地方制定实施方案，加快项目实施进度。印发幸福河湖建设成效评估工作方案（试行）和建设成效评估指标体系，组织对2022年中央水利发展资金支持的幸福河湖建设项目进行评估。各地通过总河长令、指导意见、实施方案等持续推进幸福河湖建设，省级层面累计打造3200余条幸福河湖，人民群众的安全感、获得感、幸福感持续提升。强化水利风景区监督管理，新认定17个国家水利风景区，撤销4个国家水利风景区，发布国家水利风景区典型案例。

下一步，水利部门将以习近平新时代中国特色社会主义思想为指导，坚持习近平总书记"节水优先、空间均衡、系统治理、两手发力"治水思路，坚持问题导向，坚持底线思维，坚持预防为主，坚持系统观念，坚持创新发展，持续强化河湖长制，严格水域岸线空间管控，纵深推进河湖库"清四乱"常态化规范化，规范河道采砂管理，着力建设安全河湖、生命河湖、幸福河湖，为全面提升国家水安全保障能力提供有力支撑。

张　宇　执笔

李春明　审核

## 专栏二十四

# 纵深推进"清四乱"常态化规范化

### 水利部河湖管理司

2023年，水利部深入贯彻落实习近平总书记关于"河长制必须一以贯之"的重要指示精神，指导督促各地进一步压实河湖长责任，纵深推进"清四乱"常态化规范化，河湖面貌持续改善，群众获得感、幸福感、安全感不断增强。

紧盯大江大河大湖和长江经济带、黄河流域、粤港澳大湾区等重点区域以及中央巡视、中央审计、中央环保督察、生态环境警示片反映的重大河湖问题，依托卫星遥感、人工智能等技术，组织开展全国河湖遥感图斑核查，基本实现全国水利普查名录内河湖（无人区除外）地物遥感图斑全覆盖核查，对违法违规"四乱"（乱占、乱采、乱堆、乱建）问题，督促各地清理整治。同时，组织开展长江干流岸线利用项目排查整治"回头看"，绕阳河、辽河、浑河、太子河妨碍河道行洪突出问题专项整治等行动。据统计，2023年各地共清理整治"四乱"问题1.73万个，拆除违法违规建筑物1998万 $m^2$，清除围堤3875 km，清理垃圾2274万 t，打击非法采砂船2000余艘。

经过清理整治"四乱"问题，河道行洪能力得到有效提升，河湖防洪保安全能力不断增强。据水文部门监测数据，与"清四乱"之前相比较，河北省滹沱河、冶河、槐河、大沙河等主要行洪河道实现在同等流量下河道洪水水位明显下降，经受住了海河"23·7"流域性特大洪水的考验。

下一步，将以妨碍河道行洪、侵占水库库容等问题为重点，全面排查整治河湖库管理范围内违法违规问题，纵深推进河湖库"清四乱"常态化规范化，不断提升河湖管理保护水平。

赵翌初 执笔

刘 江 审核

# 三峡后续工作规划实施有效保障
# 三峡库区生态环境安全

### 水利部三峡工程管理司

2023 年，水利部聚焦新阶段水利高质量发展目标要求，持续推动三峡后续工作规划实施，有效保障三峡库区生态环境安全。

一是强化制度建设。水利部会同国家发展改革委、财政部修订印发《三峡后续工作规划实施管理办法》，进一步规范和明确项目储备、项目计划、项目实施、项目评价、成果运用等五个环节要求，对三峡库区生态环境建设与保护类项目实施进行全过程管控，促进项目加快实施和任务目标完成；重庆市出台《重庆市三峡水库消落区管理办法》，进一步完善三峡水库消落区管理制度，规范三峡水库管理行为。

二是强化督导调度。实行清单管理，建立 192 个库区生态环境建设与保护类项目台账，明确工作措施、责任单位和责任人，每月定期更新项目进度，动态掌握项目开工、投资完成、资金拨付等情况；采取月调度、月通报，对进度滞后省份和县区不定期开展视频会商，召开三峡后续工作规划实施现场推进会，加快推进项目实施和资金拨付进度，全年生态环境建设与保护类项目开工率为 100%；加强三峡后续工作生态环保类科研项目调度，强化绩效监控，促进研究项目成果转化。

三是强化三峡水库综合管理。水利部印发《三峡水库库容安全保障工作方案》，加强库区遥感监测与日常巡查，持续开展三峡库区水资源、水环境、水生态、水土保持、库岸安全等综合监测，动态掌握三峡水库安全运行情况，压实地方各级主体责任，及时整改违规养殖种植、消落区"四乱"（乱占、乱采、乱堆、乱建）等水环境、水生态问题；不断完善以三峡工程为核心的长江流域水工程联合调度机制，2023 年水利部以第 54 号令修订出台《长江流域控制性水工程联合调度管理办法（试行）》，对水工程的联合调度管理进行规范，充分发挥三峡工程防洪、发电、航运、供水、生态环境保护等综合效益。

2023 年，水利部争取国家重大水利工程建设基金（三峡后续工作）用于开展干流综合治理、支流系统治理和消落区保留保护等。推进三峡库周生态安全保护带及生态缓冲带建设，对三峡水库干流沿线城镇和临江重要居民点岸线 154.12 km 实行库岸综合治理，对 12 条支流治理采取水土保持、居民点环境综合整治、水源地保护、水库清漂以及消落区保护与治理等措施进行系统治理，生态修复和水土流失治理面积 22.55 km$^2$，改善环境面积 4.53 km$^2$，改善环境设施 1806 处。干流水质总体保持在 II 类及以上，集中式饮用水水源水质达到或优于 III 类比例达 100%，森林覆盖率接近 60%。监测数据表明，在三峡水库两次"人造洪峰"生态调度期间，宜都断面产卵量总数为 310 亿粒，创历史新高，对促进"四大家鱼"等产漂流性卵鱼类繁殖的作用显著，通过开展生态调度有效促进了水生态的修复，进一步发挥了三峡工程在生态文明建设中的重要作用，有效保障了三峡库区的生态环境安全。

郭荣鑫　执笔

王治华　审核

链 接

# 山西省阳泉市：
## 增"智"治水　聚力护河

从水量日渐丰沛的娘子关瀑布到清水潺潺的滹沱河，从承载乡愁的家乡小河到山间丛林的无名溪流，山西省阳泉市四级河长上岗履职、全力治水。治理入河污水，拆除河道违建，恢复岸线生态……一系列有力举措让阳泉市河流重焕生机，河畅、水清、岸绿、景美的愿景正一步步变为现实。

## 一、履职尽责，落实监管

矿区沙坪街道半坡村位于蒙村河上游。冬季，河流正处枯水期，但河长巡河护河频次却没有减少。半坡村党支部书记、蒙村河半坡村段村级河长乔延明已将巡河列入了日常工作清单。从实施雨污分流、清理河岸边垃圾，到做好河道保洁、修筑沿河堤坝，河长制让美丽的蒙村河变回了原来的模样。

蒙村河的变化是阳泉市众多河流变化的缩影。阳泉市有72条主要河流，四级河长共581人。各级河长担责履职，巡河护河队伍逐年壮大。阳泉市推行"河长+河警长"工作机制，严厉打击涉河违法犯罪行为；实施"河长+检察长"工作机制，解决涉河涉水突出问题；聘用"民间河长"、巡河员，为管河护河注入新的力量……全市护河"朋友圈"不断扩大，巡河护河社会参与度不断提高，部门间协作更加高效，治河力量进一步凝聚。

## 二、系统治理，科学施策

科技让阳泉市河长制工作"如虎添翼"。市河湖长制管理服务中心利用无人机巡河，实现了市级河流和县区部分河道无人机巡河，打通河流巡查"最后一公里"。2023 年 3 月起，阳泉市 7 条市级河流陆续开展无人机巡河工作。7 月，利用无人机对岔口河、滹沱河遥感图斑问题和温河、龙华河"四乱"（乱占、乱采、乱堆、乱建）问题进行了无人机监测巡查。全年巡查重点河段超过200 km，发现疑似问题 5 处，已全部完成整改。

## 三、引才聚才，加强培训

2023 年 10 月，阳泉市建成山西省首个河长制主题公园。公园建设在桃河公园城区段，与桃河生态公园结合，将水制度、水管理、水环境内容融入小景点中，让这里成为阳泉市河长制工作宣传的新阵地。

守护好源头活水，需要人才助力。2023 年，阳泉市河湖长制管理服务中心引进了农业水土工程专业博士参与到河长制工作中。专业人员发挥自身优势，利用丰富的科研实践经验，为河长制工作科学决策、理论研究、政策制定提供专业指导。

阳泉市坚持人才培训与实际工作相结合，截至目前，市河长制培训班已经连续举办 5 年，确定不同主题，邀请权威专家授课，组织各县（区）的河长参加。培训既满足了专业技能提升的需求，又提供了交流合作的平台，让培训成效真正"显出来"。

曾经治水患，如今享水"利"。2023 年以来，阳泉市依托良好的水生态环境，谋划了百里太行山水画廊项目。以"一轴两廊三画卷"整体布局，以太行一号旅游公路为"画轴"，滹沱河、桃河河道为"两廊"，围绕市郊区、盂县、平定县构建"三画卷"，谋划了112 个项目。其中滹沱河生态廊道项目 25 个、桃河生态廊道项目 30个，目前已完成项目规划的编制工作。阳泉市还围绕河湖水文化做文章，平定县娘子关镇、盂县梁家寨乡分别举办了"河灯节"民俗文化系列活动，通过河灯投放、歌舞晚会、社火表演等形式，塑造

"河灯"文化品牌，让游客在观赏中沉浸式体验当地水文化的独特魅力。

魏永平　闫晋东　侯　节　执笔

石珊珊　李海川　审核

# 深入推进母亲河复苏行动

水利部水资源管理司

开展母亲河复苏行动，是水利部深入贯彻习近平生态文明思想，落实党中央、国务院生态文明建设决策部署，加快复苏河湖生态环境，解决河流断流、湖泊萎缩问题的重大举措，是推动水利高质量发展的重要路径，是建设幸福河湖的具体行动。2023年，水利部全面部署、高位推动，母亲河复苏行动扎实推进，取得积极进展与成效。

## 一、统筹谋划综合施策，推进复苏行动落实

根据母亲河复苏行动方案（2022—2025年），在对断流河流、萎缩干涸湖泊进行全面排查并多次征求意见的基础上，提出并制定母亲河复苏行动河湖名单（2023—2025年），将88条（个）母亲河（湖）纳入复苏行动名单。组织流域和地方完成母亲河复苏行动"一河（湖）一策"方案制定并推进实施。其中，华北地区18个河湖"一河（湖）一策"方案由水利部印发；9个河湖方案由流域管理机构印发；47个河湖方案由省级水行政主管部门印发；3个河湖方案由有关县区人民政府印发，10个河湖方案由市县水利局印发；1个河湖方案由区河长办印发。各地按照"一河一策"，积极推动复苏行动措施落实，取得初步成效。

## 二、持续实施华北地区河湖及大运河生态补水

组织实施华北地区河湖夏季集中补水及常态化补水，印发《华北地区河湖生态环境复苏行动方案（2023—2025年）》、2023年度实施方案和2023年夏季行动方案。组织有关流域管理机构、省市水行政主管部门统筹南水北调水、引黄水、本地水库水、再生水及雨洪等水源，对华北地区7个水系，40条（个）河湖补水98亿m³。大清河白洋淀水系、漳卫河水系

和海河干流水系实现贯通入海。开展京杭大运河全线水流贯通补水行动，总计补水 13.19 亿 $m^3$，京杭大运河再次实现全线水流贯通。2023 年 1—11 月，白洋淀、赵王新河—大清河分别补水 17.46 亿 $m^3$、13.16 亿 $m^3$，白洋淀生态水位达标率达 100%。

## 三、重点流域河湖生态持续改善

加强黄河水量统一调度，严格取用水总量控制，黄河实现连续 24 年不断流，黄河干支流 13 个主要控制断面生态流量均达标。向乌梁素海生态补水 5.13 亿 $m^3$，向黄河三角洲清水沟、刁口河流路补水 2.09 亿 $m^3$，乌梁素海、黄河三角洲生态持续改善。组织实施长江水库群应急补水调度、珠江压咸补淡应急调度、引江济太应急调水，保障重点流域区域供水安全和生态安全。强化黑河干流统一调度，实施闭口下泄，黑河尾闾东居延海实现连续 19 年不干涸，水域面积保持在 30~40 $km^2$。持续推进其他重点流域水资源调度，完善调水体制机制，55 条跨省江河流域全部启动水资源统一调度，保障供水安全和生态安全。

## 四、加强宣传引导，营造良好氛围

通过"中国水利"微信公众号宣贯母亲河复苏行动，在 2023 年"世界水日""中国水周"以"强化依法治水，携手共护母亲河"为主题开展系列宣传活动。中央电视台《焦点访谈》栏目制作并播出"治理超采，保护水资源""'干渴'河湖'解渴'记"两期专题节目，宣传母亲河复苏行动成效，社会各界反响热烈。《经济日报》"智库圆桌"专栏以"有力推进母亲河复苏行动"为题，整版刊发专家学者相关问题研讨文章。山西省做"保护母亲河，山西这样做"专题报道，为母亲河复苏行动实施营造了良好的舆论氛围。

下一步，水利部将按照各地印发的母亲河复苏行动"一河（湖）一策"方案中明确的 2024 年度工作计划，继续推进母亲河复苏行动，并加强母亲河复苏行动成效评估。统筹多水源调配，持续开展京杭大运河贯通补水、华北地区河湖夏季集中补水和常态化补水，2024 年计划补水 20 亿~

30 亿 m³，实现京杭大运河连续 3 年全线贯通，力争全线贯通时长超过 100 天。继续开展西辽河流域生态调度，力争推进西辽河干流全线过流。

毕守海　倪　洁　张家铭　朱秀迪　执笔

于琪洋　张鸿星　审核

专栏二十六

# 2023 年京杭大运河全线贯通补水任务
# 顺利完成

### 水利部水资源管理司

　　京杭大运河是我国古代建造的伟大工程，历史悠久，工程浩大，受益广泛，是活态遗产。实施京杭大运河全线贯通补水行动，对于推进华北地区地下水超采综合治理和河湖生态环境复苏，改善大运河河道水系资源条件，恢复大运河生机活力具有重要意义。

　　2023 年，水利部印发《京杭大运河 2023 年全线贯通补水方案》（以下简称《补水方案》），在 2022 年实现百年来首次全线水流贯通的基础上，再次组织开展京杭大运河全线贯通补水工作。3 月 1 日，水利部启动京杭大运河 2023 年全线贯通补水行动，统筹南水北调东线一期北延工程供水、本地水、引黄水、再生水及雨洪水等多水源，向京杭大运河黄河以北 707 km 河段进行补水。4 月 4 日，京杭大运河再次实现全线水流贯通。

　　为了做好京杭大运河全线贯通补水工作，水利部、中国南水北调集团有限公司以及北京、天津、河北、山东 4 省（直辖市）水利部门按照职责落实工作任务，开展了以下工作：一是抓好水量联合调度。在 3—5 月贯通补水期间，利用东线北延工程供水（3 月 1 日开始放水）、岳城水库、官厅水库、潘庄引黄、引滦工程、沿线再生水及雨洪水等水源，截至 5 月 31 日（计划补水截止日期），累计补水 9.26 亿 $m^3$，完成计划补水量（4.65 亿 $m^3$）的 199.1%。6 月，结合各水源来水情况，尽量延长全线有水时长，截至 7 月 1 日，累计完成补水 13.19 亿 $m^3$，完成计划补水量的 283.6%，超额完成计划补水量。二是全面落实水源置换。3 月 1 日至 6 月 30 日，京杭大运河及补水路径沿线河北、天津、山东 3 省（直辖市）18 个县区 104 个乡镇累计引出农业灌溉水量 4.11 亿 $m^3$，生态补水 0.02 亿 $m^3$，实施水源置换面积 106.7 万亩，为《补水方案》计划任务的 107.8%，压减地下水开采量 1.31 亿 $m^3$。三是加强动态跟踪监测。水利部海河水利委员会及京津冀鲁各级水利部门投入众多水文监测人员、各类水文监测仪器设备、巡测车、无人机，充分利用自动监测技术，圆满完成各类监测断面的监测任务以及补水沿线的遥感监测任务。组织逐日跟踪掌握各水源补水流量、累计补水量、补水进度、引水量与水源置换实施情况等信息，共编发信息报告 91 期。

本次贯通补水在 2022 年京杭大运河实现百年来首次全线通水的基础上，再次实现大运河全线贯通，有水河长较去年同期相比更加稳定，河湖地表水水质明显改善，河段生态有所恢复，生物种类有一定增加。补水期间京杭大运河及其补水路径入渗回补地下水量约 2.76 亿 $m^3$（扣除损失后回补净水量约 2.65 亿 $m^3$），河道周边地下水水质总体稳定。

廖四辉　穆恩林　李　雪　执笔

张鸿星　审核

专栏二十七

# 永定河实现自 1996 年断流以来首次全年全线有水

水利部调水管理司

2023 年，水利部锚定"力争实现永定河全年全线有水"年度目标，全力推进永定河流域水量统一调度，坚定不移恢复永定河健康生命，取得了显著成效。断流干涸 26 年之久的永定河首次实现全年全线有水，其中全线流动累计达 228 天。

一是加强调度部署。首次以水利部文件印发年度水量调度计划，明确补水目标，细化补水计划和调度安排。为统筹推进水量调度工作，分别召开永定河水量调度工作部署会、水资源调度工作推进会暨永定河调度现场会。在调度过程中，根据补水实际进展，先后组织印发全年全线有水实施方案、汛期生态补水安排、秋季水量调度实施方案等，始终维持全线有水状态。

二是强化调度管理。组织编制日报、旬报，每日跟踪重要控制断面过流、补水水量信息，定期分析地下水水位变化。加强关键期水量调度，建立周会商机制，针对流域干旱少雨状态，7—11 月连续 19 周召开永定河水量调度周会商，及时掌握调度进展，科学调度水资源，以日保周、以周保月、以月保季、以季保年，有力保障了全年全线有水目标的实现。

三是统筹水源调配。为保障补水水源，统筹优化多水源配置，强化本地水、引黄水、引江水、再生水"四水"统筹，7 月中旬及时启动引黄经墙框堡水库向桑干河补水和南水北调中线引江补水。为扩大冬季河道冰面面积、增加结冰水量，11 月下旬加大官厅水库出库流量并再次启动南水北调中线补水，保障永定河全线有水和河道冰期顺利衔接。2023 年通过流域外引调水补水 2.2 亿 $m^3$。

四是摸索补水规律。在调度过程中，积极摸索各控制性工程下泄流量与重要断面流量间对应关系，实施小流量下泄。4—7月，在永定河关键控制断面多次出现流量预警情况下，及时启动调度预警，强化精细精准调度，以最小补水量确保全线有水状态不间断。

　　五是推进重点工作。根据《加快推进永定河流域治理管理现代化工作方案》，对永定河水量统一调度、水量调度管理办法制定和生态补水机制完善3项重点任务作出安排，逐项明确时间表、路线图。

　　下一步，水利部将组织流域有关单位，强化永定河流域水量统一调度，科学调度水资源，保持永定河全年全线有水。

邱立军　张园园　执笔

程晓冰　王　平　审核

# 专栏二十八

## 11 条河流入选第二届寻找"最美家乡河"

### 水利部河湖管理司 水利部办公厅 中国水利报社

2023 年 3 月 22 日，"世界水日""中国水周"期间，水利部与重庆市人民政府在重庆市联合举办第二届"最美家乡河"活动揭晓仪式。11 条入选河流沿线群众代表现场讲述了"最美家乡河"河流变美的故事和两岸百姓的幸福生活体验，向社会充分展示了河湖长制实施以来我国河流面貌发生的巨变，两岸百姓因河流之变而带来的获得感、安全感、幸福感。

揭晓仪式于 3 月 28 日晚黄金时段在重庆卫视播出，同时，全国 60 多家媒体进行了宣传报道，活动影响人群超 1 亿人。同期，还在重庆卫视录制播出了《最美家乡河——江河论道》专家访谈节目，以"最美家乡河"活动为切入点，访谈有关专家和河长，交流河湖长制在推进幸福河湖建设、生态文明建设和美丽中国建设中的重大成效和意义。

为进一步巩固深化学习贯彻习近平新时代中国特色社会主义思想主题教育成果，激励水利系统党员干部"以学促干"，坚定践行治水为民宗旨，努力建设造福人民的幸福河，12 月 14 日，水利部直属机关党委（部文明办）、办公厅、河湖司联合主办"感悟最美家乡河 以学促干建新功"汇报展示活动。该汇报展示活动以"现场+视频直播"的形式举办，邀请 11 条第二届"最美家乡河"的河流讲述人（团队）来到水利部机关大院，为现场和视频分会场的水利系统党员干部讲述"最美家乡河"河流变迁和幸福生活的故事。

11 月，在河湖长制实施 7 周年之际，组织人民日报、新华社、中新社、中国青年报、农民日报等中央媒体记者赴第二届"最美家乡河"入选河流所在地，与当地主流媒体记者一道联合开展"我的家乡我的河"媒体采风活动。通过记者视角以及文字、图片、视频等报道形式，展示"最美家乡河"在引领新阶段水利高质量发展和推动区域经济社会高质量发展中发挥的作用、意义和成效，宣传河流所在地探索"绿水青山"转化"金山银山"的生动实践。

李　坤　执笔

李春明　李晓琳　唐　瑾　审核

# 地下水保护利用管理进一步加强

水利部水资源管理司

2023 年，水利部深入贯彻落实习近平总书记"节水优先、空间均衡、系统治理、两手发力"治水思路和关于治水重要论述精神，贯彻《地下水管理条例》，推进地下水取用水总量、水位"双控"管理，加快推进新一轮地下水超采区划定，实施华北地区及其他重点区域地下水超采综合治理，强化地下水监管，地下水保护和治理取得显著成效。

一是加快地下水取水总量控制、水位控制指标确定。以县级行政区为单元，加快地下水取用水总量、地下水水位以及地下水取用水计量率、地下水监测井密度、灌溉用机井密度等地下水管控指标的确定工作，作为地下水开发利用的管理目标。全面完成 31 个省（自治区、直辖市）地下水管控指标确定成果技术审查，其中，辽宁、黑龙江、上海、江苏、浙江、安徽、福建、江西、湖北、湖南、广东、广西、海南、重庆、四川、贵州、云南、西藏、陕西、宁夏 20 个省（自治区、直辖市）的成果已经批复实施。推动已批复实施的省（自治区、直辖市），按照确定的管控指标严格地下水管理。

二是基本完成新一轮地下水超采区划定。水利部联合自然资源部印发《关于全国地下水超采区划定工作有关事项的通知》，进一步明确地下水超采区划定方式、组织分工及程序，切实落实《地下水管理条例》有关要求。截至 2023 年 12 月底，31 个省（自治区、直辖市）全部完成初步成果，按流域组织完成地下水超采区划定成果技术审核。组织召开新一轮全国地下水超采区划定成果汇总和技术协调会，形成全国地下水超采区划定初步成果。

三是深入推进华北地区及重点区域地下水超采综合治理。水利部会同国家发展改革委、财政部、农业农村部印发《华北地区地下水超采综合治理实施方案（2023—2025 年）》，统筹推进京津冀地区 12 个地市 165 个县地下水超采综合治理，巩固拓展华北地区地下水超采综合治理成效。印发《华北地区地下水超采综合治理部委分工方案》，扎实推进任务落实并组织开展评估。北京、河北启动实施深层水回补试点工作。会同有关部门印发《"十四五"重点区域地下水超采综合治理方案》，全面推进三江平原、松嫩平原等 10 个重点区域 72 个地市 289 个县区的地下水超采综合治理。会同有关部门持续推进南水北调东中线一期工程受水区地下水压采，受水区累计压减地下水 79.18 亿 m³。

四是持续推进华北地区河湖夏季集中补水及常态化补水。2 月，印发《华北地区河湖生态环境复苏行动方案（2023—2025 年）》，全面部署 2023—2025 年华北地区河湖生态环境复苏工作。3 月，印发《2023 年华北地区河湖生态环境复苏实施方案》，落实华北地区生态补水任务，对华北地区 7 个水系 40 条（个）河湖实施补水。2023 年累计补水 98 亿 m³。6 月，印发《华北地区河湖生态环境复苏行动方案（2023 年夏季）》，5 月 20 日至 6 月 30 日，累计补水 10.12 亿 m³，大清河白洋淀水系、漳卫河水系和海河干流水系实现贯通入海，贯通入海水量达 2.26 亿 m³，夏季补水全面完成。

五是实现京杭大运河第二次全线水流贯通。京杭大运河全线贯通补水，综合考虑各补水水源条件，结合沿线春灌需求，自 2023 年 3 月 1 日开始实施，较 2022 年提前了一个半月。4 月 4 日，涉及的 1146 km 补水河道全部实现贯通流动。截至 5 月 31 日（计划补水截止日期），累计补水 9.26 亿 m³，完成计划补水量（4.65 亿 m³）的 199.1%。6 月，结合各水源来水情况，尽量延长全线有水时长，截至 7 月 1 日，累计完成补水 13.19 亿 m³，完成计划补水量的 283.6%，各补水水源均超额完成补水计划。累计置换农田灌溉面积 106.6 万亩。

六是地下水保护监管力度不断加大。联合自然资源部印发《地下水保护利用管理办法》，聚焦地下水的保护和开发利用管理，在地下水调查与规划、节约与保护、超采治理、监督管理等方面作出了进一步细化、实化的要求。公布全国地下水超采区水位变化通报监测站网及 2022 年基准值，印发 2023 年 4 个季度全国地下水超采区水位变化通报，就 2022 年地下水水位下降问题，与 13 个地市进行会商；就 2023 年第一、第二季度地下水水位下降问题，与 7 个地市进行会商。开展地下水储备制度研究。组织修订《地下水超采区评价导则》。编制《地下水禁止、限制开采区划定技术大纲》并根据征求意见修改完善。推动地下水管理信息化建设。

下一步，水利部将继续实施华北地区地下水超采综合治理，实施华北地区深层地下水人工回补试点；全面推进重点区域地下水超采综合治理，持续推进南水北调工程受水区地下水压采，加强治理成效跟踪评估；公布新一轮地下水超采区划定成果，加快地下水禁采区、限采区划定；进一步强化地下水取水总量和水位双控。

廖四辉　穆恩林　韩　磊　执笔

于琪洋　张鸿星　审核

## 专栏二十九

# 华北地区及 10 个重点区域地下水超采综合治理取得新成效

水利部水资源管理司

2023 年 7 月，水利部会同国家发展改革委、财政部、农业农村部联合印发《华北地区地下水超采综合治理实施方案（2023—2025 年）》，明确2023—2025 年工作目标及任务。以京津冀地区为治理重点，通过节水控水、水源置换、生态补水、全面监管等措施，持续推进华北地区地下水超采综合治理。北京、河北启动实施深层地下水回补试点工作。印发《华北地区地下水超采综合治理实施方案（2023—2025 年）》各部门任务分工方案和华北地区地下水超采综合治理 2023 年水利部重点工作要点，将各项任务细化量化，明确各部委和水利部有关司局职责分工，推动各项重点任务落实。2023 年与治理前 2018 年同期相比，地下水水位总体回升，其中浅层地下水水位平均回升高度 2.59 m，回升或稳定的面积占治理区面积的88.5%；深层地下水水位平均回升高度 7.06 m，回升或稳定的面积占治理区面积的 96.1%。

2 月，水利部联合财政部、国家发展改革委、农业农村部印发实施《"十四五"重点区域地下水超采综合治理方案》，全面部署三江平原、松嫩平原、辽河平原、西辽河流域、黄淮地区、鄂尔多斯台地、汾渭谷地、河西走廊、天山南北麓、北部湾 10 个重点区域地下水超采综合治理工作，涉及 13 个省份、72 个地市、289 个县。根据 10 个重点区域地下水资源及其开发利用特点，因地制宜提出了地下水超采治理目标任务与对策措施，计划到 2025 年，重点区域较 2018 年压减地下水超采量 46 亿 $m^3$。组织编制《重点区域地下水超采综合治理评估工作方案》。会同有关部门持续推进南水北调东中线一期工程受水区地下水压采，受水区累计压减地下水79.18 亿 $m^3$。

韩　磊　穆恩林　李　雪　执笔

于琪洋　张鸿星　审核

# 加强饮用水水源保护和监督管理

水利部水资源管理司　水利部水文司

2023 年，水利部高度重视饮用水水源地保护工作，积极推进水源地水量水质安全保障监督检查，持续加强丹江口水源地等重要水源地保护，不断强化重大水源工程生态治理保护，大力实施农村供水保障工程，保障饮水安全和供水安全。

## 一、加强饮用水水源地保护

制定印发《黄河流域重要饮用水水源地名录》。组织开展饮用水水源地保护监督检查，开展全国重要饮用水水源地安全评估，并将评估结果纳入 2023 年度最严格水资源管理制度考核，将饮用水保护方面存在的问题纳入"一省一单"。推进饮用水水源地监管平台建设，构建饮用水水源地安全监管平台总体框架，启动平台原型开发工作。启动集中式饮用水水源地安全风险评价技术规范修改完善工作。做好突发水污染事件水利应对工作。

## 二、持续做好丹江口水源地保护

加强丹江口库区及其上游流域水质安全保障，构建流域系统保护治理工作体系，细化实化水质安全保障措施。规范水文水质监测评价工作，组织开展丹江口库区及其上游流域水文水质监测工作，编制丹江口库区及其上游流域水文水质监测分析评价月报。持续开展丹江口水源地安全评估，严格监督考核及督促整改。

## 三、强化重大水源工程生态治理保护

安排国家重大水利工程建设基金 42.64 亿元，支持长江三峡段干支流综合治理和消落区保护，综合整治三峡水库库岸 154.12 km，完成生态修复和水土流失治理面积共 22.55 km²，改善环境设施 1806 处。南水北调东、中线一期工程年度调水 85.40 亿 m³，其中生态补水量 7.95 亿 m³。

## 四、实施农村供水保障工程

指导各地加快推动农村供水工程建设，开工建设工程 22561 处，完工 20482 处，提升 1.11 亿农村人口供水保障水平。组织各省份维修养护农村供水工程 10.5 万处，扎实开展农村供水水质提升专项行动和农村供水工程标准化管理，指导督促乡镇级饮用水水源保护区划定、标识牌设立和环境问题排查整治，农村供水工程管护水平不断提高。

2024 年，水利部将修订完善全国重要饮用水水源地名录，分级建立饮用水水源地名录管理体系。制定饮用水水源地监督管理办法。强化饮用水水源地安全评估，推进饮用水水源保护措施落实，推动饮用水水源地相关标准法规建设。持续做好丹江口库区及其上游流域水质安全保障监管相关工作，推进各项保障任务落实，确保一泓清水永续北上。加快推进小型供水工程规范化建设和改造以及工程管护专业化，提升农村自来水普及率及规模化供水工程覆盖率。

毕守海　刘　晋　倪　洁　朱秀迪　执笔
于琪洋　张鸿星　刘志雨　审核

## 专栏三十

# 加强丹江口库区及其上游流域水质安全保障

**水利部南水北调工程管理司**

丹江口库区及其上游流域作为南水北调中线工程的水源地，是保障北方受水区特别是首都地区供水安全的"生命线"。习近平总书记多次就丹江口库区及其上游流域水质安全保障工作作出重要指示批示。水利部高度重视，启动编制丹江口水库及其上游流域水质安全保障工作方案，确保"一泓清水永续北上"。在充分征求国务院 16 个部门以及中国南水北调集团有限公司，河南省、湖北省、陕西省等省级人民政府意见的基础上，经国务院同意，2023 年 11 月 22 日，水利部会同国家发展改革委、生态环境部印发了《进一步加强丹江口库区及其上游流域水质安全保障工作方案》（以下简称《工作方案》）。

《工作方案》明确了加强丹江口库区及其上游流域水质安全保障的指导思想、治理范围和主要目标、主要任务、保障措施等四项内容。提出到 2025 年，丹江口水库水质稳定达到供水要求，水环境质量稳中向好，水生态系统功能基本恢复，生物多样性进一步提高，水环境风险得到有效管控，监测预警与应急能力满足长期安全运行要求，实现《丹江口库区及上游水污染防治和水土保持"十四五"规划》确定的目标。到 2035 年，实现存量问题全面解决，潜在风险全面化解，增量问题全面遏制，优良水生态环境得到有效维护。主要通过加强水质保障综合治理、构建严密监测体系、构建流域水资源调度体系、制定突发水污染事件应对预案、强化体制机制与法治保障、保障措施等 6 个方面 71 项重点工作来推动。

12 月，水利部召开推进丹江口库区及其上游流域水质安全保障工作会议，国家发展改革委、科技部、工业和信息化部、公安部、司法部、生态环境部等 17 个部委（局），河南省、湖北省、陕西省等省级人民政府和中国南水北调集团有限公司有关负责人参加会议，进一步加强沟通协调联动，形成工作合力，推进水质安全保障任务落实落地。同月，水利部召开丹江口库区及其上游流域水质安全保障工作进展和成效新闻发布会，介绍有关情况。

为贯彻落实《工作方案》，切实做好各项水利任务，12 月 18 日，水利部办公厅印发《进一步加强丹江口库区及其上游流域水质安全保障水利任务分工方案》（以下简称《水利分工方案》），提出了加强水质保障综合治理、构建严密监测体系、构建流域水资源调度体系、强化体制机制与法治保障、保障措施 5 个方面 69 项重点工作任务，明确了牵头单位、参加单位和工作要求。

为高效推动落实《工作方案》和《水利分工方案》，水利部牵头建立健全了有关工作机制。一是建立了联络机制，商请《分工方案》各有关部委及河南、湖北、陕西等 6 省（直辖市）明确联络员，在水利部内部明确《水利分工方案》总牵头单位和各司局单位联络员。二是建立了会议协调制度，每年 6 月底、12 月底召开由部领导主持的会议，督导工作落实，协调解决问题；同时发挥好现有丹江口库区及上游水污染防治和水土保持部级联席会议作用。三是建立跟踪督办和信息报送机制，各牵头单位于每年 6 月 15 日、12 月 15 日前，报送任务落实情况；水利部在每年年底前将《工作方案》落实情况汇总并报党中央、国务院。

截至 2023 年年底，《水利分工方案》中明确的 5 项工作任务已全部办结。其余 64 项工作任务中，计划 2024 年年底前完成 4 项，2025 年年底前完成 33 项，其余 27 项将持续推进。

王　凯　梁　祎　执笔

李　勇　审核

# 专栏三十一

# 水利部印发《黄河流域重要饮用水水源地名录》

## 水利部水资源管理司

制定饮用水水源地名录是饮用水水源地管理保护、水源地取水用途管制和水量水质安全保障监管等的重要基础工作。为加强黄河流域饮用水水源地保护，切实保障人民群众饮水安全，根据《中华人民共和国黄河保护法》，水利部会同国务院有关部门组织制定了《黄河流域重要饮用水水源地名录》（以下简称《名录》）。2023 年 11 月 28 日，水利部印发通知，正式发布了《名录》。

《名录》共有黄河流域 118 个集中式饮用水水源地，主要涵盖了流域年许可生活取水量 2000 万 m³ 以上或设计供水人口 20 万以上的地表水水源地，以及年许可生活取水量 1000 万 m³ 以上或设计供水人口 20 万以上的地下水水源地，水源地取水工程年许可审批生活取水量 43.05 亿 m³，设计供水人口 0.83 亿人，涉及山西、内蒙古、山东、河南、四川、陕西、甘肃、青海、宁夏 9 个省（自治区），其中地表水水源地 71 个（水库型 49 个、河道型 21 个、湖泊型 1 个），地下水水源地 47 个。

本次《名录》制定工作在深入排查的基础上，进一步梳理明确了饮用水水源地的基本概念、内涵与管理要求；在水源地规模、范围等方面与《全国重要饮用水水源地名录（2016 年）》中黄河流域重要饮用水水源地有机衔接、应纳尽纳；按照加强饮用水水源地日常监管的需要，增加了水源地管理单位信息，进一步压实水源地管理保护责任。

水利部通知要求，各地方将把饮用水水源地水量保障作为江河流域水量调度的优先目标，纳入水量调度方案和调度计划严格监管；加强对饮用水水源工程取水许可监督管理，严格取水用途管制，推进饮用水应急水源、备用水源建设，持续提升供水安全保障能力。进一步落实饮用水水源地达标建设要求，不断规范水源地日常管理，继续做好饮用水水源地安全评估，充分利用现代化手段强化监督检查，不断提升监测监管能力，推进饮用水水源地监测信息共享。同时，深入推进饮用水水源地污染防治和生态环境保护，不断强化污染风险防范。

毕守海　张家铭　朱秀迪　执笔

张鸿星　审核

# 加强生态流量保障
# 压实河湖水生态安全基石

水利部水资源管理司

2023 年，各级水利部门按照生态文明建设部署，持续推进河湖生态流量管理工作，提升河湖基本生态用水保障水平，保障生态安全。

## 一、强化河湖生态流量监管

组织实施 171 条（个）全国重点河湖生态流量保障方案，将生态流量保障目标纳入水资源调度方案、年度调度计划，采取加强水资源统一调度、严格取用水总量控制、强化监测预警、加大考核监督力度等措施，推动生态流量管理措施落实，2023 年重点河湖生态流量达标率在 97% 以上。利用水资源监管月报、流域管理机构通报等形式，逐月通报重要河湖生态流量满足情况，推动生态流量不达标问题整改。组织开展跨省重点河湖生态流量保障视频会商，针对存在问题，部署强化生态流量管理对策措施。

## 二、开展已建水利水电工程生态流量核定与保障先行先试

印发《已建水利水电工程生态流量核定与保障先行先试河湖名单和工程名录》，将 90 个河湖水系、168 个典型河湖、343 个工程生态流量核定与保障先行先试范围，全面完成工程生态流量核定，确定了工程生态用水指标和保障措施。组织先行先试工作总结，梳理工作经验，完善工作模式、技术方法和协调机制，为下一步有序开展水利水电工程生态流量核定与管理奠定了基础。

## 三、建立生态流量监测预警机制

基于国控系统，开发河湖生态流量监管平台模块，实现 165 条跨省重

点河流、235 个断面生态流量监测信息实时展示、监测预警，完善平台功能。开发预警信息的蓝信发布功能，实现每日生态流量考核断面监测预警短信息的内部定时推送，为监管决策提供依据。按月发布生态流量监测报告。研究探索利用遥感手段在河湖生态流量监管中的应用。

## 四、加强小水电生态流量监督管理

扎实推进黄河流域小水电问题整改，已初步完成 300 余座电站整改。完成小水电站生态流量泄放评估，组织开展在线随机抽查，推动逐站落实生态流量，全国 4.1 万座小水电站基本按要求泄放生态流量。指导加强省级小水电生态流量监管平台建设，组织开展在线随机抽查，督促电站整改提升，推动逐站落实生态流量。开展小水电安全生产与长江经济带小水电清理整改暗访检查。

2024 年，水利系统将继续加强河湖生态流量保障。落实河湖生态流量目标，纳入河湖长制，切实强化责任，加强水量调度、取用水总量控制、严格取用水管理，强化监测预警、研判会商、监督考核，完善河湖生态流量监管平台，提高重点河湖生态流量保障水平。有序推进已建水利水电工程生态流量核定，强化工程生态用水保障。持续强化小水电站生态流量监管，组织开展生态流量在线随机抽查，推动逐站落实生态流量。

毕守海　倪　洁　张家铭　执笔

于琪洋　张鸿星　审核

# 全面推动《关于加强新时代水土保持工作的意见》落实落地

水利部水土保持司

中共中央办公厅、国务院办公厅印发的《关于加强新时代水土保持工作的意见》（以下简称《意见》）是首次以中央名义出台关于水土保持工作的文件，在我国水土保持发展史上具有重要里程碑意义。2023年，各级水利部门深入贯彻落实《意见》要求，坚持系统观念，进一步强化组织协调，统筹推进各项重点任务，在水土保持体制机制创新、强化人为水土流失监管、加快水土流失重点治理、提升水土保持管理能力和水平等方面取得明显成效。

一是坚持目标引领，推动构建协同高效的体制机制。对标对表《意见》提出的2025年、2035年工作目标，将全国水土保持率目标量化分解到省、市、县三级行政区，形成覆盖全国、省、市、县四级的水土保持率目标体系，并纳入美丽中国建设和全国水土保持规划评估指标。指导各地将水土保持率作为地方政府水土保持目标责任制和考核奖惩的重要约束指标，推动开展逐级考核。推动建立加强新时代水土保持工作部际联席会议制度。流域管理机构建立由流域内相关省级水利部门负责同志为成员的水土流失联防联控联治机制。21个省份党委、政府制定贯彻落实《意见》实施方案，26个省份建立党委、政府领导为召集人的省级水土保持联席会议制度，党委领导、政府负责、部门协同、全社会共同参与的水土保持工作格局加快构建，为推动新阶段水土保持高质量发展提供了有力保障。

二是坚持保护优先，人为水土流失防治有力有效。按照国土空间规划和用途管控要求，制定《关于加强水土保持空间管控的意见》，发布水土保持重点区域划定技术指南，推进重点区域划定落地，科学实施差别化保护治理措施。出台生产建设项目水土保持方案管理办法、水土保持方案审查技术要点、农林开发活动水土流失防治导则，健全覆盖严控人为水土流失行为的监管制度和标准体系。全覆盖常态化开展水土保持遥感监管，指导省级水利部门加密 2~3 次，依法查处违法违规行为 1.33 万个。针对 25°以上陡坡地农业开垦活动和经济林种植活动水土流失问题，在云南、陕西两省启动开展遥感监管试点，为全面加强禁垦坡度水土保持管理探索了有效路径。制定实施水土保持信用评价意见，将 134 家单位列入水土保持重点关注名单，实施信用分类分级监管。推动构建以遥感监管为基本手段、重点监管为补充、信用监管为基础的新型监管机制。

三是坚持突出重点，加快推进水土流失综合治理。围绕国家重大战略和乡村振兴战略实施，在大江大河上中游、东北黑土区、南水北调水源区等重点区域，以流域为单元，整沟、整村推进小流域综合治理提质增效，治理水土流失面积 1.27 万 km²，建设淤地坝和拦沙坝 600 座，改造坡耕地 82.46 万亩，治理侵蚀沟 9571 条。会同相关部门制定出台加快推进生态清洁小流域建设的政策举措，修订发布生态清洁小流域建设技术规范，打造山青水净村美民富的生态清洁小流域 505 条。东北黑土区侵蚀沟治理、丹江口库区水土流失治理纳入增发国债重点支持范围。加强组织协调，落实地方政府和有关部门水土保持责任，调动社会资本积极性，全年新增水土流失治理面积 6.3 万 km²。截至 2023 年年底全国水土保持率提高到 72.54%。

四是坚持创新发展，管理能力和水平进一步提升。国家水土保持监测站点优化布局工程正式启动实施，将建成布局合理、功能完备的国家水土保持监测体系。首次开展白洋淀、石羊河、台特玛湖等河湖复苏后水土保持及生态改善情况监测评价，客观反映生态脆弱河流湖泊保护修复工程实施成效。完成东北黑土区侵蚀沟、长江经济带云贵川渝鄂五省（直辖市）坡耕地、海河"23·7"流域性特大洪水水土保持影响评价等专项调查。推进水土保持数字化场景 V1.0 建设。加快土壤侵蚀模型研发，水土流失动态监测协同解译和模型计算平台 V1.0 上线运行，西北黄土高原土壤侵蚀等模型初步建立并进行验证。拓宽投入渠道，省级财政投入资金 49 亿元，较"十四五"前 2 年年均增长 1.5 倍。研究提出水土保持碳汇内涵、机理和测算方法，福建省长汀县成功完成全国首单水土保持项目碳汇交易。推进坡改梯工程新增耕地和新增产能成果转化，陕西省千阳县完成首笔 1207.5 万元新增产能指标交易。

2024 年，水土保持工作将深入学习贯彻党的二十大精神，全面落实《意见》和法律法规要求，着力推动新阶段水土保持高质量发展，提升水土保持功能和生态产品供给能力，促进人与自然和谐共生。

一是健全水土保持体制机制。建立加强新时代水土保持工作部际联席会议制度。推动建立中央对省、省对市县的各级政府水土保持目标责任考核体系。发挥好流域管理机构水土流失联防联控联治机制作用，完成流域（片）水土保持规划编制。推动地方建立健全水土保持协调机制。

二是严格人为水土流失监管。落实水土保持空间管控制度，组织开展水土保持重点区域划定落地。依法依规严格水土保持方案审查批复、监督检查和验收管理，健全以遥感监管为基本手段、重点监管为补充、信用监管为基础的新型监管机制，强化部门协同监管和联动执法，严格查处各类水土保持违法违规行为。

三是加强水土流失重点治理。全面实施小流域综合治理提质增效，抓好东北黑土区侵蚀沟和丹江口库区水土流失治理工程实施。强化工程建设质量管理，建设淤地坝、拦沙坝 600 座，除险加固病险坝及老旧坝提升改造 800 座，打造生态清洁小流域 400 条。全年新增水土流失治理面积 6.2 万 $km^2$。

四是强化淤地坝安全运用管理。进一步落实淤地坝防汛行政首长负责制，夯实"三个责任人"责任，组织开展汛前隐患排查及水毁修复，落实应急避险演练、安全风险预警等措施。推进重要淤地坝"四预"能力建设。完成大中型淤地坝淤积调查和小型淤地坝专项调查，颁布淤地坝维修养护标准。

五是提升水土保持支撑能力。全面推进国家水土保持监测站点优化布局工程建设，深化水土流失动态监测评价。加快水土保持标准制修订，研究制定水土保持碳汇标准。加强水土保持重大科技问题研究。开展国家水土保持示范创建。加强水土保持科普宣传。

谢雨轩　执笔

张新玉　审核

## 专栏三十二

# 国家水土保持监测站点优化布局工程
# 立项实施

## 水利部水土保持司

2023 年，水利部门深入贯彻习近平生态文明思想，落实中共中央办公厅、国务院办公厅《关于加强新时代水土保持工作的意见》，优化水土保持监测站网布局，协调推动国家水土保持监测站点优化布局工程立项实施。

国家水土保持监测站点优化布局工程是支撑智慧水利建设、服务水土保持高质量发展和生态文明建设的重要基础性工程，是《生态保护和修复支撑体系重大工程建设规划（2021—2035 年）》明确的重点项目。国家水土保持监测站点优化布局工程拟基于 2002—2010 年实施的全国水土保持监测网络和信息系统建设一、二期工程，通过优化调整、补充完善、升级改造，完成基本覆盖全国水土保持区划 8 个一级区、40 个二级区、115 个三级区的国家水土保持监测站点布设，搭建智能管理分析平台，实现国家水土保持监测站点监测数据的智能化采集、实时传输、自动入库和大数据管理，构建上下联动、内外协同、布局合理、功能完备、系统科学、技术先进的国家水土保持监测网络体系，结合引导地方水土保持监测站点优化升级，促进全国水土保持监测网络"从有到优"的转变。

实施国家水土保持监测站点优化布局工程将显著提升全国水土保持监测的核心能力，为精准掌握全国水土流失状况和规律机理、科学推进水土流失综合防治、开展生态系统保护成效评估、建立一整套适合我国地理国情的土壤侵蚀模型、研究不同尺度土壤侵蚀与产沙关系、服务水土流失状况预报预警、加快智慧水土保持建设等提供重要基础支撑。同时，工程建成也将为丰富拓展天空地一体化水利感知网，夯实数字孪生流域的算据、算法、算力基础提供必要支撑，对我国建设绿色智慧的数字生态文明、运用数字技术推动山水林田湖草沙一体化保护和系统治理、促进人与自然和谐共生的现代化具有重要作用。

程　复　执笔
沈雪建　审核

# 大力推进生态清洁小流域建设

## 水利部水土保持司

2023 年，水利部贯彻落实中共中央办公厅、国务院办公厅《关于加强新时代水土保持工作的意见》要求，支持和指导地方以山青、水净、村美、民富为目标，以水系、村庄和城镇周边为重点，统筹实施水土流失治理、流域水系整治、生活污水和农村生活垃圾治理，大力推进生态清洁小流域建设。

## 一、建立健全政策制度体系

2 月，水利部、农业农村部、国家林业和草原局、国家乡村振兴局 4 部门联合印发《关于加快推进生态清洁小流域建设的指导意见》，明确生态清洁小流域建设定位、建设目标、技术路线、推进机制等，指导地方因地制宜打造水源保护型、生态旅游型、绿色产业型、和谐宜居型、休闲康养型等特色小流域产业综合体。7 月，水利部发布《生态清洁小流域建设技术规范》（SL/T 534—2023），明确建设布局、防治措施和评价指标等内容，为生态清洁小流域建设提供技术支撑。

## 二、因地制宜打造生态清洁小流域

水利部会同财政部，安排水土保持中央资金 48 亿元，支持和指导地方实施小流域综合治理工程，鼓励地方结合项目开展生态清洁小流域建设。同时，支持 14 个省份 28 个县（区）实施小流域综合治理提质增效项目，示范建设生态清洁小流域。2023 年各地打造生态清洁小流域 505 条，在保护水土资源、改善人居环境、促进群众增收致富和推动生态文明建设等方面发挥了重要作用。

陈　超　执笔

倪文进　审核

**链接**

# 福建省长汀县：
## 全国首单水土保持项目碳汇成功交易

2023 年 12 月 7 日，全国首单水土保持项目碳汇在福建省长汀县成功交易，这是水土保持领域深入贯彻习近平生态文明思想和习近平总书记关于治水重要论述的具体举措，在坚持"两手发力"、推进水土保持高质量发展方面具有标志和示范意义，为进一步拓宽绿水青山转化为金山银山的路径，全面提升水土保持功能和生态产品供给能力提供了实践基础。

目标导向，强化组织推动。实现碳达峰碳中和是以习近平同志为核心的党中央作出的重大战略决策。国务院印发的《2030 年前碳达峰行动方案》，将水土流失综合治理作为碳汇能力巩固提升行动重要方面。中共中央办公厅、国务院办公厅《关于加强新时代水土保持工作的意见》，对水土保持碳汇作出安排部署。福建省水利厅在水利部指导下，认真落实党中央和部党组决策部署，将水土保持碳汇作为推进水土保持高质量发展的政策性、引领性工作，明确目标措施和时限要求，组织开展试点，确保任务落实落地。

创新引领，用好研究成果。水利部组织有关单位和专家深入研究论证，创新提出水土保持碳汇内涵、机理，明确了与国内国际通行"增汇"算法相衔接，"固碳"和"减碳"机制有创新的水土保持碳汇核算方法。研究表明，水土保持通过对陆地生态系统的修复、保育和管理，增强生物碳汇，将更多碳以有机物的形式固定在植物和土壤中并减少因迁移而矿化导致的碳排放，实现"增汇、固碳、减碳"目标。福建省充分利用这一成果开展典型项目监测核算。

试点先行，提供实践支撑。福建省组织有关单位选择示范性和典型性较强的长汀县罗地河小流域，开展全面系统监测，制定碳汇核算方法和技术方案，遴选确定交易平台和紫金矿业、金龙稀土两家买方企业，成功举行签约仪式，交易量10万t，金额180万元，全部用于当地水土流失治理。此次交易对拓宽水土保持投入渠道、提升生态保护治理能力、推动各地学习借鉴具有重要意义。

　　　　　　　　　　　　　　　　　谢雨轩　执笔

　　　　　　　　　　　　　　　　　张新玉　审核

**链 接**

# 陕西省千阳县：
## 全国首笔坡耕地水土流失综合治理工程
## 新增产能指标成功交易

陕西省积极探索利用耕地占补平衡政策，拓宽资金投入渠道，建立健全水土保持多元化投入保障机制，进一步提升治理效益。2023年，陕西省千阳县坡耕地水土流失综合治理项目（以下简称坡耕地治理项目）新增耕地和新增产能试点工作取得突破，成功完成全国首笔坡耕地水土流失综合治理工程新增产能指标交易。

统筹谋划，开展试点探索。陕西省水利厅按照耕地占补平衡相关法规政策要求，印发《关于开展坡耕地水土流失综合治理工程新增耕地和新增产能试点工作的指导意见（试行）》，提出"政府主导、市场调节、提升产能、用活指标、占补平衡、良性发展"的工作思路，选择地方典型县开展试点。

强化合作，多部门协调推进。陕西省水利厅会同省自然资源厅加强对试点工作指导，全力推进试点工作。千阳县积极落实省水利厅相关部署，选择2021年实施的坡耕地治理项目开展试点，按照耕地占补平衡动态监管系统管理要求，县水利部门向同级自然资源部门提供了项目相关资料，积极协调种植户按照新增耕地和新增产能指标核定要求种植玉米、小麦、油菜等粮食作物，杜绝耕地"非农化""非粮化"。地方各级自然资源部门采取内业核实和外业核查的方式，按照"县级初审、市级审核、省级复核"的程序，逐级开展新增耕地和新增产能指标核定工作，最终经自然资源部审定后将新增指标纳入补充耕地储备库管理。

扎实推进，取得突破性成效。千阳县人民政府印发《千阳县坡耕地水土流失综合治理项目新增耕地及新增产能指标交易收入资金使用管理办法（试行）》，明确相关交易收入资金优先用于水土保持项目，弥补水土保持治理资金不足，推动区域水土流失治理。截至 2023 年年底，项目区 9400 亩坡耕地，经自然资源部门认定，提质增效面积为 8188 亩，平均耕地等别由 13 等提升至 12.2 等，提升了 0.8 等，新增粮食产能 51.4 万 kg，按照治理后增产产能补偿 30 元/kg 标准计算，产能收益约 1540 万元。2023 年 10 月 23 日，完成首笔交易 35 万 kg，经省自然资源厅协调，交易标准上调 15%，交易额为 1207.5 万元。

总结经验，稳步推进试点。陕西省水利厅在总结千阳县试点做法与成功经验基础上，明确后续坡耕地治理项目在前期工作时，向新增耕地和新增产能指标潜力区优化布局，适当加大水源工程建设比重，配套灌排沟渠、蓄水池窖等小型水保工程和高效节水灌溉措施，为指标调剂、收益使用创造条件。同时，扩大试点范围，指导和支持咸阳市永寿县、渭南市合阳县等县区开展耕地占补平衡工作。

陈　超　执笔

倪文进　审核

专栏三十四

# 全面加强生态环境保护　深入打好污染防治攻坚战水利工作取得新进展

### 水利部水资源管理司

2023 年，水利部按照《中央和国家机关有关部门生态环境保护责任清单》《中共中央、国务院关于深入打好污染防治攻坚战的意见》要求，细化实化年度工作目标任务和责任分工，加强统筹协调督促，推动各项工作任务落实，取得显著进展和成效。一是统筹做好水资源、水环境、水生态治理有关工作，强化水资源刚性约束，加强生态流量管控，开展母亲河复苏行动，推进小水电分类整改。二是推动水资源节约集约利用，深入实施国家节水行动，推进节水型社会建设，大力推进农业节水。三是加强饮用水水源保护和治理，印发《黄河流域重要饮用水水源地名录》，持续做好丹江口水源地保护，强化重大水源工程生态治理保护，实施农村供水保障工程，提高水保障能力。四是严格地下水管理保护和超采综合治理，加强地下水管理制度建设，加快推进地下水超采区划定，强化地下水超采区综合治理。五是强化河湖及岸线管理保护，加强河湖长制监督检查，强化流域区域统筹协调，严格水域岸线空间管控。六是加强水土流失综合防治，全面加强人为水土流失监管，加快水土流失综合治理，提升水土保持管理能力。七是打好长江保护修复攻坚战，推进长江经济带生态环境突出问题整改，强化长江水生态保护修复，支持开展重大问题研究。八是打好黄河生态保护治理攻坚战，强化黄河全流域横向生态，加强黄河水土流失综合治理。向党中央、国务院上报了《关于 2023 年全面加强生态环境保护　深入打好污染防治攻坚战情况的报告》，并依程序向社会公开生态环境保护责任清单落实情况。

毕守海　朱秀迪　倪　洁　执笔

张鸿星　审核

## 专栏三十五

# 认定与复核一批国家水利风景区

### 水利部综合事业局

2023 年，水利部修订印发《水利风景区评价规范》（SL/T 300—2023），组织开展 2023 年国家水利风景区认定与复核，认定 17 家国家水利风景区入选第二十一批国家水利风景区名单（见表1），复核撤销 4 家国家水利风景区（见表2），同意 2 家国家水利风景区名称变更申请（见表3），遴选发布第三批国家水利风景区高质量发展典型案例重点推介名单（见表4）。

表1         第二十一批国家水利风景区名单

| 序号 | 隶属省份 | 名　　称 |
|---|---|---|
| 1 | 河北省 | 沧州捷地御碑苑水利风景区 |
| 2 | 吉林省 | 延边龙井海兰江水利风景区 |
| 3 | 黑龙江省 | 虎林乌苏里江水利风景区 |
| 4 | 江苏省 | 皂河枢纽水利风景区 |
| 5 | 浙江省 | 温州平阳鳌江水利风景区 |
| 6 | | 金华婺城白沙溪水利风景区 |
| 7 | 福建省 | 长汀羊牯汀江水利风景区 |
| 8 | 江西省 | 鄱阳湖水文生态科技园水利风景区 |
| 9 | | 潦河灌区水利风景区 |
| 10 | 山东省 | 济宁兖州泗河水利风景区 |
| 11 | | 沂南双泉河水利风景区 |
| 12 | 河南省 | 安阳汤河水利风景区 |
| 13 | 广西壮族自治区 | 永福三江六岸水利风景区 |
| 14 | 四川省 | 德阳邻姑泉水利风景区 |
| 15 | 贵州省 | 黔东南天柱清水江百里画廊水利风景区 |
| 16 | 云南省 | 红河弥勒甸溪河水利风景区 |
| 17 | 陕西省 | 佳县白云山水利风景区 |

表 2 　　　　　　　2023 年国家水利风景区复核撤销名单

| 序号 | 隶属省份 | 名　　称 |
|---|---|---|
| 1 | 内蒙古自治区 | 呼和浩特敕勒川（哈素海）水利风景区 |
| 2 | 黑龙江省 | 呼兰富强水利风景区 |
| 3 | 山东省 | 莱西湖水利风景区 |
| 4 | 甘肃省 | 张掖大野口水库水利风景区 |

表 3 　　　　　　　2023 年国家水利风景区名称变更名单

| 序号 | 隶属省份 | 名　　称 |
|---|---|---|
| 1 | 陕西省 | 西安奥体灞河水利风景区<br>（原名：灞柳生态综合开发园水利风景区） |
| 2 | 宁夏回族自治区 | 银川典农河水利风景区<br>（原名·银川艾依河水利风景区） |

表 4 　　　第三批国家水利风景区高质量发展典型案例重点推介名单

| 序号 | 隶属单位（省份） | 名　　称 |
|---|---|---|
| 1 | 水利部 | 黄河小浪底水利枢纽水利风景区 |
| 2 | 水利部黄河水利委员会 | 济南百里黄河水利风景区 |
| 3 | 江苏省 | 南京玄武湖水利风景区 |
| 4 | 浙江省 | 衢州马金溪水利风景区 |
| 5 | 山东省 | 泰安天颐湖水利风景区 |
| 6 | 湖南省 | 长沙湘江水利风景区 |
| 7 | 广东省 | 增城增江画廊水利风景区 |
| 8 | 广西壮族自治区 | 桂林灵渠水利风景区 |
| 9 | 四川省 | 绵阳仙海水利风景区 |
| 10 | 陕西省 | 西安护城河水利风景区 |

于小迪　执笔

雷　晶　审核

数字孪生水利篇

# 数字孪生水利建设工作综述

水利部信息中心

2023 年，水利部门以构建具有"四预"功能的数字孪生水利体系为主线，坚持发挥信息化驱动引领作用，为新阶段水利高质量发展提供有力支撑和坚强保障。

## 一、系统谋划、高位推动，数字孪生水利建设掀起新热潮

2023 年 2 月，中共中央、国务院印发《数字中国建设整体布局规划》，明确提出构建以数字孪生流域为核心的智慧水利体系。5 月，中共中央、国务院印发《国家水网建设规划纲要》，要求建设数字孪生水网，完善水网监测体系，提升水网调度管理智能化水平。同月，国家互联网信息办公室发布《数字中国发展报告（2022 年）》，指出数字孪生助推新阶段水利高质量发展，以数字孪生流域、数字孪生水网、数字孪生水利工程为主的数字孪生水利框架体系基本形成。

6 月 20 日，水利部在小浪底水利枢纽召开数字孪生水利建设现场会，正式发布水利部数字孪生平台暨全国水利一张图（2023 版）。会议全面展现数字孪生水利从概念到落地见效的生动实践，人民日报、新华社、中央广播电视总台等中央主流媒体聚焦会议和水利部数字孪生平台进行报道。

## 二、强化指导、多措并举，数字孪生水利建设实现新突破

### （一）全面完成数字孪生流域建设先行先试

积极开展数字孪生水利"晒比促"，晒先行先试成果、比应用成效、促进先行先试工作，跟踪进展、针对指导，全面完成 56 家单位 94 项先行先试任务验收。通过 2 年建设，全国 44 处防洪重点区域、46 个重要水利工程数字孪生建设初见成效；数字孪生流域资源共享平台全面投入应用，

数据模型共建共享格局基本形成，"四预"应用取得突破，数字孪生、AI、北斗、测雨雷达等技术在水利领域创新融合。评选出 28 项典型案例和"十大样板"，进一步发挥示范引领作用。

### （二）加快推进标准体系建设

立足推动新阶段水利高质量发展总体目标，在吸纳已有水利信息化标准的基础上，以需求为牵引，坚持目标导向，加快构建相对稳定、持续扩展、实用性强的数字孪生水利标准体系，引导和支撑数字孪生水利建设。目前已形成包含总体、信息化基础设施、数字孪生平台、业务应用"四预"、安全、建设运行管理 6 个领域的数字孪生水利标准体系，明确了数字孪生流域、数字孪生水网、数字孪生工程的技术框架和实施要求，为七大江河流域、两批 10 个省级水网先导区、11 项重点水利工程、49 处灌区等数字孪生建设提供了技术支撑，有力促进了数据资源整合共享、网络安全和数据安全能力建设。

### （三）集中力量开展关键领域科研攻关

推进国家重点研发计划"多尺度流域水资源和水利设施遥感监测应用示范""黄河流域智慧管理平台构建关键技术及示范应用"等项目。通过水利重大科技项目计划，立项实施"全国土壤侵蚀模型研发""全国地下水通用模型研发""黄河泥沙通用模型及软件研发"等水利专业模型研发项目以及"国家洪水预报平台关键技术研究及应用""数字孪生流域模拟仿真引擎关键技术研究及应用""数字孪生长江水工程智能调度关键技术研究"等相关研究。相关成果已投入使用并取得积极成效。

### （四）牢牢守住水利网络安全防线

在国家级实战演习中连续第 6 年获得"优异"最高等次。组织行业在重要时点开展 7×24 h 网络安全值守。水利关键信息基础设施安全保护示范项目加快实施，部分关键核心技术取得突破。推进水利行业 IPv6 规模部署和应用，在中央网信办组织的中期评估中获优异成绩。印发《2023 年水利数据安全责任人名录》，组织行业开展年度数据分类分级和重要数据目录梳理，更新水利重要数据目录。编制数字孪生流域地理空间数据安全应用处理方案，规范地理空间数据成果应用，提升数据安全应用水平。

### （五）保障体系逐步完善

首个数字孪生流域建设重大项目——长江流域全覆盖水监控系统开工建设。增补南京水利科学研究院、水利部小浪底水利枢纽管理中心、华北水利水电大学为智慧水利人才培养基地成员单位。举办数字孪生水利建设高级研修班、援助西藏培训班、水利关键信息基础设施安全培训班、全国水文勘测中高级技能强化班等。修订印发《水利网信建设和应用监督检查办法》，数字孪生水利建设情况纳入年度最严格水资源管理考核。

## 三、需求牵引、应用至上，业务应用效能持续提升

### （一）流域防洪

面对 2023 年异常严峻复杂的防汛形势，切实将"四预"措施落实到每场降水、贯穿到每个水系、精准到每条河流，为取得防御海河"23·7"流域性特大洪水重大胜利、打赢水旱灾害防御硬仗作出重要贡献。组织开展雨水情监测预报"三道防线"水利测雨雷达试点建设。建成多源空间信息融合洪水预报系统，预报作业时间大幅缩减，预报效率大幅提升，预报手段明显增加。建成高精度河流水系分区水雨情预报模型，每日 2 次实时输出覆盖我国七大流域的短中长期高精度网格化定量降水预报，模型输出结果与洪水预报耦合，为水旱灾害防御提供重要支撑。

### （二）水资源管理与调配

国家地下水监测工程入选"人民治水·百年功绩"117 项治水工程，有效支撑地下水超采监管。全国取用水管理平台信息作为最严格水资源管理制度考核依据。全国重点河湖生态流量监测预警平台对 235 条重点河湖的生态流量控制断面和 65 个水量分配断面实时监测预警。节水综合平台支撑国家节水行动有关任务指标及定额的对比分析。调水管理信息系统初步实现永定河生态调水过程预演、多目标联合调度预案生成等功能。

### （三）其他业务方面

整合水利建设市场监管系统、重大水利工程建设管理系统、水库建设

项目管理系统以及中小河流治理项目管理系统；初步实现土壤侵蚀、生产建设项目水土保持方案管理和遥感监管、重点治理工程及调度信息等业务数据的直观展现、一图展示；设计开发节约用水社会服务应用程序（App），实现重点用水单位用水报告、用水定额对标、计划用水管理、水效排名等业务功能；编制完成《全国一体化水行政执法综合管理平台总体建设方案》，明确试点单位并启动建设；完善水利监督信息系统专业监督检查问题清单，开发综合评价模型和考核模块，支撑12类督查检查考核事项问题填报；持续完善全国水文站网管理系统，实现相关水文数据汇集处理。

2024年，水利系统将以加快构建具有"四预"功能的数字孪生水利体系为主线，深入总结数字孪生流域建设先行先试成果经验，积极发挥"十大样板"工程的示范引领作用，大力实施"大空地"一体化监测感知夯基提能行动，全力推进七大流域数字孪生整体立项建设，完成水利专业模型平台研发及模型集成应用，深入推进数字孪生流域、数字孪生水网、数字孪生工程建设，同步提高安全防护能力和水平，为新阶段水利高质量发展作出新的更大贡献。

王位鑫　陈雨潇　执笔

钱　峰　审核

# 数字孪生流域建设先行先试成果丰硕

水利部信息中心

按照《水利部关于开展数字孪生流域建设先行先试工作的通知》要求，数字孪生流域建设先行先试强化需求牵引、加强流域统筹，在2022年完成建立任务台账、编制实施方案、推进任务实施和开展中期评估等工作的基础上，2023年重点开展了任务实施、验收总结等工作，实现数字孪生技术在水利领域从概念到落地应用，达到了预期目标。

## 一、加快任务实施

一是通报进展。为督促94项先行先试任务建设，保障按时保质保量完成任务，以水利信息化工作简报"数字孪生流域建设先行先试专题"的形式通报任务实施进展，并同步在水利部门户网站发布。2023年共发布5期简报，内容包含先行先试各项任务的进展情况、成果应用和推广情况等，以及水利部关于数字孪生水利建设的最新政策和措施。同时，对部门户网站"数字孪生水利建设"专题进行改版，推出"晒比促"栏目，晒先行先试成果、比先行先试成效、促先行先试工作。

二是跟踪指导。结合数字孪生水利建设现场会、主题教育、调查研究等工作，采取现场调研、座谈、问卷等方式先后调研水利部海河水利委员会、水利部松辽水利委员会及黑龙江省水利厅、辽宁省水利厅、天津市水务局、河北省水利厅、云南省水利厅、新疆生产建设兵团水利局、成都市水务局等单位，指导和帮助解决反映的难题。同时，组织各技术指导人对相应联系的先行先试单位每半年开展至少1次调研指导，有针对性地解决技术难题。

三是监督检查。为查找先行先试任务实施中的突出问题和薄弱环节，及时发现问题隐患并督促整改，2023年8—9月，水利部组织开展了先行先试专项监督检查，对水利部黄河水利委员会、水利部海河水利委员会、天津市水务局、河北省水利厅、河南省水利厅、小浪底水利枢纽管理中心、黄河万家寨水利枢纽有限公司、漳卫南运河管理局 8 家单位承担的 10 项先行先试任务进行检查，重点检查组织推进、工作进展、项目成果、应用成效、共建共享等方面。经对检查情况进行梳理总结并签报部领导同意后，于 11 月向各单位印发了整改通知。

## 二、开展验收总结

一是提前谋划。根据《数字孪生流域共建共享管理办法（试行）》，数字孪生流域建设将纳入最严格水资源管理制度考核和河长制湖长制督查激励评价内容。为此，水利部谋划开展数字孪生流域建设先行先试验收总结工作，在对《数字孪生流域建设先行先试验收评分表》征求意见的基础上，组织编制了《数字孪生流域建设先行先试验收总结工作方案》，并于 2023 年 11 月 1 日印发《水利部办公厅关于开展数字孪生流域建设先行先试验收总结工作的通知》，确定开展典型案例评选、任务验收和样板评选等工作，对验收总结工作进行部署。

二是研究部署。为确保验收总结工作取得预期成效，多次召开会议专题研究，细化评估工作环节和进度安排，制定各类意见模板，于 2023 年 11 月 22 日印发《水利部网信办关于开展数字孪生流域建设先行先试案例初评与任务验收的通知》，明确典型案例初评、任务验收打分均采用提前审核把关、召开评审会议的模式，并统一了工作步骤与评审尺度。

三是审核把关。为加强先行先试工作统筹指导，组建了总体指导组和 7 个流域指导组，每组配备技术指导、业务指导和责任专家三类人员全程跟踪指导任务实施。在验收总结工作中，技术指导人（主要为水利部网信部门技术骨干）主要对典型案例申报材料进行有效性和真实性把关，对验收总结报告进行技术把关并提出初步意见；业务指导人（主要为业务主管部门业务骨干）主要结合业务需求、"四预"应用等情况对提交的验收总结报告和典型案例申报材料进行审核把关并提出初步意见；责任专家（主要为熟悉水利业务、新一代信息技术应用、水利网信建设的行业内外知名专家）主要对提交的验收总结报告和典型案例申报材料进行审核把关并提出初步意见。

四是案例评选。按照《水利部办公厅关于开展数字孪生流域建设先行先试验收总结工作的通知》，典型案例评选分为初评和终评两个环节。初评工作由总体指导组和 7 个流域指导组于 2023 年 12 月 5—11 日分别组织进行，47 家单位申报的 74 项案例按照申报案例总数的 40% 共入围了 33 项典型案例。终评工作于 2023 年 12 月 28 日由水利部组织进行，依据按申报案例总数的 1/3 评选典型案例的规则，组织专家组最终评选出 28 项数字孪生水利建设典型案例，形成《数字孪生水利建设典型案例名录（2023年）》并印发。

五是验收评分。水利部于 2023 年 12 月 5—11 日组织总体指导组和 7 个流域指导组分别对 56 家单位 94 项任务开展验收评分，重点评价任务完成、成果应用、共建共享、特色亮点等内容，满分 100 分、附加分 3 分（任务申报案例被评为典型案例），得分 60 分及以上即通过验收。通过业务和技术指导人预审、责任专家把关、集中验收评分等环节，54 家单位的 91 项先行先试任务通过了验收。同时，各单位最高任务得分作为该单位最终得分，折算为实行最严格水资源管理制度考核和河长制湖长制督查激励评价相应分值。

六是样板评选。为发挥先行先试示范引领作用，结合任务验收得分情况开展数字孪生水利建设十大样板评选。7 个流域管理机构和 11 个水利工程管理单位按照任务验收得分，分别选取前 3 名、前 5 名作为候选样板；考虑 7 个流域管理机构对省级水行政主管部门开展的验收数量和打分标准差异，对 31 个省级水行政主管部门（含新疆生产建设兵团水利局）、5 个计划单列市水行政主管部门验收得分排名前 1/4 且分值在 85 分以上的 16 项任务，经组织专家评选，选出 7 个候选样板。2024 年 1 月 2—10 日，水利部派出 3 个专家组，对以上 15 个候选样板进行了现场复核，通过听取汇报、观看演示、现场提问、设定场景推演、核查系统日志等方式，重点复核了任务实施的真实性、业务应用的实战性、技术融合的创新性、成效成果的引领性，并形成了现场复核情况报告和专家组意见。在现场复核基础上，经组织专家进行评选，从流域管理机构、重点水利工程管理单位和省级水行政主管部门中，分别选出 2 项、3 项、5 项作为数字孪生水利建设十大样板，形成《数字孪生水利建设十大样板名单》并印发。

通过两年的先行先试，"需求牵引、应用至上、数字赋能、提升能力"理念深入人心，数字孪生水利体系基本构建，先行先试目标任务全面完成，跟踪指导机制不断完善，资源共建共享格局初步形成，新技术融合应用取得突破，业务应用赋能成效显著，合力推进氛围全面形成，驱动引领作用更加明显，形成了一批可复制可推广的成果案例，实现了数字孪生技术在水利行业从概念引入到顶层设计、从谋篇布局到实践应用，数字孪生水利建设从积极探索、先行先试阶段进入全面常态推进、强化深化应用阶段，逐步成为新阶段水利高质量发展的显著标志。

曾　焱　周逸琛　执笔

钱　峰　审核

# 水利部数字孪生平台暨全国水利一张图（2023 版）正式发布

### 水利部信息中心

2023 年，数字孪生水利建设现场会正式发布水利部数字孪生平台暨全国水利一张图（2023 版），率先赋能流域防洪"四预"应用，有效支撑精准化决策，驱动和支撑新阶段水利高质量发展。

第一，多源融合、数字映射，构建数字化场景。平台有序汇集组织物理流域不同类型、不同形态、不同来源数据，建成数据量达 PB 级的全国 L1 级数据底板。实现水库、河道及堤防、蓄滞洪区等 55 类 1600 多万个水利对象信息联动更新；动态汇聚业务管理数据 26.2 亿条；按需共享自然地理、社会经济等跨行业数据。实时获取风云四号等气象卫星、88 部天气雷达、10 部测雨雷达以及 20 多万处地面测站监测数据，构筑雨水情监测"三道防线"；专线获取高分、资源、环境等系列 23 颗国产卫星影像资源，接入 2.2 万余路水利视频资源。

第二，智能高效、同步仿真，开展智能化模拟。实现二、三维一体化可视仿真模拟，重点强化"算""演"能力，提供坡度坡向生成、河道断面提取、水体淹没分析、堰塞湖量测等水利专题服务，实现自动解析与多模式综合展示。集成产汇流、洪水演进、水库调度、河冰模拟等 35 个水利专业模型，初步构建自主可控的水利通用模型平台，具备模型快速接入、灵活装配编排、并行加速计算、多方式便捷调用等能力。

第三，数字赋能、实现"四预"，支撑精准化决策。提供 1300 多项服务，总用户 30 多万人，午均调用量近亿次。率先赋能流域防洪"四预"应用，绷紧洪水防御"四个链条"，强化气象水文预报耦合和预报模型参数在线率定，实现以流域为单元的短中长期预报，关键洪水预报精准可靠，实现预警信息直达一线和社会公众。推进水工程调度规则库建设，累计收录大江大河洪水调度预案 21 个。

第四，自主可控，多重防护，守牢网络安全底线。平台基于国产化软硬件环境构建，为国内首次成功开展的全国产化地理信息应用，实现全国性大规模业务化运行。基于国产密码开展重要数据保护，充分利用水利部密码基础设施，加强数据全生命周期安全保护，实现数据安全共享应用。研发网络安全智能算法，及时发现外部攻击和内部违规等问题风险，形成基础防护、监测预警、应急响应的立体化防护体系。

李家欢　执笔

成建国　审核

## 专栏三十七

# 水利测雨雷达建设试点初见成效

### 水利部信息中心

水利测雨雷达系统是数字孪生流域建设中"天空地"一体化感知体系的重要组成部分，具备全天候、大范围、精细网格化降雨主动监测和临近降雨预报等功能，日益成为致灾暴雨监测预报预警的重要技术手段。

2023年，水利部积极开展水利测雨雷达系统建设与应用试点工作，组织雷达短临暴雨预警并直达防御一线，取得了良好成效，为牢牢把握水旱灾害防御工作的主动权提供了重要支撑。目前已组织7个流域管理机构、6个水利工程单位、30余个省级水行政主管部门开展《水利测雨雷达系统建设与应用技术要求（试行）》贯标工作；在湖南省长沙市召开水利测雨雷达试点建设应用现场会，动员部署先行先试工作；建立水利测雨雷达建设技术指导专家组，组织完成6个流域管理机构、4个水利工程管理单位的《水利测雨雷达建设先行先试实施方案》审查工作；在河北大清河，湖南浏阳河、捞刀河，陕西无定河，安徽巢湖等已建成的试点区组织开展水利测雨雷达系统标准化监管业务；在河北大清河，湖南浏阳河、捞刀河实现了测雨雷达组网试点区的精细化降雨监测、乡镇级临近暴雨自动分级预警发布和洪水预报业务化耦合应用。在海河"23·7"流域性特大洪水、湖南浏阳河流域圭塘河暴雨洪水预测预警中发挥了重要作用。

一是有效提升"空中雨"的精细化监测能力。相控阵型测雨雷达组网能够实现精细化网格降雨快速监测。相对于传统雨量站，测雨雷达可以更精准地捕捉降雨空间分布的不连续性；相对于单极化天气雷达，双极化测雨雷达能够获得更加丰富的观测信息，提升雨量监测的精细化和精准度。在海河"23·7"流域性特大洪水期间，7月29日、30日、31日测雨雷达实况估算雨量与雨量站小时监测雨量相关系数分别达到86.5%、

84.8%、90.1%。

二是实现精细化网格降雨预报预警。基于测雨雷达精细化监测信息，利用多尺度融合外推降雨预报算法，实现了未来1~2h逐分钟降雨预报和乡镇级暴雨分级预警。在海河"23·7"流域性特大洪水期间，累计发布测雨雷达临近强降雨风险预警1873次，涉及6100乡镇次。经评估，强降雨期间，外推1h降水预报准确率可达0.90，外推2h降水预报准确率可达0.79，有效延长致洪暴雨预见期1~2h。

三是实现测雨雷达与洪水预报业务化耦合应用。在长江流域湖南湘江试点区，将测雨雷达实况估算降雨和预报降雨网格化数据实时接入浏阳河洪水预报系统，成果在槻梨水文站数字孪生平台"四预"系统投入试运行，开展洪水预报预警试点应用。在2023年6月暴雨洪水期间，累计发出7次预警，及时通知沿岸相关乡镇防汛相关责任人，提高洪水预报精度7%，延长洪水预见期1h以上。

张麓瑀 执笔

钱　峰 审核

# 数字孪生水网建设积极推进

水利部信息中心

2023 年 5 月，中共中央、国务院印发的《国家水网建设规划纲要》对国家水网的布局、结构、功能和系统集成作出了顶层设计，并明确提出加快智慧发展，建设数字孪生水网。水利部按照"需求牵引、应用至上、数字赋能、提升能力"的要求，坚持物理水网和数字孪生水网同步建设，推进数字孪生水网建设顶层设计、先行先试等系列工作取得积极进展。

## 一、工作开展情况

一是多次通过行业性、系统性会议明确部署。2023 年全国水利工作会议提出，推进数字孪生水网建设，编制数字孪生国家骨干水网建设方案，全力推进数字孪生南水北调工程建设，第一批省级水网先导区数字孪生水网建设要取得标志性成果，积极推进市县等层级数字孪生水网建设等要求。6 月，水利部、国家发展改革委召开贯彻落实《国家水网建设规划纲要》会议，强调要建设数字孪生水网。同月，在小浪底水利枢纽召开数字孪生水利建设现场会，强调大力推进数字孪生水网建设，要锚定构建"系统完备、安全可靠，集约高效、绿色智能，循环通畅、调控有序"国家水网的目标，围绕确保工程安全、供水安全、水质安全，推进数字孪生水网与物理水网的同步建设，实现与物理水网同步仿真运行、虚实交互、迭代优化。11 月，在山东省济南市召开加快省级水网建设现场推进会，要求同步建设数字孪生水网，增强水网调控运行管理的预报预警预演预案能力。

二是论证数字孪生国家骨干水网建设。赴国家电网有限公司、中国国家铁路集团有限公司、国家石油天然气管网集团有限公司、北京市自来水集团等单位开展调研，借鉴其他网络型基础设施调度指挥体系及能力建设与运行经验。12 月，在遵循《数字孪生水网建设技术导则（试行）》等顶层设计文件的基础上，会同中国南水北调集团有限公司抽调技术骨干组建工作专班，对国家骨干水网现状与需求、数字孪生国家骨干水网范围与目标全面分析，编制了数字孪生国家骨干水网建设方案框架，并完成专家咨询与评审。

三是开展数字孪生水网建设先行先试。7月，印发《水利部关于开展数字孪生水网建设先行先试工作的通知》，在南水北调工程中线、东线以及第一批、第二批省级水网先导区开展数字孪生水网建设先行先试，围绕规划、设计、建设、运行等阶段，与物理水网同步推进数字孪生水网，重点针对数字孪生水网的建设路径、推动机制、资金筹措、调度运行以及关键技术等难点，探索形成一批可借鉴、可推广的典型案例和经验，示范引领数字孪生水网建设，协同构建数字孪生水利体系，驱动引领新阶段水利高质量发展。

## 二、进展成效

一是数字孪生国家骨干水网建设框架更加清晰。数字孪生国家骨干水网建设框架梳理了数字孪生国家骨干水网需求，初步论证提出了数字孪生国家骨干水网建设现状形势、目标任务、框架内容、建设方案以及共建共享、组织实施等方面内容，为开展数字孪生国家骨干水网建设，保障各级水网实现互联互通、数据共享、业务协同奠定前期基础。

二是水网先导区数字孪生水网建设如期推进。组织南水北调中线、东线，辽宁、浙江、山东、江西、湖北、广东、广西等第一批7个省级水网先导区，宁夏、安徽、福建等第二批3个省级水网先导区数字孪生水网建设先行先试实施方案如期完成编制和审查工作。宁波、平顶山、烟台、宿迁、大同、娄底、延安等第一批7个市级水网先导区和高州、天门、武平等第一批3个县级水网先导区数字孪生水网建设范围、方式、内容进一步明确。

三是数字孪生水网建设成果取得初步成效。浙江省结合省级水网先导区实施，大力推进数字孪生浙东引水建设，初步建成数字孪生水网综合信息一张图以及安全监视、调度决策、日常管理、应急处置四大应用模块，初步实现水资源调配"四预"功能，有力提升浙东引水工程水网运行调度管理智能化水平。山东省完成骨干水网综合调度平台建设，实现全局水量调配、明渠梯级闸泵运行控制、泵站智慧运维、水库调度运维、管道泵阀应急调控应用。安徽省有序推进数字孪生引江济淮建设，初步构建了全面立体感知体系与智慧调度系统，保障了引江济淮工程安全运行与科学精准调度。

2024 年，水利部将坚持"需求牵引、应用至上、数字赋能、提升能力"，强化对物理水网全要素和建设运行全过程的数字化映射、智能化模拟，着力推进数字孪生水网建设，提升水网工程建设运行管理的数字化、网络化、智能化水平。在国家骨干水网方面，推进第一批国家水网重要结点工程数字化改造，深化南水北调东中线数字孪生应用。在水网先导区数字孪生建设方面，指导先导区省份加快构建省级数字孪生水网平台，提升科学精准安全调度水平。此外，还将同步加快数字孪生农村供水、数字孪生灌区、数字孪生蓄滞洪区等建设，推动新一代信息技术、高分遥感卫星、人工智能等新技术新手段应用。

夏润亮　丁昱凯　执笔

成建国　审核

# 数字孪生南水北调中线一期1.0版建成

水利部信息中心

数字孪生南水北调中线一期1.0版围绕"安全监管、智能调度、水质保护、智能运维"4个主要业务领域，探索构建了保障南水北调中线工程安全、供水安全、水质安全的"四预"功能体系，在多个典型业务场景中发挥实效，助力南水北调后续工程高质量发展。

## 一、安全监管更加精准

数字孪生南水北调中线一期1.0版在"中线一张图"基础上筑牢统一的数据底板，聚焦中线重要建筑物、典型渠段的工程安全以及交叉河道、左排洪水对中线工程的安全影响，基于数理统计模型、有限元分析模型以及洪水预报与演进模型，初步形成了多模型耦合体系，可更为直观地掌握穿黄隧洞、高填方、高地下水、膨胀土等建筑物及渠段运行状态，有效支撑输水调度、应急退水以及交叉建筑物洪水过流对工程自身安全影响的动态复核计算分析；预报突发暴雨洪水到达南水北调中线工程交叉断面时的水情情况，预演洪水演进过程，给出预警提示，推荐处置措施。通过模型的融合应用，完成了对河南省郑州市"7·20"特大暴雨灾害洪水"降雨—产流—水库调蓄—洪水演进"全过程模拟以及工程结构安全复核分析。

## 二、输水调度更加智能

通过接入全线水情数据、冰情实时监测数据，对供水运行状态进行实时监视预警。基于河渠水动力学模型，实现设定分水目标（供水计划）调度方案自动生成、中线总干渠恒定流与非恒定流状态的输水调度模拟，为常态情景及应急场景下供水方案调算以及闸群联调指令制定提供支撑。在海河"23·7"流域性特大洪水中，为防止渠道水位快速上涨，避免工程出现次生破坏，调度人员利用非恒定流模型进行多种预案调算，提升了应急响应速度。

基于河冰动力学模型对南水北调中线工程京石段217 km渠道范围内18座巡查站点寒潮场景下水温、冰凌进行预报预警。自2023年进入冰期运行以来，结合冰情预测预报结果，通过动态优化调度供水，比计划多供水1.75亿 m³，并优化了融冰、扰冰设备及人员投入时间，降低了运行和值守成本。

## 三、水质保护更加迅捷

数字孪生平台集成中线13座水质监测自动站、30个固定监测断面等各种水质指标实时数据，实现全线水质多参数监测告警。基于一维水动力水质模型，耦合大数据预测模型，实现全线水质9项指标未来7天预报预警；基于一维水污染扩散模型实现全线1059座桥梁、69个左排跨渠渡槽、20类238种污染物的预演，在线计算污染物演进过程，自动生成应急处置预案；基于二维水污染扩散模拟模型，耦合退水模型，实现水污染突发事件一体化应急处置预演，自动计算污染物浓度变化、污染带长度、污染水量，并自动生成应急处置预案，为水污染事件处置提供指导。

## 四、运行维护更加高效

以数字孪生南水北调中线惠南庄泵站为试点，积极推进国产化应用，基于泵站设备综合风险分析及劣化分析模型，依托在泵站机组安装的440余个振动传感器、温度传感器、水压传感器、流量计、转速传感器，实时评估、预测关键设备的运行状态，为维护人员提供动态维护建议。基于金属结构风险分析模型，实现在闸门动作过程中对闸门运行风险实时监测预测。基于泵站流量优化分配模型，以节能降耗为目标，对泵站运行方案进行优化，生成绿色低碳优化方案。

陈真玄　高定能　执笔

付　静　审核

# 数字孪生工程建设成效显著

水利部信息中心

2023 年，数字孪生工程建设全面推进，数字孪生三峡、小浪底、丹江口、岳城、尼尔基、江垭、皂市、万家寨、南四湖二级坝、大藤峡、太浦闸等重点工程基本建成，工程安全实时监测、建筑信息模型（BIM）技术运用取得显著成效。

## 一、组织推动有力有序

各重点工程高度重视数字孪生工程建设，先后成立或明确了数字孪生工程建设领导机构，基本由单位主要负责人担任领导机构负责人。其中，数字孪生三峡还成立了由水利部三峡工程管理司主要领导任组长，中国长江三峡集团有限公司、水利部长江水利委员会（以下简称长江委）、水利部信息中心、中国水利水电科学研究院、湖北省水利厅、重庆市水利局等单位相关负责同志任成员的数字孪生三峡建设协调工作小组。在领导机构统筹领导下，各单位还成立了网信、综合、业务和技术等相关部门参加的工作机构，具体负责建设实施工作。领导机构和工作机构根据履职需要、数字孪生工程建设总体布局要求和先行先试目标任务，细化任务、明确分工，统筹谋划推进，确保责任落实。

## 二、先行先试目标任务全面完成

各重点工程均完成实施方案既定的建设任务，三峡、小浪底等工程超额完成建设任务。数据底板方面，各重点工程充分利用现有数据基础，通过补充、完善、整合、共享等方式完成了基础数据、地理空间数据、监测数据、业务数据、外部共享数据建设，形成了工程统一的数据底板。模型库方面，根据急用先建的原则，构建了大坝安全、水质安全、库区安全、防洪兴利、供水安全等业务领域的专业模型库，普遍研发了遥感、视频等智能识别模型。知识库方面，构建了包括预报调度方案库、工程安全知识库、业务规则库等工程知识库，部分工程研发了水利知识图谱。业务应用方面，开发了大坝安全、库区安全、防洪兴利调度、水质安全、供水安全等业务应用。监测感知方面，在充分利用现有监测设施，共享相关流域监测设施基础上，各工程根据数字孪生需要，补充完善了大坝安全监测、库区安全监测、水文水资源监测等设施。部分工程根据业务需要还补充完善了网络、计算、存储等信息化设备，强化网络安全保障。在数字孪生流域建设先行先试任务验收中，各重点工程先行先试任务全部通过验收，验收得分均在 85 分以上，其中 70% 验收得分在 90 分以上；4 项先行先试成果入选数字孪生水利建设典型案例名录；3 个数字孪生工程入选"数字孪生水利建设十大样板"。形成了一批标准、规范、专利等成果。

### 三、业务应用赋能显著

各重点工程先行先试建设成果在水旱灾害防御、工程安全运行、供水保障、黄河调水调沙等业务实战中发挥了显著实效。

数字孪生三峡支撑以三峡水库为核心的水工程联合调度，在 2023 年长江防洪调度演练实战中有力支撑了长江流域三峡—金沙江下游梯级等水库汛期运行水位动态控制，保障三峡水库第 13 次完成 175 m 蓄满目标。

数字孪生丹江口充分发挥大坝安全"四预"功能，滚动计算在实测及预演条件下的工程安全性态，分析计算不同调洪水位工况下丹江口水库可能存在的工程安全风险，为取得 2023 年汉江秋汛防御与汛后蓄水胜利提供了前瞻性、科学性、安全性决策支持；在 2023 年 8 月丹江口水库锑污染事件中，对丹江荆紫关以下河段和丹江口水库污染物扩散进行了演算，科学准确研判锑污染突发事件发展趋势，为制定应急处置方案提供了有效的技术支撑。

数字孪生江垭皂市支撑了长江委 2023 年水库防汛抢险应急演练，在 2023 年水库汛期防洪调度、枯水期抗旱补水调度中成功得到运用。

数字孪生小浪底与数字孪生黄河联动应用，成功助力 2023 年黄河防洪调度演练；在 2022 年、2023 年调水调沙中，对调水调沙进行全过程模拟预演，对泥沙冲淤过程进行计算，取得良好成效。

数字孪生万家寨在 2022 年、2023 年万家寨、龙口水库联合排沙调度中取得良好成效，为黄河上游首次统一排沙调度提供有力支撑；在 2022—2023 年度、2023—2024 年度凌汛期，准确预报流凌、封河、开河情况，支撑防凌调度。

数字孪生南四湖二级坝在 2023 年南四湖防洪"四预"推演中，将河南省郑州市"7·20"暴雨移植至南四湖模拟预演，检验遭遇大洪水时的应对能力、现状防洪工程联合调度运用效果及洪水防御能力。

数字孪生岳城水库在 2023 年海河流域漳卫河防洪联合演练中，通过模拟推演和方案比选，实时分析洪水演进过程和可能发生的洪水风险，并开展骨干水库联合调度；在海河"23·7"流域性特大洪水中，及时准确掌报，为防洪调度和防灾减灾提供技术支撑；在京杭大运河 2023 年全线贯通补水行动中，开展水资源调度计算，形成水资源调度方案，有效支撑京杭大运河 2023 年全线贯通、漳河 2023 年全线贯通补水。

数字孪生大藤峡在 2022 年西江第 4 号洪水防御中，计算不同工况下非完全体大坝的稳定安全系数，在确保在建工程安全的前提下实现科学调度，精准拦蓄入库洪水，以建设期有限的防洪库容发挥最大的防洪效益；在 2022 年抗旱保供水、2023 年压咸补淡应急补水中，预演调水过程，辅助制定工程调度方案，发挥了珠澳供水保障第二道防线的重要作用。

数字孪生尼尔基在 2023 年防洪调度运用演练中，模拟仿真展示了 2013 年嫩江流域超 50 年一遇洪水期间流域的雨水工情态势、防洪形势，全面检验了洪水预测预报、防汛会商、库区淹没预演、洪水调度和闸门调度运用等防洪调度工作；在 2023 年洪水防御中，通过洪水预报、调度调算，充分发挥水库拦洪作用，有效减轻嫩江下游的防洪压力。

数字孪生太浦闸在台风"梅花"、台风"杜苏芮"暴雨洪水防御工作中，及时发出预警，推荐闸门调整预案，提升了太浦闸执行调度指令排水的精准度；在 2022 年长江口咸潮入侵期间，预测未来 24h 泄流能力，强化太浦闸和太浦河泵站联合调度，保障了上海市供水安全。

## 四、技术融合应用取得突破

物联网、卫星通信、北斗、遥感、5G、AI、BIM 等多项新技术在重点工程数字孪生建设中深化应用。工程管理单位利用 BIM 技术打造全生命周期智慧场景，实现设计阶段智能动态协同设计、建设期全过程数字化管控、全生命周期安全风险监控；应用卫星遥感、无人机技术对库区管理保护范围内的筑坝拦汊、填库、建房、养殖、涉河项目等问题进行动态监测和主动预警；应用 AI 技术进行遥感智能解译、视频智能识别。应用物联网、北斗卫星导航技术对大坝安全进行监测；应用机器人技术进行水工设施检修、重点场合日常巡检。

## 五、资源共建共享进展明显

按照《数字孪生流域共建共享管理办法（试行）》要求，各重点工程均完成了先行先试实施方案共享清单中的数据、模型、知识等资源的共享，一些重点工程在共享清单之外还共享了社会经济、历史影像等其他成果。相关资源已在水利部数字孪生流域共享平台上传共享。

2024 年是数字孪生水利工程深化应用之年，将锚定保障水利工程安全、效益充分发挥的目标，迭代优化三峡、小浪底、丹江口、岳城、尼尔基、江垭皂市、万家寨、南四湖二级坝、大藤峡、太浦闸等数字孪生成果，积极推进新建工程竣工验收同步交付数字孪生工程。

詹全忠　执笔

付　静　审核

# 数字孪生三峡支撑工程运行管理

## 水利部信息中心

2023 年，数字孪生三峡建设积极践行"需求牵引、应用至上、数字赋能、提升能力"的建设理念，聚焦"十大安全"，重视场景应用，突出共建共享，基本建成统一支撑、多级部署、多户共享的数字孪生三峡 1.0 版，在 2023 年长江防洪调度演练等应用中发挥了"智慧大脑"的作用。

一是完善顶层设计，加强工作统筹。充分考虑三峡工程"十大安全"以及三峡后续工作管理等业务需求，编制印发数字孪生三峡 2023 年总体方案和 5 个分项方案，明确了数字孪生三峡 2023 年度的建设任务和保障机制。将数字孪生三峡与数字孪生长江高度融合，基于"水利一张图"，汇集接入 L1 级数据，接入湖北、重庆两省（直辖市）数据，搭建数字孪生三峡数据底板，为模型计算和应用功能实现提供数据服务支撑。

二是坚持需求牵引，推进共建共享。坚持开发与需求、应用紧密结合，积极开展调研，征求用户和参建各方意见 200 多条并逐条落实；坚持"边开发、边应用、边完善"，强化用户全程参与试用，避免研发与应用脱节。深化共建共享，发布年度共建共享目录，以技术大纲、技术导则、技术要求为标准，完成数据、模型、知识资源合计 44 项共享到水利部数字孪生流域共享平台。

三是深化科研攻关，支撑工程管理。加强参建单位沟通交流、供需对接，先后开展两轮封闭式集中攻关，有效解决工程安全、防洪精准调度、库容管理、水环境管理等关键性技术问题。基本建成以防洪为重点的水工程联合防洪调度知识图谱及调度规则库，强化基于防洪态势自动研判的风险预警，初步完成三峡库区及中下游行蓄洪空间防洪调度方案自动生成、多方案对比与风险智能决策支持，有效支撑长江流域 1870 年和 1999+（以

1999年大洪水作为本底并适当放大）洪水调度演练工作，也为2023年三峡水库满蓄和长江流域控制性水库群蓄水量突破1000亿 m³ 提供了重要支撑。积极开展新技术应用，推动遥感、AI技术在排污口跟踪管理、涉河项目监管等监测识别中的应用、提高模型参数率定效率，初步实现了涉河项目全过程智能监管和遥感自动定期巡库、排污口自动发现和库区水华预警、库区水质实时在线分析与评价、库容冲淤动态监控及泥沙预报调度，辅助开展涉河建设项目许可审批事项400余个，为精细化管理提供了创新思路和有力支撑。研发大坝安全监测算法模型、风险预警指标，初步实现基于大坝运行安全预报、预警、预演、预案的智能辅助决策应用，切实提升三峡工程运行安全监测数据采集自动化、信息分析智能化、处置决策智慧化水平，有力保障了三峡枢纽工程运行安全和综合效益的充分发挥。

四是强化资金保障，严格项目管理。用好三峡后续工作专项资金，整合相关部门预算资金和地方专项转移支付资金，支持开展数字孪生三峡建设。积极协调中国长江三峡集团有限公司落实数字孪生三峡枢纽运行安全建设资金0.97亿元，指导水利部长江水利委员会、水利部信息中心、中国水利水电科学研究院申报部门预算1.04亿元。推动湖北省水利厅、重庆市水利局加大数字孪生三峡投入力度，积极加快项目建设，推动项目早落实、早见效。推动地方项目与中央项目之间的融合共享，满足不同层级用户在统一平台基础上的应用需求。

詹全忠　虞　泽　执笔

付　静　审核

专栏四十

# 数字孪生小浪底赋能 2023 年黄河汛前调水调沙工作

水利部信息中心

2023 年，数字孪生小浪底攻克多源异构数据融合、大断面拟合生成水下地形、溯源冲刷计算、异重流预演模拟等技术难题，迭代优化来水预报模型、库区一维泥沙冲淤模型、防汛调度模型，初步研发了基于有限元的大坝渗流、变形分析计算模型和库区二维泥沙水动力模型等水利专业模型，持续丰富完善小浪底工程知识库，打磨优化工程安全、防汛调度、泥沙分析"四预"业务，全面完成先行先试建设任务。数字孪生小浪底已在工程日常调度运行、防汛演练、工程安全会商中进行了广泛应用，特别是赋能 2023 年黄河调水调沙工作，显著提升了工程运行管理现代化水平。

调水调沙前，结合水利部黄河水利委员会制定的 2023 年调水调沙方案，利用数字孪生小浪底防汛调度、泥沙分析、工程安全预演功能，对小浪底工程调水调沙运用进行全过程预演，研判来水来沙、泄流排沙、库水位变化、库区沿程冲淤变化、孔洞和机组调度运行、大坝变形及渗流变化过程等，提前发现问题，并有针对性地做好相关应对举措。

调水调沙期间，利用数字孪生小浪底平台，密切监视流域雨水沙情、水库蓄水及淹没态势、出入库流量过程和工程安全态势等，实时跟踪水库调令变化，加密来水来沙预报、调度运用过程滚动计算频次，每日 8:00、10:00、12:00、16:00、20:00 根据最新水情和调令计算小浪底水库未来 3 天的水位蓄量变化过程，跟踪研判库水位降幅、对接水位、异重流产生及运动过程、大坝安全性态，辅助制定孔洞组合运用方案和机组停机避沙策略，合理安排值班值守和巡视检查，显著提升了枢纽运行管理工作的主动性和科学性。

调水调沙结束后，结合实测数据，对来水预报模型、一维泥沙水动力模型等进行参数率定和迭代优化。在来水预报模型方面，增加参数自动率定功能，并耦合库区产流相似分析模型，融合形成基于物理机制和智慧分析的来水预报模型，提高了模型计算精度。在一维泥沙水动力模型方面，增加非恒定流模块、溯源冲刷模块及坝前含沙量分布模块，提升了多沙河流大型水库拦沙后期的泥沙冲淤分析计算能力，在异重流判别、入出库沙量计算、来沙量预估、河床形态变化与调整等方面计算精度有效提升。着力研发库区二维泥沙水动力模型，突破了一维泥沙水动力模型在泥沙冲淤时空分布计算的局限性。

夏润亮　徐　博　董泽亮　执笔

成建国　审核

# 水利智能业务应用持续赋能发力

水利部信息中心

2023年，水利部积极推进水利工程建设管理、水利工程运行管理、农村水利水电、水行政执法、河湖监管、水土保持等业务智能应用建设，水利"2+N"智能业务应用体系不断完善，业务功能持续迭代优化，业务应用效能持续提升。

水文水资源方面，一是全国取用水管理平台接入超63万个许可证照信息，实现对颁证取用水户超许可、超管控、无计量等违规行为的动态监管，支撑最严格水资源管理制度考核。二是全国重点河湖生态流量监测预警平台对235条重点河湖的生态流量控制断面和65个水量分配断面实时监测预警，支撑河湖生态复苏。三是构建旱情监测预警综合平台，为全国旱情综合一张图发布奠定技术基础。四是持续完善全国水文站网管理系统，实现相关水文数据汇集处理。

水利工程建设管理方面，一是编制《关于推进水利工程建设数字孪生技术应用的指导意见》，整合改造水利工程建设管理业务4个独立系统，形成水利工程建设管理信息系统。汇聚并智能审核全国7233个有防洪任务的中小河流河段治理情况、防洪能力、洪水处理方案等数据，支撑全国中小河流治理逐流域建档立卡和监管销号。优化完善水利建设市场监管平台功能，有效支撑3288家企业信用评价和数据全国共享应用。二是编制《水利工程信息模型应用统一标准》《水利工程编码》等标准，举办2023年"智水杯"水工程BIM应用大赛，在珠三角水资源配置、渝西水资源配置等重点工程推进BIM、GIS等技术和模拟分析软件全过程集成与创新应用。建设统一的工程全生命周期信息化平台，全面集成跨区域空间信息、模型信息以及相关工程数据，初步实现BIM协同设计施工"一模到底"，工程全要素全过程信息可视化集中管理，以及深基坑开挖、盾构机掘进、预应力混凝土浇筑和工程运行等智能模拟分析预演等。

水利工程运行管理方面，一是完成水库大坝登记注册、水库运行管理、堤防水闸运行管理系统整合改造，初步形成统一的水利工程运行管理平台，新增白蚁危害普查与防治、库区管理、问题排查整改、水库"四全"（全覆盖、全要素、全天候、全周期）业务模块。全面汇聚 9.5 万座水库、9.6 万座水闸、33 万 km 堤防的基础、空间数据和防汛特征值及防汛责任人等信息，实现与湖南、安徽等 15 个省级水库运管系统互联互通。汇集堤防水闸数据整合集成试点和水库库区划界成果等基础信息及实物调查信息，推进水库安全监测智能传感器研发。二是印发《关于加快构建现代化水库运行管理矩阵的指导意见》，在 329 座试点水库和 65 个先行区域开展先行先试。加快提升水库大坝安全运行全要素全过程智能监测感知能力，完成 37593 个雨水情测报设施和 26113 座大坝安全监测设施建设，11 个省份已建立省级水库安全监测平台，其余省份正在加快推进。在安徽、江西等 7 个省份开展监测能力提升试点，加大北斗、无人机等安全监测新技术的应用推广。三是积极推进水利部数字孪生安全监控感知预警能力建设项目（一期），接入全国 31 个省份 4.5 万座小型水库雨水情信息和 11 个省份 13000 余路小水库视频点位。研发部级视频级联集控平台小水库视频专题应用功能模块，搭建小水库无人机监测共享服务平台并投入试运行，初步实现无人机数据汇集、管理、展示以及全景影像、正射影像图和倾斜摄影模型等数据处理。完成广东省增城区等地 110 座试点小水库 L2 级数据底板和下垫面地表覆盖生产、十八折水库等 10 座试点小水库激光雷达数据底板生产，基本建成小水库地理空间数据管理系统和小水库妨碍行洪遥感识别排查系统，开发小型水库洪水预报软件纳雨能力计算模型，探索开展水库溃坝、回水影响风险预警。充分利用信息化建设成果支撑应对海河"23·7"流域性特大洪水、松花江流域洪水，在 2023 年严重汛情下实现水库无一垮坝。

河湖监管方面，持续优化全国河湖长制管理信息系统，进一步丰富完善河湖基础数据，完成 2.16 万个河湖岸线功能分区和 3.98 万个涉河建设项目审批信息上图，为河湖监管提供精确的空间管控边界。支撑河湖名录梳理复核和山区河道管理，基本完成第一次全国水利普查名录内河湖梳理复核，汇集水普外河流116048条、湖泊271个，山区河道5.37万条、"四个责任人"信息38.47万个。支撑开展幸福河湖建设，完成7280条（个）河湖健康评价填报。针对前期结合卫星遥感和人工智能（AI）获取的63万个河湖地物遥感图斑，支撑地方开展了全面核查，累计清理整治河湖"四乱"问题1.73万个，首次实现全国水利普查名录内河湖（无人区除外）地物遥感图斑全覆盖核查，支撑河湖问题"清存量"。

水土保持方面，印发水土保持数字化场景建设与集成技术方案，完善全国水土保持信息管理系统，按照水土保持数据标准和管理办法要求，汇集入库水土保持方案管理、遥感监管、综合治理、动态监测等业务数据，集成矢量基础地理信息数据，搭建水土保持场景，优化系统各模块功能与应用，初步实现水土保持各业务领域全流程数据管理。推进全国土壤侵蚀模型研发，开展全国水土流失动态监测优化模型应用，初步构建人为水土流失风险预警、水土流失综合治理智能管理、淤地坝安全度汛管理"四预"、西北黄土高原土壤侵蚀、西北黄土高原重力侵蚀、东北黑土区侵蚀沟土壤侵蚀、北方风沙区土壤侵蚀等7个模型。

农村水利水电方面，一是持续优化全国灌区管理一张图，完成7000多处大中型灌区、2644个灌溉县灌溉面积上图，4223座大中型灌区与6896个取用水口监测点位关联匹配，接入取用水动态监测数据。智能复核大中型灌区设计灌溉面积、总灌溉面积等技术指标，智能审核规划大中型灌区建设内容。开展大中型灌区空间分布与高标准农田空间分布叠加分析，为统筹推进高标准农田和大中型灌区建设提供数据支撑。持续推进49个数字孪生灌区先行先试。二是积极推进农村供水风险图建设，持续优化全国供水一张图，接入200个规模化供水工程水源监测信息，完成49万处集中供水工程、513万处分散供水工程69项属性数据更新。优化风险预警模型，持续打造农村供水风险预警产品。三是持续推进小水电绿色改造和现代化建设，全国建成200多处小水电站集控中心和分中心，4000余座电站完成智能化改造、集约化运营、物业化管理，创建绿色小水电示范电站130座。水利部本级完成绿色小水电系统迁移集成改造至农村水利水电系统，优化功能模块 17 个，更新数据 13 万条，有力支撑 2023 年绿色小水电申报、审核。试点"三个责任人"履职情况机器人外呼检查，支撑小水电风险隐患排查和智能分析管理。

水行政执法方面，一是编制《全国一体化水行政执法综合管理平台总体建设方案》，创新搭建集数据共享、业务协同、案件督办、预警研判、辅助决策和调度指挥等功能的"三级平台、五级应用"综合管理平台。二是选取河北省水利厅作为典型省份试点建设，完成涵盖执法巡查、案件办理、水事纠纷调处、行政复议/诉讼、队伍和装备以及监控管理等 7 类共 16 个数据接口开发，实现数据库表实时对接。对水利部长江水利委员会、水利部黄河水利委员会等 7 个单位执法巡查、执法办案、队伍装备等 6 类共 78928 条已入库数据进行统计分析，辅助管理人员决策指挥，全面提升水行政执法效能。

水利公共服务方面，一是打造水利部政务服务品牌。规范政务服务事项，优化行政审批流程，全面实现部本级和流域管理机构政务服务事项全流程"一网通办"。整合政务服务咨询热线与 12314 监督举报服务热线，上线面向社会申请人的"水利办"微信小程序和面向受理窗口、审批部门的水利蓝信模块。二是完善水利部 12314 监督举报服务平台。增加公众咨询功能，拓宽投诉举报渠道，加强对监督举报、公众咨询和意见建议等线索的统计分析和预警研判。三是完善水利部政务服务平台和电子证照系统。推动电子证照扩大应用领域和全国互通互认，建立电子证照异议处理和数据质检机制。四是提升水利部网站综合服务能力，水利部门户网站荣获"中国最具影响力党务政务平台"荣誉称号，在 2023 年政府网站绩效评估中位居国务院组成部门网站第三名。

2024 年，将推动数据汇集，强化数据治理和业务应用整合，优化完善系统功能，提升系统稳定性和安全性，加强新建系统推广使用，迭代升级"2+N"业务应用系统，更好更全面地赋能水利业务。

任瑞雪　张琪琪　执笔

钱　峰　审核

专栏四十一

# 防洪"四预"取得重大突破

水利部信息中心

2023 年，水利部全面推进数字孪生水利建设，流域防洪业务"四预"应用取得重大突破，为打赢海河"23·7"流域性特大洪水防御硬仗提供了有力支撑。

一是首次实现天空地多源信息融合，全方位实时感知洪水态势。在应对海河"23·7"流域性特大洪水期间，获取 12 颗雷达及光学卫星遥感影像、20 架次无人机航摄数据、8753 路视频监视信息滚动跟踪洪水演进；汇集 1874 个地面报汛站、280 个应急监测点实时监测水情信息 142 万条，融合多源信息为精准化流域防洪"四预"工作提供数据支撑。

二是首次实现"落地雨"到"空中雨"预报的转变，预见期明显延长。提前 3~5 天预报海河流域强降雨过程范围和强度；应用水利精细化区域降水预报模式短中期预报成果，每日 2 次滚动发布强降雨过程定量化预报；利用气象卫星和雷达对"空中雨"开展逐 10 分钟 1 km×1 km 高分辨率网格监测，精准预报未来 3 h 永定河官厅山峡降雨，为洪水调度提供关键决策依据。

三是首次应用水利部数字孪生平台，为洪水防御提供基础支撑。深化遥感、激光雷达等技术应用，更新海河流域 28 处国家重点蓄滞洪区、155 座重点大中型水库等高精度数据底板；构建包含 42 个专业模型的部级水利模型平台，实现水文、水力学和水利工程调度等模型强耦合；初步建成 130 万亿次双精度浮点高性能计算集群，支撑高精度河流水系分区短中长期水雨情预报模型计算。

四是首次启用多源空间信息融合的洪水预报系统，预报精度显著提高。集成完善七大流域 95 个水系单元 1296 套洪水预报方案，滚动发布多模式洪水集合预报 18.87 万站次,提前 5 天精准预报永定河、大清河将发生编号洪水,预判启用 6 个蓄滞洪区,关键期洪水预报精度达 80.6%,较平均精度提高 15%,为关键期防洪调度决策提供有力支撑。

五是首次构建二维水动力学洪水演进模型,有力支撑蓄滞洪区安全运用。构建海河流域启用的 8 处蓄滞洪区二维水动力学洪水演进模型,利用卫星、无人机等获取最新监测信息,动态调整模型参数,逐日进行洪水演进计算,提前 4 天准确研判"不启用清南分洪区",提前 9~10 天准确预测永定河、兰沟洼等蓄滞洪区退水时间,为蓄滞洪区安全运用和堤防防守提供有力支撑。

六是首次开展卫星云图和测雨雷达预警,信息直达一线防御人员。基于卫星云图、天气雷达及试点区测雨雷达对未来 2~3 h 强降雨覆盖的地市和乡镇进行暴雨洪水风险预警,累计向行业内发布预警 7153 次、涉及防御一线人员 621.9 万人次。

蔡和荷 执笔

钱 峰 审核

## 湖南省长沙市：
### 㮾梨水文站数智结合筑"三道防线"

作为新技术应用示范水文站，湖南省长沙市的㮾梨水文站近年来高标准完成湖南省现代化示范水文站建设，并综合利用测雨雷达及数字孪生技术，开发水利测雨雷达系统、数字孪生"四预"平台，实现全要素、全量程、全流程监测预警，构建由气象卫星和测雨雷达、雨量站、水文站组成的雨水情监测预报"三道防线"。

2023年，㮾梨水文站依托水利测雨雷达系统，利用雷达测雨外推算法，在"落地雨"监测的基础上叠加"云中雨"预测，以未来2h降雨累计预报值为风险预估依据。在新技术助力下，长沙水文中心依托㮾梨水文站等提供的测报数据，有效应对21次降雨过程和6次洪水过程，发布207期水情专题预测，在应对中小河流暴涨暴落引发的洪涝灾害中发挥关键作用，共发出11次致洪致灾风险预警及1万余条洪水靶向预警短信。

作为浏阳河下游防洪监测预警的重要控制站，㮾梨水文站担负着防洪监测预警的重要使命。2月，引进的全自动缆道在线测流系统正式投入使用。全自动缆道在线测流系统耦合了ADCP（声学多普勒流速剖面仪）、雷达波流速仪及旋桨流速仪三种测流功能。该系统能够对水位、流量等水文要素实现远程自动监测和数据自动生成，不仅降低了水文测验的工作强度，还提高了测验效率与测量精度。

此外，㮾梨水文站应用了超声波时差法在线测流系统、水质自动监测系统、无人机远程监测等，不断推进水文站现代化建设。

㮾梨水文站采用全景视频拼接、虚实位置映射、高效实时渲染和洪水影像仿真等算法和技术，建成动态数字孪生平台"四预"系统，实现自动实时滚动预报水位流量，建立防汛"叫应"机制，通过短信、电话等发布致洪致灾风险预警，提高地质灾害易发区域河道洪水预警水平。数字孪生平台还能通过椆梨水文站的降雨雷达、预报模型，自动预报未来3天内的水位变化，并直观呈现在数字孪生平台上，让水文人心中有数。

数字孪生椆梨水文站系统将椆梨水文站和浏阳河上游8个水文站的水位、流量等信息和现场视频数据统一接入，建成了全国第一个影像孪生水文站，直观呈现整个流域的水雨情变化。

范丹丹　刘治方　执笔
石珊珊　李海川　审核

# 水利网络安全防护能力稳步提升

水利部信息中心

2023 年，水利网络安全防护工作以关键信息基础设施保护为重点，以实战攻防为抓手，强化网络安全风险隐患排查整改，不断提升行业监测预警和应急响应水平，提高数据安全防护能力，在网络安全保障方面为新阶段水利高质量发展提供有力支撑。

## 一、强化关键信息基础设施安全保护

水利部认真履行关键信息基础设施安全保护工作部门职责，推动关键信息基础设施认定，督促水利关键信息基础设施运营者（以下简称关基运营者）制定安全保护计划。组织专题培训，对水利行业关基运营者进行政策宣贯和技能实训，指导关基运营者落实水利关键信息基础设施"十四五"规划，要求关基运营者采购网络产品和服务可能影响国家安全的，应通过网络安全审查。加强安全检查及应急演练，采用在线安全监测、实战攻防演练、现场检查等方式，及时发现关基运营者网络安全风险隐患，并督促整改。强化供应链安全管理，组织关基运营者开展软件供应链安全评估试点。

## 二、加强行业网络安全保障

水利部压实网络安全责任，印发《2023 年水利网络安全责任人名录》，明确部机关各司局、部直属各单位、各省级水行政主管部门网络安全负责人、直接责任人、网络安全工作机构。在全国"两会""大运会""亚运会"等重要时期，组织部机关各司局、部直属各单位、各省级水行政主管部门和重要工程单位等 102 家单位，执行每日"零报告"制度，并在关键时间节点开展现场集中值守，确保水利重要信息系统安全稳定运行。强化行业网络安全风险管控，对水利行业门户网站、互联网出口、水利业务网出口等开展实时监测，累计下发问题隐患通报 246 份，督促指导有关单位完成整改，并根据网络安全情报及时发布风险预警 23 次。

### 三、持续开展实战攻防演练

水利部继续扩大网络安全实战攻防演练范围，增加攻击强度，演练靶标首次实现水利关键信息基础设施全覆盖，参演防守单位 74 家、攻击队 6 支，攻防双方展开为期 14 天每天 12 h 的实网对抗。强化水利攻防人才培养，投入防守人员 2700 余人，组建 3 支行业攻击队伍。梳理演练发现的问题，通报 44 个相关单位，并完成整改情况线上复核。

组织行业参加国家级实战攻防演习，成功守住目标系统，确保行业重要数据未被窃取、核心网络未被突破。组建水利行业攻击队，第一次以攻击方参演，多篇技战法入选优秀技战法汇编，防守再次取得"优异"等次。

水利部长江水利委员会、水利部黄河水利委员会、水利部海河水利委员会、中国水利报社、浙江省水利厅、江西省水利厅、湖北省水利厅、宁夏回族自治区水利厅、深圳市水务局、大连市水务局 10 家单位分别组织开展专项攻防演练。

### 四、深化重要数据安全防护

水利部落实数据安全责任，印发 2023 年水利数据安全责任人名录，明确各单位（部门）数据安全负责人、数据安全工作机构。编制工作方案，组织行业开展 2023 年数据分类分级和重要数据目录梳理，依据《水利数据分类分级指南（试行）》，汇总分析更新形成 2023 年水利重要数据目录 300 余条。在国家安全日以"它是第五生产要素，看水利如何做好它的安全保护"为题进行宣传，并举办数据安全专题讲座。推进水利部数据安全治理平台建设，在水利部已有网络安全体系基础上，根据数据安全的共性特点，建设数据安全基础服务，提升数据安全基础防御能力，其中数据安全基础服务包括密码基础设施、数据分类分级平台、数据动静态脱敏平台、重要数据风险管控系统等，数据安全基础防御能力包括数据库防火墙、数据库审计、数据防泄露、API 网关、数据备份、身份认证、传输加密等。完成水利部数据安全治理平台初步设计报告年度任务实施。

## 五、加快推进密码应用

水利部完成密码应用与创新发展工作实地评估验收，水利部密码应用所属 7 类 13 项任务台账全部顺利完成，而且不断拓展应用范围，在数字孪生水利建设中积极推进密码应用，试点成效显著、亮点突出，成效获得有关主管部门肯定。完成密码应用课题，课题组开展现场调研及书面调研，分析形成调研课题报告，为密码实施方案提供编制依据。组织编制落实密码工作实施方案，分析密码应用存在的问题与工作目标，经过征求行业单位意见以及部长专题办公会审议，实施方案已通过有关主管部门审核。

## 六、推进 IPv6 规模部署和应用

水利部转发《深入推进 IPv6 规模部署和应用 2023 年工作安排》的通知，推进水利基础网络和政务服务互联网应用支持 IPv6，提升政府网站 IPv6 支持率，全面推进各级单位网站 IPv6 升级改造。推动水利部相关 4 个 IPv6 技术创新和融合应用试点项目建设，加强项目统筹协调，将 IPv6 技术创新和融合应用试点工作列入《2023 年水利网信工作要点》，建立项目协调机制，定期召开项目推进视频会，深入试点项目现场，实地查看试点成果，了解实施难点，提出解决方法，推进项目实施。水利行业 4 个试点项目中期评估取得 2 个 A、1 个 B+、1 个 B 的评级，基本完成试点内容，初步构建 IPv6 政务服务平台，并在洪涝防御 IPv6 物联感知方面取得突破，有力支撑水旱灾害防御、水资源管理等水利重要业务，助力数字孪生水利建设，深化行业 IPv6 部署应用工作取得阶段性成效。

2024 年，水利部以关键信息基础设施安全保护为核心，以数据安全、水利工控安全、供应链安全管理、商用密码应用为重点，以监督检查为手段，在网络安全等级保护基础上推进数字孪生水利建设网络安全防护，动

态开展数据分类分级，更新年度水利重要数据目录，指导水利重要数据和核心数据保护，深化关基安全保护试点示范，持续提升水利行业网络安全能力，保障数字孪生水利建设健康发展。

陈　岚　执笔

付　静　审核

# 农村水利水电篇

# 有力有序有效做好乡村振兴水利保障工作

水利部水库移民司

2023 年，水利部门深入学习贯彻习近平总书记关于治水和"三农"工作重要论述精神，全面贯彻落实党中央、国务院决策部署，全力巩固拓展水利扶贫成果，持续推进乡村全面振兴水利保障工作。

## 一、加强组织领导，全面扛牢工作责任

一是强化部署研究。召开巩固拓展水利扶贫成果同乡村振兴水利保障有效衔接工作会，对年度工作进行动员部署。召开 4 次水利部乡村振兴领导小组全体会议或办公室会议，研究年度和阶段性重点任务。印发 2023 年乡村振兴水利保障工作要点，明确工作目标和举措要求。二是强化监督指导。组织开展 2023 年度乡村振兴水利保障"一对一"监督检查工作，发现 55 个问题，并督促抓好整改。运用 12314 监督举报服务平台等，推动解决有关问题。完成湖南省巩固拓展脱贫攻坚成果同乡村振兴有效衔接考核评估综合核查。三是强化调研调度。深入湖北省、重庆市定点帮扶县（区）和湖南、新疆等省（自治区）脱贫地区调研指导，帮助解决实际困难。对"十四五"巩固拓展水利扶贫成果同乡村振兴水利保障有效衔接规划任务进展进行 3 次调度，推进规划实施。编印乡村振兴水利保障工作简报 8 期，总结推广工作经验。

## 二、聚焦底线任务，持续巩固拓展水利扶贫成果

一是提升农村供水保障水平。开展农村饮水安全问题动态监测排查，累计解决 181.8 万名农村人口饮水临时性反复问题。推进农村供水工程县域统一管理和专业化管护，落实农村供水工程维修养护资金 43.97 亿元，其中中央补助资金 30 亿元，维修养护农村供水工程 9.88 万处，服务农村

人口 2.08 亿人。开展农村供水水质提升专项行动，集中供水工程净化消毒设备设施"应配尽配"率超过 75%。开工建设农村供水工程 2.3 万处，提升 1.1 亿农村人口供水保障水平。农村自来水普及率提升至 90%，规模化供水工程覆盖农村人口比例达到 60%。二是激发脱贫地区和脱贫群众内生发展动力。加强水利劳务帮扶，脱贫县在水利工程建设与管护、河湖管护岗位中吸纳农村劳动力 10.9 万人。强化水利人才帮扶，新选派 8 名挂职干部和 2 名驻村第一书记，为江西省、青海省等省份重点帮扶地区举办 7 期专题培训班，累计培训全国脱贫县水利干部 9648 人次。实施水利科技帮扶，组织 35 名技术干部实施组团式技术援藏工作，支持脱贫地区实施先进实用技术示范类项目 1 项，开展技术推介类项目 4 项，组织中国水利水电科学研究院、南京水利科学研究院、长江科学院对四川省 9 个脱贫县开展科技帮扶。三是巩固拓展水库移民脱贫攻坚成果。安排 383 亿元中央水库移民扶持基金，支持 25 个省份统筹推进巩固拓展水库移民脱贫攻坚成果工作。加大 86.5 万移民脱贫人口跟踪监测帮扶力度，支持库区和移民安置区发展特色产业，完善移民村基础设施建设。

## 三、锚定发展目标，扎实推进乡村建设行动水利任务

一是强化农村水旱灾害防御能力。安排中央水利发展资金 86.4 亿元，支持脱贫地区治理中小河流 3666.07 km。下达中央预算内投资 3.3 亿元，支持脱贫地区实施 9 座大中型水库除险加固。安排中央财政水利发展资金 10.78 亿元，支持有关脱贫省份开展山洪灾害非工程措施建设和 85 条重点山洪沟防洪治理。下达中央预算内投资 3.12 亿元，支持脱贫地区先改建一批水文（位）站和雨量站等。二是推进水资源开发利用。支持脱贫地区 31 处大型灌区续建配套与现代化改造。安排中央财政水利发展资金 21.2 亿元，支持脱贫地区 152 处中型灌区续建配套与节水改造。脱贫地区新增、恢复和改善灌溉面积 660.32 万亩。下达预算内投资 32.2 亿元，支持脱贫地区 36 处中型水库建设。安排中央财政水利发展资金 25.9 亿元，实施脱贫地区 81 座小型水库建设。三是开展水生态保护治理。安排水土保持中央资金 74.9 亿元，支持脱贫省份实施国家水土保持重点工程，治理水土流失面积 1.56 万 $km^2$。实

施母亲河复苏行动，对 88 条（个）河（湖）开展"一河（湖）一策"保护修复。开展幸福河湖建设，完成 7280 条（个）河湖健康评价。

## 四、紧盯短板弱项，不断提升农村水利管理服务水平

一是加强水利工程运行管理。强化数字赋能水利工程运行管理，推进小型水库专业化管护提质增效。全覆盖落实并培训小型水库防汛"三个责任人"16.2 万人。汛前组织各地开展全覆盖式水库、堤防安全隐患自查，对发现问题的工程按 10% 的比例进行抽查。开展白蚁等害堤动物普查，全面完成应急整治任务，建立健全综合防治成效机制。二是强化河湖库管理。全面加强河湖长制，压实各级河湖长及相关部门责任，将河湖库清理整治向中小河流、农村河湖、农村小水库延伸，清理整治河湖库乱占、乱采、乱堆、乱建问题 1.7 万个。三是加强水资源管理。深入实施国家节水行动，加快推进江河流域水量分配、地下水管控指标确定。推进取水监测计量体系建设，联合国家电网有限公司推进农业灌溉机井"以电折水"取水计量。深入推进用水权改革，规范开展用水权交易。

## 五、坚持因地制宜，大力推进重点区域帮扶工作

一是加大对 160 个国家乡村振兴重点帮扶县支持力度。安排水利建设投资 218.72 亿元，其中中央投资 97.75 亿元，支持国家乡村振兴重点帮扶县实施农田灌排、防洪抗旱减灾、水生态保护修复等共 2888 个项目，新增、恢复和改善灌溉面积 13.74 万亩，完成中小河流治理长度 667.43 km，治理水土流失面积 2475 km²。二是开展定点帮扶和对口支援。坚持"组团帮扶"工作机制，实施"八大工程"，扎实推进"五大振兴"，下达定点帮扶 6 县区水利投资 18.61 亿元支持补齐水利基础设施短板。支持对口支援地区江西省宁都县加强水安全保障能力建设，加快推进梅江灌区建设，实施 3 条中小河流和 5 条支流整治项目，完成 31 个村组供水提升项目。三是统筹支持革命老区民族地区边境地区。安排革命老区脱贫县水利建设投资 475.93 亿元，实施水利项目 1.20 万个；安排民族地区脱贫县水利建设投资 572.54 亿元，实施水利项目 1.24 万个；安排边境地区脱贫县水利建

设投资 157.58 亿元，实施水利项目 777 个。

## 六、2024 年工作部署

2024 年，水利系统认真贯彻落实党中央、国务院的决策部署，锚定建设农业强国目标，学习运用"千万工程"经验，全力推进巩固拓展水利扶贫成果同乡村振兴水利保障有效衔接工作。一是巩固拓展脱贫攻坚农村饮水安全成果。以县域为单元，全面推行"3+1"标准化建设和管护模式，优先推进城乡供水一体化、集中供水规模化建设，因地制宜实施小型供水工程规范化建设与改造，加强县域统一管理、统一运维、统一服务，最大限度实现城乡供水同源、同网、同质、同监管、同服务，大力推进农村供水高质量发展，深入实施农村供水水质提升专项行动，全面排查、动态监测农村供水工程运行和农村人口饮水状况。二是推进农村防汛抗旱工程建设。围绕保障农村防洪安全，以流域为单元，科学布局水库、河道堤防、蓄滞洪区建设，强化中小河流治理、抓好水毁设施修复重建，实施病险水库除险加固，加强山洪沟防洪治理，加快构建雨水情监测预报"三道防线"。围绕国家粮食和重要农产品稳产保供，加强大中型灌区续建配套与现代化改造，新建一批现代化灌区和中小型水库、抗旱应急备用水源工程。三是加强河湖水生态环境保护治理。围绕建设宜居宜业和美乡村，复苏河湖生态环境，加强水土流失综合治理，实施地下水超采综合治理，营造人水和谐的乡村环境。推进河湖长制走深走实，常态化开展河湖库"清四乱"，建立健全乡村河湖库日常巡查管护体系，发挥村级河湖长作用。四是突出抓好重点区域水利帮扶。落实普惠性帮扶要求和差别化支持政策，统筹推进国家乡村振兴重点帮扶县以及革命老区、民族地区、边境地区水利基础设施建设，一体推进西藏自治区、新疆维吾尔自治区巩固拓展水利扶贫成果和乡村振兴水利保障工作，加快江西省赣州革命老区水利高质量发展示范区建设。

王笑语　执笔

朱闽丰　审核

# 加快推动农村供水高质量发展

水利部农村水利水电司

2023 年，水利部门深入贯彻落实习近平总书记关于农村饮水安全保障的重要指示精神，深刻认识农村饮水安全保障是巩固脱贫攻坚成果、推动乡村全面振兴的重要标志，联合有关部门，会同各地强力推动农村供水高质量发展，全国农村供水保障工作取得显著成效。

## 一、主要工作做法和成效

一是加强统筹布局和顶层谋划设计，凝聚推动农村供水高质量发展的强大合力。水利部出台《关于加快推动农村供水高质量发展的指导意见》，明确要求坚持城乡融合、规模发展，规划引领、示范带动，县域统管、平急两用，两手发力、完善机制的基本原则，以县域为单元，全面推行"3+1"标准化建设和管护模式，最大程度实现城乡供水同源、同网、同质、同监管、同服务。吉林、安徽等 7 个省级政府出台了农村供水高质量发展实施方案，其余省份在省级政府批复同意的水利高质量发展或水网建设规划中布局农村供水工作。

二是加快完善农村供水工程体系，农村供水各项主要指标取得新提升。指导各地瞄准农村基本具备现代生活条件、让农民就地过上现代文明生活的总要求，优先实施城乡供水一体化、集中供水规模化，在集中供水管网难以覆盖的地区，推进小型供水工程规范化建设和改造。细化工作方案，坚持"两手发力"，多措并举加大资金筹措力度，2023 年全国落实农村供水工程建设投资再创历史新高，达到 1471 亿元，其中完成投资 1249 亿元。全国开工建设农村供水工程 2.3 万处，累计提高 1.1 亿农村人口供水保障水平。全国农村自来水普及率达 90%、规模化供水工程覆盖农村人口比例达 60%，分别较 2022 年年底提高 3 个百分点和 4 个百分点，提前完成"十四五"规划目标任务。全国累计减少小散工程 114 万处,分散工程覆盖的农村人口数量减少 756 万人,直饮水窖水、水柜水人口数量减少 46 万人,农村供水工程体系日趋完善。上海市、江苏省已实现全域城乡供水一体化。山东、安徽、湖北、福建、四川、广东、江西 7 省落实资金均在 100 亿元以上,其中广东省连续 3 年完成投资超过 100 亿元。

三是坚持水质保障全链条查漏补缺、对标达标,农村供水水质提升专项行动年度任务顺利完成。水利部会同生态环境部、国家疾病预防控制局等部门扎实开展农村供水水质联合调研,深入排查各类水质问题。各地对照《生活饮用水卫生标准》(GB 5749—2022),全面摸排解决 1211 个水质问题。不断强化水源地保护、净化消毒管理,规模化供水工程水源保护区基本划定完成,19693 个乡镇级水源完成保护区划定、占比达到 95.8%,集中供水工程净化消毒设备设施"应配尽配"率超 75%。各地全面开展水质自检、巡检、抽检,陕西 247 处集中供水工程全部建立标准化水质实验室,北京、湖南、湖北、重庆等省(直辖市)主动公开水质抽检巡检情况。

四是多措并举多点发力,持续提升农村供水工程标准化规范化专业化管理管护水平。持续推进农村供水立法工作,全国已有 23 个省份出台农村供水条例或省政府规章,广东、吉林等省农村供水条例都将县域统管和 24h 供水等纳入法治轨道。强化农村供水标准化管理,80 处农村供水工程被认定为 2023 年度水利部农村供水标准化管理工程,40% 的千吨万人农村供水工程达到省级标准。各地深化城乡供水管理体制改革,强力推进县域或片区农村供水工程统一建设、统一管理、统一运行,江苏、浙江等省基本实现农村供水县域统管。同时,各地坚持数字赋能,创新思路,积极探索推进数字孪生农村供水工程建设,浙江省、宁夏回族自治区、吉林省构建农村供水全过程数字化业务管理系统,进行旱情预测、风险评估,打造具备"四预"功能的省级农村供水监管平台。

五是坚持系统思维、极值思维、底线思维,持续巩固拓展农村供水工程成果。持续加强农村饮水状况全面排查和动态监测,水利部组织暗访检查 151 个县(市、区)、1208 个行政村、738 处农村集中供水工程、5062

个用水户，各地深入开展监督检查，举一反三，督促问题整改，有效防范规模性、系统性、碰底线饮水安全风险。健全常态化农村供水维修养护机制，强化已建工程维修养护，各地共落实农村供水工程维修养护资金45亿元，维修养护农村供水工程10.5万处，服务农村人口2.3亿人。不断深化农村供水问题快速发现和响应机制，用好12314监督举报服务平台等监督举报渠道，做到问题早发现、早解决，累计解决193万农村人口饮水临时反复问题。强化极端天气、自然灾害等风险防控，水利部海河水利委员会、水利部松辽水利委员会靠前指挥，组织精干力量深入洪灾地区一线开展应急保障技术指导，加快修复水毁工程，强化水质检测，开展灾后重建。西北4省（自治区）、西南5省（直辖市）旱灾地区落实应急调水、管网延伸、开辟应急水源、拉水送水和节水储水等措施，解决人畜饮水困难；西藏自治区因地制宜推广光伏提水、防冻水龙头等新技术，解决冰冻"顽疾"，有效保障全季节供水。

## 二、下一步工作安排

2024年，围绕6月底前完成省级农村供水高质量发展规划编制，年底前农村自来水普及率达到92%、规模化供水工程覆盖农村人口比例达到63%，70%的千吨万人农村供水工程实现标准化管理等三项主要目标，重点抓好六个方面工作。

一是锚定工作目标任务。瞄准农村基本具备现代生活条件、让农民就地过上现代文明生活的总体要求，按照省负总责、市县乡抓落实的机制，强化目标指标管理，压实地方人民政府主体责任，把任务逐级分解到县，明确责任人、线路图、任务书，确保到2024年，全国农村自来水普及率达到92%，规模化供水工程覆盖农村人口比例达到63%。

二是高质量编制好规划。指导督促各有关省份以提高农村自来水普及率、规模化供水人口覆盖率为重点，以完善"3+1"模式为主要任务，抓紧组织编制完善省级农村供水高质量发展规划，确保6月底前完成省级规划编制并报批。指导各地加快制定2024—2026年中央水利发展资金支持农村供水高质量发展实施方案，结合省市县水网、水源建设，充分考虑人口流动等因素，完善农村供水工程体系，有序推进农村供水高质量发展。

三是着力强化县域统管和专业化管护。指导县级水行政主管部门落实好省级规划，完善管理管护机制，运行维护标准，健全水价机制和考核体系。建立县级专业化管护平台，加快推进农村供水县域统一管理、统一运维、统一服务。督促供水管理运行单位，依托城市供水、水务供水等专业化公司或专业化机构，按照体系布局完善、设施集约安全、管护规范专业、服务优质高效的标准要求，推进农村供水工程标准化管理。截至2024年年底，70%的千吨万人工程实现省级标准化管理。水利部将以县域为单元，梯次推进农村饮水安全达标建设，同时研究出台支持政策，省级也要积极谋划，加大资金支持，发挥示范带动作用。

四是积极开展县域农村饮水安全达标建设。加快制定相关标准，明确体系布局完善、设施集约安全、管护规范专业、服务优质高效的标准要求及赋分细则。指导省级水行政主管部门把农村饮水安全达标县建设工作作为重要抓手，严把建设质量和进度，组织做好市县申请、初验等工作，宣传推广好经验好做法，发挥示范带动作用，确保建设任务如期完成并落地见效。

五是深入实施农村供水水质提升专项行动。加强水源保护，加快推进乡镇级农村供水工程水源地"划、立、治"工作。2024年年底农村集中供水工程全部按要求配备净化消毒设施设备，并规范设施设备运行维护，强化安全生产，确保正常运行。城乡供水一体化、规模化工程要通过配套水质检测设备、建立水质化验室或购买社会服务等方式，全面开展水质自检。依托区域水质检测中心等机构，加强小型农村供水工程水质巡检。会同有关部门开展水质抽检并加强监管，鼓励有条件的农村供水工程开展水质在线检测监测。

六是巩固拓展农村供水脱贫攻坚成果。全面排查、动态监测农村供水工程运行和脱贫人口饮水状况。发挥水利部12314监督举报服务平台、地方各级监督举报电话作用，健全农村供水问题快速发现和响应机制，保持问题动态清零。强化农村供水维修养护资金台账管理，巩固维护好已建农村供水工程成果。做好抗洪旱和低温雨雪冰冻灾害、应对防范极端天气保农村供水工作，完善应急预案，做好物资储备，组建应急供水队伍，加强应急演练，探索建立平急两用的应急供水保障体系，兜牢农村饮水安全底线。

李　斯　包严方　执笔
陈明忠　许德志　审核

# 到 2035 年基本实现农村供水现代化

## 水利部农村水利水电司

2023 年 10 月，水利部出台《关于加快推动农村供水高质量发展的指导意见》（以下简称《指导意见》），明确到 2035 年，农村供水工程体系、良性运行的管护机制进一步完善，基本实现农村供水现代化。

《指导意见》要求，以习近平新时代中国特色社会主义思想为指导，深刻认识农村饮水安全保障是巩固脱贫成果、推动乡村振兴的重要标志，建立健全从水源到水龙头的全链条全过程农村饮水安全保障体系。坚持城乡融合、规模发展，规划引领、示范带动，县域统管、平急两用，两手发力、完善机制的基本原则。力争用 3~5 年，初步形成体系布局完善、设施集约安全、管护规范专业、服务优质高效的农村供水高质量发展格局。农村自来水普及率以及城乡供水一体化、规模化工程覆盖农村人口比例明显提升，小型供水工程规范化建设和改造水平全面提升，24 h 供水工程比例、计量收费工程比例大幅提升，直饮水窖水、水柜水人口数量显著减少；农村供水水质总体达到当地县城供水水质水平；农村供水工程全面实现县域统管，供水保障程度和抗风险能力明显提升，长效管护体制机制逐步确立。

《指导意见》提出五项重点任务：一是科学编制省级农村供水高质量发展规划，以县域为单元，科学规划建设水源、水厂、管网工程，合理确定农村供水高质量发展目标任务和年度实施计划。明确今后 3~5 年发展目标，按照基本实现农村供水现代化的总体安排，展望到 2035 年发展方向。二是大力完善农村供水工程体系，优先推进城乡供水一体化，做到能联网尽联网、能扩网尽扩网、能并网尽并网；大力发展集中供水规模化工程，压缩分散用水户规模；对近期无法纳入城乡供水一体化、规模化供水范围的地区，因地制宜推进小型供水工程规范化建设和改造，压减直饮水窖水、水柜水的农村人口数量。三是深入实施农村供水水质提升专项行动，配合有关部门加强对水源地生态环境保护工作的监督和管理，集中供水工程按要求配齐净化消毒设施设备和专业技术人员，分散工程通过净化消毒处理措施提升水质保障水平，城乡供水一体化、规模化工程全面开展水质自检，加强小型集中和分散农村供水工程水质巡检，鼓励开展水质在线检测监测。四是健全优化农村供水工程长效运行管理体制机制，夯实农村供水管理"三个责任"，健全完善县级农村供水工程运行管理"三项制度"，积极推进农村供水县域或片区统一管理、统一运行、统一维护，加强数字赋能。五是强化应急供水保障，建立健全平急两用的应急供水保障体系，完善应急保障运行机制，做好应对洪旱灾害、突发水污染事件应急保供水工作。

《指导意见》强调，以县为单元系统谋划推进，按照城乡供水一体化、集中供水规模化、小型工程规范化、工程管护专业化要求，区分东部、中部、西北、西南、东北地区差异，统筹考虑各地农村供水高质量发展重点任务，抓紧补齐农村饮水安全短板，鼓励有条件的地方先行一步，率先形成农村供水高质量发展格局，发挥示范引领作用，由点带面，全面推动农村供水工作质效提升。

《指导意见》还明确压实主体责任、多渠道筹措资金、加强技术研发推广、强化激励约束、做好宣传引导等五项保障措施。

李　斯　包严方　执笔

陈明忠　许德志　审核

# 加快灌区建设与现代化改造

水利部农村水利水电司

习近平总书记强调，粮食生产根本在耕地、命脉在水利。我国人多地少、水旱灾害频繁、水土资源不匹配，决定了水利在粮食生产、农业农村发展中具有极其重要的战略地位。2023年，水利系统全面贯彻党的二十大精神，深入践行习近平总书记"节水优先、空间均衡、系统治理、两手发力"治水思路和关于治水重要论述精神，围绕灌排设施工程建设和管理提升，系统谋划、统筹推进，不断夯实粮食安全水利基础。

一是强化顶层设计，谋划全国农田灌溉发展。指导各地深入开展水土资源平衡分析，充分做好与区域发展战略、水网工程、全国逐步把永久基本农田建成高标准农田实施方案、新一轮千亿斤粮食产能提升行动方案等规划有效衔接，编制省级农田灌溉发展规划。水利部组织开展逐省逐项目对接分析，联合农业农村部、国家发展改革委、财政部、自然资源部，合力推动规划编制工作，提出了灌溉面积的发展目标、总体布局和主要任务，将新增灌溉面积落实到具体灌区，建立一批条件较为成熟的灌区项目库。扎实开展大中型灌区上图入库工作，完成7000余处大中型灌区绘制上图，2644个小型农田水利灌溉县的灌溉面积上图标注，为农田灌溉现代化发展提供了科学的规划依据和翔实的项目基础。吉林省编制《吉林省大中型灌区现代化建设总体规划》《吉林省农田灌溉发展规划》，健全完善灌区水源和骨干灌排工程体系、管理和安全防护工程体系、信息化工程体系"三大体系"。山西省作出今后5年新增恢复300万亩水浇地的部署。江苏省编制《江苏省农田灌溉薄弱片区建设规划》，核定灌溉薄弱片区193万亩并全部上图入库，2023年已解决33万亩。

二是完善灌排体系，深入推进灌区现代化建设改造。会同国家发展改革委、财政部安排投资390亿元，其中中央投资213亿元，地方政府投入、地方债券、银行贷款、社会资本等 177 亿元，投资规模比上年增加了 7 个百分点，支持 17 处新建大型灌区建设、581 处大中型灌区实施现代化改造。项目实施后可新增恢复改善灌溉面积 5000 多万亩。为全面了解"十四五"大中型灌区现代化改造项目建设管理情况，促进工程安全运行和效益发挥，水利部指导督促各地对 2021—2022 年实施的大中型灌区项目全面开展中期评估，省级水行政主管部门开展一定比例的抽查；组织流域管理机构和部直属有关单位对 90 处大中型灌区开展了现场监督检查，对发现的问题印发"一省一单"，建立清单台账，安排专人盯办，紧盯整改到位。指导各地以纳入农田灌溉发展规划的储备项目库为基础，加快开展前期工作，积极申请国债资金，支持建设一批大中小型灌区建设改造项目，加快补齐工程短板。会同农业农村部开展四川都江堰、内蒙古河套等 6 处整灌区推进高标准农田建设试点，完善从水源、骨干渠系到田间末端的灌排工程体系，全面提升粮食综合生产能力。四川省破除"等计划、等资金"的项目建设传统模式，较往年提前 4 个月开展前期工作。湖南省推行"一次设计、一次招标、分年实施"模式，加快工程前期工作和建设进度。江苏省全面完成 34 个大中型灌区年度建设改造任务，全省耕地灌溉率达到94.1%。辽宁省 16 处大中型灌区提前完成"十四五"规划改造任务。

三是坚持节水优先，全力保障农业灌溉。围绕作物生产灌溉供水保障，指导各地科学制定供用水计划，做好巡检、维修、疏通灌排渠系和建筑物，通过蓄引提调等措施，加强灌溉用水科学调度，积极推进农业节水，多措并举提高灌溉水源保障能力，建立灌溉用水台账，确保灌溉用水需求，全国农田累计灌溉供水 3300 亿 $m^3$，实现了应灌尽灌。针对西北 4 省（自治区）局地旱情，与农业农村部建立协同工作机制，以大中型灌区为单元，精准范围、精准对象、精准时段、精准措施，保障了受旱区域 1300 多万亩玉米等秋粮丰产丰收。针对华北、东北地区洪涝，加强监测预报，开展洪涝灾害影响情况调度，及时掌握受灾情况和发展趋势，强化安全度汛管理和应急管理，加快水毁灌区工程修复，一体化推进灌排等设施改造提升，尽最大可能降低洪涝灾害影响。各流域管理机构进一步完善农业节水监督管理机制，把取水许可、用水总量控制和定额管理纳入常态化监管工作，不断提升水资源节约集约利用水平。水利部黄河水利委员会紧盯河套灌区等地合理开展秋浇。2023 年各地未发现"大水漫灌"现象。河北、内蒙古、黑龙江、山东、湖南等省（自治区）建设公布了一批省级节水型灌区。

四是推进管理标准化，不断提升灌区管护水平。各地结合实际，制定本地区大中型灌区、灌排泵站标准化管理评价细则及其评价标准，组织大中型灌区、灌排泵站开展标准化管理。指导灌区管理单位根据问题导向和需求牵引，建立和完善统一的规章制度、管理办法、标准规范、操作细则等指导性文件，化繁为简，在日常管理工作中予以执行应用，形成制度化、规范化、协同化的运行管理，提升灌区的整体服务水平和运行效能。鼓励各地择优选取通过省级评价的大中型灌区、灌排泵站积极申报水利部标准化管理评价。经过材料审核、专家打分、现场抽查等方式，21 处大中型灌区、16 处灌排泵站通过水利部评价，充分发挥了示范带动作用。辽宁、安徽、湖北、湖南等省组织开展大中型灌区和灌排泵站标准化评价，公布了一批省级标准化管理名单。新疆生产建设兵团开展灌区标准化管理试点和管理体制改革试点，不断提高灌区管理水平。安徽七门堰调蓄灌溉系统、江苏洪泽古灌区、山西霍泉灌溉工程、湖北崇阳县白霓古堰 4 处灌溉工程成功入选世界灌溉工程遗产名录，我国现有世界灌溉工程遗产达 34 处。

下一步，水利系统将持续遵循习近平总书记关于水安全和粮食安全的重要指示精神，按照中央农村工作会议、中央一号文件要求，围绕把永久基本农田建成高标准农田、新一轮千亿斤粮食产能提升行动等战略要求，学习运用"千万工程"经验，推动灌区高质量发展，增强粮食和重要农产品综合生产能力。一是推动规划落地。印发全国农田灌溉发展规划，指导各地按照全国农田灌溉发展思路和分区布局，抓紧印发省级农田灌溉发展规划，进一步分解细化发展目标、区域布局、重点任务。二是抓好灌区建设。指导各地坚持先建机制、后建工程，发挥中央预算内资金和新增国债资金引导作用，足额落实地方配套资金。强化政策供给，以农业水价综合改革为抓手，创新投融资机制，"两手发力"推进灌区现代化建设改造，不断完善灌排工程体系。三是提升管护能力。健全灌区管理运维机制和政策标准，持续推进大中型灌区、灌排泵站标准化管理，提升管理效率。深入推进数字孪生灌区建设，推动农田灌溉自动化、灌溉方式高效化、用水计量精准化、灌区管理智能化。四是强化农业节水。深化大中型灌区取水许可，落实用水总量控制、定额管理。积极采取工程节水、管理节水等措施，把握水价形成机制、精准补贴机制、用水权交易机制等关键环节，进一步提升农田灌溉水效率。

胡　孟　龙海游　白　静　纪仁婧　执笔

陈明忠　张敦强　审核

专栏四十三

# 第一批深化农业水价综合改革推进现代化灌区建设试点名单

## 水利部农村水利水电司

根据《水利部办公厅关于组织开展深化农业水价综合改革推进现代化灌区建设试点工作的通知》要求，在有关省、自治区、直辖市水利（水务）厅（局）推荐基础上，经专家审查，2023年5月，水利部遴选确定了第一批21个深化农业水价综合改革推进现代化灌区建设试点（见表1）。

表1  第一批深化农业水价综合改革推进现代化灌区建设试点

| 11 个试点灌区 | |
| --- | --- |
| 省（自治区） | 灌 区 |
| 河北省 | 洋河二灌区 |
| 内蒙古自治区 | 河套灌区（永济灌域） |
| 辽宁省 | 辽阳灌区 |
| 黑龙江省 | 青龙山灌区 |
| 江苏省 | 新禹河灌区 |
| 浙江省 | 上塘河灌区 |
| 山东省 | 豆腐窝灌区 |
| 河南省 | 打磨岗灌区、红旗渠灌区 |
| 云南省 | 弥泸灌区、蜻蛉河灌区 |
| 10 个试点县（区） | |
| 省（自治区） | 县（区） |
| 山西省 | 运城市芮城县 |
| 江苏省 | 泰州市姜堰区 |
| 浙江省 | 湖州市南浔区 |
| 江西省 | 抚州市宜黄县 |

续表

| 省（自治区） | 县（区） |
|---|---|
| 山东省 | 德州市宁津县 |
| 四川省 | 眉山市东坡区 |
| 陕西省 | 渭南市合阳县 |
| 宁夏回族自治区 | 吴忠市利通区 |
| 云南省 | 楚雄彝族自治州元谋县、大理白族自治州宾川县 |

刘国军　许阳阳　执笔
陈明忠　张敦强　审核

# 云南省元谋县：
## 抓住灌区农业水价综合改革"牛鼻子"

云南省委、省政府把元谋县作为全省农田水利改革示范县之一，以农业水价综合改革为牵引、以大型灌区为载体，创新农田水利投资、建设及运营管理机制，立项实施了元谋大型灌区丙间片11.4万亩高效节水灌溉项目，节水效益显著，改革效果良好，有力推动了云南省灌区高效节水现代化建设。

以改革的思路破解发展难题。元谋大型灌区丙间片11.4万亩高效节水灌溉项目采用 PPP（政府和社会资本合作）模式，列入财政部第三批政府与社会资本合作示范项目。项目总投资30778.52万元。其中，政府投资占总投资的39.03%，社会资本占总投资的47.75%，农户自筹自建田间工程投资占总投资的13.22%。工程由麻柳、丙间2个中型水库联合供水，建设内容包括取水工程、输水工程、配水工程、田间工程4个部分。项目实施后，各年度的水费收入呈递增态势。

机制建设先行一步。元谋县进一步完善项目机制建设并出台相关政策。建立初始水权分配机制，按每亩承包地353.9 $m^3$ 的用水量确权颁证到户；大型灌区执行分类水价；采取超定额累进加价收取水费，对节水农户和水稻种植户进行奖励和精准补贴；组建元谋县大型灌区用水专业合作社，与大禹节水集团股份有限公司配合，对通水片区逐一办理水卡，进行股份认购，并发放水权证、社员证和股金证；明晰工程产权，建立三级管护机制。此外，项目按照"政府主导、投资多元、农民参与、管护长效"的思路加以创新推进，引入社会资本、组建项目区农民用水专业合作社参与工程投资、建设和运营，社员自愿入股参与收益分红。

群众是项目的最大受益者。项目的实施有效破解了"谁来建、谁来管""资金如何筹、收益如何分"等问题，实现了省水、省肥、省工，增产、增收、增值，提高了水资源利用效率，并促进了农业发展和农民增收。项目区农业总产值由2017年的27.67亿元增加到2022年的54.22亿元；农村常住居民可支配收入由2017年的1.15万元提高到2022年的1.75万元；项目区供水保证率达75%以上，年节约用水达2158万 m³ 以上，解决了全县1/4土地的缺灌问题。同时，智能水表"精准计量，刷卡取水"，使群众用上了"明白水""放心水"，杜绝了"人情水""免费水""霸王水"，群众节水意识明显增强。

周落星　执笔

石珊珊　李海川　审核

# 我国4处灌溉工程入选第十批世界灌溉工程遗产名录

水利部农村水利水电司

2023年11月4日，在印度维萨卡帕特南召开的国际灌排委员会第74届执行理事会上，我国安徽七门堰调蓄灌溉系统、江苏洪泽古灌区、山西霍泉灌溉工程、湖北崇阳县白霓古堰4个工程成功入选世界灌溉工程遗产名录。至此，我国的世界灌溉工程遗产已达34项。

## 一、七门堰调蓄灌溉系统

七门堰始创于公元前200年，距今已有2223年的历史，是我国丘岗型地区"串荡连塘"蓄水灌溉系统的典范。七门堰历代废而复修，多获灌溉之利，新中国成立后又经历两次大规模整修、扩建，发挥了巨大的效益，目前灌溉农田达20万亩。七门堰在建设中，充分利用湿地形态，"串荡成渠，连塘为蓄"，串连十五荡，形成输水干渠，疏浚塘、荡、沟、渠，串联互通，在暴雨和河流涨水期储存过量的降水，减弱危害下游的洪水，逐步形成功能强大的调蓄机制，各工程节点之间的有机配合，展现了朴素的系统工程思想。

## 二、洪泽古灌区

洪泽古灌区始建于公元199年，水源为洪泽湖，是我国古代防洪、蓄水、灌溉工程的杰作。灌区的挡水工程洪泽湖大堤是在用的古代最长堤坝，为全国重点文物保护单位，并作为大运河的重要节点，入选世界文化遗产。灌区自三国至今持续发挥灌溉功能，控制灌溉面积达48.13万亩。灌区内延续118年的滚水坝运行记录和连续127年的水位观测记录、众多上谕、奏疏、治水论著、治水工艺、传统习俗、神话传说等形成了极为丰富的非工程遗存，具有极高的遗产价值。

## 三、霍泉灌溉工程

霍泉灌溉工程最早记载始于唐贞观年间（627—649 年），在近 1400 年的发展演变中，建立了集观泉、蓄泉、引泉、用泉、保泉为一体的开发利用体系。霍泉灌溉工程建立了以地亩为基础、以水户为单元、各渠相对独立的水利自治管理制度，以及以用水公平为核心的较为稳定的渠册和夫簿制度，创造性地提出了基层管理中相对公平的原始水权制度，誉为"霍例水法"，在古代灌溉工程管理中独树一帜，是研究中国古代水利管理乃至地方治理的范例，至今仍具有重要的现实意义。目前霍泉灌溉工程依然发挥着灌溉、供水、生态、旅游等功能，灌溉面积 10.1 万亩。

## 四、白霓古堰

白霓古堰包括石枧堰和远陂堰两座古堰，最早建于五代后唐时期（约 931 年），距今已有近 1100 年历史。历经多次修葺，因其科学的设计建造技术和管理岁修制度，两座古堰屹立千年沿用至今，仍发挥着灌溉、防洪、抗旱、供水等多方面功能，目前灌溉面积约 3.5 万亩，是我国古代大规模砌石结构水利工程的典型代表。堰体底部设有一孔泄水孔，宽约 1.5 m，高约 2 m，春闭秋开，这种古代的堰体上设有底孔的形式在中国还是首次发现。

党 平 许阳阳 执笔
陈明忠 张敦强 审核

# 数字孪生灌区先行先试成效初显

### 水利部农村水利水电司

2023 年，水利系统按照"需求牵引、应用至上、数字赋能、提升能力"的要求，扎实推进数字孪生灌区建设，取得明显成效。

## 一、工作开展情况

一是强化顶层设计和部署。水利部印发通知并发布《数字孪生灌区建设技术指南》（以下简称《技术指南》），明晰建设路径。3 月，组织召开数字孪生灌区先行先试工作视频推进会，明确工作要求，解读《技术指南》。组织所有先行先试灌区，坚持问题导向和需求牵引，编制实施方案。

二是进行全面咨询和技术把关。建立包括院士和知名专家组成的数字孪生专家库，组织专家对所有数字孪生灌区先行先试方案逐一进行技术咨询。深度指导和参与红旗渠数字孪生灌区建设方案编制。邀请知名专家，对山东、河北、河南、湖南等省的先行先试数字孪生实施方案进行深度指导。

三是开展技术培训和交流。在安徽淠史杭灌区举办全国培训班，所有先行先试单位负责同志参加了培训。搭建多期数字孪生灌区专家讲座和技术交流平台，千余名灌区管理单位、企业等人员参与了交流，进一步明确了数字孪生灌区建设路径。

四是广泛征集并择优推介模型。广泛征集功能完善、通用性强、已在灌区应用 1 年以上且成效良好的模型，择优推出了 13 项数字孪生灌区模型推荐清单，在全国相关会议上进行交流推介。

五是实行定期调度和督促指导。现场调研指导四川都江堰等 30 余处数字孪生灌区先行先试建设。安排专人实施定期调度，指导地方统筹大中型灌区现代化改造等项目落实数字孪生建设资金。

六是召开全国现场会进行观摩和部署。在山东位山灌区召开数字孪生灌区全国现场会，指导各地坚持问题导向，完善数据底板，精准服务对象，通过数字赋能，构建"管用、实用、好用"的数字孪生灌区。

## 二、主要成效

通过一年的扎实推进和各地各灌区共同努力，数字孪生灌区建设初显成效。

一是助推一体化管理。灌区骨干和田间工程通常由不同单位运行管理，各受水区需水仍以传统方式上报，供需水难以匹配问题突出。通过数字孪生，有效解决了灌区骨干和田间工程管理的"脱节"问题。山东位山灌区通过数字孪生建设，配水效率提高11%，逐步实现"经验供水"到"科学供水"的转变，灌区有效灌溉面积增加10万亩以上，灌区下游的高唐县部分耕地时隔十余年后用上了黄河水。

二是提升节约集约供水能力。通过建设"知识库""模型库"，提升灌溉效率和供水保证率，保障粮食和重要农产品生产，实现省工、省时、节水、节本、增产、增效。安徽淠史杭灌区初步实现了6座大型水库、1200多座中小型水库、20多万座塘堰以及雨洪等多水源在时空上的合理调配。群众从提出用水申请到水润田间，由原来的几天时间缩短至不到半天。

三是促进安全稳定高效运行。开展数字孪生灌区建设，对来水需水进行预报，对汛情、旱情进行预警，对洪旱等自然灾害和特殊复杂工程运行工况进行预演，制定有针对性的预案，实现"四预"，有力促进物理灌区安全稳定高效运行。内蒙古河套灌区建成水位、闸位、视频监测以及渠道流量在线采集系统1700处，应用来水预测、需水预测、动态配水等模型，为灌区引、供、泄、排、退水及乌梁素海生态补水一体化调度提供了有力支撑。

张　翔　戴　玮　执笔

陈明忠　张敦强　审核

# 全力推动小水电绿色发展

水利部农村水利水电司

2023 年，各级水利部门深入学习贯彻习近平生态文明思想和习近平总书记关于治水重要论述精神，持续推进小水电绿色改造与现代化提升，科学推进小水电分类整改，推动逐站落实小水电生态流量，做好绿色小水电示范电站创建工作，小水电绿色转型发展持续深化。

一是小水电绿色改造与现代化提升成效明显。7 月，水利部在总结各地典型经验的基础上，编制印发《智能化小型水电站技术指南（试行）》《小水电集控中心技术指南（试行）》，进一步加强对小水电绿色改造和现代化提升的技术指导和规范管理。贵州省、重庆市印发有关指导文件，推动实施小水电绿色改造与现代化提升试点。浙江省景宁县、江西省南丰县、福建省永泰县等地率先整县推进小水电"智能化""集约化""物业化"管护模式，建成县级小水电集控中心，实现全方位数字化监控，保障县域内小水电站安全运行。截至 2023 年年底，全国已有浙江省等 10 余个省份积极开展小水电绿色改造和现代化提升试点，近 4000 座水电站完成智能化改造、集约化运营，投运了 200 多处小水电站集控（运维）中心，有效降低了小水电站运行成本，消除了安全隐患，增加了清洁电能供给，发电收入反哺河流生态治理修复，取得了较好的综合效益，"监管高效、经营高产、百姓高兴"的效果正在不断显现。

二是"两手发力"助力小水电绿色发展。积极探索政府和市场"两手发力"，推动有为政府和有力市场高效融合。创新金融工具和信贷支持政策举措，形成地方政府、国有企业、社会资本、电站业主多方参与、协同推进小水电绿色转型发展的新局面。浙江省金华市婺城区探索"国资统筹"模式，收购非国有电站，进行整区统一改造提升和运营管理。安徽省霍山县将小水电绿色改造和集约化运营项目纳入政府专项债、政策性贷款的支持范围。浙江省丽水市、新昌县和广东省广宁县等地创新运用"取水贷""绿电贷",通过质押小水电站取水权、核算小水电生态产品价值(GEP)等方式获得绿色小水电项目银行贷款。浙江省江山市、湖南省湘水集团通过打包小水电等资产,积极推进水利基础设施REITs。

三是小水电分类整改积极稳妥推进。持续巩固长江经济带小水电清理整改成果,聚焦生态警示片反映的问题,指导有关省份深入整改,贵州省赤水河流域清理整改有序推进,湖南省炎陵县2座小水电站完成进一步整改,生态修复治理成果得到巩固提升。指导沿黄省(自治区)扎实推进小水电分类整改,印发年度任务清单,明确先期完成300座以上电站整改任务。印发《水利部办公厅关于加强黄河流域小水电清理整改销号验收工作的通知》,指导规范问题整改,严格验收销号管理。将黄河流域小水电清理整改工作纳入2023年国家最严格水资源管理制度考核。举办现场技术培训和视频培训,重点培训问题整改和验收销号相关要点等,累计培训600余人次。加强整改工作调度督导,建立台账并按月调度,组织赴河南、陕西、山西、青海等省现场督导调研,推动各地严格整改措施,加快整改进度。沿黄省(自治区)已启动水电站整改680余座,初步完成340余座水电站整改。督促指导长江经济带、黄河流域以外省份有序推进小水电分类整改,天津市、福建省已基本完成整改。

四是小水电站生态流量监管持续强化。组织完成全国4.1万余座小水电站生态流量泄放评估,强化评估结果应用,指导各地规范水电站泄放监测行为。加强工作指导,推进各地加强省级监管平台建设,全国24个有生态流量泄放需求的省份全部建成省级平台。组织编制小水电站生态流量在线抽查管理手册和专家操作指南,开展专家培训,在线抽查23个省份1580多座水电站,通报抽查情况,加大问责力度,并将抽查结果作为最严格水资源管理制度考核依据,推动逐站落实生态流量。截至2023年年底,全国4.1万多座小水电站已基本落实生态流量,在恢复河流连通性、复苏河湖生态环境、推进幸福河湖建设等方面发挥了重要作用。

五是绿色小水电示范电站创建严格规范。组织召开全国绿色小水电示范电站现场会,加强典型经验交流。充分利用新媒体加大典型宣传力度,展示示范创建成效。举办全国绿色小水电示范电站创建培训班，协调专家参与省级创建培训班授课指导。安徽、湖南、广东、广西等10余个省（自治区）举办省级培训班，累计培训示范创建工作人员2000余人次。印发《水利部办公厅关于做好绿色小水电示范电站创建工作的通知》，加大指导力度，严格示范创建要求，规范申报审核程序，严格期满延续复核，组织各地做好创建有关工作。全年新增130座，累计创建1067座绿色小水电示范电站。18个省份先后出台绿色小水电上网电价、资金奖补激励政策或纳入河湖长制、年度水利重点工作内容进行考核评价。

2024年，水利系统将践行习近平生态文明思想，坚持生态优先绿色发展理念，加快推进小水电转型升级绿色发展。一是指导地方制定完善小水电绿色改造和现代化提升工程规划。鼓励有条件的地区通过实施电站智能化改造、设施设备除险加固、生态修复、蓄能改造和集控中心建设等方式，推进小水电智能化改造、集约化运营、物业化管理。二是积极争取财政支持，指导地方用足用好信贷优惠政策和金融工具，持续探索水资源生态产品价值实现路径，多元化筹集资金支持小水电绿色转型发展。三是持续巩固清理整改成果，督促沿黄省（自治区）加强市县整改工作指导，严格落实"一站一策"整改措施，抓实问题整改，组织开展线上线下监督检查。四是持续强化小水电站生态流量监管，组织开展生态流量在线随机抽查，指导各地建立完善生态流量泄放惩戒激励机制，强化考核评价，推动逐站落实生态流量。五是进一步加强和规范绿色小水电示范电站创建活动，实施"有进有出"的动态管理机制，提高创建示范质量和效果，努力构建绿色、安全、智慧、惠民的现代化小水电，助推新阶段农村水利水电高质量发展。

刘 啸 邹体峰 曲 鹏 执笔

陈明忠 邢援越 审核

专栏四十六

# 全年新增 130 座绿色小水电示范电站 引领小水电绿色转型高质量发展

## 水利部农村水利水电司

2024 年 1 月 5 日，水利部公布 2023 年度绿色小水电示范电站名单，山西省武安水电站等 130 座电站成功创建为绿色小水电示范电站，27 座不符合新标准新要求的退出示范电站名录。至此，全国绿色小水电示范电站已达 1067 座。

2023 年，水利部深入学习贯彻党的二十大精神，落实习近平生态文明思想，按照中央关于发展绿色小水电的要求，进一步加大培训指导力度，严格示范创建要求，规范申报审核程序，严格期满延续复核，强化宣传推广，积极组织各地做好绿色小水电示范电站创建工作。举办全国绿色小水电示范创建培训班，协调专家参与省级创建培训班授课指导；充分利用新媒体加大典型宣传力度，展示示范创建成效；组织召开全国绿色小水电示范电站现场会，加强典型经验交流。

各地按照水利部统一部署，加大培训指导力度，组织电站对标评价标准和创建要求，做好绿色改造提升，开展安全生产标准化建设，完善生态流量泄放和监测设施，实施河流生态修复，开展减水河段治理，积极做好创建申报和期满延续工作。安徽、湖南、广东、广西等 10 余个省（自治区）举办省级培训班，累计培训示范创建工作人员 2000 余人次；辽宁、福建、湖南、四川、云南、甘肃等省均结合本省实际将示范创建工作纳入河湖长制、年度水利重点工作内容进行考核评价；安徽、重庆、广东、辽宁、贵州等省（直辖市）先后组织赴吉林、海南、陕西等省交流激励政策出台、示范创建工作经验做法，提升创建工作水平；为引导水电站业主积极开展创建，已有 18 个省份先后出台绿色小水电上网电价、资金奖补激励政策或纳入河湖长制、年度水利重点工作内容进行考核评价。

绿色小水电示范电站在促进河流生态修复、提高安全生产管理水平、助力乡村全面振兴等方面充分发挥了示范引领作用。目前全国 4.1 万多座小水电站全面落实安全生产"三个责任人"，基本泄放生态流量，5300 余座水电站创建为安全生产标准化电站。绿色小水电示范电站已成为行业转型升级、绿色发展的一张闪亮名片。

水利系统将把开展绿色小水电示范电站创建作为新时期加快小水电转型升级绿色发展的重要抓手，进一步加强和规范创建示范活动，落实落细示范创建各项要求，不断完善评审制度，强化示范电站常态化监管，实施"有进有出"的动态管理机制，提高创建示范质量和效果，努力构建绿色、安全、智慧、惠民的现代化小水电，助推新阶段水利高质量发展。

邹体峰　楚士冀　执笔

陈明忠　邢援越　审核

# 持续巩固小水电安全风险隐患
# 排查整治成果

水利部农村水利水电司

2023 年，各级水利部门贯彻落实习近平总书记关于安全生产的重要讲话指示批示精神，统筹高质量发展和高水平安全，严格落实水利安全生产风险查找、研判、预警、防范、处置、责任"六项机制"，认真履行行业安全监管法定职责，把安全发展理念落实到小水电站建设、运行、管理等各领域、各环节，持续开展小水电安全风险隐患排查整治，牢牢守住小水电站安全底线，确保生产安全和度汛安全。

一是深入开展小水电站大坝安全提升专项行动。水利部聚焦小水电站大坝等重点部位和安全管理薄弱环节，将小水电站大坝安全提升专项行动纳入国务院安委办 2023 年工作要点。印发《小水电站大坝安全提升专项行动方案》，明确目标任务和工作要求，计划两年内对全国 4.1 万余座小水电站大坝开展全覆盖摸底排查，实施分类处置，推进大坝注册登记工作。在四川省绵阳市举办全国小水电站大坝安全评估培训班，指导地方科学开展大坝安全评估工作。借助信息化管理手段，建立小水电站大坝安全鉴定和安全评估台账，进一步增强大坝安全常态化动态监管能力。吉林省统筹谋划，整体推进，提前 1 年完成小水电站大坝安全鉴定和评估任务。辽宁省开发小水电站报汛信息系统平台，实现 63 座报汛电站水情数据实时上传、统计及分析，为安全度汛调度决策提供有力支撑。广东省、江西省、贵州省将大坝安全评估工作列入省级安全生产委员会安全工作责任制和河湖长制考核，积极推进小水电站大坝安全提升专项行动。截至 2023 年年底，小水电站大坝安全提升专项行动取得阶段性成果，全国 7900 余座库容达到水库规模的小水电站完成了大坝安全鉴定，4200 余座库容 10 万 m³ 以下小水电站完成了大坝安全评估，有效提升小水电站重大安全事故防范能力。

二是持续推进安全风险隐患排查整治。2月，水利部印发《关于切实做好小水电安全生产和安全度汛工作的通知》，指导各地做好汛前检查、安全风险隐患排查整治等工作，全年累计自查整改安全风险隐患问题2万余个。建立小水电站重点监管名录和风险隐患排查整改清单，升级改造风险隐患排查系统，加强排查成果质量管理与应用，对县级水行政主管部门排查无问题或问题单一的情况进行提醒推送，同时将此类信息作为省、部级暗访抽查线索依据。3月，水利部印发小水电安全生产和清理整改监督检查工作方案，编制检查指导手册、召开检查培训动员会，组织部直属有关单位以"四不两直"方式，对福建等10个省份30个县（市、区）300座小水电站开展检查。针对检查发现的184个涉及水工建筑物和金属结构、设施设备、放水预警等可能威胁公共安全隐患问题，印发"一省一单"并实施问题整改月调度，督促有关省份落实"问题排查、整改、销号"闭环管理。福建省聚焦安全监管重点，全覆盖推进小水电站压力钢管定期安全检测。贵州省、甘肃省省级落实财政资金，借助第三方专业机构技术力量高质量开展小水电安全生产监督检查。截至2023年年底，安全隐患问题已全部完成整改销号。

三是积极推动安全生产标准化建设。2月，水利部印发《农村水电站安全生产标准化一级证书续期换证工作的补充通知》，加强省级审核和动态管理，规范了一级安全生产标准化达标评级要求。加强评审质量把控，通过形式审核、材料技术审查、现场核查3个评审环节，落实每个评审环节淘汰制，严格组织一级小水电安全生产标准化达标评级。组织修订小水电安全生产标准化评审标准，与落实小水电行业安全、绿色发展与现代化提升等新要求接轨。各地积极推动小水电站安全生产标准化建设，出台了安全生产标准化激励政策，其中吉林省、海南省将安全生产标准化达标评级纳入电价激励政策，山西省、江西省、湖南省、广东省将小水电安全标准化达标评级纳入省财政资金支持范围，湖北省、四川省的部分市（县）制定了奖励办法，发挥了极大的引导促进作用。浙江省聚焦小微电站安全，在1000kW以上小水电站全面标准化评级的基础上，探索开展1000kW以下小水电站"两不八有"创建。截至2023年年底，全国新增安全生产标准化电站 564 座（其中一级 4 座、二级 186 座、三级 374 座），累计全国安全生产标准化电站 5264 座（其中一级 128 座、二级 1892 座、三级 3244 座）。

四是不断完善健全安全监管长效机制。紧紧围绕生产安全和度汛安全目标，深入推进安全风险分级管控和隐患排查治理双重预防机制，建立健全"查找、研判、预警、防范、处置、责任"六项机制，落实小水电站安全生产全过程监管，推动小水电安全生产治理模式向事前预防转变。狠抓安全生产责任落实，4.1 万余座小水电站逐站落实安全生产（安全度汛）主体、监管、行政"三个责任人"。汛期采取智能语音外呼方式，对 300 座小水电站安全生产"三个责任人"履职情况进行抽查，督促责任人履职尽责。突出重点，将近 1.4 万座坝高超过 30 m、设计水头超过 100 m、"头顶一盆水"等溃坝可能造成人员伤亡和重大财产损失的小水电站纳入省、市、县重点监管名录，实行动态差异化监管。依托小水电风险隐患排查系统，实现部、省、市、县四级信息资源共享与分级在线监管，充分利用监督考核"指挥棒"，督促将小水电安全风险隐患排查整治工作纳入各级政府安全生产考核体系。

2024 年，水利系统将认真贯彻落实《中华人民共和国安全生产法》，锚定高质量发展目标，指导各地扎实做好小水电安全生产和安全度汛工作。推动完成小水电站大坝安全提升专项行动，完成库容 10 万 m³ 以下的小水电站大坝安全评估，推进鉴定（评估）发现的相关问题整改，督促鉴定或评估为三类坝的电站，严格落实限制运行、主汛期空库运行等应急防范措施，加快实施大坝除险加固。及时总结宣传小水电站大坝安全提升专项行动的好经验、好做法供各地学习借鉴。从严从实抓好安全风险隐患排查整治，认真开展安全生产和安全度汛监督检查，组织开展风险隐患排查技术培训，强化安全生产普法教育，督促安全生产"三个责任人"履职尽责。持续推进安全生产标准化工作，计划全年新增安全生产标准化电站 500 座。

侯开云　张　丽　曲　鹏　执笔
陈明忠　邢援越　审核

# 体制机制法治篇

# 加快推进重点领域和关键环节改革攻坚

水利部规划计划司

2023 年，水利部门深入贯彻党的二十大精神，积极践行习近平总书记关于治水和全面深化改革重要论述精神，坚决贯彻落实党中央、国务院决策部署，聚焦新阶段水利高质量发展的目标任务，积极推进各项年度改革任务，形成了一批制度性政策，出台政策性文件 34 项，在防汛抗旱、水资源节约集约利用、水价水权水市场、水利投融资等方面，找准发力点，纵深推动水利改革。

## 一、水利重点领域改革取得突破性进展、创新性成果

### （一）设立辽河防汛抗旱总指挥部

国家防汛抗旱总指挥部批复设立辽河防汛抗旱总指挥部。标志着我国七大江河流域防汛抗旱指挥机构全部建立，国家防汛抗旱指挥体系进一步健全完善。

### （二）水土保持项目完成首笔碳汇交易，生态产品价值实现机制取得新突破

全国首单水土保持碳汇交易在福建省龙岩市长汀县成功实现，对推进水土保持高质量发展具有标志和示范意义。陕西省宝鸡市成功试点水土流失综合治理工程新增耕地和新增产能纳入耕地占补平衡政策新机制，开拓了吸引社会资本参与水土流失治理新路径。北京市、河北省签署《官厅水库上游永定河流域水源保护横向生态补偿协议（2023 年—2025 年）》，实现京津水源上游河流生态补偿全覆盖。

### （三）省际用水权交易实现零突破，农业水价改革由点及面全面推进

黄河流域首单跨省域用水权交易在四川省和宁夏回族自治区间成功

实现，开创跨省域用水权交易先河。全国水权交易系统完成部署，交易管理规则、技术导则、数据规则发布实施，统一的用水权交易市场加快建设。第一批21个深化农业水价综合改革推进现代化灌区建设试点启动，抓住农业水价综合改革"牛鼻子"，示范带动全国加快推进现代化灌区建设。

**（四）水利投融资模式创新发展，两手发力"一二三四"工作框架体系落地生效**

创新应用特许经营、项目融资+施工总承包、设计-建设-融资-运营-移交、股权合作、政府购买服务等多种模式，吸引更多市场主体投入水利项目建设，全年落实地方政府专项债券、金融信贷和社会资本5451亿元，占落实水利投资的44.5%，较"十三五"时期年均提高22.5个百分点。同时，取水贷、节水贷等绿色金融探索取得积极成果，浙江省丽水市开展以"取水权"为质押物的"取水贷"改革，为农村饮水安全提升、灌区现代化改造、水库除险加固等工程建设拓展了资金投入渠道；上海、安徽、河南、内蒙古等省（自治区、直辖市）首批"节水贷"项目落地实施，推动"节水贷"在更多地区推广，引导金融和社会资本投入节水领域。财政资金、金融信贷、社会资本共同发力的水利投融资格局初步形成。

**（五）水法治建设取得重要进展，保护江河的法治能力明显提升**

《中华人民共和国水法》《中华人民共和国防洪法》的修改被列入第十四届全国人大常委会立法规划，《中华人民共和国黄河保护法》于2023年4月1日正式施行。联合最高人民法院、最高人民检察院、公安部、司法部共同开展河湖安全保护专项执法行动，联合最高人民检察院开展黄河流域水资源保护专项行动，全年立案查处水事违法案件2.9万余件，水行政执法与刑事司法衔接、与检察公益诉讼协作机制落地见效，推动解决一批关系人民群众切身利益的涉水突出问题，有力维护河湖管理秩序。

**（六）河湖长动态调整和责任递补机制全面建立**

完善地方河湖长制的组织体系和制度规定，保障了"换届年"全国江河湖泊管理保护责任不脱节、任务不断档。

## 二、水资源节约集约利用制度体系进一步完善

### （一）《关于进一步加强水资源节约集约利用的意见》《水利部关于全面加强水资源节约高效利用工作的意见》出台实施

国家发展改革委、水利部、住房城乡建设部、工业和信息化部、农业农村部、自然资源部、生态环境部等部门联合印发《关于进一步加强水资源节约集约利用的意见》，水利部出台《水利部关于全面加强水资源节约高效利用工作的意见》。持续实施沿黄省区深度节水控水行动，实现长江经济带、黄河流域、京津冀地区年用水量 1 万 $m^3$ 以上的工业服务业单位计划用水管理全覆盖，叫停 77 个节水评价不达标项目，核减水量 14.8 亿 $m^3$。

### （二）《关于推广合同节水管理的若干措施》出台实施

水利部、国家发展改革委、财政部、科技部、工业和信息化部、住房城乡建设部、中国人民银行、市场监管总局、国管局联合印发《关于推广合同节水管理的若干措施》。实施农业终端用水分类水价，非居民用水超计划、超定额累进加价和居民生活用水阶梯水价，建立精准补贴和节水奖励机制等政策举措，全年实施合同节水管理项目 204 项，吸引社会资本 21.2 亿元，年节水约 9000 万 $m^3$。

### （三）完善节水评价和定额标准体系

出台节水型社会评价标准，发布节水产品认证、节水规划编制、医院和工业园区节水管理等规程规范和 5 项工业服务业用水定额，评选节水型社会达标县（区）323 个，遴选水效领跑者 74 家。

### （四）全面加强非常规水源配置利用和南水北调东中线工程受水区节水管理

出台加强非常规水源配置利用的指导意见，将非常规水源纳入水资源统一配置管理，建立非常规水源利用政策体系和市场机制，推进 78 个典型地区再生水利用配置试点。出台南水北调东中线工程受水区实行全面节水

的指导意见，实施用水总量和强度控制、开展节水评价、完善节水产品认证、引导社会资本参与、将节水量纳入用水权交易等政策措施，推动受水区加快节水型社会建设。

## 三、水利工程现代化运行管理体制机制加快健全

### （一）构建现代化水库运行管理矩阵

印发加快构建现代化水库运行管理矩阵的指导意见，遴选一批试点水库和先行区域，推行"四全"管理、完善"四制（治）"体系、强化"四预"措施、加强"四管"工作，提升水库运行管理精细化、信息化、现代化水平。

### （二）建立水利工程白蚁综合防治长效机制

出台水利工程白蚁防治工作指导意见，开展白蚁等害堤动物普查，修订水利工程维修养护白蚁等害堤动物防治定额标准，全面完成应急整治任务，完善白蚁防治制度标准。

### （三）全面加强水库库容管理

出台加强水库库容管理指导意见，全面划定水库工程管理与保护范围，严格范围内建设项目审批、开发利用及行为管控，启动大中型水库防洪库容安全管理专项行动。

### （四）制定长江流域水工程联合调度管理办法（试行）

对防洪、水资源、生态等联合调度作出全面规定，实现长江流域控制性水工程联合调度管理法治化。

### （五）水利安全生产风险管控"六项机制"落地实施

开展"六项机制"试点建设，每季度进行安全生产状况评价，建立水利工程建设安全生产责任保险制度，实现水利水电工程施工企业、安管人员安全生产考核跨省通办，提升水利安全生产风险全链条管控能力。印发堤防、水闸运行管理办法，为工程运行安全和效益充分发挥提供制度保障。

## 四、江河湖库生态保护治理体系基本形成

### （一）构建汉江流域系统保护治理工作新体系

强化丹江口库区及其上游流域水资源管理保护，加强水土流失防治，研究建立水文水质全覆盖监测体系，切实保障丹江口库区及其上游水质安全，确保"一泓清水永续北上"。

### （二）建立重点河湖生态流量监测预警机制

出台新建、已建水库生态流量泄放规范，将重点河湖生态流量保障目标完成情况，纳入年度最严格水资源管理制度考核。启动 90 个河湖水系的 168 条（个）典型河湖、343 个已建工程的生态流量核定与保障先行先试，持续开展 173 条（个）重点河湖 283 个生态流量管控断面监测和分析评价。

### （三）全面加强地下水保护利用

20 个省份地下水管控指标印发实施，出台地下水保护利用管理办法，明确对不符合地下水取水总量指标、控制水位要求的地区，暂停审批新增取用地下水。基本完成新一轮地下水超采区划定，启动实施华北地区深层地下水人工回补试点。

### （四）建立河湖健康评价指标体系和水土保持协调机制

"一河（湖）一策"编制方案，"一河（湖）一档"建立档案，完成 7280 条（个）河湖健康评价。水土保持率目标量化分解到县，水土保持空间管控、信用评价、生产建设活动监管等制度标准颁布实施，查处违法违规行为 1.33 万个。

### （五）推行河道砂石采运管理单制度

联合交通运输部加强河道砂石开采、运输、堆存全过程监管，常态化开展监督检查，严厉打击非法采砂行为，规范河道采砂管理秩序。

同时，印发支持水利投融资企业、流域管理机构纪检机构新旧体制衔接等政策文件，制定"三类五级"河流分级分类、国家水网重要结点工程认定标准，积极推进水利 REITs 试点、科技人才评价试点、政务服务标准

化等改革，为推动新阶段水利高质量发展不断提供改革动力和创新活力。

下一步，水利部将继续深入落实习近平总书记"节水优先、空间均衡、系统治理、两手发力"治水思路和关于治水重要论述精神，认真落实党中央关于全面深化改革的决策部署，按照全国水利工作会议要求，坚持治水思路，坚持问题导向，坚持底线思维，坚持预防为主，坚持系统观念，坚持创新发展，以水价改革为龙头，推动水旱灾害防御、水资源节约集约利用、河湖生态保护治理、水价水权水市场等重点领域改革取得新突破，不断增强推动新阶段水利高质量发展的动力和活力。

童学卫　张　栋　李　昆　肖承京　执笔

王九大　审核

专栏四十七

# 召开七大流域省级河湖长联席会议

水利部河湖管理司

2021 年 10 月至 2022 年 3 月，水利部商有关省级人民政府，全面建立各流域省级河湖长联席会议机制，并于 2022 年首次召开联席会议全体会议。2023 年，长江、黄河、淮河、海河、珠江、松辽、太湖等流域分别召开第二次流域省级河湖长联席会议全体会议，明确年度工作重点，协调解决工作难点，以流域为单元统筹上下游左右岸干支流保护治理，深化目标统一、任务协同、措施衔接、行动同步的联防联控联治机制。

长江流域省级河湖长联席会议研究部署流域片河湖管理工作，并就长江口咸潮入侵联防联控等重点工作，组织相关省份召开专题会议，研究推动相关工作。黄河流域省级河湖长联席会议审议通过了《黄河流域贯彻实施〈黄河保护法〉指导意见》《黄河流域村级河湖管护体系建设指导意见》，紧紧围绕黄河治理与保护中的重大事项，推动流域 9 省（自治区）形成共识并付诸行动。淮河流域省级河湖长联席会议明确建立健全流域重要河湖库"四乱"问题"一本账"、推进河湖健康评价、强化水域岸线空间管控、幸福河湖建设等为议定事项，并召开"淮委+5 省河长办"沟通协商会议，对联席会议 4 项议定事项进展情况进行通报。海河流域省级河湖长联席会议研究推动解决河道清违清障、滩地种植结构调整、违建光伏、五陵铁路大桥等重点难点问题，有效恢复河道行洪空间，为防御海河"23·7"流域性特大洪水打下良好基础。珠江流域省级河湖长联席会议明确全力推动河湖安全保护专项执法行动、坚决清理整治河湖遥感图斑复核确认问题、全面加强河湖管护"最后一公里"建设、大力推动幸福河湖高质量建设等重点事项。松辽流域省级河湖长联席会议会前组织开展流域幸福河湖建设情况调研，全面掌握流域内省区探索幸福河湖建设的基本情况，对松辽流域"十四五"幸福河湖建设任务作出部署。太湖流域省级河湖长联席会议加快推进幸福河湖建设，明确各省市幸福河湖建设年度任务目标，两年来共建成流域幸福河湖 50 个，特别是明确以太湖上游地区、环淀山湖地区和示范区跨界河湖为重点建设一批幸福河湖，促进支流保干流、干流保湖体。

张　宇　执笔

李春明　审核

# 浙江省丽水市：

## 创新推出"取水贷" 打造绿水生"金"新范本

浙江省丽水市2023年创新推出"取水贷"，将"沉睡"的水资源转化为金融"活水"，激活"水经济"。截至2023年12月，贷款授信额已达307亿元，实际融资101.8亿元。

丽水市水电站总装机容量达282万kW，占浙江省的40%，其中798座小水电站资产估值超400亿元。但是，大多数小水电站面临建设年代较早、行业管理欠规范、生态效益不突出等问题。2021年，丽水市开展实施小水电绿色改造和现代化提升。

在推进过程中，丽水市发现，现行小水电不动产抵押登记存在股权复杂、多头登记、程序繁琐等问题，大部分小水电站缺乏不动产权证书，难以确权，导致难以开展抵押融资。

2023年年初，丽水市立足小水电绿色转型的市场需求，提出"取水贷"的概念，通过"取水权质押+双边登记"的融资模式，将水电站取水许可证作为质押物来贷款，盘活全市903亿m³的水资源，有效破解了小水电股东多、产权分散等带来的融资困境，进一步做活了资源变"财源"、水流变"现金流"的文章。

取水权人以取水许可证获得的取水权作为质押物，向金融机构提出申请，金融机构对取水权人的相关收益进行评估放贷。至于如何确定贷款额度，以水电站项目为例，将水电站近3~5年的平均发电收益作为依据，按照10年的周期评估其价值，银行按照80%的比例核算放贷额。

丽水市将莲都区、青田县、景宁县作为"取水贷"试点，率先开展取水权质押贷款。景宁国控集团下属峡桥水电站，通过取水权质押，顺利拿到银行授信贷款 800 万元，用于水电站提升厂容厂貌、机电设备更新等，成为丽水市首笔取水权质押贷款。

短短数月，"取水贷"工作就由试点地区推广至丽水全市。如今，"取水贷"使用范围，已扩大至农村饮用水提升改造、灌区标准化管理提升、单村水站提升、山塘水库整治、小型混合抽水蓄能电站建设等项目，丽水市正进一步扩大可融资范围，做大"蛋糕"，做好扩面文章。

通过"取水贷"，丽水市已经探索出一条政府主导、企业和社会各界参与、市场化运作、可持续的水生态产品价值实现路径，为助推水利投融资改革提供了一个可资借鉴的生动"样本"。

李　坤　李　爽　执笔

石珊珊　李海川　审核

# 持续深化水利体制机制改革

水利部人事司

2023 年，水利部持续深化水利体制机制改革，统筹用好机构编制资源。

一是落实水利部机关编制精减任务。根据党和国家机构改革有关要求，落实"中央和国家机关各部门人员编制统一按照 5% 的比例进行精减"的部署，制定精减水利部机关司局编制有关方案，稳妥做好组织实施，进一步优化部机关司局编制资源配置。

二是完成《水利部权责清单》编制工作。全面复核水利部权责清单每个权责事项、设定依据、履责方式、追责情形等内容，配合做好送审报批有关工作。中央机构编制委员会办公室印发《水利部权责清单》，形成涵盖 15 个主要业务领域、162 个权责事项的翔实"家底"，实现了与"三定"规定的有机衔接。

三是强化流域治理管理支撑保障。落实流域统一规划、统一治理、统一调度、统一管理要求，进一步强化流域管理机构职能定位，组织指导各流域管理机构做好"三定"规定的细化落实工作，开展流域管理机构"三定"规定具体方案备案，保障流域治理管理各项职责落实到位、相关机构和人员编制设置科学合理。落实进一步加强丹江口水库及上游流域水质安全保障工作要求，研究推进加强汉江流域管理能力建设相关工作。组织开展优化流域管理机构所属事业单位机构编制资源专项调研，注重调研成果转化，优化流域管理机构内部编制分配，提升流域管理机构编制资源使用效益。

四是稳步推进专项体制改革。贯彻落实有关要求，开展水利部牵头的河湖长制、国家水网建设等相关议事协调机构及部际联席会议的送审报批工作。加大统筹协调和督促指导力度，稳妥推进水利部部属培训疗养机构改革，妥善解决重点难点问题。

五是持续加强机构编制管理。强化机构编制刚性约束，加强机关事业单位机构编制实名制管理。强化领导职数管理，进一步明确水利部直属事业单位所属各级事业单位领导职数管理要求。做好部分水利部直属事业单位"三定"规定修订、机构编制事项调整等工作，优化调整水利部内有关议事协调机构。加强对水利社团的日常监督管理，推动水利社团规范运行。

下一步，水利部将围绕推动新阶段水利高质量发展，进一步健全水行政管理机构职能体系和体制机制。严格执行《中国共产党机构编制工作条例》及其配套法规制度，加强机构编制日常监督管理，持续加强议事协调机构、部际联席会议的管理。研究做好流域管理机构之间编制调剂等工作，着力加强汉江流域治理管理能力建设，健全流域治理管理业务支撑体系，更好服务流域治理管理"四个统一"。组织开展水利部权责清单印发后的实施工作。聚焦主责主业，根据工作需要适时调整机关事业单位机构编制有关事项，修订部分事业单位"三定"规定，根据有关要求深化事业单位改革，进一步优化事业单位布局结构，不断提升机构编制资源使用效益。

张壤玉　喜　洋　执笔

郭海华　王　健　审核

# 深化水利投融资改革

水利部规划计划司　水利部财务司

2023 年，水利系统深入贯彻"两手发力"要求，坚持多轮驱动，运用好市场手段和金融工具，拓宽水利建设长效资金筹措渠道，促进多元化融资机制逐步成型，市场化手段更为丰富，两手发力"一二三四"工作框架体系落地见效。

## 一、全力扩大金融信贷和地方政府专项债券规模

组织梳理已开工或近期拟开工的水利项目，多地积极与国家开发银行、中国农业发展银行、中国建设银行等金融机构精准对接，全力落实金融资金支持。推动国家开发银行发行首期 30 亿元"支持网络型基础设施建设—水利"专题金融债券。一对一精准对接环北部湾广西水资源配置、山西农村供水保障、湖南白马灌区、安徽凤凰山水库等重点项目。指导地方用好用足优惠政策，探索多样化偿债来源，提高融资能力，针对水利建设任务重的广东、湖南、安徽、四川等重点省份，进行专题培训、现场调度，用好用足优惠政策。2023 年金融贷款和专项债券落实 4156 亿元，比 2022 年增加 10.5%。

## 二、规范实施政府和社会资本合作新机制

推广介绍特许经营、股权合作、政府购买服务等方面的典型案例，指导地方完善合理回报机制，吸引社会资本参与水利工程建设运营。配合国家发展改革委研究制订《关于规范实施政府和社会资本合作新机制的指导意见》，充分发挥市场机制作用，拓宽民间投资空间，坚决遏制新增地方政府隐性债务，提高基础设施和公用事业项目建设运营水平，确保其规范发展、阳光运行。梳理"十四五"期间拟吸引社会资本参与的重点水利项

目清单,向部分央企进行推介。2023 年,吸引社会资本 1295 亿元,首次突破千亿规模,较 2022 年增加 387 亿元,增长 42.7%。

## 三、积极探索水利投融资新路径

出台《水利部办公厅关于在水利基础设施建设中更好发挥水利投融资企业作用的意见》,鼓励、引导和支持水利投融资企业充分发挥募投建管一体化运行市场主体作用。制定印发《关于加快推进水利项目参与基础设施领域不动产投资信托基金(REITs)试点的通知》,推动符合条件的水利项目积极申报 REITs 试点。分析相关投资基金的设立和运行情况,探索水利领域利用产业投资基金的路径方式。

## 四、推广基层改革经验做法

调研总结新疆、云南、天津、宁夏、河南、湖南、重庆、湖北、广东、江西、江苏、福建、贵州、安徽等省(自治区、直辖市)水利项目投融资实践,印发盘活存量资产扩大有效投资典型案例,归纳提炼水利基础设施投融资模式。总结地方在农业水价改革、募投建管一体化改革等方面的经验做法,编印 6 期水利改革动态,供各地学习借鉴。

下一步,水利系统将进一步深化水利投融资改革,充分利用增发国债、地方政府专项债券、金融信贷资金,运用好政府和社会资本合作新机制,推广建设—运营—移交(BOT)、设计—建设—融资—运营—移交(DBFOT)、转让—运营—移交(TOT)、改建—运营—移交(ROT)等模式,鼓励和吸引更多社会资本通过募投建管一体化方式,参与水利基础设施建设,积极推进水利基础设施投资信托基金(REITs)试点。积极发挥水利投融资企业作用,构建多元化、多层次、多渠道的水利投融资体系。

童学卫 张 栋 李 昆 许 梁 执笔

王九大 审核

# 推动完善用水权交易制度体系

水利部财务司　水利部水资源管理司

为落实中共中央、国务院《关于加快建设全国统一大市场的意见》，推动建设全国统一的用水权交易市场，按照 2023 年全国水利工作会议关于"完善用水权交易管理、数据规则、技术导则等政策体系"的安排部署，水权交易监管办公室编制印发了《用水权交易管理规则（试行）》（以下简称《管理规则》）、《用水权交易技术导则（试行）》（以下简称《技术导则》）、《用水权交易数据规则（试行）》（以下简称《数据规则》）。

## 一、响应现实需求，落实完善用水权交易制度体系要求

### （一）贯彻落实党中央、国务院决策部署的要求

习近平总书记 2014 年保障国家水安全重要讲话、党的十八大、十八届三中全会、十八届五中全会、十九届五中全会等均明确要求推行水权交易制度，培育水权交易市场。2022 年，中共中央、国务院《关于加快建设全国统一大市场的意见》明确提出建设全国统一的用水权交易市场，实行统一规范的行业标准、交易监管机制。用水权改革是水利部党组推动新阶段水利高质量发展六条实施路径部署的重要任务，水利部党组高度重视用水权交易管理政策体系建设，李国英部长在多个重要会议上都明确要求加快完善用水权交易管理政策体系。《管理规则》《技术导则》《数据规则》的出台是贯彻落实党中央、国务院决策部署的明确要求，是落实部党组安排部署的重要举措。

### （二）水资源特性的要求

不同于普通商品交易或其他环境权益，用水权交易需要充分考虑水资源的流动性、水资源量的随机性、水流边界的非约束性。需要结合水资源

特性，完善用水权交易管理政策，确保用水权交易与水资源管理紧密结合、有效衔接。

### （三）用水权交易实践发展的现实要求

我国用水权交易市场正处于培育发展期，仍存在监管机构、交易平台、交易主体对用水权交易相关概念、流程、标准等理解不一、市场发育不充分、部分地区或交易平台用水权交易不规范等问题，亟须制定统一用水权交易管理规则、技术导则和数据规则，为用水权交易市场快速、健康、规范发展提供制度保障。

## 二、明确"管什么，怎么管"，编写《管理规则》

以推动用水权交易市场健康快速发展为目标，着眼于明确"管什么，怎么管"等，从制度规则层面全面规范用水权交易，共7章37条，包括总则、用水权交易、风险管理、信息安全、监督管理、争议处置及附则。主要内容如下：

一是明确职责分工。分级确定各级水行政主管部门职责分工。国务院水行政主管部门负责组织指导全国统一的用水权交易市场建设、对用水权交易重大事项及交易平台建设运营进行监督管理。流域管理机构负责所辖范围内用水权交易平台建设、运营监管，用水权交易监督管理和评估。省级水行政主管部门负责本行政区域内用水权交易监督管理和评估。

二是厘清交易要素。明确交易主体、交易类型、交易水量、交易方式、交易价格、业务处理时间、交易账户、计量单位等交易要素。其中：交易主体为转让方和受让方，交易类型主要包括区域水权交易、取水权交易、灌溉用水户水权交易等，可用于交易的水量上限为分配和明晰给转让方的可用水量结余，交易期限一般不超出水量分配方案、取水许可证或权属凭证等明确的有效期，交易价格主要由双方协商确定或通过竞价形成，交易方式主要为协议转让、单向竞价，交易主体开立实名交易账户进行交易和结算。

三是规范交易流程。对交易申请、审核、签约、结算、权属变更等全流程作出规范。明确交易主体通过全国水权交易系统提交申请，水权交易平台对申请材料的完备性、交易的可行性等进行重点审核。交易完成后，交易主体向具有管辖权的水行政主管部门、流域管理机构申请办理权属变更。并规定了用水权交易双方必须依法依规取用水资源。发生干旱灾害等紧急情况时，必须服从统一调度和指挥，严格执行调度指令。

四是加强平台管理。对交易平台建立风险管理制度、信息披露与共享制度和保密相关工作等作出规范。明确交易平台建立风险管理制度，对交易风险进行识别、预警，采取发布警示公告、限制交易等措施防范化解风险。建立信息披露与共享制度，及时发布水权交易公开信息，与水资源管理信息系统等互联互通。交易平台对用水权交易相关信息负有保密义务。

五是强化交易监管。明确水行政主管部门、流域管理机构可采取询问核实、查阅资料、现场检查等措施对交易实施情况进行监管，对监管中发现的未经批准擅自转让用水权、弄虚作假、程序不规范、交易平台未按规定组织开展交易、交易后未按规定进行权属变更或备案等，按照管理权限依法依规进行处理。交易平台定期向水行政主管部门、流域管理机构、金融监管部门报告交易及平台运行情况。

### 三、梳理交易流程，编写《技术导则》

以指导开展用水权交易为目标，着眼于明确"怎么交易""流程是什么"等，从技术层面规范用水权交易各环节，包括目的和范围、规范性引用文件、术语和定义、总则、用水权分配与明晰、用水权交易、水权交易平台运营、交易监管。其中，重点明确用水权交易有关概念、区域、取水权、灌溉用水户等用水权分配方法，细化交易要素的具体内容，明确交易全流程操作的技术要点。明确社会资本参与用水权交易的方式、公共供水管网用户用水权交易、非常规水资源交易、用水权质押等创新交易措施。细化交易平台运行、交易平台服务、信息资源共享等内容。明确交易审批、交易价格、交易资金、交易平台等监管细化措施。

### 四、强化数据共享，编写《数据规则》

以推进用水权交易数据共享为目标，着眼于明确"数据有哪些""怎么交互共享"等，提出用水权交易标识码编码规则、数据集以及数据项的要求，包括范围、规范性引用文件、术语和定义、统一编码方案、通用编码、用水权交易数据集、数据交换接口规范与内容方式。其中，重点明确统一的用水权交易编码标准，各项数据的字段、类型、值域等属性，水权交易系统与取水许可电子证照系统、全国取用水管理政务服务平台等进行数据交换和共享的接口规范、交换范围、交换方式等。

下一步，水利部将组织做好《管理规则》《技术导则》《数据规则》贯彻落实，鼓励和规范用水权交易，加强用水权交易监管，促进用水权交易安全、高效、规范开展，推进全国统一的用水权交易市场建设。

门一凡　田　枞　周耀坤　陈向东　王健宇　沈东亮　马　超　执笔

郑红星　杨　溓　审核

## 专栏四十八

# 全国水权交易系统完成部署工作

水利部财务司　水利部水资源管理司

## 一、贯彻落实水利部党组安排部署

习近平总书记明确提出推动建立水权制度，明确水权归属，培育水权交易市场。中共中央、国务院《关于加快建设全国统一大市场的意见》明确提出建设全国统一的用水权交易市场，实行统一规范的行业标准、交易监管机制。落实党中央、国务院决策部署，水利部建立健全统一的水权交易系统，统一部署、分级使用，为建设统一的用水权交易市场提供有力支撑。

## 二、建成全国水权交易系统

按照"需求牵引、应用至上、数字赋能、提升能力"总要求，建成全国水权交易系统，集成用水权明晰、用水权交易、交易监管、资金结算、数据管理五大功能模块，支撑全国各地、各类用户以公开或协议等方式开展在线交易，支持各流域管理机构和地方水行政主管部门对交易全过程进行监督，为加快培育用水权交易市场、激活用水权交易、规范交易行为提供了基础支撑。

## 三、完成全国水权交易系统部署

2023 年 10 月 8 日，水利部办公厅印发《做好全国水权交易系统部署应用的通知》，加快系统部署步伐。截至 2023 年年底，7 个流域管理机构、31 个省（自治区、直辖市）和新疆生产建设兵团、5 个计划单列市已全部完成系统部署。其中 26 个省（自治区）应用系统开展了用水权交易，降低了交易成本，促进水资源在更大范围内优化配置和节约集约利用。

侯　洁　王潇潇　王　寅　王健宇　沈东亮　王海洋　执笔

郑红星　杨　谦　审核

# 黄河流域首单跨省域用水权交易成功实现

### 水利部财务司　水利部水资源管理司

习近平总书记明确提出推动建立水权制度，明确水权归属，培育水权交易市场。《中华人民共和国黄河保护法》（以下简称《黄河保护法》）明确"国家支持在黄河流域开展用水权市场化交易"。水利部贯彻落实党中央决策部署，积极探索在黄河流域创新完善水权交易机制。

## 一、宁夏回族自治区用水紧缺制约发展

宁东能源化工基地（以下简称"宁东基地"）是宁夏回族自治区经济发展的主引擎，宁东基地工业项目水权均需通过水权转换和水权交易取得，现无富余水权用于工业项目的配置和交易，经济社会发展受到严重制约。

## 二、四川省阿坝藏族羌族自治州用水权"年年有余"

"八七分水"方案中，黄河流域四川省可用水量为4200万 $m^3$，阿坝藏族羌族自治州若尔盖、红原、阿坝、松潘4县落实节水控水要求较好，2015年以来，阿坝藏族羌族自治州黄河流域年用水量均在可用水量以下，且在2025年前无较大新增用水项目投产，存在结余水量。

## 三、黄河流域首单跨省域用水权交易签约成功

2023年11月，四川省阿坝藏族羌族自治州水务局与宁夏回族自治区宁东能源化工基地管理委员会在四川省成都市签署《四川宁夏黄河流域区域水权跨省交易协议》，交易标的为四川省阿坝藏族羌族自治州黄河流域分配水量结余指标，交易水量为每年500万 $m^3$，交易期限为3年，从2024

年 1 月 1 日到 2026 年 12 月 31 日，交易价格为 1.20 元/m³，交易总金额为 1800 万元。

## 四、跨省域用水权交易意义深远

本次跨省域用水权交易是贯彻落实习近平总书记关于黄河流域生态保护和高质量发展重要指示的重要举措，为水资源用途变更、推进流域横向生态补偿等提供了重要的工作思路，是《黄河保护法》实施后，国家支持在黄河流域开展用水权市场化交易的重要实践。"谁节水，谁受益"，黄河流域首单跨省域用水权交易的达成为其他省份提供了有益借鉴，能充分激活出水资源的价值属性、商品属性，凸显水资源作为社会经济发展要素保障的稀缺性特征，让"沉睡资源"变为"流动资本"。

李秋余　郝　震　恒　琪　王健宇　沈东亮　王　华　执笔

郑红星　杨　谦　审核

# 推动水利工程供水价格改革

水利部财务司

为深入贯彻落实《"十四五"时期深化价格机制改革行动方案》，水利部积极协调国家发展改革委，坚持问题导向，着眼于建立完善的水价形成机制，修订出台《水利工程供水价格管理办法》《水利工程供水定价成本监审办法》，于 2023 年 4 月 1 日起正式施行，推动建立有利于水利工程良性运行、水资源优化配置和节约集约利用、与水利投融资体制机制改革相适应的水价形成机制。按照新办法，国家发展改革委分批启动中央直属水利工程价格核定工作。

## 一、坚持"准许成本加合理收益"的模式，修订《水利工程供水价格管理办法》

《水利工程供水价格管理办法》遵循"激励约束并重、用户公平负担、发挥市场作用"的原则，主要明确了定价原则、定价方法、准许收入的确定、定调价程序等。

关于定价方式，办法明确中央直属及跨省（自治区、直辖市）水利工程供水价格原则上实行政府定价，由国务院价格主管部门制定和调整。鼓励有条件的水利工程由供需双方协商确定价格，或通过招投标等公开公平竞争形成价格。

关于价格核定，办法明确水利工程供水价格以准许收入为基础核定，具体根据工程情况分类确定。政府投入实行保本或微利，社会资本投入收益率适当高一些。少数国家重大水利工程根据实际情况，供水价格可按照保障工程正常运行和满足还贷需要制定。

水利工程供水实行分类定价，按供水对象分为农业用水价格和非农业用水价格，供水力发电用水和生态用水价格由供需双方协商确定，生态用水价格参考供水成本协商。

关于长距离引调水工程水价，办法规定供水价格按照"受益者分摊"的原则，兼顾地区差异，分区段或口门制定。对于新建重大水利工程，实行基本水价和计量水价相结合的两部制水价，原有工程具备条件的可实行两部制水价。

## 二、科学规范准许成本，修订《水利工程供水定价成本监审办法》

《水利工程供水定价成本监审办法》主要明确了定价成本构成、定价成本核定、定价成本的归集和分摊、供水有效资产的核定等，并对主要参数取值作出具体规定。

水利工程供水定价成本包括固定资产折旧费、无形资产摊销费、运行维护费和纳入定价成本的相关税金。其中，运行维护费包括材料费、修理费、大修理费、职工薪酬、管理费用、销售费用、其他运行维护费，以及供水经营者为保障本区域供水服务购入原水的费用。

关于监审周期，办法明确水利工程供水定价成本监审周期原则上为5年。首次成本监审，监审期根据实际运营年度及工程运行情况合理确定。

关于供水成本的归集与分摊，办法规定水利工程供水成本分类归集，不能直接归集的，按照要求在各类业务之间进行分摊。长距离引调水水利工程成本按照"受益者分摊"的原则，分区段或口门归集分摊。供水经营者供水同时也有发电业务的，发电业务和供水业务按照监审期间应收平均收入比例分摊经营性成本。

## 三、开展部分中央直属水利工程供水成本监审工作

为落实2023年全国水利工作会议关于抓实水利工程供水价格管理、定价成本监审，积极推动水利工程供水价格改革，建立健全科学合理的水价形成机制的要求，2023年5月，水利部协调国家发展改革委启动汉江水利水电（集团）有限责任公司、三门峡黄河明珠（集团）有限公司、沂沭泗水利管理局、察尔森水库管理局、南水北调中线水源有限责任公司水利工

程供水定价成本监审工作。成本监审工作由国家发展改革委统一组织，委托水利工程所在地省级发展改革委具体实施，引入第三方会计师事务所参与。

一是加强培训指导。水利部组织举办两期水价培训班，国家发展改革委、水利部业务主管部门相关同志现场授课，宣贯水价政策，讲解操作实务。水利部多次开展现场指导、座谈研讨、电话沟通，指导相关单位科学归集成本、准确填报信息、强化佐证支撑，按要求报送成本监审有关资料。

二是开展联合调研。联合国家发展改革委赴汉江集团、沂沭泗水利管理局、察尔森水库管理局等企事业单位开展实地调研，了解工程实际情况、供水成本和价格现状，倾听用水户意见，查找面临的困难和问题，开展座谈交流，听取意见建议。

三是加强重点问题研究。水利部、国家发展改革委共同对成本归集、分摊方式、收入冲减等重点问题开展研究，指导相关单位做好成本监审有关工作。

田　枞　王健宇　沈东亮　执笔

郑红星　审核

# 加快水利重点领域立法进度

水利部政策法规司

2023 年，水利部门深入贯彻党的二十大精神，积极践行习近平总书记关于治水重要论述精神，认真落实党中央、国务院有关决策部署，按照水利部党组推动新阶段水利高质量发展决策部署和全国水利工作会议安排，聚焦强化水利体制机制法治管理，取得了新的重要进展。

## 一、《中华人民共和国水法》《中华人民共和国防洪法》修改取得标志性进展

向中央依法治国办，全国人大常委会法工委、农业农村委、环资委等汇报报送《中华人民共和国水法》（以下简称《水法》）、《中华人民共和国防洪法》（以下简称《防洪法》）的修改立项建议，通过人大建议议案及政协提案等渠道呼吁争取立项支持。2023 年 8 月，《水法》《防洪法》修改正式列入十四届全国人大常委会立法规划，水利部为两部法律修改的牵头起草单位。压茬推进立法调研、专题研究和草案修改等工作，水利部领导将《水法》修改作为主题教育调查研究题目多次赴地方调研，组织有关单位持续开展前期研究，广泛征求水利部有关各司局和水利部直属单位意见，目前已分别形成《水法》《防洪法》实施情况评估报告、修改思路报告、修改草案稿和相关资料汇编等成果。根据全国人大常委会立法规划分工安排，落实水利部领导指示精神，按照"任务、时间、组织、责任"四落实的要求，成立水利部《水法》《防洪法》修改工作领导小组，分别成立由分管部领导任组长的《水法》《防洪法》修改工作组，抽调业务骨干组建工作专班。加强与国家立法机关的沟通汇报，及时向全国人大农业农村委、全国人大环资委汇报《水法》《防洪法》修改工作进展情况，积极争取指导和支持。建立与省级水利部门常态化沟通联络、专家咨询等工

作机制，汇集众智做好修改工作。编制并印发实施两部法律修改的工作方案，明确重点工作任务及责任分工和时间安排，压实各方责任。

## 二、《中华人民共和国长江保护法》《中华人民共和国黄河保护法》配套制度全面推进

逐条梳理贯彻实施《中华人民共和国长江保护法》（以下简称《长江保护法》）工作进展，总结配套制度建设情况，完成制修订《长江保护法》有关配套规章、政策文件、技术标准 21 项。深入开展《中华人民共和国黄河保护法》（以下简称《黄河保护法》）学习宣贯，制定《黄河保护法》宣贯实施工作方案，组织召开水利部《黄河保护法》宣贯视频会议，举办专题辅导报告，协调央视、新华社、《中国水利报》等媒体开展专题报道。全面梳理《黄河保护法》规定的水行政管理职责，制定分工方案，细化为 77 项具体贯彻落实措施，积极推进相关配套制度建设。按照全国人大常委会和国务院部署要求，牵头组织国务院有关部门和黄河流域 9 省（自治区）开展涉及黄河保护的法规、规章和规范性文件清理工作，共清理规章和规范性文件 8061 件。

## 三、节约用水条例（草案）等法规规章实现历史性突破

推动《长江河道采砂管理条例》修订出台并公布施行，修订后的条例实施采砂全过程管理，进一步强化非法采砂法律责任，对水利部长江水利委员会、沿江水利部门做好条例学习宣传和贯彻实施工作作出部署。节约用水条例立法提速，推动条例列入国务院 2023 年立法计划一类项目，配合完成征求意见、立法调研、条文修改、部门协调、专家论证、宏观政策一致性评估等工作，推动提请国务院常务会议审议。公布施行水利工程质量管理、生产建设项目水土保持方案管理、长江流域控制性水工程联合调度、水行政处罚 4 件部门规章，进一步完善了水利重点业务领域制度体系，是近年来出台部规章数量最多的一年。按照国务院工作安排，组织开展了水利领域行政法规和国务院行政规范性文件的集中清理工作，结合清理情况，积极推进蓄滞洪区、水库大坝安全管理等方面法规修订前期研究。

## 四、重要涉水立法建设取得新成效

作为法律起草工作成员单位，全程参与《中华人民共和国青藏高原生态保护法》（以下简称《青藏高原生态保护法》）、《中华人民共和国海洋环境保护法》（以下简称《海洋环境保护法》）等重要立法，推动法律颁布施行。《青藏高原生态保护法》于2023年4月颁布，水利部按照职责组织开展青藏高原生态保护涉及水利的法规、规章和规范性文件清理工作，制定印发水利部贯彻落实青藏高原生态保护法分工方案，细化39项落实措施。《海洋环境保护法》于2023年10月修订颁布，水利部按照职责组织梳理相关配套规定制订情况，积极配合国家立法机关做好生态环境法典有关水利条文的研究编纂工作，研究提出具体条文建议。

## 五、地方水法规体系谱写新篇

各地围绕国家"江河战略"、河湖长制、农村饮水安全保障等重大部署，结合本地实际，细化实化水法规制度。河北省、甘肃省出台引黄工程管理、黄河保护配套法规；福建省、河南省、湖北省出台水利工程管理条例；山西省、江苏省、云南省完善河湖、水库管理立法；海南省、甘肃省完善水资源管理立法；吉林省、浙江省、广东省制（修）订出台农村供水条例（办法）。各地创新立法形式，"小快灵"、协同立法亮点纷呈，山东省、湖南省以人大常委会决定的形式，分别对推进现代水网、小型水利设施建设和管理进行专门立法；山东省沿黄9市围绕水资源节约保护，湖北省多市围绕湖泊保护、流域治理，开展协同立法，凝聚制度合力。

下一步，水利部门将持续加快水利重点领域立法进度。一是加快推进《水法》《防洪法》修改。举全系统之力压茬推进两部法律修改的立法调研、专题研究、条文起草、征求意见和专家咨询等工作，做好有关重点难点问题的深入论证和立法协调，力争2024年12月底前形成修改草案稿并报送国务院。二是全面贯彻实施《长江保护法》《黄河保护法》。加强《长江保护法》贯彻实施情况跟踪督促。组织开展《黄河保护法》规定的有关名录、方案、技术规范等配套制度建设，配合国家立法机关做好法律实施情况检查。三是推动重要行政法规立法。推动节约用水条例尽快颁布出台，做好宣贯实施工作。推进蓄滞洪区运用补偿、河道采砂管理等行政法规制修订相关工作。四是强化规章制度建设。积极推进流域管理、水资源管理、水利工程建设及运行管理等方面规章制度建设，做好水利工程质量事故处理暂行办法查修改和审议出台工作。五是指导地方立法。支持地方探索创新，以"小快灵"等方式，制修订出台一批"小切口"、高效率、形式灵活、富有特色的法规规章。指导相关行政区域开展水利协同立法，强化制度联动和整体效能。

唐忠辉　邓　瑞　执笔

李晓静　审核

# 2023 年水利政策法规出台情况

## 水利部政策法规司

| 序号 | 名　　称 | 文　号 |
|---|---|---|
| 一、法规规章（5项） | | |
| 1 | 长江河道采砂管理条例 | 国务院令第 764 号修改 |
| 2 | 水利工程质量管理规定 | 水利部令第 52 号 |
| 3 | 生产建设项目水土保持方案管理办法 | 水利部令第 53 号 |
| 4 | 长江流域控制性水工程联合调度管理办法（试行） | 水利部令第 54 号 |
| 5 | 水行政处罚实施办法 | 水利部令第 55 号 |
| 二、政策文件（42项） | | |
| 1 | 国家发展改革委　水利部　住房城乡建设部　工业和信息化部　农业农村部　自然资源部　生态环境部关于进一步加强水资源节约集约利用的意见 | 发改环资〔2023〕1193 号 |
| 2 | 水利部关于公布《法律、行政法规、国务院决定设定的水利行政许可事项清单（2022 年版）》的公告 | 水利部公告 2023 年第 1 号 |
| 3 | 水利部关于废止一批规范性文件的公告 | 水利部公告 2023 年第 5 号 |
| 4 | 水利部关于水行政执法（行政处罚和行政强制）事项指导目录（2022 年版）的公告 | 水利部公告 2023 年第 7 号 |
| 5 | 水利部关于水利工程甲级质量检测单位资质认定有关事项的公告 | 水利部公告 2023 年第 18 号 |
| 6 | 水利部关于水利工程建设监理单位资质认定有关事项的公告 | 水利部公告 2023 年第 19 号 |
| 7 | 水利部　交通运输部关于推行河道砂石采运管理单制度的通知 | 水河湖〔2023〕5 号 |
| 8 | 水利部关于推进水利工程配套水文设施建设的指导意见 | 水文〔2023〕30 号 |
| 9 | 水利部　国家能源局关于印发《南水北调中线干线与石油天然气长输管道交汇工程保护管理办法》的通知 | 水南调〔2023〕32 号 |

续表

| 序号 | 名　　称 | 文　号 |
|---|---|---|
| 10 | 水利部　农业农村部　国家林业和草原局　国家乡村振兴局关于加快推进生态清洁小流域建设的指导意见 | 水保〔2023〕35 号 |
| 11 | 水利部　国家发展改革委关于加强南水北调东中线工程受水区全面节水的指导意见 | 水节约〔2023〕52 号 |
| 12 | 水利部关于修订印发《水利青年科技英才选拔培养和管理办法》的通知 | 水国科〔2023〕95 号 |
| 13 | 水利部　国家档案局关于印发《水利工程建设项目档案验收办法》的通知 | 水办〔2023〕132 号 |
| 14 | 水利部关于印发《堤防运行管理办法》《水闸运行管理办法》的通知 | 水运管〔2023〕135 号 |
| 15 | 水利部　中国建设银行关于金融支持水利基础设施建设的指导意见 | 水财务〔2023〕137 号 |
| 16 | 水利部关于全面加强水资源节约高效利用工作的意见 | 水节约〔2023〕139 号 |
| 17 | 水利部　中央精神文明建设办公室　国家发展改革委　教育部　工业和信息化部　住房城乡建设部　农业农村部　广电总局　国管局　共青团中央　中国科协关于加强节水宣传教育的指导意见 | 水节约〔2023〕148 号 |
| 18 | 水利部关于印发《水利工程造价管理规定》的通知 | 水建设〔2023〕156 号 |
| 19 | 水利部关于印发《水利工程白蚁防治工作指导意见》的通知 | 水运管〔2023〕191 号 |
| 20 | 水利部　国家发展改革委关于加强非常规水源配置利用的指导意见 | 水节约〔2023〕206 号 |
| 21 | 水利部　自然资源部关于印发《地下水保护利用管理办法》的通知 | 水资管〔2023〕214 号 |
| 22 | 水利部关于印发《中小河流治理建设管理办法》的通知 | 水建设〔2023〕215 号 |
| 23 | 水利部　国家发展改革委　财政部　科技部　工业和信息化部　住房城乡建设部　中国人民银行　市场监管总局　国管局联合印发《关于推广合同节水管理的若干措施》的通知 | 水节约〔2023〕242 号 |
| 24 | 水利部关于修订印发《节水型社会评价标准》的通知 | 水节约〔2023〕245 号 |
| 25 | 水利部关于加快构建现代化水库运行管理矩阵的指导意见 | 水运管〔2023〕248 号 |

续表

| 序号 | 名　　称 | 文　号 |
|------|---------|--------|
| 26 | 水利部关于印发《深入贯彻落实〈质量强国建设纲要〉提升水利工程建设质量的实施意见》的通知 | 水建设〔2023〕254号 |
| 27 | 水利部关于修订印发《三峡后续工作规划实施管理办法》的通知 | 水三峡〔2023〕259号 |
| 28 | 水利部关于印发《国家水网重要结点工程认定标准（试行）》的通知 | 水规计〔2023〕265号 |
| 29 | 水利部关于加快推动农村供水高质量发展的指导意见 | 水农〔2023〕283号 |
| 30 | 水利部印发《进一步加强丹江口库区及其上游流域水质安全保障工作方案》 | 水规计〔2023〕316号 |
| 31 | 水利部关于印发《水利部直属单位水利工程运行管理监督检查办法》的通知 | 水监督〔2023〕327号 |
| 32 | 水利部印发关于推进水利工程建设安全生产责任保险工作的指导意见 | 水监督〔2023〕347号 |
| 33 | 水利部关于加强水库库容管理的指导意见 | 水运管〔2023〕350号 |
| 34 | 水利部关于实施水土保持信用评价的意见 | 水保〔2023〕359号 |
| 35 | 水利部办公厅　国铁集团办公厅关于加强铁路建设项目水土保持工作的通知 | 办水保〔2023〕3号 |
| 36 | 水利部办公厅关于组织开展深化农业水价综合改革推进现代化灌区建设试点工作的通知 | 办农水〔2023〕60号 |
| 37 | 水利部办公厅关于印发水利行政许可事项实施规范的通知 | 办政法〔2023〕72号 |
| 38 | 水利部办公厅关于加强山区河道管理的通知 | 办河湖〔2023〕140号 |
| 39 | 水利部办公厅关于印发生产建设项目水土保持方案审查要点的通知 | 办水保〔2023〕177号 |
| 40 | 水利部办公厅关于加强流域面积3000平方公里以上中小河流系统治理的意见 | 办规计函〔2023〕202号 |
| 41 | 水利部办公厅关于做好水利水电工程施工企业主要负责人、项目负责人和专职安全生产管理人员安全生产考核合格证书变更"跨省通办"工作的通知 | 办监督函〔2023〕414号 |
| 42 | 水利部办公厅关于进一步规范水利部本级和流域管理机构行政许可管理工作的通知 | 办政法函〔2023〕733号 |

刘　洁　邓　瑞　执笔

夏海霞　审核

# 推进水利法治宣传教育走深走实

## 水利部政策法规司

水利系统高度重视普法依法治理工作，认真组织学习宣传贯彻习近平法治思想和习近平总书记关于治水重要论述精神，突出学习《中华人民共和国宪法》《中华人民共和国民法典》及水法律法规，持续推动水利系统"八五"普法规划深入实施。

## 一、加强普法重点内容学习宣传

《中华人民共和国黄河保护法》（以下简称《黄河保护法》）通过后，迅速制定宣贯实施工作方案，召开宣贯视频会议。结合"世界水日""中国水周"，组织开展贯彻实施《黄河保护法》系列宣传活动，在《人民日报》发表李国英部长署名文章；在黄河河口开展"贯彻实施《黄河保护法》 携手共护母亲河"主题活动；举办《黄河保护法》专题展览；组织《黄河保护法》网络答题活动，超17万人参加；联合"学习强国"学习平台开展《黄河保护法》专项答题，超2100万人参加，为《黄河保护法》实施营造良好法治氛围。部署和组织"宪法宣传周"活动，在水利部机关举办宪法专题辅导讲座，邀请中国法学会副会长徐显明授课，线上线下2000余人参加学习；制作并展播宪法宣传短视频，受到广泛好评；组织参加"中国普法"微信公众号宪法知识网上竞答活动，收看年度法治人物专题节目，弘扬宪法精神，凝聚法治力量。

## 二、强化"关键少数"法治培训

2023年，举办4期水利系统局处级干部法治专题培训班和1期水行政执法人员线上培训班，邀请全国人大、最高人民法院、最高人民检察院、知名高校等专家学者授课，近 200 名局处级干部参加线下集中培训，3000 余名水行政执法人员参加线上培训学习，进一步提高了参训学员运用法治思维和法治方式解决水利问题的能力和水平。协同印发水利领导干部应知应会党内法规和国家法律清单，"关键少数"法治意识不断提升。

### 三、持续创新推进普法阵地建设

全面贯彻水利系统"八五"普法规划，举办第二届"人·水·法"全国水利法治短视频作品征集展播活动，获得众多单位和社会大众的广泛关注和支持，共征集作品 228 部，经专家严格评审，评选出优秀作品 15 部，入围作品 15 部。在抖音平台上"人水法短视频征集"话题播放量达到330.4 万次，活动影响力持续扩大。注重网上普法阵地建设，加强水利部官网"水政在线"栏目和"法治水利"微信公众号运营管理，创新形式内容，不断扩大影响力。"水政在线"各版块共采集、编写和更新稿件 432 篇，"法治水利"推送各类信息 341 条。10 月，"法治水利"被推荐参加2023 年走好网上群众路线百个成绩突出账号推选活动。

### 四、切实落实"谁执法谁普法"普法责任制

在水利部、最高人民法院、最高人民检察院、公安部、司法部开展河湖安全保护专项执法行动期间，制定配套宣传方案，设计制作主题宣传画，在《中国水利报》"人水法"版及"水政在线"推出宣传专题，对专项执法行动的亮点举措、成效进展和典型案例等进行重点宣传报道和政策解读。中央广播电视总台、人民日报、新华社等主流媒体进行了集中报道，各级各部门多形式、多渠道、全方位加强宣传报道工作，保证了执法质效。不断深化以案普法，联合最高人民检察院发布检察监督与水行政执法协同保障黄河水安全典型案例，邀请专家点评解读，推广办案经验。

赵　斌　彭聪聪　执笔

夏海霞　审核

# 强化水利法治管理
# 提升水行政执法效能

水利部政策法规司

2023 年，水行政执法机制建设持续深化，常态化执法与专项行动协同推进，水行政执法效能全面提升。

## 一、2023 年水行政执法工作进展

### （一）河湖安全保护专项执法行动成果丰硕

为深入贯彻落实习近平法治思想、习近平总书记关于治水重要论述精神，共同保障国家水安全，6 月，水利部会同最高人民法院、最高人民检察院、公安部、司法部联合开展河湖安全保护专项执法行动，这是水利部首次联合公检法司等部门共同开展专项行动，标志着水利部与最高人民法院、最高人民检察院、公安部、司法部加强执法协作进入新阶段。各级水利部门与公检法司机关通力协作，持续加大关系群众切身利益的河湖领域执法力度，查处一批"老大难"案件，形成一批长效机制，锻炼了执法队伍，传递了严厉打击水事违法行为的决心。专项执法行动期间，全国各级水利部门共收集问题线索 3.2 万余条，查处水事违法案件 1.2 万余件，联合执法 1.1 万余次，罚款 1.49 亿元，推动水事秩序持续向好。

### （二）水行政执法协作机制建设持续深化

2023 年，以河湖安全保护专项执法行动为契机，执法协作机制进一步完善，联合执法、联合办案、线索移交等方面机制建设持续加强，水行政执法与刑事司法衔接、与检察公益诉讼协作深入推进，跨区域联动、跨部门联合执法不断加强。截至 2023 年年底，全国共出台水行政执法协作相关

文件 2885 件，其中，刑事司法衔接机制 737 件，检察公益诉讼协作机制 1158 件，跨区域联动机制 552 件，跨部门联合机制 2105 件，行政执法协作机制广泛建立并发挥作用。水利部协同最高人民检察院举办首届服务保障黄河国家战略检察论坛，共同发布 11 个检察监督与水行政执法协同保护黄河水安全典型案例，联合对江苏、湖北等地重要涉水违法案件进行挂牌督办。

### （三）常态化执法与专项行动协同推进

2023 年，水利部持续推进常态化执法，加大执法巡查力度，严厉查处违法行为。全国共立案查处水事违法案件 2.9 万件，较上年增长 42.5%；巡查河道 1523.4 万 km，巡查湖泊水库面积 252.9 万 km²，现场制止违法行为近 8 万次。围绕重点领域组织开展专项行动，除河湖安全保护专项执法行动外，4—12 月，水利部联合最高检开展黄河流域水资源保护专项行动，组织水利部黄河水利委员会和流域 9 省（自治区）排查发现问题线索近 900 条，追缴水资源费（税）近亿元，为贯彻落实《中华人民共和国黄河保护法》，强化黄河流域生态保护和高质量发展提供了支撑。

### （四）水行政执法能力建设全面加强

2023 年，水利部印发实施《水行政处罚实施办法》，发布《水行政执法（行政处罚和行政强制）事项指导目录（2022 年版）》，起草关于提升水行政执法质量和效能的指导性文件、水行政执法文书基本格式标准。完善全国水行政执法业务培训平台，强化流域管理机构近 3000 名执法人员业务培训，举办 4 期水利系统局处级干部法治专题培训班，加强领导干部法治教育培训。加强信息化建设，设计完成水行政执法综合管理一体化平台，选取河北省开展试运行，初步实现水行政执法业务数据汇聚。加强执法统计，强化数据分析研判，印发 12 期水行政执法动态信息和舆情月报，提供决策支撑。

### （五）依法行政保障水平不断提升

2023 年，水利部全面落实专项任务，制定印发 2023 年度强化体制机制法治管理工作要点，明确 87 项重点工作，逐项建立工作台账，一体推进新阶段水利高质量发展制度体系建设。系统梳理总结水利部2023年法治政府建设情况并向中共中央、国务院报告。牵头组织清理涉及水利部的有悖高质量发展的政策规定，共排查各类文件452件。印发《水利部办公厅关于开展水事纠纷排查化解工作的通知》，组织开展全国水事纠纷排查化解工作，专题组织已销号省际水事纠纷"回头看"，督促水利部淮河水利委员会及江苏、安徽两省协调解决苏皖边界时湾水库违法圈圩问题，全国水事秩序保持总体稳定。强化合法性审查，严守重大决策合法性关口，助力提升决策质量。审核规划编制、项目进展、资金安排、标准规范、条约协定、工作方案、规范性文件等各类决策事项共计140余件，社会稳定风险评估备案130余件，对有一定风险的决策，提出工作建议。

## 二、下一步工作部署

一是落实深化行政执法体制改革要求。深入贯彻中央深化行政执法体制改革要求，落实国办关于提升行政执法质量三年行动计划（2023—2025年）任务要求，联合司法部出台《关于提升水行政执法质量和效能的指导意见》，进一步强化水行政主管部门履职尽责，提升执法质量和效能。

二是加强跨区域跨领域跨部门协作。巩固五部门河湖安全保护专项执法行动成果，用好水行政执法与刑事司法衔接、与检察公益诉讼协作机制，加强与综合行政执法部门衔接。继续开展重大涉水违法案件的联合挂牌督办，推进黄河流域检察公益诉讼协作平台建设，推深做实水行政执法与检察公益诉讼协作机制。

三是加大重点领域区域执法力度。持续加大对防洪安全、供水安全、工程安全等关系群众切身利益的重点领域执法力度。选取重要水库、水源地探索搭建执法信息管理平台，从体制机制完善、人员装备保障、信息汇集处理等各方面全面提升监管水平。

四是全面加强水利依法行政。严守重大决策合法性关口，做好社会稳定风险评估备案，助力提升决策质量。适时调整水利行政许可事项实施动态，修订许可事项清单、办事指南等。持续开展事中事后监管，创新监管方式，不断提升监管效能。优化线上办事服务，通过多渠道多路径宣传推广"水利办"政务服务品牌。持续做好水事纠纷集中排查和调处化解工作，抓好行政复议法贯彻落实，加强行政复议诉讼案件结果运用。

孟祥菡　执笔

夏海霞　审核

## 专栏五十二

# 水利部联合四部门实施河湖安全保护专项执法行动

### 水利部政策法规司

为深入贯彻落实习近平法治思想、习近平总书记关于治水重要论述精神，共同保障国家水安全，2023年6月，水利部会同最高人民法院、最高人民检察院、公安部、司法部联合开展河湖安全保护专项执法行动。

专项执法行动实施以来，五部门加强组织领导、动员部署和督促指导，各地积极响应，有力有序推进专项执法行动。一是强化部署实施。李国英部长亲自审定专项行动方案并出席动员会议。各省级水利部门均印发本地区实施方案，明确工作任务，推动专项执法行动落地见效。二是加强线索排查。水利部设立12314监督举报服务平台专项行动举报专栏，汇总梳理问题线索以"一省一单"形式转交各地逐项核查。各级水利部门将专项检查与日常巡查相结合，加大常态化执法巡查力度。三是强化执法协作。各级水利部门同步推进案件查处和机制建设，通过建立联络员制度、联席会议制度等方式，主动加强与公检法司等部门执法协作，形成执法合力。四是加强督促指导。水利部召开3次专项行动调度会，通报进展、交流经验、加强指导督促。联合司法部共同开展专项行动执法监督，要求各省级水利部门通过重点抽查和自查相结合开展执法监督，确保专项行动质量和效果。五是加大宣传力度。各级水利部门通过官方网站、报刊、"两微一端"新媒体等平台，全方位宣传报道专项执法行动的重要意义、典型案例和取得的成效，营造全社会尊法守法的良好社会氛围。

通过开展专项执法行动，各级水利部门在各级公检法司机关的大力支持下，全力打击各类水事违法犯罪行为，取得显著成效。一是推动解决一批疑难水事问题。各级水利部门对疑难复杂案件开展集中攻坚，推动一批行洪障碍物和违法码头顺利拆除，查办了一批侵占河湖、妨碍行洪、非法取水、非法采砂违法案例。专项行动期间，各级水利部门共收集问题线索3.2万余条，查处涉河湖类水事违法案件1.2万余件，全国河湖秩序明显向好。二是建立健全水行政执法长效机制。各级水利部门加大与公检法司等部门的协作力度，开展联合执法7766次，召开联席会商2354次，向公安机关移交涉嫌犯罪的线索176条，接受公安机关移交的行政处罚线索108条，向检察机关移交线索309条，提起检察公益诉讼270件。专项行动期间，流域管理机构和各级水行政主管部门出台水行政执法协作机制相关文件共计2501件，有力推动部门协作常态化、制度化、规范化。三是有效提振了执法队伍信心。各级水利部门将专项执法行动作为锻炼队伍的重要契机，积极调动各级水行政执法力量，突出实训、实战、实效，不断提高执法人员办案能力水平。各级水行政执法队伍积极作为，查处的水事违法案件数量大幅增长，有力维护了公共利益，推动水行政执法效能持续向好。

冯　浩　执笔

夏海霞　审核

# 重庆市：
## 构建"1+4+8"立体执法模式保护河湖安全

自 2023 年 6 月河湖安全保护专项执法行动开展以来，重庆市围绕防洪安全、水资源水生态水环境保护、河道采砂管理、三峡水库消落区管理等重点领域，建立水行政执法"四项机制"，分类施策推进专项执法行动，全力保护河湖安全，共收到问题线索 195 条，经核实属实的线索 169 条，正式立案查处 53 件，专项执法行动取得阶段性成效。

### 一、明晰路径，"规定动作"做到位

水利部、最高人民法院、最高人民检察院、公安部、司法部联合召开专项执法行动动员部署会议后，重庆市迅速贯彻会议精神，市水利局等 5 部门联合发布《重庆市河湖安全保护专项执法行动实施方案》，确定"水事秩序明显好转、河湖安全持续改善、协作机制更加顺畅"的工作目标。

注重闭环管理。市水利局牵头建立联络员制度、联席会议制度，主动对接各相关部门，协调案件移送、查处、督办等工作。强化社会监督，畅通违法线索举报渠道，鼓励群众举报水事违法线索。坚持闭环整改问题，以市、区（县）、乡镇（街道）、村（社区）四级河长制工作体系为依托，对摸排出的违法案件线索实行销号制度。

注重联动联合。在体制机制方面，增强行政与司法衔接，建立健全线索移送、信息共享、司法监督等长效工作机制。在行政案件处理方面，在相关行政部门搭建起执法标准统一、行政案件会商、监督检查联动、案件结果互认、办案经验互鉴的行政执法联动协作

长效机制。在管理与执法衔接方面，制定管罚明晰的案件移送、巡查互补机制，切实提升管理效率与执法水平。

## 二、靶向发力，"自选动作"做出彩

重庆市立足河湖安全保护工作实际，构建"1+4+8"的立体执法模式。"1"是重庆市水利局增强水利系统自身法治能力建设，建立三级行政执法协调监督工作体系。"4"是审判机关强制执行权、检察机关行政监督诉讼权、行政司法机关行政执法监督权、公安机关刑事司法权。重庆市建立健全司法监督长效工作机制，凝聚"1+4"合力，构建司法行政协同共治新格局。同时，市水利局加强与规划、自然资源、生态环境等8个相关市级行政部门的沟通协调。

重庆市还谋划建设水行政综合执法基地。着力推进市级水行政综合执法基地建设，在万州区打造重庆市三峡库区水行政综合执法基地，在基地内，市级水行政执法、管理机构和相关行政部门执法机构联合组织、指导县级相关部门，共同开展三峡库区执法监督，保护三峡水库生态环境安全和运行安全。目前，相关项目资金已到位，计划于2025年年底正式启用。重庆市还推进区县级水行政综合执法基地建设，在开州区试点建设县级水行政综合执法基地，水利执法支队、水上派出所、农业执法支队、港航海事执法机构集成化办公，共同处理水事违法案件，综合执法基地已于今年9月投入使用。

通过数字赋能的方式，重庆市积极探索水行政数字化执法，提升水行政执法效能。将行政监管与行政执法、行政执法与刑事司法、行政执法与检察公益诉讼等领域的共治经验，融入数字重庆建设中的"三融五跨"建设，推动实现水行政执法一体化、系统化，促进水行政执法提质增效，共同维护河湖水事秩序，筑牢长江上游重要生态屏障。

杨刚　姚能霞　执笔

迟诚　王慧群　审核

# 水利部与最高人民检察院启动黄河流域水资源保护专项行动

## 水利部政策法规司

为贯彻落实《中华人民共和国黄河保护法》，推深做实水行政执法与检察公益诉讼协作机制，促进黄河流域水资源节约集约利用，2023年4月，水利部会同最高人民检察院联合开展黄河流域水资源保护专项行动，重点对黄河流域情节严重、影响恶劣、拒不整改的违法取水问题进行专项整治。专项行动开展以来，在水利部、最高检的统一领导下，水利部黄河水利委员会（以下简称黄委）、流域9省（自治区）水行政主管部门、检察机关以及其他有关单位积极作为、协同推进，持续加大线索排查和案件查处力度，建立健全水资源保护长效机制，推动黄河流域取水秩序持续向好，取得了明显成效。

一是严格查处案件，推动黄河流域取用水秩序不断好转。坚持依法依规，立足水行政执法职能，全面保障水资源管理保护有法必依、执法必严、违法必究。对未按要求整改，情节恶劣、影响较大的取用水违法行为严肃查处。截至2023年年底，黄河流域水资源保护专项行动共发现问题885个，整改710个；立案查处违法案件415件，结案329件，共处罚款1300余万元，补缴水资源费9900余万元。

二是坚持协同推进，推动水行政执法与检察公益诉讼协作机制落地见效。专项行动开展以来，黄委和流域9省（自治区）水行政主管部门出台水行政执法与检察公益诉讼协作机制文件158件。各级水行政主管部门主动加强与同级检察机关对接，在会商研判、线索移送、调查取证、信息共享等方面扎实推进水行政执法与检察公益诉讼协作配合，建立定期会商机制，及时通报专项行动工作进展，共同研究解决工作进展、存在问题及对策建议。

三是加强队伍建设,执法人员执法能力进一步提升。各单位组织相关行政执法人员加强水资源保护水法律法规培训,进一步强化了管理保护水资源的责任意识和依法行政的能力。通过专项行动高密度高频次的水资源领域执法,黄河流域广大水行政执法人员以训促干、以干促练,积累了执法经验,进一步提升了严格规范公正文明执法的水平。专项行动期间,执法人员对管辖范围内各类取用水资源的工业企业等进行了专项排查,进一步摸清了辖区内用水户取用水的基本情况,合理确定了长期重点监管对象台账,为长期做好水资源管理保护工作打下坚实基础。

孟祥菡　执笔

夏海霞　审核

专栏五十四

# 深化长江河道采砂管理三部合作机制

## 水利部河湖管理司

按照长江河道采砂管理三部合作机制领导小组工作部署，水利部、公安部、交通运输部及其派出机构密切配合、通力合作，会同沿江各地严厉打击非法采砂，有效规范合法采砂，全面加强涉砂船舶管控，长江河道采砂管理稳定向好态势进一步巩固。

一是强化协同联动。水利部组织召开三部合作机制领导小组会议，分析长江河道采砂管理工作新形势、新要求，印发年度工作要点，部署年度重点工作。三部派出机构定期召开联席会议，建立工作协作机制，加强信息通报和沟通协调，推动落实重点工作。指导长江委和沿江省市深入贯彻新修订的《长江河道采砂管理条例》，持续强化长江采砂管理。二是严格实施采砂规划。指导督促地方严格按照河道采砂规划实施许可采砂，加强事中事后监管，2023 年长江干流批复实施规划可采区 46 个，开采河砂超过 2000 万 t。三是打击整治非法采砂。会同公安部、交通运输部等部门联合开展长江河道非法采砂专项打击整治行动，查获非法采运砂船 24 艘，破获涉砂类刑事案件 20 起，打掉犯罪团伙 22 个。长江委指导沿江省市加强对违法违规采砂行为的执法打击，开展执法专项行动 3342 次，查获非法采砂船 17 艘。四是强化采砂源头管控。加强涉砂船舶管理，对涉砂码头、集中停靠点及涉砂船舶问题突出的地区组织开展联合整治行动。依托河湖长制平台，加强修造船企业管理，推进涉砂船舶源头管控。严格落实河道砂石采运管理单制度，推动长江干支流、通江湖泊加快实现采运管理单电子化，强化长江河砂采运销过程监管。五是加强疏浚砂利用管理。指导沿江各地制定完善疏浚砂综合利用管理相关制度，湖北省出台河道疏浚砂综合利用管理办法和河道疏浚砂综合利用实施方案编制导则。加强与航道部门的沟通协调，把住疏浚砂综合利用项目审批关，严防以疏浚之名行采砂之实。

马学莉　执笔
刘　江　审核

# 持续深化水利行政审批制度改革
# 推动政务服务水平和行政效能再上新台阶

## 水利部政策法规司

　　水利系统深入贯彻落实习近平总书记关于持续优化营商环境的重要指示精神和党中央决策部署，紧紧围绕推动新阶段水利高质量发展，深入推进水利行政审批制度改革，不断提升水利政务服务效能，为持续优化营商环境提供水利支撑。

　　一是持续推进简政放权。编制并印发《法律、行政法规、国务院决定设定的水利行政许可事项清单（2022年版）》，对25项水利许可事项及108项子项，逐项制定实施规范，明确事项名称、中央主管部门、实施机关、设定和实施依据等要素。组织编制办事指南和工作细则，并同步公示。开展2013年以来取消的31项行政审批事项和现行25项审批事项的检视工作，根据实际执行情况，做好有关行政审批的动态调整。按照直接取消、告知承诺、优化服务3种方式，抓好水利领域"证照分离"改革实施，确保落地见效。制定6项水利涉企许可事项电子证照标准，水利证照全部实现电子化。

　　二是强化事中事后监管全覆盖。印发通知，进一步规范水利部本级和流域管理机构行政许可事项的监督和管理工作。组织编制2023年水利部本级和流域管理机构监管计划，强化计划管理，在水利建设市场、水文等领域大力推行"双随机、一公开"监管，年度监管计划全面完成，监管的精准性、有效性不断提高。大力推进信用监管，建立全国统一的水利建设市场信用评价体系，依据市场主体信用实施差异化监管。推动水利部"互联网+监管"系统应用，实现监管工作信息化办理，依托水利部政务服务平台，汇聚水利部12314监督举报服务平台及各业务领域监管数据分析提炼问题线索，实现大数据监管。

三是推进政务服务标准化规范化便利化。作为国务院四个试点部门之一，围绕"高效办成一件事"，深入开展"我陪群众走流程""政务服务体验员""政务服务开放日"等试点工作，统一办事标准，不断优化办理流程，提升办事便捷度，不断提升政务服务水平。打造政务服务品牌"水利办"，制作并上线"水利办"微信小程序，97%业务量实现"掌上办"，推动实现水利许可事项办理的便捷化、信息化和规范化。

丁振宇　彭聪聪　执笔

夏海霞　审核

# 全面推行河道砂石采运管理单制度

### 水利部河湖管理司

为加强河道采砂管理，提高涉砂活动监管效能，打击遏制非法采砂，2023 年 1 月，水利部、交通运输部联合印发《水利部　交通运输部关于推行河道砂石采运管理单制度的通知》，在全国推行河道砂石采运管理单制度。通知明确，河道砂石采运管理单是证明河道砂石来源合法的有效凭证，依法开采的河道砂石，运输、过驳、装卸、堆存等实行河道砂石采运管理单制度，河道砂石承运人无法提供合法有效采运管理单的，码头、装卸点等有关经营主体暂停河道砂石接收、装卸、过驳等。

各地认真贯彻落实通知要求，全面推行采运管理单制度。一是加强规范管理。各地把河道砂石采运管理单作为强化河道采砂管理的重要抓手、作为河湖长制的重要工作任务，按照要求制作格式统一的采运管理单，对采运管理单填写、开具、使用等作出明确规定。二是严格监管执法。各地加强采运管理单使用过程监管，水利和交通部门建立完善协作机制，形成工作合力。水利部长江水利委员会（以下简称长江委）加强采运管理单核查，查获非法运砂案件 36 件，配合长航公安打击伪造、虚开管理单、反复套用等违法问题，协助公安机关破获刑事案件 52 起。三是加快推进采运管理单电子化。长江委进一步完善河道砂石采运管理单信息平台，四川、江西、湖南等长江流域省份建成河道砂石采运管理单信息平台并投入使用，推动长江干支流、通江湖泊砂石采运管理单电子化，其他流域省份加快向电子管理单过渡，河道砂石采运监管能力大幅提升。

推行河道砂石采运管理单制度，赋予河道砂石"身份证明"，实现可追溯可倒查，是强化河道采砂管理的重要抓手，对于提高河道采砂监管效能、打击非法采砂行为、维护河道采砂管理秩序具有重要意义。水利部将进一步强化工作落实，指导地方规范采运管理单使用管理，强化核验监管，加快推进采运管理单电子化，加大非法采砂打击整治力度，有效维护河道采砂管理秩序。

马学莉 执笔

刘 江 审核

# 水利政策研究迈上新台阶

水利部政策法规司

2023 年，水利系统以党的二十大精神为指导，深入学习贯彻习近平总书记关于治水重要论述精神，贯彻落实党中央、国务院决策部署和部党组工作安排，按照李国英部长"需求牵引、应用至上"指示要求，加强对项目研究的组织实施和全过程指导，顺利完成 43 项政策研究项目，形成一批理论性或制度性成果，为推动新阶段水利高质量发展提供了有力的政策支撑。

## 一、精准安排政策研究项目

一是坚持围绕中心。着眼水利发展大局，紧紧围绕推动新阶段水利高质量发展目标任务，落实强化体制机制法治管理要求，突出前瞻性、战略性、针对性，科学谋划研究课题。二是坚持问题导向。立足水利行业管理实际需求，针对水利各领域管理遇到的政策依据不足或者缺失等问题，紧盯体制障碍、制度缺失、法治短板，精准筛选研究课题。三是坚持应用至上。按照李国英部长"急用先行周期短、操作性强重应用"指示要求，找准政策研究定位，突出务实管用，研究课题主要为制修订法律法规规章、制定政策文件、健全管理制度机制等提供支撑。

## 二、强化政策研究项目管理

发挥政策研究项目计划的统领作用，紧盯工作大纲评审、中期检查、专家咨询、成果评定等多个环节，加大组织实施和研究进度的督导力度，稳步推进项目研究工作。一是紧盯项目工作大纲评审、中期检查、成果评定等多个环节，进一步规范项目任务书、工作大纲、研究成果及成果摘要等编制要求。二是委托第三方机构，从政策、技术、内容、应用等方面对项目成果逐一开展后评估，形成评估报告。组织专家对 2021—2022 年度 75 个政策研究项目进行评分，评选出 15 个优秀成果。三是建立政策研究项目成果库，在水利部官网"水政在线"栏目公开发布项目成果摘要，在综合办公平台发布项目成果全文，推动研究成果信息共享和宣传推广。

## 三、积极推动成果转化应用

一是宏观战略研究方面，开展习近平治水思想理论体系、实施国家"江河战略"重大问题等研究，为完整准确全面贯彻习近平总书记关于治水重要论述精神，推动新阶段水利高质量发展提供了有力支撑。二是立法研究方面，项目成果支撑了相关涉水法律法规规章制修订工作，特别是水法、防洪法修订前期研究，在《中华人民共和国水法》《中华人民共和国防洪法》修改列入十四届全国人大常委会立法规划过程中发挥了积极作用。三是体制机制研究方面，有关项目深化了河湖生态保护、水资源集约节约与配置利用、水利投融资等方面研究，为强化水利体制机制法治管理等重点工作提供了大力支持。

彭聪聪　刘　洁　执笔

夏海霞　审核

# 流域治理管理篇

# 深入推动新阶段长江水利高质量发展
# 着力提升流域水安全保障能力

## ——2023 年长江流域治理管理进展与成效

### 水利部长江水利委员会

2023 年，水利部长江水利委员会（以下简称长江委）深入落实习近平总书记关于治水重要论述精神，积极践行新阶段水利高质量发展"六条实施路径"，强化流域治理管理"四个统一"，全力推进长江水利高质量发展，为流域经济社会发展提供坚实的水安全保障。

## 一、流域防洪工程体系不断完善

全力推进长江流域防洪规划修编，完成设计洪水、防洪区划与防洪标准复核、防洪总体布局方案等重要阶段性成果。配合编制完成《七大江河干流重要堤防达标建设三年行动方案（2023—2025 年）》。积极推动流域重大防洪工程建设，四川青峪口水库实现一期截流，湖北姚家平水库、安徽凤凰山水库、长江安庆河段治理等工程顺利开工。不断强化蓄滞洪区建设，鄱阳湖康山、珠湖、黄湖、方洲斜塘等蓄滞洪区安全建设工程全面开工。指导安徽等 4 省实施长江中下游重点区域排涝能力建设，编制完成长江流域（片）中小河流治理总体方案，推进流域主要支流和中小河流综合治理项目实施。开工建设陆水水库除险加固工程，督促流域 109 座大中型水库、责任片 2082 座小型水库除险加固项目全部开工。

## 二、国家水网重大工程加快实施

修编完成南水北调中线工程规划，启动西南水网建设规划编制，完成16 省（自治区、直辖市）省级水网建设规划审核。紧盯流域重大水网工程建设质量与进展，现场督导引江补汉、引江济淮、滇中引水等重点工程建设，开展汉江孤山航电枢纽、西藏帕孜水利枢纽等工程质量监督，推进四川向家坝灌区北总干渠一期二步等水网骨干工程开工建设。扎实推进鄱阳湖水利枢纽、白龙江引水、引大济岷等重大引调水工程，向阳、焦岩、大滩口等水库，韶山扩灌、景腊灌区等重点灌区，以及三峡水运新通道等重点项目前期工作。精准实施南水北调中线一期工程水量调度，陶岔渠首年度供水 74.1 亿 $m^3$、生态补水 5.52 亿 $m^3$，超额完成年度计划。截至 2023 年年底，丹江口水库已累计向北方供水超 610 亿 $m^3$，实施生态补水超 96 亿 $m^3$，直接受益人口达 1.08 亿人。

## 三、河湖生态环境持续复苏

推动构建丹江口库区及其上游流域水质安全保障工作体系，推进丹江口"守好一库碧水"专项整治行动扫尾，开展水质水生态应急监测 200 余次，有效应对丹江口库湾藻类异常增殖等水质突发事件。强化水源地保护，梳理流域 324 个重要饮用水水源地基础信息，完成 60 个水源地安全保障达标建设现场抽查。开展河湖库"清四乱"、长江干流岸线利用项目清理整治"回头看"等专项督查，指导督促地方整改问题 4000 余个。开展河湖健康评价，督促推进四川芙蓉溪等国家级幸福河湖建设。推动实施母亲河复苏行动，督导相关省份对 16 条河流开展"一河一策"保护修复。建立 85 条（个）重点河湖 131 个断面生态流量"日预警、周处置、月通报、年考核"监管工作体系，完成 6 条（个）跨省河湖 36 个已建水利水电工程生态流量核定与保障先行先试。推动丹江口库区及其上游水土流失治理纳入特别国债投资范围，强化 123 个部批生产建设项目水土保持监管。严厉打击非法采砂，暗访巡江 1.5 万 km，指导各地查获非法采砂船 17 艘、移送司法机关案件 13 起，长江干流规模性非法采砂已经绝迹。

## 四、水资源节约集约利用有效推进

深入实施国家节水行动，完成 85 个县（区）节水型社会达标建设复核，开展 47 个水行政主管部门和 140 家用水单位节水监督检查，完成重庆市、四川省省级用水定额评估。实施用水总量和强度双控，实现流域 23 条重要跨省江河流域水量分配全覆盖，金沙江流域水量调度方案获批，汉江等年度水量调度计划印发实施。组织实施牛栏江—滇池补水工程应急供水调度，有力保障昆明城市供水安全和滇池生态安全。开展 22 个建设项目节水评价审查，核减水量 6135 万 m³。强化用水过程监管，长江经济带年用水量 1 万 m³ 及以上的 18 万余家工业服务业单位实现计划用水管理全覆盖，271 家国家级（委管）重点监控用水单位纳入实时监控。流域 288 个控制断面最小下泄流量日均达标断面约占 90%，规模以上取水在线监测率超 95%，年度累计监测水量超 1500 亿 m³。批准长江委首例涉及水权交易的取水许可和 2 例年度结余水量的水权交易，通过"两手发力"推进水资源合理配置。

## 五、数字孪生长江建设取得重要成果

数字孪生丹江口、汉江、江垭皂市先行先试任务全面完成。数字孪生丹江口初步建成具有"四预"功能的 2.0 版，并成功应用于丹江口汛末 170 m 蓄水全过程，实现大坝性态、库岸稳定、水质状况的同步跟踪与动态推演。数字孪生汉江成功应用于南水北调中线水量调度计划编制及计划滚动执行，为南水北调供水有序开展提供了重要保障。数字孪生江垭皂市在水库防汛抢险应急演练和库区智慧巡查中有效应用。数字孪生三峡建设取得重要阶段性成果，有力支撑了"1999+"洪水调度演练。全国首个数字孪生流域建设重大项目——长江流域全覆盖水监控系统建设项目开工，流域 L2 级底板地理空间数据建设工作基本完成，流域水文站网全线提档升级，智慧水文监测系统全面投产，水工程综合调度系统通过验收。

## 六、体制机制法治管理不断强化

贯彻落实《中华人民共和国长江保护法》（以下简称《长江保护法》），配合做好《中华人民共和国水法》《中华人民共和国防洪法》《长江河道采砂管理条例》等法律法规修订。持续强化河湖长制，发挥长江流域省级河湖长联席会议机制和"长江委+省级河长办"协作机制作用，推进丹江口水库及上游地区、嘉陵江上游地区等跨省河流联防联治。强化流域水行政执法，参与流域司法协作、检察协作机制。

流域治理管理取得积极成效。在统一规划方面，推动嘉陵江、雅鲁藏布江等流域综合规划，丹江口水库岸线保护与利用规划、长江流域（片）水土保持规划、长江口综合整治规划等专业专项规划取得新进展，开展《"十四五"水安全保障规划》《长江经济带发展规划纲要》实施情况中期评估。在统一治理方面，初步建立长江流域（片）重大项目库，完善重大水利项目合规性审查机制和水利工程运行管理工作协调机制。编制《三峡水库库容安全保障工作方案》并经水利部印发实施，加强三峡库区地质灾害防治研究，推进长江中下游河道观测项目实施。完成7省（自治区、直辖市）4366座水库、385段堤防的白蚁等害堤动物隐患应急整治工作，及时消除水库、堤防安全隐患。在统一调度方面，发挥长江防汛抗旱总指挥部办公室平台作用，完善"双响应、双通报、双预警"机制，加强联合调度会商，科学精细调度，全力保障防洪安全。制定印发《水利部长江水利委员会水资源调度管理实施细则》，持续完善长江流域水资源调配协调机制，全力保障供水安全。加强重点河湖控制断面生态流量动态监管，建立生态流量保障调度会商制度。在统一管理方面，开展河湖安全保护专项执法行动，累计排查线索238条，立案5件。办理行政许可事项305项，实施各类监督事项25项，累计派出检查组289组（次）、1096人（次），发现问题2081个，印发"一省一单"加强督促整改。

2024年，长江委将深入落实全国水利工作会议部署，积极践行"六条实施路径"，持续提升"四种能力"，把握运用"六个必须坚持"的宝贵经验，深入推动长江水利高质量发展。一是着力建设安澜长江。加快完善流域防洪工程体系，加快构建雨水情监测预报"三道防线"，强化水工程统一联合调度，全力做好旱涝同防同治。二是持续推进国家水网建设。推动实施国家水网骨干工程，推动各层级水网协同融合发展，全面加强三峡、丹江口水利枢纽等水利工程运行管理。三是加快复苏河湖生态环境。全面加强江河湖库保护治理，建构河流伦理，加强河湖生态流量管理，加强水土流失综合防治。四是扎实推进数字孪生长江建设。大力推进数字孪生流域建设和数字孪生工程建设，加强数字孪生建设指导和成果共享。五是不断加强水资源节约集约利用。强化水资源刚性约束，落实国家节水行动，实施重点跨省河流和重要引调水工程水资源调度管理，加强流域取用水监管。六是全面强化流域体制机制法治管理。深入贯彻落实《长江保护法》，进一步强化河湖长制，强化统一规划、统一治理、统一调度、统一管理，持续提升流域治理管理效能。

王 凡　陈炯宏　胡曦男　执笔

胡早萍　审核

专栏五十七

# 强化统一联合调度
# 提升流域水工程综合效益

## 水利部长江水利委员会

2023 年，水利部长江水利委员会（以下简称长江委）深入推进安澜长江建设，强化水工程统一联合调度，发挥长江防汛抗旱总指挥部（以下简称长江防总）办公室平台作用，完善"双响应、双通报、双预警"机制，加强联合调度会商，科学精细调度，有效应对持续枯水影响和汉江秋汛，顺利完成水库群年度蓄水任务，不断提升长江流域水工程防洪减灾和水资源综合利用效益，为长江经济带高质量发展提供坚实的水安全保障。

面对流域来水显著偏少、局地极端强降雨、汉江秋汛等复杂形势，长江委坚持汛旱并防，严格执行《长江流域控制性水工程联合调度管理办法（试行）》，将 125 座水工程纳入联合调度，通过强化流域水工程统一联合调度，着力保障流域水安全。汛前，统筹调度长江上游水库群向中下游补水 345 亿 m³，抬高中下游水位 0.5~4.0 m，保障荆州、武汉等沿江城市供水安全和长江航道畅通。汛期，科学调度应对台风"杜苏芮"对长江流域的影响，有序应对金沙江上游直门达站超历史实测记录洪水，有力保障成都第 31 届世界大学生夏季运动会、杭州第 19 届亚洲运动会等重大活动和电网迎峰度夏电力需求。汉江秋汛 2 次编号洪水期间，连发 17 道调度令优化调度丹江口水库，拦洪 13.1 亿 m³，避免了杜家台蓄滞洪区运用和汉江下游超保证水位。汛末，开展水库蓄水跨部门联合会商，统筹有序安排水库蓄水进程，三峡水库、丹江口水库"双蓄满"，53 座控制性水库汛末最大蓄水量达 1069 亿 m³，创历史新高。科学精准控制三峡水库运行水位，优化汛前消落、汛期运行水位动态控制，充分发挥水工程综合效益，三峡水利枢纽 2023 年航运通过量达 1.74 亿 t，再创历史新高。丹江口水库向南水北调中线工程供水 74.1 亿 m³，超额完成年度任务。三峡、金沙江下游、雅砻江、清江、金沙江中游梯级水利工程等通过优化调度增发电量 184.5 亿 kW·h。开展生态调度试验 13 次，宜都和沙市断面鱼类总产卵量创历史新高，荆江河段四大家鱼自然繁殖情况恢复至 20 世纪 80 年代水平。

2024 年，长江委将坚决贯彻习近平总书记"强化流域水工程统一联合调度"的重要指示，发挥好长江防总办公室的平台作用。坚持旱涝同防同治，扎实做好水工程及其运用方案（预案）准备，加强水雨情监测预报"三道防线"建设和数字孪生成果运用。持续完善调度管理制度和机制，强化科技支撑，动态优化水工程联合调度方式，做好汛前消落、洪水防御、汛末蓄水、汛后补水及生态调度试验，择机开展水库减淤调度，拓展提升水工程联合调度效能，不断追求工程综合效益"帕累托最优"。

王　凡　陈炯宏　胡曦男　执笔

胡早萍　审核

# 履行法定职责　强化"四个统一"
# 为中国式现代化提供有力的水安全保障

## ——2023 年黄河流域治理管理进展与成效

### 水利部黄河水利委员会

2023 年，水利部黄河水利委员会（以下简称黄委）深入学习党的二十大和二十届二中全会精神，以习近平新时代中国特色社会主义思想为指导，贯彻落实习近平总书记"节水优先、空间均衡、系统治理、两手发力"治水思路和关于治水重要论述精神，锚定"幸福河"目标，落实《中华人民共和国黄河保护法》（以下简称《黄河保护法》），深入践行推动新阶段水利高质量发展"六条实施路径"，强化流域治理管理"四个统一"，推动新阶段黄河流域水利高质量发展迈出坚实步伐，各方面工作稳中有进、亮点突出。

## 一、强化统一规划，持续发挥规划指导约束作用

一是完善黄河保护治理规划体系。完成黄河流域防洪规划修编、黄河流域（片）水土保持规划初稿，河口综合治理规划、"二级悬河"和下游滩区综合提升治理方案通过复审，编制完成刁口河入海流路综合治理方案、东平湖综合治理提升方案，组织开展区域水网规划编制。

二是做好区域水利规划审查。完善黄河流域规划清单目录，审核陕西、青海、甘肃等省份水网规划 7 项，签署规划同意书 5 项，对流域（片）9 省（自治区）国土空间规划和流域（片）省区省会城市国土空间规划研提意见。

三是开展流域（片）中小河流治理总体方案编制。组织编制 81 条跨省河流治理方案，对 1123 条中小河流逐河流治理方案进行集中审核，复核

汇总省级总体方案成果，编制完成黄河流域、西北诸河流域总体方案并通过评审验收。

## 二、强化统一治理，持续完善流域水利基础设施体系

一是推进重大项目前期工作。锚定古贤水利枢纽工程尽早开工目标，优化工作方案，细化责任措施，攻坚克难、压茬推进前期工作，环评报告获得生态环境部批复，项目法人完成组建，可研审批取得重大进展。黑山峡水利枢纽工程完成10个专题和可研报告初稿，移民调查提速实施。配合南水北调工程总体规划修编，西线工程规划成果上报水利部，一期可研编制深入推进。

二是推进重大水利工程建设。黑河黄藏寺水利枢纽工程完成大坝主体浇筑，实现下闸蓄水关键节点目标，转入初期运用阶段。黄河禹潼段"十三五"治理工程全面完工；下游第一批22座引黄涵闸改建工程（含位山闸一期）基本完工，第二批15座涵闸改建工程全部开工；黄河下游"十四五"防洪工程211处工程主体完工131处。全年完成建设投资28.39亿元。

三是推进流域水利项目审核验收。审查、审核青海省黄河干流防洪二期、黄河甘肃段河道防洪治理等流域省区重大项目可研14项，完成引汉济渭工程多项阶段验收任务。

四是推进水土流失综合治理。印发《贯彻落实〈关于加强新时代水土保持工作的意见〉工作方案》，明确118条措施。实施水保空间管控、信用评价制度，完成7个国家级水土流失重点区域13个典型县划分指标测算。指导推进黄土高原塬面保护、小流域综合治理等项目，完成80个部批生产建设项目监管检查，连续6年实现流域水土流失监测全覆盖。

## 三、强化统一调度，持续提升工程联合调度综合效益

一是强化防洪统一调度。锚定"确保人民群众生命财产安全、确保黄河堤防不决口"目标，科学调度，及时启用应急分洪区分凌，保障了防凌安全。提前明确48项防汛重点任务，修订完善方案预案，批复了11座黄委直接调度的大型水库年度调度运用计划，开展防御大洪水调度演练。严

格执行防汛关键期工作机制，5次启动应急响应，有效应对16场强降雨洪水过程。汛期逐日对流域（片）346座水库汛限水位进行监管，严禁违规超汛限水位运行。优化实施调水调沙，三门峡水库排沙0.46亿t，小浪底水库排沙1.36亿t，利津入海沙量0.53亿t。首次调度支流水库在集中排沙期下泄清水，减少对水生生物和栖息地的影响。实施青铜峡、海勃湾等上中游水库联合排沙运用，为全河水沙调控积累经验。

二是强化水资源统一调度。制订黄河水量调度动态调整实施办法，配合开展"八七"分水方案调整，窟野河流域水量分配方案获批。黄河干流全年累计供水218亿 $m^3$，3—6月春夏灌高峰期供水超过100亿 $m^3$，全力保障冬小麦生长关键期用水需求。强化"四个精准"，支持流域省（自治区）抗旱供水41亿 $m^3$。

二是强化生态统一调度。制定黄河流域重点河流生态流量保障管埋办法，选取5条河流7个已建工程开展生态流量核定与保障先行先试，10条重点河流20个主要控制断面生态流量全部达标。累计向乌梁素海、河口三角洲、华北地下水超采区等地区生态补水超过14亿 $m^3$。黄河实现连续24年不断流，黑河东居延海实现连续19年不干涸。

## 四、强化统一管理，持续凝聚大保护大治理合力

一是强化《黄河保护法》施行。把《黄河保护法》宣贯作为重大任务，以法治理念引领规划管控、水沙调控机制建设，用法治手段推进水资源节约集约利用、河湖库生态保护治理，立法、普法、执法各环节全链条发力。印发《黄河流域贯彻实施黄河保护法指导意见》，召开流域（片）宣贯《黄河保护法》座谈会，开展"贯彻实施黄河保护法 携手共护母亲河"等系列宣传活动。制定5项配套制度和5项内部制度。建好用好联防联控联治机制，开展河湖管理、水资源保护、河湖安全保护等执法专项行动，立案查处违法案件195件，结案160件。修订黄委实施行政许可程序规定，编制黄委本级行政许可事项办事指南9项，全年受理许可项目289件，发放许可文件192件，申请人满意度达100%。

二是强化河湖管理。召开第二次流域省级河湖长联席会议，印发《黄

河流域村级河湖管护体系建设指导意见》。推进一批涉河违法违规问题整改。清理整治黄委台账内河湖库"四乱"问题 937 个，落实直管河段采砂管理责任人 1509 名，查处非法采砂行为 162 起。

三是强化水资源管理。制定黄河干流全面落实水资源最大刚性约束、黄河流域各类公园建设"四水四定"约束、全面加强水资源节约高效利用等 3 个实施方案。实施黄河干流取水全额管理，完成与地方 710 多个取用水项目移交，建立黄河干流 1000 余个取水口管控台账。明确跨省重要支流取水许可管理权限。取用水专项行动发现的违规问题全部整改到位。严格取水许可审批，新增许可水量中非常规水源占八成以上。完成西北 6 省（自治区）县域节水型社会达标建设复核，流域 67% 的县域建成节水型社会、51% 的高校建成节水型高校。四川省和宁夏回族自治区达成黄河流域首单跨省域用水权交易。

四是强化工程运行管理。开展黄委直管水库运行管理矩阵试点建设，14 处直管工程通过水利部标准化管理认定。采取"四不两直"方式对直管堤防、水库及淤地坝等开展 6 轮次监督检查。推进黄委安全生产风险管控"六项机制"建设，部署全河安全风险隐患大起底、大整治，开展直管河段、直管工程危险区域排查和安全防范。

五是强化数字孪生黄河建设。融合集成三门峡至河口 2.3 万 km$^2$ L2 级数据底板。完善防汛会商预演、水资源管理与节约保护应用系统，部署应用淤地坝信息管理系统、河湖管理保护系统，启动河防工程管理系统建设、数字孪生"模型黄河"建设、刁口河模型试验。数字孪生黄河（三门峡—济南河段）作为数字孪生水利典型案例向全国推广，兰州水文站建成干流首个全要素"在线监测+数字孪生"示范水文站。通过先行先试、典型引路、结对帮扶等方式，推动数字孪生黄河建设逐步从下游向上中游全域覆盖。

2024 年，黄委将紧紧围绕推进中国式现代化这一最大的政治，聚焦高质量发展这一首要任务，准确把握职责定位，落实"六条实施路径"，提升"四种能力"，把握运用"六个必须坚持"宝贵经验，加快推动新阶段黄河流域水利高质量发展。一是完成黄河流域防洪规划修编、流域（片）

水土保持规划编制，推进河口综合治理规划审查审批，做好流域省区重大规划、重大项目和中型水库项目审查审核，完善黄河保护治理整体布局。二是落实《国家水网建设规划纲要》，加快南水北调西线、黑山峡等工程前期工作，开工建设古贤工程，完成下游"十四五"防洪工程建设，指导上中游干流治理工程建设，加快完善现代化水利基础设施体系。三是深化多目标统筹协调，科学精准做好防洪、水资源、生态统一调度，发挥水工程综合效益，全力保障防洪、供水安全，助力生态脆弱区修复。四是深入贯彻《黄河保护法》，发挥流域防汛抗旱总指挥部、省级河湖长联席会议机制作用，依法依规抓好取用水管理、河湖管理、水土保持监督管理、水利工程运行管理等工作，大力推进数字孪生黄河建设，持续提升流域治理管理效能。

李　萌　执笔

李　群　审核

# 专栏五十八

# 数字孪生黄河赋能下游防洪安全

## 水利部黄河水利委员会

黄河下游是著名的"地上悬河",保障工程安全、防洪安全是重中之重。2023年,水利部黄河水利委员会(以下简称黄委)按照"需求牵引、应用至上、数字赋能、提升能力"总体要求,集全委之力、融全河之智,以黄河下游为重点加快数字孪生黄河先行先试,汇集全域智能感知、高速互联互通、统一共享平台、智慧业务应用功能的数字孪生黄河体系初步建成并发挥积极作用。

构建数字化场景。完成黄河三门峡至河口统一的L2级数据底板,结合3728处高低位视频、105处"智能石头"和"坝岸卫士"实时监测预警设备、344架无人机等监测感知全覆盖系统,建设下游标准化堤防郑州马渡段工情险情实时监测感知预警应用场景、济南段典型场景等,将下游原型黄河重要场景装进计算机,初步实现虚实互动。

开展智能化模拟。攻关关键算法,开展多维多时空尺度的计算模拟,围绕防汛需求,具有自主知识产权的数学模型构建取得突破,三门峡至花园口区间降雨径流模型基本完成标准化通用化改造。水工程联合调度模型耦合数据底板提升精度,洪水泥沙演进模型单场次计算时间由2h减少到30min以内,冰凌监测、坝岸坍塌、水位识别等智能识别模型在200多处工程关键部位得到应用,基本实现防洪工程运行和安全监测、工情险情等自动化精准识别。

支撑精准化决策。完善防汛业务应用系统,开展超前预报、科学预警、前瞻实景预演、评估优化预案,在汛前调水调沙、洪水防御等决策中得到应用。建设水工程安全运行系统,运用安全指数动态评价预警模块预判工程防守重点,通过河道巡查预警、智慧巡河模块对重点河段进行监测并实时预警，通过工程巡查 App 对预警信息进行处理，通过智慧仓储模块调用抢险物资，有力提升工程安全保障能力。2023 年，基于数据互联互通的数字孪生黄河应用系统已应用 225 万人（次），系统共发出预警信息 172 次，准确监测到一般险情 20 坝（次），无一误报漏报。

　　下一步，黄委将加大数字孪生黄河系统应用力度，持续优化完善预报、预警、预演、预案功能，不断提升黄河下游防洪安全保障水平。

王军涛　执笔

李　群　审核

# 全面强化流域治理管理
# 扎实推动新阶段淮河保护治理高质量发展

## ——2023 年淮河流域治理管理进展与成效

水利部淮河水利委员会

2023 年，水利部淮河水利委员会（以下简称淮委）深入贯彻习近平总书记关于治水重要论述精神，锚定推动新阶段水利高质量发展"六条实施路径"，持续强化流域治理管理，推动淮河保护治理取得新成效。

### 一、流域防洪工程体系不断完善

积极推动淮河干流浮山以下段可研通过水利部审查并报国家发展改革委，淮河干流峡山口至涡河口段可研通过水利部水利水电规划设计总院（以下简称水规总院）审查。跟踪协调、督促指导河南省淮河流域重点平原洼地治理等 3 项工程获批建设。加快推进淮河入海水道二期、淮河干流王家坝至临淮岗段、洪汝河治理等工程建设进度，推动沂河沭河上游堤防加固等 3 项工程全面完工、淮河干流蚌埠至浮山段方邱湖临北段等 7 项工程竣工验收，淮河区全年完成水利建设投资 1466.5 亿元。积极推进流域蓄滞洪区"三逐一、一完善"工作，完成 21 处国家蓄滞洪区基本情况、运用条件及围堤封闭情况复核。加快构建雨水情监测预报"三道防线"，编制完成沂沭河中上游、淮河干流浮山至洪泽湖等河段测雨雷达建设可研，积极推进全融合应用，研发淮河流域延伸期、短临降水预报模式，持续完善现代化水文监测预报体系。

### 二、国家水网建设加快推进

编制印发贯彻落实国家水网建设规划纲要实施方案、《淮河流域水网建设规划》，明确国家水网（淮河流域）总体布局。扎实开展南水北调工程总体规划修编（东线部分）、东线二期工程可研深化，全面完成引江济淮工程并实现试调水，推动引江济淮二期初设获批、临淮岗水资源综合利用工程前期工作取得重要进展。加强对各层级水网建设指导，山东省级水网先导区建设加快推进，安徽省入选第二批省级水网先导区，河南省平顶山市、山东省烟台市、江苏省宿迁市入选第一批市级水网先导区，流域水资源统筹调配能力、供水保障能力、战略储备能力全面增强。加强灌区和农村供水工程建设，监督指导 12 处大中型灌区建设与现代化改造。组织开展水利乡村振兴监督检查，积极做好农村饮水安全问题整改跟踪，着力打通农村水网"最后一公里"，流域内农村地区自来水普及率达 93%。

## 三、河湖生态环境显著改善

大力推进河湖"清四乱"常态化规范化，完成 151 个"四乱"问题清理整治，推动洪泽湖、宝应湖等退圩还湖 21 km²。制定首个流域幸福河湖建设成效评估指标体系，指导建设 2 个国家级、27 个流域级幸福河湖。完成流域 169 个河湖名录和 10238 个图斑复核，建立 173 个河段湖片健康档案。开展淮河区母亲河复苏行动，组织制定 9 条母亲河"一河一策"方案并推进实施。加强河湖生态流量管理，密切监管 17 个重点河湖 34 个主要控制断面生态流量保障情况，发布预警 25 次，督促落实保障措施，组织开展生态流量达标评价。完成淮河区 10 条河流 25 项工程生态流量目标核定和保障先行先试。完成流域重要饮用水水源地安全评估及地下水管控指标、超采区划定成果复核。全面推进水土保持综合治理，制定《淮河水利委员会贯彻落实〈关于加强新时代水土保持工作的意见〉实施方案》，指导霍山、广德推进小流域综合治理水利部试点建设，完成流域 4 个国家级水土流失重点防治区 7.86 万 km² 年度水土流失动态监测，新增水土流失治理面积 1100 km²，水土保持率达 90.8%。

## 四、数字孪生淮河建设扎实开展

编制数字孪生淮河建设工程可研，完成沂沭泗方案体系和基础框架构建。完成数字孪生南四湖二级坝、淮河干流出山店水库至王家坝河段先行先试任务，实现"四预"业务实战化应用。完善高标准"三级数据底板"、精细化"五大专业模型"，积极推动数字孪生流域模型平台建设。基本建成流域典型区防洪和水资源管理调配"四预"业务系统，初步建成智慧河湖信息系统和智慧工程建设管理系统业务应用框架。制定数字孪生淮河成果共享融合指导意见，与流域各省信息化资源、成果的互联互通进一步加强。基本建成淮河干流蚌埠至浮山段、沂河沭河上游堤防加固数字孪生工程。

## 五、水资源节约集约利用卓有成效

健全流域用水总量管控指标体系，指导 5 省将区域用水总量和强度双控目标分解到县级行政区，提出淮河水量分配指标细化分解至淮河干流和 69 条主要一级支流初步成果，明确主要河流地表水资源开发利用上限。推动南四湖流域水量分配方案通过水规总院审查。严格水资源论证和取水许可管理，批复取水许可申请 71 个，对 5 家取用水户违法取水行为依法予以行政处罚。全面完成取用水管理专项整治行动整改提升，淮委本级累计整改销号各类取水问题 155 个。完成 46 个县域节水型社会达标建设复核。推动流域用水定额标准制修订和应用执行，组织高耗水用水定额评估。完成河南、安徽、山东 3 省年用水量 1 万 $m^3$ 及以上工业服务业单位计划用水管理全覆盖复核与评估。建立淮河流域水权交易信息平台，指导各省完成各类水权交易 320 笔，交易水量 4.91 亿 $m^3$。

## 六、流域统一治理管理持续强化

编制完成淮河流域防洪规划报告初稿、水土保持规划报告，制定加强重要支流规划治理、流域重大项目规划管控等意见，完成郑州防洪、史河（六安段）防洪等 2 项规划审查及 8 项水工程建设规划同意书许可。编制完成淮河区中小河流治理总体方案、淮河流域重要堤防达标建设三年行动方案，开展 2 轮共 37 项重大水利工程的督导检查。组织推动长江经济带发展等国家战略水利重点任务落实。开展白蚁等害堤动物隐患排查整治，直管工程发现隐患 1 处；流域 4 省发现隐患 43 处、1379 个点位，督促完成应急整治。建立防汛关键期水旱灾害防御工作机制，修编大型水库群、水工程联合调度方案，组织淮河防洪调度"四预"演练，积极协调上游出山店水库等拦洪削峰，调度淮河干流中游及沂沭泗各河道控制工程预排底水，合理控制洪泽湖、南四湖等湖库水位，成功防御流域7次强降雨过程和台风"杜苏芮"影响。科学拦蓄雨洪资源，指导大型湖库汛末蓄水152.94亿 $m^3$，积极调度南四湖水资源9951万 $m^3$ 支持山东抗旱。编制完成淮河水资源统一调度方案，启动实施沂沭河、淮河水系水资源调度。强化对流域重大引调水工程水量调度监管，编制完成南水北调东线一期工程年度水量调度计划、引江济淮工程水资源调度方案及首个年度计划，建立南水北调东线一期工程水量调度会商机制，监管、监测东线一期工程年度跨省调水 11.75亿 $m^3$。开展综合监督和专业监督24项，发现及复核问题2702个，及时督促整改。率先建成流域水行政执法与检察公益诉讼协作机制，建立跨区域水行政联合执法、省级水土流失联防联控联治等机制。充分发挥突发水污染事件联防联控协作机制作用，积极开展骆马湖水华聚集应急处置及饮用水水源地保护。制定构建安全生产风险管控"六项机制"实施方案和考核办法，开展试点示范建设。推进水利工程标准化管理，江风口分洪闸等5处工程成功创建水利部标准化管理工程，19家直管水管单位所辖工程全部通过淮委标准化管理验收。

## 七、全面从严治党不断深入

扎实开展学习贯彻习近平新时代中国特色社会主义思想主题教育，一体推进理论学习、调查研究、推动发展、检视整改，开展各类调研152项，全部办结37项民生水利实事，扎实开展淮委系统干部队伍教育整顿和纪检干部队伍教育整顿。自觉接受水利部党组对淮委党组巡视监督，照单全收反馈意见，不折不扣抓好整改，明确132项整改措施，按期圆满完成集中整改任务85项，其他47项长期整改任务持续推进并取得阶段性成效。深入学习习近平总书记关于治水重要论述精神，召开贯彻落实习近平总书记视察淮河、视察江都水利枢纽重要指示精神三周年座谈会。组织开展第一轮对2家基层党组织巡察，完成对3家直属单位选人用人工作专项检查。

扎实开展"以案促教、以案促改、以案促治"专项行动，组织开展落实中央八项规定及其实施细则精神专项检查，建立健全淮河入海水道二期工程联合监督机制，持之以恒正风肃纪，一体推进不敢腐、不能腐、不想腐。凝练形成"人民至上、系统治理、求实创新、团结奉献、艰苦奋斗"的治淮精神。

2024年，淮委将聚焦推动新阶段淮河保护治理高质量发展目标，以国家水网建设为核心，夯实水旱灾害防御和水资源优化配置基础；以强化刚性约束为抓手，夯实水资源节约集约利用基础；以建设幸福河湖为牵引，夯实水生态保护治理基础；以实现"四个统一"为目标，夯实流域治理管理基础；以改革创新为动力，夯实淮委事业发展能力基础，推动新阶段淮河保护治理取得新成效、创造新业绩、实现新突破，为以中国式现代化全面推进强国建设、民族复兴伟业贡献淮委力量。

郑朝纲　高梦华　执笔

杨　锋　审核

# 强化水资源优化配置和调度
# 提升淮河流域供水安全保障水平

### 水利部淮河水利委员会

2023 年，水利部淮河水利委员会（以下简称淮委）认真贯彻落实习近平总书记关于治水重要论述精神以及视察淮河、视察江都水利枢纽重要指示精神，积极谋划构建国家水网（淮河流域），健全流域水资源配置体系，强化水资源优化配置和调度，全面提升流域供水安全保障水平。

## 一、畅通南北循环，科学谋划国家水网在淮河流域布局

淮河流域地处南北气候过渡带，降雨时空分布不均、年际变化大、年内分布极不均匀，最大年降雨量是最小年降雨量的 2 倍，汛期降雨量占年降雨量的 50%~75%，洪水资源利用潜力较大，多年平均入江入海洪水达到 470 多亿 $m^3$。同时，淮河流域地处我国东中部腹地，紧邻长江、黄河，水库、湖泊、蓄滞洪区众多，京杭大运河沟通南北，入江水道、入海水道通江达海，是国家水网"一主四域"主网的核心区域，在国家水网建设中具有举足轻重的地位和作用。淮委深入贯彻落实习近平总书记视察淮河时"认真谋划'十四五'时期淮河治理方案""谋划建设一批基础性、枢纽性的重大项目"的重要指示，积极推动国家水网建设，协同融合省级骨干水网，率先编制印发流域层面水网建设规划，聚焦联网、补网、强链，以淮河、沂河、沭河骨干河道及其入江入海通道、南水北调东中线等引调水工程为"纲"，以重要支流、重要分洪河道、主要跨省河流和独流入海河道以及重要输配水通道为"目"，以重要湖泊、水库、水闸、枢纽、行蓄洪区等蓄水工程为"结"，推动构建"一轴、一脉、四廊、多支、群点"的流域水网总体格局，增强水资源要素与其他经济要素的适配性，提升水

资源供给质量和水平。

## 二、科学合理配置，持续提升水资源统一调度能力

科学编制淮河水资源统一调度方案，立足流域整体和水资源空间均衡配置，结合水量分配方案、重要工程调度规则等，统筹干支流、上下游、左右岸，统筹调出区域和调入区域用水需求，严格受水区用水计划审核，将工程水量调度计划纳入淮河调度计划统筹考虑，合理配置当地水、淮河水、长江水，持续强化科学调度和有效监管。强化多目标统筹协调，加强流域控制性工程联合调度，汛末指导大型湖库拦蓄雨洪资源 152.94 亿 $m^3$，积极调度 9951 万 $m^3$ 水资源支持山东抗旱，调度 1.35 亿 $m^3$ 水资源应对骆马湖水华聚集，将生态流量（水量）纳入年度调度计划，组织开展新汴河等水资源调度会商，协调各方保障区域合理用水需求。

## 三、创新体制机制，持续提升重大引调水工程效能

南水北调东线一期工程水量调度涉及多种水源、多个省份、多条线路，是一个复杂的系统工程，必须加强调度的统筹协调、监督管理，才能更好发挥工程的综合效益。淮委充分发挥协调、指导、监督作用，持续加强科学调度和监管。科学制定年度水量调度计划，首次明确江苏省、安徽省净增供水量，提出东线一期工程抽江、出洪泽湖、出骆马湖等断面总的水量调度计划。建立水量调度会商机制，组织召开月度会商会，统筹省内调水、跨省调水以及当地水资源利用，加强南水北调东线一期工程与沿线湖泊统一调度，按照"由近及远、梯次引调"原则优化调水过程，协调各方解决水量调度问题，确保调度有序，有效解决先调水后弃水问题。持续提升调度监管质效，年度施测流量 555 次，巡查 600 余人（次），严格查处超许可取水行为 2 起，年度跨省调水 11.75 亿 $m^3$，为京杭大运河再度全线水流贯通、沿线受水区持续供水安全提供重要水源保障。

肖建峰　陈　娥　杨　运　执笔

杨　锋　审核

# 凝心聚力　乘势而上
# 奋进海河流域水利高质量发展新征程

## ——2023 年海河流域治理管理进展与成效

### 水利部海河水利委员会

2023 年，水利部海河水利委员会（以下简称海委）深入贯彻党的二十大和二十届二中全会精神，全面落实习近平总书记"节水优先、空间均衡、系统治理、两手发力"治水思路和关于治水重要论述精神，持续强化流域统一治理管理，纵深推进"六条实施路径"，流域水利工作取得显著成效。

## 一、攻坚克难，流域水利重点工作实现新突破

流域性特大洪水防御取得重大胜利。2023 年汛期，海河流域遭遇 60 年来最大场次洪水，22 条河流超警，7 条河流超保，8 条河流发生实测记录最大洪水。海委深入贯彻中央决策部署，在水利部指挥下，紧密会同流域各方团结抗洪。强化"四预"措施，启动 I、II 级应急响应 16 天，滚动测报汛情态势，构建蓄滞洪区二维水力学模型预演洪水演进，牢牢把握防御主动。实施科学调度，运用 84 座大中型水库拦洪 28.5 亿 $m^3$，8 处国家蓄滞洪区最大蓄洪 25.3 亿 $m^3$，屈家店枢纽、独流减河进洪闸等全力泄洪，充分发挥防灾减灾效益。深化协调督导，组派 26 个工作组、应急监测组迎汛而上，一线指导白沟河左堤等重大险情处置，调处多起省际防洪排涝分歧。通过科学应对，成功减淹 24 个城镇、751 万亩耕地，避免了 462.3 万人转移，在历史罕见的大洪水面前守住了防汛"四不"目标。

工程建设与管理全面提档升级。多措并举加快直属重大水利工程立项建设，海河闸主体工程顺利完工，卫河干流治理工程超额完成年度建设任

务，漳卫新河治理等重点工程可研通过水利部技术审查，项目储备规模再创历史新高。拉网排查害堤动物，主汛期前完成全部 1314 个獾洞隐患应急整治。启动工程运行管理水平提升三年行动，独流减河进洪闸、卫运河清河段堤防通过水利部标准化管理评价。积极构建现代化水库运行管理矩阵，推进水库科学管理、精准调度、安全运行。

10 条跨省河流水量分配圆满完成。创新工作方式，千方百计协调推进可用水量指标细化复核，整体性推动跨省河流水量分配。10 月底，水利部正式印发《海河流域跨省江河水量分配方案》，标志着流域 10 条跨省河流水量分配全部圆满完成，历经十余年艰难探索与不懈努力，制约流域水资源统一管理、高效利用的桎梏终被打破，水资源管理步入崭新阶段。

永定河治理管理开启现代化新篇章。编制《加快推进永定河流域治理管理现代化工作方案》，研究提出永定河水量调度管理办法及官厅水库以下生态补水费用分摊方案，强化"四水统筹""五库联调"，年度生态补水 10.37 亿 m³，断流干涸 26 年之久的永定河首次实现全年全线有水，流动时长 228 天。携手相关部门、单位建立数字孪生永定河建设协调推进领导小组，初步建成数字孪生永定河并上线试运行，实现水资源调配和防洪"四预"功能，为科学开展工作提供有力支撑。建立永定河流域市（区）级河湖长联席会议机制，打造流域治理管理新范式。

## 二、统筹推进，海河水利高质量发展取得新成效

防洪工程体系加快完善。深入贯彻习近平总书记在北京、河北考察灾后恢复重建工作时的重要讲话精神，及早完成蓄滞洪区运用补偿核查，保障群众安稳过冬；指导推进水利设施水毁修复，确保 2024 年汛前恢复防洪功能；审核 28 项灾后重建水利工程可研报告，助力增发国债落地见效。全面复盘检视"23·7"洪水过程，逐河系谋划洪水防御新体系，完成流域防洪规划修编技术工作，编制《加快完善海河流域防洪体系实施方案》。指导重大防洪工程建设，推进青山水库开工、娄里水库立项，温潮减河、滹沱河等系统治理，宁晋泊、大陆泽等蓄滞洪区建设，研究开辟分洪新通

道、增设排海泵站群，提升"拦、分、蓄、滞、排"综合能力。

水资源调配格局不断优化。深入贯彻《国家水网建设规划纲要》，做好南水北调工程总体规划修编，深化东线二期工程规划设计，积极推动立项建设。以先导区为突破，加速区域水网衔接配套，助推北大港水库扩容等关键结点工程立项，促进国家、省、市、县四级水网有机融合。科学调度东线北延、引黄、引滦、漳河等引调水工程，累计输水超 33 亿 m³，有效保障沿线供水安全。

河湖生态环境持续向好。开展母亲河复苏行动，印发跨省河流"一河一策"，统筹多水源向 40 个河湖生态补水 98.4 亿 m³，京杭大运河再度全线贯通，漳河全线通水 145 天，大清河白洋淀、漳卫南运河等水系贯通入海。加强重点河湖断面生态流量监管，永定河、滦河水利水电工程生态流量核定与保障先行先试取得阶段性成效。圆满完成华北地区地下水超采近期治理目标，约 90% 的治理区初步实现采补平衡；协调划定新一轮超采区，推动治理向精准化转型。贯彻《关于加强新时代水土保持工作的意见》，编制流域水土保持规划，水土流失面积、强度保持"双下降"。

数字孪生海河建设稳健起步。编制数字孪生海河流域建设工程可行性研究报告，优化网信工作领导小组成员结构，激发业务需求牵引作用，全面打造"大网信"格局。聚焦先行先试建设，数字孪生永定河、岳城水库圆满完成试点任务。夯实网信发展基础，完成信息网络机房改造，开发流域水利一张图，构建大数据治理平台，强化水利关键信息基础设施安全防护，算据、算法、算力、安防保障全面升级。

水资源节约集约利用与保护提质增效。贯彻"四水四定"，年度不予许可、核减取水申请水量超 2000 万 m³，刚性约束持续收紧。落实国家节水行动，推进雄安新区深度节水控水示范样板建设，完成 37 个县域节水型社会达标建设复核，京津冀晋年用水量 1 万 m³ 及以上工业服务业单位实现计划用水管理全覆盖，流域水资源利用效率、效益领跑全国。加强水环境治理保护，委属岳城、潘大水库水质全年保持Ⅲ类及以上标准。

流域治理管理效能有效提升。探索流域立法前期研究，印发水行政执法事项清单；深化"四项机制"，与检察机关签订协作协议 42 个，二级水管单位实现全覆盖；纵深推进河湖安全保护专项执法行动，排查问题线索95条、立案查处39件，以法治力量护佑海河安澜。召开省级河湖长联席会议，推进河湖库"清四乱"常态化规范化。签订《服务保障京津冀协同发展战略水安全合作协议》，建立京津冀水利纪检监察协同监督机制，汇聚国家战略水安全保障合力。统筹高效开展水利监督，牵头5项督查任务，整合12个监督组（次），有效减轻基层迎检负担。

## 三、强基固本，全面从严治党拓展新实践

深入开展学习贯彻习近平新时代中国特色社会主义思想主题教育，组织集中学习研讨，深入基层一线开展调研，针对性出台相关制度措施，查改问题48项，办好民生水利实事45项。强化政治机关建设，印发贯彻落实习近平总书记保障国家水安全重要讲话精神年度任务清单，跟踪督办51项重点工作；设立洪水防御一线党员先锋示范岗，激发先锋模范作用。扎实开展"以案三促"，一体推进"三不腐"，加大案件查办与干部监管力度，营造山清水秀的政治生态。与主题教育紧密结合开展"作风提升年"专项行动，查摆问题164项，落实整改措施220条，"强政治、勇担当、求实效、守纪律"在系统蔚然成风，10个集体、45名个人荣获水利部防汛及时表彰，砥砺奋进的精气神持续高涨。

2024年，海委将全面落实全国水利工作会议部署，抢抓宝贵战略机遇，乘势而上、接续奋斗，书写流域水利高质量发展新篇章。一是构筑流域防洪新格局。加快流域防洪规划修编。全力推进直属工程立项建设，深化工程标准化管理。落实《以京津冀为重点的华北地区灾后恢复重建提升防灾减灾能力规划》，加快灾后恢复重建。推动张坊、陈家庄等水库前期工作，积极推进河道、堤防、蓄滞洪区达标建设。二是织密国家水网工程体系。贯彻《国家水网建设规划纲要》，推动南水北调后续工程高质量发展。指导推动水网先导区规划建设，健全四级水网格局。三是长效复苏河湖生态环境。推进母亲河复苏行动，实现京杭大运河全线贯通，保持永定河全年全线有水。落实地下水超采综合治理实施方案，推动精准化治理。四是建设数字孪生海河。推进数字孪生海河立项建设。落实《数字孪生永

定河提升建设实施方案》，确保按时建成满足实战需求的数字孪生永定河。以官厅山峡为突破，系统构建流域雨水情监测预报"三道防线"。五是深化水资源节约集约利用。推动流域分水成果分批落地，编制滦河、永定河等年度调水计划。接续国家节水行动，推动建设节水型社会。精细开展引调水工程管理，夯实流域供水安全保障。六是强化体制机制法治管理。落实落细河湖长制，着力整治联席会议确定的20个重点问题。深化海河立法前期研究，用好水行政执法"四项机制"。持续推进永定河治理管理现代化。

张　振　执笔

乔建华　审核

## 专栏六十

# 系统谋划推进海河流域灾后防洪体系建设

## 水利部海河水利委员会

2023 年，海河发生"23·7"流域性特大洪水，对经济社会发展和人民群众生命财产安全带来巨大冲击。汛后，水利部海河水利委员会（以下简称海委）深入贯彻习近平总书记重要讲话指示批示精神，坚持问题导向、目标导向，第一时间启动灾后恢复重建，系统谋划构建流域灾后防洪治理新格局，全力筑牢守护海河安澜的坚固屏障。

一是扎实做好洪水复盘检视。锚定"打一仗、进一步"，深入开展暴雨洪水调查分析，全面复盘检视流域防洪体系短板弱项，完成重点河系典型站设计洪水复核，延长水文系列至 2023 年，分析对设计洪水的影响，为系统治理提供参考。树牢极限思维，实施永定河、大清河、北三河等关键河系重点区域典型暴雨移置分析和历史洪水考证，研判重要城市及基础设施防洪风险隐患。

二是加快推进灾后恢复重建。及早完成永定河泛区、小清河分洪区、兰沟洼、东淀等 10 个蓄滞洪区运用补偿现场核查，审核资金总额超 110 亿元，切实保障受灾群众安稳过冬。全力推进水利工程设施水毁修复，加快海委直属 22 项工程修复进度，指导地方抓紧恢复大清河、永定河等行洪能力，确保 2024 年汛前恢复正常防洪功能。紧盯南水北调工程防洪修复加固，有序恢复正常输水，启动系统治理，筑牢京津冀等北方受水区供水安全防线。

三是系统谋划防洪治理格局。主动适应防洪形势新常态，坚持"上蓄、中疏、下排、有效治洪"原则，聚焦保障京津冀协同发展重大战略，逐河系谋划洪水防御新体系，积极论证提高北京市、天津市、河北省雄安新区等重要城市防洪标准。坚持系统设防，全力做好流域防洪规划修编，编制《加快完善海河流域防洪体系实施方案》，科学布局水库、河道、堤防、蓄滞洪区建设，提升城市"拒、绕、排"韧性防洪排涝功能，构建横向到边、纵向到底的流域防洪新格局。

四是全力推进重大项目前期工作。加快海委直属重点工程立项，推动漳卫新河治理等 5 项可行性研究报告通过水利部技术审查，力争 2024 年开工建设。落实《以京津冀为重点的华北地区灾后恢复重建提升防灾减灾能力规划》，高效完成永定河卢三段、卢梁段综合提升，东淀蓄滞洪区建设等 28 项灾后重建水利工程可行性研究报告审核，相关投资规模超 600 亿元，有力支持地方抢抓增发国债机遇，加快重大防洪工程落地。积极开展张坊、陈家庄、娄里等新建控制性水库以及北大港、王快等现有水库挖潜扩容论证，研究开辟分洪新通道，增设排海泵站群，统筹提升"拦、分、蓄、滞、排"综合能力。

五是纵深强化"四预"能力建设。立足流域源短流急的显著特点，加快构建雨水情监测预报"三道防线"和智能化防洪"四预"系统。编制《数字孪生永定河提升建设实施方案》，推动在官厅山峡区间率先建成"三道防线"和山洪灾害监测预警体系，努力打造流域尺度数字孪生示范样板，为防汛决策提供科学支撑。

袁　军　李　伟　魏广平　张莹雪　执笔

乔建华　审核

# 持续强化流域治理管理
# 为中国式现代化贡献珠江水利力量

## ——2023 年珠江流域治理管理进展与成效

水利部珠江水利委员会

2023 年，水利部珠江水利委员会（以下简称珠江委）持续深入学习贯彻习近平总书记关于治水重要论述精神，锚定推动新阶段水利高质量发展目标任务，真抓实干、奋勇争先，水旱灾害防御工作成效显著，大藤峡水利枢纽主体工程全面完工，粤港澳大湾区水安全保障有力推进，水资源集约节约管理全面加强，河湖生态保护治理态势向好，数字孪生珠江建设步伐加快，流域治理管理不断加强，为流域经济社会高质量发展提供坚实的水安全保障。

## 一、强化统一规划，构建完善流域保护治理格局

一是扎实开展东南、西南水网规划编制。统筹国家、区域水安全保障需求，组织编制东南水网规划任务书及规划工作大纲，配合开展西南水网规划编制，从流域层面科学谋划国家骨干水网与省级水网互联互通。

二是全力组织流域防洪规划修编。实行挂图作战、每月调度会商，明确流域防洪总体布局、规划方案以及新阶段防洪治理重点任务，形成珠江流域防洪规划修编总报告及多项专题报告。

三是加快推进水土保持、珠江河口等规划编制报批。研究制定流域（片）2025 年和 2035 年水土保持率目标值，系统谋划水土保持总体布局和水土流失防治思路，开展流域水土保持规划编制工作。完善珠江河口治理方案，推动珠江河口综合治理规划通过水利部技术审查。

四是强化流域规划导向约束和实施管理。组织审查审核相关省级水网

建设规划、防洪规划、岸线利用保护规划、国土空间规划、港口规划等，确保成果符合国家层面规划及流域水利规划要求。开展《珠江"十四五"水安全保障规划》实施情况评估，对重大工程实施时序提出优化建议。制定粤港澳大湾区水安全保障规划实施监督管理工作方案，会同地方大力推进重点项目实施。

## 二、强化统一治理，推进重大工程建设提速增效

一是加快推进大藤峡等重大工程建设。9月大藤峡主体工程全面完工，较国家批复工期提前4个月，推动工程全面发挥综合效益。环北部湾广西水资源配置工程正式开工建设，环北部湾广东水资源配置工程进入全线实施阶段。指导明确平陆运河分洪工程规模并印发审查意见。流域32项在建重大水利工程进展顺利，其中贵州黄家湾水利枢纽等10项工程建成发挥效益。

二是积极推动洋溪水利枢纽等前期工作。协调广西壮族自治区和贵州省达成共识，推动洋溪水利枢纽可行性研究报告正式上报国家发展改革委，工程立项建设取得突破性进展。推进大湾区堤防巩固提升、昌化江水资源配置、闽西南水资源配置等重大工程前期论证。

三是加强重点水利工程建设督导。压紧压实项目法人首要责任和参建单位主体责任，规范工程建设进度、质量、安全、资金管理。主持完成海南红岭水利枢纽终期蓄水验收，指导云南德厚水库、海南迈湾水利枢纽等工程验收工作。

四是加快补齐短板弱项。开展13宗大中型病险水库除险加固工程稽察"回头看"，复查343项问题整改情况，发现136项新问题；督促指导1236座小型病险水库加快除险加固，主体工程完工率达98%；制定珠江流域中小河流治理总体方案，联合各省（自治区）协同推进年度88条中小河流治理任务。

## 三、强化统一调度，确保流域防洪、供水、生态安全

一是强化流域防洪抗旱统一调度。面对流域旱涝交替的严峻形势，珠

江委充分发挥珠江防汛抗旱总指挥部（以下简称珠江防总）办公室平台作用，完善调度机制，组织编制覆盖全流域 27 座水库的联合调度运用计划，获水利部首次批复。调度大中型水库 1508 座（次），拦洪 112 亿 m³，减淹城镇 350 座（次）、耕地 92 万亩，避免人员转移 68 万人（次）。年初实施 8 轮压咸补淡应急调度，调水次数之多、历时之长均创历年之最，连续 19 年确保澳门特别行政区、广东省珠海市等粤港澳大湾区城市供水安全。在确保防洪安全、供水安全的同时，珠江委统筹多目标调度，最大限度兼顾电力、航运等部门用水需求，通过优化调度，增加 70 万 kW 的水电顶峰能力，增发电量约 7 亿 kW·h，确保电网运行安全，提高发电收益；维护河道生态健康，有效改善西江黄金水道通航条件，实现流域调度"帕累托最优"。

二是强化流域水资源统一调度。全面建成跨省河流水资源调度方案体系，已批复水量分配方案的 12 条跨省河流水资源调度方案全部印发实施。制定下达西江、韩江等 12 条跨省河流年度水资源调度计划并监督实施，强化北盘江等重点河流水资源动态调度，连续 4 年开展韩江枯水期水量调度，有力保障韩江流域供水安全；突出抓好郁江水资源统一调度，制定印发《郁江流域水资源调度方案》，开展百色、西津等 6 库联合调度，全力保障流域内外经济社会发展用水需求。

三是强化流域生态统一调度。全面建立流域生态流量保障目标体系，流域（片）108 个重点河湖生态流量保障目标全部印发，完成西江干流、郁江、北盘江 3 条跨省河流已建水利水电工程生态流量目标核定与保障先行先试。将生态流量目标纳入水资源调度方案和年度调度计划，开展生态统一调度，加强生态流量监测预警，严格落实生态流量保障目标要求。针对北盘江毛家河、董箐等水电站检修及河道治理施工期间生态流量无法保障问题，提出优化治理要求，及时调整下达调度指令，有力保障生态安全。

## 四、强化统一管理，全力提升综合管理效能

一是强化江河湖库保护治理。组织召开 2023 年珠江流域省级河湖长联

席会议，指导督促珠江流域（片）1395 个河湖库"四乱"问题清理整治，督促清理百色库区 55 万 $m^2$ 碍洪网箱养殖，督导整改曲靖市白石江大桥等重大涉河违法问题，抽查复核流域河湖遥感图斑 3 万个。开展河湖安全保护专项执法行动，立案查处中山供电局未批先建案、柳州市摩托艇运动协会批建不符案等典型案件。2023 年年底北部湾地区深层地下水水位较 2022 年上升 2.39 m，流域河湖生态环境状况整体向好态势进一步稳固。

二是强化水资源集约节约管理。以环北部湾广西水资源配置工程、深汕合作区引水工程为重点，大力推进规划水资源论证，协调解决工程取水条件、可调水量、调水影响等关键性问题，为工程早日开工创造条件。加强取用水监督管理，严格水资源论证审查和取水许可审批，完成取水申请事项审批 53 项，核减取水量 1880 万 $m^3$。深入实施国家节水行动，完成 71 个县（区）节水型社会建设复核、10 个再生水利用配置试点中期评估、7507 个用水定额值评估、14 宗项目节水评价审查，指导 4.7 万家规模以上用水户实施计划用水管理，流域水资源集约节约利用水平进一步提高。

三是强化依法治水管水。推动出台《加强韩江流域水资源统一调度管理工作的实施意见》，印发《珠江流域（片）水资源调度管理实施细则》。印发《珠江流域（片）水行政执法协同机制》，分别联合相关流域管理机构及有关省（自治区）公安、检察机关出台行检协作机制、行刑衔接机制文件 6 个。强化水利监督，完成督检考事项 28 项，累计派出 577 组（次），检查各类水利工程 1793 处，发现各类问题 4191 项，上报成果报告 45 份，下发"一省一单"30 份，以精准高效监督为流域提供有力的水安全保障。

四是加快数字孪生珠江建设。圆满完成数字孪生流域先行先试建设阶段性任务，流域防汛抗旱、水资源管理开始迈入"智慧化"阶段。运用防汛抗旱"四预"平台，实施大藤峡、长洲等水库多目标优化调度，充分发挥工程综合效益。完成数字孪生大藤峡一期建设，数字孪生百色水利枢纽、数字孪生响水等其他直属工程建设加快推进。

五是深化交流合作和科技创新。召开第九届泛珠三角区域水利发展协作会议，举行澳门特别行政区附近水域水利事务管理联合工作小组第九次会议，与香港特别行政区渠务署、澳门特别行政区环境保护局建立沟通渠道。全年获省部级技术成果奖励 13 项，百色水利枢纽工程荣获"国际里程碑工程奖"。

2024 年，珠江委将深入贯彻落实水利部要求，坚持系统思维，强化统一规划、统一治理、统一调度、统一管理，切实提升流域治理管理能力和水平，为中国式现代化贡献珠江水利力量。一是持续健全流域规划体系，推进防洪、水土保持、区域水网等规划成果审查审批，强化规划导向约束，压实规划实施责任。二是完善流域治理项目台账，强化指导监督，推进大藤峡工程效益全面发挥，指导推进重大水资源配置工程等前期及立项建设工作。三是充分发挥珠江防总办公室牵头抓总作用，科学精细开展水工程联合调度，推动雨水情监测预报"三道防线"建设，全力保障流域防洪、供水、生态安全。四是充分发挥流域省级河湖长联席会议、水行政协作机制等作用，持续加强河湖管理、水资源管理，加快数字孪生珠江建设，深化新一代信息技术与水利融合应用，不断提升治理管理效能。

黄　昊　吴怡蓉　执笔

王宝恩　审核

## 专栏六十一

# 大藤峡主体工程提前完工
# 全面发挥综合效益

### 水利部珠江水利委员会

2023 年是国家水网重要骨干工程大藤峡水利枢纽工程建设收官之年，工期紧、任务重。水利部珠江水利委员会（以下简称珠江委）认真贯彻落实党中央、国务院关于加快水利基础设施建设的决策部署，按照李国英部长对大藤峡工程提出的"七个两手抓"总要求，锚定 2023 年年底前主体工程完工目标，高质量指导推动工程完工并全面发挥综合效益。

一是抓建设、强督导，实现主体工程提前完工。珠江委高度重视，全链条全过程跟踪督促指导大藤峡工程建设，开展完工前突出问题专项调研，有效解决制约工程建设的难题，深入一线指导推动工程建设、机组安装、投资计划、安全生产、防汛度汛等各项工作。大藤峡公司带领参建单位紧抓进度主线、紧盯关键环节，创造 10 个月内 5 台机组投入运行的"大藤峡速度"。2023 年 9 月 2 日，大藤峡工程最后一台机组正式投产发电，主体工程较国家批复的建设工期提前 4 个月完工。

二是抓管理、保安全，全力保障工程质量安全。面对右岸机组安装、投产机组运行、厂房装修等交叉作业的复杂局面，珠江委坚持进度服从于安全和质量，全面指导加强安全质量管理工作，督促落实安全生产风险管控"六项机制"，开展质量提升专项整治行动。大藤峡公司始终绷紧安全生产这根弦，全年开展安全检查 242 次，坚决消除安全生产隐患。紧抓工程建设质量提升，已评定单位工程、分部工程优良率均为 100%，单元工程优良率达 93.7%。建成数字孪生大藤峡一期工程，上线运行库区岸线空天地立体监管系统及安全生产管理系统，为工程运行管理提供智慧支撑。

三是抓运行、增效益，发挥国家水网骨干工程作用。大藤峡工程在确保流域防洪安全的前提下，精准实施调度，统筹压咸补淡、航运及发电等多方需求，实现综合效益最大化。强化"四预"措施和水库泄流预警，成功防御 10 余场强降雨和台风，切实保障上下游度汛安全。参与流域应急补水 8 次，累计向下游补水 12.8 亿 $m^3$，有力筑牢广东省珠海市、澳门特别行政区供水保障第二道防线。船闸实现 24 h 通航，过闸核载量 9627 万 t，同比增长 54%。年度发电超 40 亿 kW·h，为地方经济社会高质量发展注入更多清洁能源。不断提高鱼道运行管理水平，增殖放流鱼苗 335 万尾，助力提升流域水生物多样性。

当前，大藤峡工程已平稳转入全面运行新阶段。下一步，珠江委将统筹发展和安全，加强工程标准化、现代化、智慧化管理，以工程安全高效运行支撑综合效益持续稳定发挥，为提升流域水安全保障能力、服务区域和流域经济社会高质量发展、助力粤港澳大湾区建设作出更大贡献。

黄　昊　吴怡蓉　执笔

王宝恩　审核

# 践行使命担当 凝聚奋进力量 为新时代推进东北全面振兴提供 坚实的水安全保障

## ——2023 年松辽流域治理管理进展与成效

### 水利部松辽水利委员会

2023 年，水利部松辽水利委员会（以下简称松辽委）全面贯彻党的二十大和二十届二中全会、中央经济工作会议、中央农村工作会议精神，深入践行习近平总书记"节水优先、空间均衡、系统治理、两手发力"治水思路和关于治水重要论述精神，认真落实水利部工作部署，各项工作取得显著成效。

## 一、科学防控、统筹协调，水旱灾害防御夺取新胜利

2023 年汛期，松辽流域天气复杂异常，拉林河等 14 条河流发生有实测记录以来第 1 位洪水，松花江发生 1 次编号洪水，面对严峻汛情，松辽委坚持"预"字当先，防住为王，从严从实从细做好各项防御工作。

一是"四预"措施有力有效。精细实施雨水情预报 3200 余次，关键场次洪水预报精度达 85% 以上，提前发布洪水预警 16 次，启动应急响应 11 次，为群众防灾避险赢得先机。开展防洪调度和水文应急监测演练，不断完善方案预案体系，为水旱灾害应对筑牢根基。

二是水工程调度取得成效。科学调度 4 座直调水库，共拦蓄洪水 17.76 亿 $m^3$，特别在应对洮儿河流域洪水时，精细调度察尔森水库 38h 零出流，有效减轻了下游防洪压力。加强对各省（自治区）水库调度的督导，制定调度方案 330 余个，有效预泄腾库、拦洪错峰。

三是技术支撑发挥实效。累计派出 79 个工作组和检查组对流域安全度

汛关键环节进行督导检查，协助地方及时化解磨盘山、龙凤山等水库超设计洪水位运行险情，及时组织拉林河流域设计洪水复核，切实保障人民群众生命财产安全。

## 二、高点谋划、高效落实，水利基础设施建设取得新进展

加快构建国家水网是推进中国式现代化的必然要求。松辽委深入贯彻落实《国家水网建设规划纲要》，切实加强水利工程建设和运行监督管理，不断强化流域基础设施建设。

一是加快推进水利工程建设。完成水网建设规划报告及防洪规划修编主要内容，系统谋划流域水网工程布局。严把吉林水网骨干工程等71项工程前期审查关，推动关门嘴子水库等国家重点水利工程建设，现场指导奋斗水库等5个竣工验收滞后项目，助力工程尽早发挥效益。

二是深入开展工程运行监管。紧盯薄弱环节，统筹实施22项监督任务，对657项工程开展监督检查，开展省界蒙辽供水工程质量与安全监督，确保水利工程安全高效运行。推进尼尔基、察尔森水库标准化管理，建立害堤动物防治长效机制，启动构建现代化水库运行管理矩阵。

三是持续强化乡村振兴水利基础。制定《松辽委2023年乡村振兴工作实施方案》，完成第二批水美乡村试点县终期评估和10处大中型灌区建设与运行管理监督检查。聚焦农村供水保障，暗访检查618个用水户、81处农村饮水安全工程，确保群众饮水安全。

## 三、生态优先、绿色发展，河湖生态环境复苏焕发新活力

良好生态环境是最普惠的民生福祉。松辽委贯彻习近平生态文明思想，牢固树立和践行"绿水青山就是金山银山"的理念，坚决扛牢河湖管理保护责任。

一是河湖生态保护与治理切实加强。开展西辽河、洮儿河母亲河复苏行动，统筹推动河湖岸线利用建设项目和特定活动清理整治专项行动，编制完成松花江区、辽河区中小河流治理总体方案。西辽河干流水头25年来首次到达通辽市规划城区界。

二是东北黑土区水土流失综合治理稳步推进。有序推进流域水土保持规划编制，全面完成东北黑土区侵蚀沟调查工作。推动流域水土保持监测站点优化布局，完成流域国家级重点防治区 162 个县 88.77 万 km² 水土流失动态监测。

三是地下水超采治理力度不断增强。组织完成流域各省（自治区）地下水管控指标和新一轮地下水超采区划定成果复核。开展跨省水文地质单元确定、西辽河流域平原区地下水水位预测预警研究，地下水治理管理科学化、规范化水平不断提升。

### 四、需求牵引、应用至上，智慧水利建设取得新突破

数字孪生水利是水利高质量发展的重要标志。松辽委紧紧围绕流域治理管理"四个统一"和"2+N"水利业务应用，持续完善具有强大"四预"功能的数字孪生流域建设。

一是数字孪生嫩江和数字孪生尼尔基建设初见成效。研发嫩江干流宽浅河道洪水演进模型等多个特色模型，构建三维仿真场景，建设全景数字嫩江平台和防洪"四预"应用系统，数字孪生建设成果在 2023 年防洪实战中得到应用。

二是水利智能业务应用系统加快构建。积极推动"松辽委水利一张图"业务应用融合，及时更新水旱灾害防御、水资源管理、河湖管理、水土保持等业务数据与底图，为流域管理工作提供空间数据服务与成果应用支撑。

三是智慧水利建设支撑保障更加有力。成立松辽流域数字孪生水利共建共享工作组，开展数字孪生流域水网规划、防洪规划修编智慧化建设方案编制，为提升流域管理信息化、网络化、智慧化水平提供技术支撑。

### 五、节水优先、量水而行，水资源节约集约利用水平得到新提升

节水是治水的关键环节。松辽委坚决落实"节水优先"方针，全方位贯彻"四水四定"原则，持续提高水资源精细化管理水平。

一是节水管理深入实施。严格复核 35 个县域节水型社会达标建设情况，强化对地方节水建设的指导。组织开展内蒙古自治区西辽河流域主要农作物用水定额执行情况评估工作，强化用水定额约束作用。

二是水资源统一调度稳步推进。流域 18 条重点跨省江河水量分配方案全部获批，扎实开展嫩江等 14 条跨省江河年度水量调度工作，印发实施洮儿河水资源调度协调机制，推动流域水资源统一调度体系加快构建。

三是水资源监管持续强化。全年审批取水许可 14 项，开展黑龙江、吉林、辽宁 3 省基于遥感的农业灌溉用水量核算，推动强化农业用水监管，对流域 120 个取用水户开展最严格水资源管理制度考核，指导有关省（自治区）完成 10 笔水权交易。

## 六、依法治水、科技兴水，水利体制机制法治体系构建新格局

流域性是江河湖泊最根本、最鲜明的特性。松辽委充分发挥流域管理机构职责，坚持全流域"一盘棋"，持续提升流域依法治水管水能力。

一是体制机制建设加快推进。推动成立辽河防汛抗旱总指挥部，健全流域防汛抗旱指挥体系。同 4 省（自治区）水利厅及检察机关全面建立水行政执法与检察公益诉讼协作机制，充分发挥流域省级河湖长联席会议机制作用，有效激发河湖长制活力。

二是依法行政水平持续提升。加强联合执法，全年出动执法人员 648 人（次），巡查河道 4.7 万 km，现场制止涉水违法行为 24 起。完成行政许可审批 34 项。深入开展河湖安全保护专项执法行动，发现问题线索 64 条，立案 7 件。

三是事业支撑能力不断强化。开展黑土地保护与利用科技创新等国家级科研项目 2 个，积极推进水利部重大科技项目研究 3 项。水利援疆援藏工作扎实有力。着力构建水利安全生产风险管控"六项机制"，推动安全生产目标任务落实落地。

## 七、党建引领、正风肃纪，落实全面从严治党展现新气象

党的领导是新时代治水的根本保证。松辽委始终把党的政治建设摆在

首位，矢志不渝坚持党的领导，以高质量党建引领保障流域水利高质量发展。

一是落实主体责任、严格管党治党。深入开展学习贯彻习近平新时代中国特色社会主义思想主题教育，大兴调查研究，处级以上领导干部领题调研 64 项。落实"第一议题"制度，开展党组理论学习中心组学习 20 次。抓好水利部党组政治巡视整改和成果运用，对 2 个党组织开展巡察。

二是持续正风肃纪、加强廉政建设。扎实开展"以案促教、以案促改、以案促治"专项行动。深化运用监督执纪四种形态，强化权力监督和制约，逐级压实党风廉政建设主体责任。严格贯彻落实中央八项规定精神，持之以恒正风肃纪反腐。

三是坚持多措并举、强化基层党建。严格落实"三会一课"、民主生活会和组织生活会等制度。选树先进典型，开展创先争优活动，营造共创共建良好氛围。精神文明建设成果丰硕，基层党组织战斗堡垒作用充分发挥，群团工作取得新成效。

2024 年，松辽委将继续以习近平新时代中国特色社会主义思想为指导，坚持治水思路，坚持问题导向，坚持底线思维，坚持预防为主，坚持系统观念，坚持创新发展，扎实推动新阶段流域水利高质量发展，为新时代推动东北全面振兴提供坚实的水安全保障。

李应硕　李　冰　罗天琦　执笔

郭　海　审核

## 专栏六十二

# 强化流域水资源统一调度
# 促进水资源优化配置和可持续利用

### 水利部松辽水利委员会

深入推进流域水资源统一调度是落实水利部关于强化流域治理管理要求的重要举措。一年来，水利部松辽水利委员会（以下简称松辽委）认真贯彻落实水利部工作部署，加强调度目标的落实和监管，最大限度发挥水资源调度的综合效益，以水资源可持续利用支撑流域经济社会高质量发展。

### 一、跨省江河水资源调度稳步推进

推动松辽流域 18 条重要跨省江河水量分配方案全部获批，并制定实施水资源调度方案，扎实开展嫩江干流、拉林河等 14 条跨省江河年度水资源调度工作，基本实现流域全覆盖。以洮儿河为试点先行先试，印发洮儿河水资源调度协调机制，探索构建流域水资源统一调度体系。综合统筹水量分配与用水需求，在用水关键期，科学调度尼尔基、察尔森水库调整出库流量，全力保障春灌用水与冬季电力供应，实现经济效益、社会效益、生态效益相统一。

### 二、西辽河生态环境复苏进展显著

加强西辽河水资源调度组织领导，成立工作专班，强化责任落实，加大执行监管力度，派出 10 余批次工作组进行现场调度监管，确保调度指令执行有效、落实有力。联合内蒙古自治区水利厅编制年度水资源调度计划和关键期水资源调度预案，积极开展年度常规调度和春季、汛期脉冲式调度。通过科学调度，2023 年 4 月，西辽河干流水头 25 年来首次行进至通辽市规划城区界，干流实现 135.15 km 过流；11 月，实现西拉木伦河河道秋冬季结冰 293.5 km、结冰水量 2200 万 m³。3 年来，累计向莫立庙水库生态补水 7300 万 m³，西辽河生态环境复苏取得积极成效。

## 三、流域水资源调度监管持续强化

加强水资源调度监管，按月向流域相关省（自治区）通报重要跨省江河控制断面生态流量（水量）、下泄水量指标达标情况，推动调度计划精准高效落实。开展洮儿河、辽河干流、拉林河等重点流域水资源调度情况调研，着力解决发现的典型问题，深化调研成果的转化运用。组织开展大中型调水工程"四预"措施落实情况自查，梳理建立调水工程名录，落实调水工程标准化管理工作，持续提升水资源调度系统化、规范化水平。

2024 年，松辽委将按照强化流域治理管理工作要求，持续加强西辽河等重点流域水资源统一调度，全面提升流域水安全保障能力。

李应硕　谢　淼　王成刚　执笔

郭　海　审核

# 扎实推动新阶段太湖流域水利高质量发展
# 持续提升水安全保障能力

## ——2023 年太湖流域治理管理进展与成效

### 水利部太湖流域管理局

2023 年，水利部太湖流域管理局（以下简称太湖局）认真学习贯彻习近平总书记关于治水重要论述精神，扎实推动新阶段太湖流域水利高质量发展，服务保障长三角一体化发展战略和流域中国式现代化建设。

**一、积极服务长三角一体化发展国家战略，提升长三角水安全保障能力**

按照党中央关于深入推动长三角一体化发展的战略部署，太湖局会同地方水利部门全面推动落实《长江三角洲区域一体化发展水安全保障规划》，制定规划实施监督管理工作方案，压实规划实施责任。联合苏浙沪水利部门及长三角生态绿色一体化发展示范区（以下简称示范区）执行委员会印发实施《长三角生态绿色一体化发展示范区水利规划（2021—2035 年）》，以高品质打造人水和谐的生态水网为目标，明确示范区水利建设重点任务。强化跨界水体共保联治，充分发挥太浦河水资源保护省际协作等机制作用，加强跨区域跨部门联动协作，多措并举有效防范突发水污染事件风险，太浦河下游水源地连续 6 年未出现锑浓度异常。指导江苏省、上海市联合创建示范区首个跨界水体——元荡幸福河湖。启动太浦河、淀山湖（元荡）健康评价工作。深化省际边界水葫芦联合防控，实施"清剿水葫芦，美化水环境"专项行动，为中国国际进口博览会"越办越好"营造良好水生态环境。积极创新涉水体制机制，制定出台示范区联合河湖长制工作规范、示范区一致性用水定额标准体系研究制定工作方案、示范区重点跨界水体联保专项治理及生态建设实施方案。

## 二、科学实施多目标统筹调度，流域防洪供水安全得到有力保障

充分发挥太湖流域调度协调组平台作用，筹备召开调度协调组第二次全体会议，进一步凝聚跨地区、跨部门共识，聚焦防洪、供水、水生态、水环境"四水"安全保障，着力提升多目标统筹调度能力，调度协调组部署的 11 项年度重点任务全部顺利完成。面对太湖流域（片）梅雨期强降雨以及"杜苏芮""卡努"等强台风考验，太湖局认真履行太湖流域防汛抗旱总指挥部办公室和太湖流域调度协调组办公室职能，全面压实防汛责任，强化主汛期和防汛关键期工作机制，落细落实"四预"措施，守牢水旱灾害防御底线，太湖最高水位 3.69 m，未发生编号洪水。3 次实施望虞河引江济太调水，累计调引长江水 20 亿 $m^3$、入太湖 6 亿 $m^3$，适时启用新孟河引水，有效补充太湖及河网优质水资源。全年太湖水位总体适宜，未超警戒水位也未低于旱警水位。流域统一调度基础不断完善，太湖流域洪水与水量调度方案、水资源调度方案已报水利部批复实施。

## 三、治太剩余工程建设取得重要突破，太湖水质、水生态状况和蓝藻水华防控形势持续向好

制定《治太重点水利工程推进方案》，联合苏浙沪有关部门建立推动太湖流域综合治理重点水利工程建设协调机制。环太湖大堤全线闭环达标，为抵御流域 100 年一遇洪水打下坚实的工程基础。吴淞江（江苏段）工程全线开工，上海段新川沙河泵闸枢纽、苏州河西闸工程完成通水验收，罗蕴河北段于年底开工。太浦河后续（一期）工程可研报告已编制完成。落实《国家水网建设规划纲要》，启动区域水网建设规划编制，流域（片）多地入选省、市、县级水网先导区，扩大杭嘉湖南排后续西部通道西线等一批工程先后开工建设。深入学习贯彻习近平总书记"两会"期间关于太湖治理和蓝藻防控的重要指示精神，会同流域省（直辖市）持续推

进水环境综合治理水利工作。扎实开展太湖湖体、主要入太湖河道、太湖重要水源地水质监测分析，"空天地"一体化开展太湖蓝藻预报预警，科学研判太湖蓝藻水华发生形势，指导地方做好蓝藻防控。2023 年太湖主要水质指标为 2007 年以来最高水平，蓝藻密度为 2012 年以来最低水平，太湖连续 16 年实现确保饮用水安全、确保不发生大面积水质黑臭的"两个确保"目标。

## 四、严格履行流域治理管理职责，河湖岸线管护力度不断加强

流域重点水利规划编制进展顺利，防洪规划修编主要成果得到水利部科学技术委员会咨询专家的肯定，率先编制完成流域（片）水土保持规划、中小河流治理总体方案。《太湖流域重要河湖岸线保护与利用规划》已经国务院同意并由水利部印发实施。充分发挥太湖流域（片）省级河湖长联席会议等平台作用，有序推进完成河湖"清四乱"常态化规范化、河湖名录梳理复核等年度重点工作。出台《关于加快推进太湖流域片幸福河湖建设的指导意见》，会同省（直辖市）明确年度幸福河湖建设名录，大力推进幸福河湖建设。积极推进流域节水型社会高标准建设，推动沪苏浙实现年用水量 1 万 m³ 及以上工业服务业单位计划用水管理全覆盖。建立新安江流域水资源调度协商协作机制，指导优化水库调度运行方式，助力杭州第 19 届亚洲运动会水上赛事圆满举行。印发进一步做好流域片生态流量保障的指导意见，构建跨省重点河湖生态流量全覆盖在线监测网，考核断面生态流量达标率超 99%。规范取用水管理，鼓励直管取水单位设立水务经理，14 个取水户减少延续取水量 1093 万 m³。积极推动水资源管理模式优化，浙江省安吉县探索提出水资源价值转化与共同富裕研究及实践成果，浙江省淳安县与建德市签订水权交易协议。高质量完成河湖安全保护专项执法行动，组织立案查处 4 件，督办地方查处 14 件。组织跨区域跨部门联合执法 21 次，联合检察机关处理违法线索 4 件。印发实施《太湖流域平原区生态清洁小流域建设技术指南（试行）》。

## 五、强化智慧赋能和科技支撑，流域水利行业发展能力稳步提升

编制完成长三角一体化数字太湖工程可行性研究报告，为全面推进数字孪生太湖建设筑牢基础。完善太湖、省际边界、长三角示范区等重点区域监测感知站网，有效提升太湖湖流、出入湖水量水质等监测能力。构建防汛防台历史场景和专家经验库，初步构建迭代式预案方案库、太浦河水利管理对象关系图谱。着力提升"四预"支撑功能，深入开展水质模型参数率定，迭代完善"2+N"业务应用。数字孪生太浦河、太浦闸先行先试项目建成并投入运用，在流域多目标统筹调度、工程安全运行管理等实践中发挥重要作用，数字孪生太湖取得重要阶段性成果。流域内14项数字孪生流域（工程）先行先试项目保质保量完成建设任务，积极推进先行先试建设成果共享。发挥"流域管理机构-科研院所-地方政府"共建机制优势，联合南京水利科学研究院、无锡市人民政府完成太湖流域水治理重点实验室共建任务。依托太湖流域水科学研究院等流域科技协作平台，加强太湖蓝藻水华及藻类结构变化监测分析研究和成果技术交流。太湖水文化馆揭牌建设，太湖续志编纂工作正式启动。

## 六、切实加强新时代党的建设，推动学习贯彻习近平新时代中国特色社会主义思想主题教育取得实效

扎实开展主题教育，把理论学习、调查研究、推动发展、检视整改有机融合、一体推进。通过集体学习、中心组（扩大）学习、读书班等形式开展党组学习33次，各基层党组织开展理论学习300余次。大兴调查研究，确定调研课题36项，推动解决问题13个，"推进治太工程建设"调研课题入选水利部优秀调研成果。5件局党组"我为群众办实事"项目和"共建共促，助力绿色张江建设"民生水利项目已全部完成。严格落实加强对"一把手"和领导班子监督重点任务，全面完成47项党组年度全面从严治党主体责任清单任务。积极配合完成水利部党组巡视。开展"以案促教、以案促改、以案促治"专项行动，持续开展"清风进家门"等廉洁

文化品牌活动。

2024年，太湖局将继续坚持以习近平新时代中国特色社会主义思想为指导，积极践行推动新阶段水利高质量发展"六个坚持"和"六条实施路径"，进一步强化流域统一规划、统一治理、统一调度、统一管理，为深入推动长三角一体化高质量发展和流域中国式现代化建设作出更大的水利贡献。

邵潮鑫　执笔

朱月明　审核

# 强化跨界水体共保联治
# 助力长三角一体化高质量发展

## 水利部太湖流域管理局

2023 年，水利部太湖流域管理局（以下简称太湖局）深入开展长三角生态绿色一体化发展示范区（以下简称示范区）跨界水体共保联治，推动涉河湖领域一体化制度创新，会同江苏省、浙江省、上海市河长办和示范区执行委员会联合出台《长三角生态绿色一体化发展示范区联合河湖长制工作规范》（以下简称《工作规范》）。该工作成果进一步规范了示范区联合河湖长履职，为深入开展跨界水体共保联治提供了具体路径。这是太湖流域深入落实党中央、国务院关于强化河湖长制重大决策部署，助力长三角一体化高质量发展的又一次制度创新。

自 2017 年开始，江苏省苏州市吴江区、浙江省嘉兴市嘉善县、上海市青浦区（以下简称两区一县）等地开始探索以跨界水体联保共治为主要内容的联合河湖长制。示范区建设启动后，两区一县进一步加强协作联动，共同聘任覆盖示范区所有跨界水体的联合河湖长，共同实施涉及淀山湖、元荡、太浦河等跨界河湖的多个协同治理项目，建设完成联合河湖长制主题公园、记忆馆等宣传载体，示范效应不断凸显，人民群众的幸福感、获得感显著提升。

《工作规范》全面总结联合河湖长制实践经验，明确在示范区内建立联合河湖长制联席会议机制，由两区一县跨界河湖交界段河湖长，区、镇级河长办组成，负责统筹示范区联合河湖长制工作。详细规范了联席会议、联合河湖长和河长办的具体职责、任务和履职方式，细化明确了建立健全跨界河湖基础档案、联合巡河、联合管护、联合监测、联合执法、联合治理、问题处置、联合培训、信息共享与公开、督查考核等具体工作内容和要求，为联合河湖长制迈向制度化、规范化提供了重要遵循。

太湖局充分利用太湖流域（片）省级河湖长联席会议、太湖淀山湖湖长协作机制等机制平台聚焦跨界水体共保联治，近年来还牵头制定印发《关于进一步深化示范区河湖长制　加快建设幸福河湖的指导意见》，会同江苏省、浙江省、上海市河长办制定印发《长三角生态绿色一体化发展示范区幸福河湖评价办法（试行）》，组织编制完成《跨界河湖协同治理示范区河湖长制创新典型案例》，全过程指导联合河湖长制探索实践。2023年，江苏省苏州市吴江区、上海市青浦区成功联合创建元荡为示范区首个跨界幸福河湖，复制推广了以雪落漾为代表的跨界水体一体化管护经验，示范效应显著，联合河湖长制不断走深走实，示范区生态底色不断擦亮。

王逸行　执笔

朱月明　审核

# 行业发展能力篇

# 高质量推进重大水利规划编制

水利部规划计划司

2023 年，水利部门坚持以习近平新时代中国特色社会主义思想为指导，深入贯彻落实党的二十大精神和习近平总书记关于治水重要论述精神，以《国家水网建设规划纲要》（以下简称《规划纲要》）贯彻落实、七大流域防洪规划修编等为重点，抓好重大水利规划编制，进一步完善水利规划体系，为推动新阶段水利高质量发展提供规划基础和依据。

## 一、全力抓好《规划纲要》贯彻落实

一是推动《规划纲要》正式公布，第一时间抓好宣传贯彻。中共中央、国务院于 5 月正式公布《规划纲要》。水利部、国家发展改革委召开贯彻落实会议，国家新闻办公室举行专场新闻发布会，水利部党组在《求是》杂志刊发署名文章《加快构建国家水网 为强国建设民族复兴提供有力的水安全保障》，人民日报、新华社、中央广播电视总台等中央主要媒体深入报道，中国浦东干部学院举办国家水网建设高层次培训班，水利部举办加快推进国家水网建设专题展览，凝聚加快推进国家水网建设的共识与合力。

二是加快推动完善国家水网建设规划体系。加快南水北调工程总体规划修编。全面推进区域水网建设规划编制工作，取得重要阶段成果。31 个省级水网建设规划全部编制完成。

三是高质量推进水网先导区建设。组织完成第一批省级水网先导区建设跟踪评估，7 个省级先导区在组织推动、水网规划、重大工程建设、水网融合发展、体制机制创新、数字孪生水网等方面形成一批典型经验，发挥示范作用。启动第二批省级水网先导区、第一批市级和县级水网先导区建设。在山东召开加快省级水网建设现场推进会，交流各地典型经验做法。

四是开展国家水网重要结点工程申报评选。制定印发《国家水网重要结点工程认定标准》，组织开展第一批重要结点工程申报评选，提出第一批推荐名录。

## 二、加快推进七大流域防洪规划修编等重点规划

一是基本完成七大流域防洪规划修编主要技术工作。加强组织推动，定期组织调度会商，加强技术指导和高层次专家咨询，上下联动、共同推进规划修编工作。目前，已完成上一轮防洪规划实施情况检视评估、设计洪水成果复核、防洪区划调整和防洪标准复核，初步形成新形势下七大流域防洪治理方略、防洪区划和防洪标准、洪水出路安排、防洪总体布局等成果，提出规划报告初稿。基本形成防洪规划数字信息平台，开展基础资料和规划成果"上图入库"工作。

二是印发实施《七大江河干流重要堤防达标建设三年行动方案（2023—2025年）》。深入分析七大江河干流重要堤防达标情况、存在问题和建设需求，紧盯大江大河大湖不达标的堤防，集中力量开展重要堤防达标建设。

三是完成全国中小河流治理总体方案编制。按照逐流域规划、逐流域治理、逐流域验收、逐流域建档立卡的要求，组织编制完成流域面积在 $200 \sim 3000 \ km^2$ 的中小河流治理总体方案，统筹推进以流域为单元的系统治理。

## 三、开展重点流域和区域生态治理保护规划编制

一是加强丹江口库区及其上游流域水质安全保障，构建流域系统保护治理工作体系。二是印发《加快推进永定河流域治理管理现代化工作方案》，强化永定河流域统一规划、统一治理、统一调度、统一管理，打造全国流域治理管理标杆。三是加快七大流域（片）水土保持规划编制，七大流域（片）均已提出规划报告初稿。四是贯彻落实国家重大战略。抓好京津冀协同发展、长江经济带发展、粤港澳大湾区建设、长江三角洲区域

一体化发展、黄河流域生态保护和高质量发展、成渝地区双城经济圈等水利重点任务落实。

## 四、进一步完善流域综合规划体系

一是加快主要支流和河口规划审批。协调推进嘉陵江等流域综合规划编制和审批。组织对长江、黄河、珠江河口综合治理规划进行审查，推进规划环评工作。二是进一步规范河流分级分类。制定印发《关于规范河流分级分类工作的通知》，首次按"三级五类"规范河流分级分类。三是组织编制完成全国农田灌溉发展规划。在现场调研、专题研究、规划编制、征求意见、专家审查基础上，编制完成规划报告，框定全国灌溉发展规模和布局，论证灌溉水源保障情况，梳理灌区建设改造任务，建立灌区"一张图"。

## 五、加强水利规划归口管理和实施督导评估

一是加强水利规划管理。制定印发 2023 年度重点水利规划编制和审批工作计划，加强跟踪督促和协调推动，全年国家层面共审查审批 26 项重点水利规划。二是进一步加强水利规划实施督导评估。制定印发《水利部关于进一步加强水利规划实施督导评估工作的意见》，明确长期规划每 5 年左右组织评估，短期规划每年开展监测。三是完成相关规划实施情况评估。对《中华人民共和国国民经济和社会发展第十四个五年规划和 2035 年远景目标纲要》提到的 102 项重大工程建设情况以及《"十四五"水安全保障规划》实施情况进行监测评估，商国家发展改革委根据中期评估意见对《"十四五"水安全保障规划》的项目进行调整。四是做好规划衔接协调。加强水利规划与国民经济和社会发展规划、区域规划、国土空间规划和交通运输、生态环境、能源发展、林草等规划衔接协调。

## 六、下一步重点工作

全面贯彻落实党的二十大和二十届二中全会精神，坚持治水思路，坚持问题导向，坚持底线思维，坚持预防为主，坚持系统观念，坚持创新发

展，以《规划纲要》贯彻落实、"十五五"水安全保障规划思路研究、七大流域防洪规划修编等为重点，着力抓好重大水利规划编制和实施监督，进一步完善水利规划体系，强化水利规划管理，充分发挥水利规划引领作用，为推动新阶段水利高质量发展夯实规划基础。

一是抓好《规划纲要》贯彻落实。加快完善国家和区域水网规划布局，完成区域水网规划编制。加快推动省、市、县水网规划建设，高质量建设水网先导区。公布一批国家水网重要结点工程。

二是加快推进七大流域防洪规划修编工作。持续加强跟踪督促和协调推进，督促各流域管理机构加快规划报告编制，制定审查工作方案，抓紧开展技术审查和征求意见工作，做好与相关规划的衔接协调。

三是推进国家重大战略水利规划实施。督促流域管理机构建立健全区域水利规划实施机制，全面检视规划实施情况，做好跟踪评估，会同地方切实落实水利任务。编制长江干流和重要支流河湖水系连通修复方案。

四是持续推动全国和重要流域水利规划编制审批。完成全国灌溉发展规划协调审批，加快完成全国中小河流治理总体方案编制，加快推进流域水土保持规划编制审批。启动"十五五"水安全保障规划思路研究和规划编制。加快嘉陵江等流域综合规划和重要河口治理规划审查审批。

五是加强水利规划管理和督导评估。制定印发年度重点水利规划编制和审查审批工作计划。指导流域管理机构健全流域规划体系，做好流域综合规划和专业规划实施情况评估，切实发挥规划指导约束作用。

王　晶　郭东阳　执笔

高敏凤　审核

# 加强水利战略人才培养

水利部人事司　水利部国际合作与科技司

2023 年，水利系统深入学习贯彻习近平总书记关于做好新时代人才工作的重要思想和治水重要论述精神，全面落实党中央各项决策部署，切实加强水利战略人才培养，为推动新阶段水利高质量发展提供了坚强人才支撑。

## 一、紧紧抓住规划实施这个"牛鼻子"，建立"十四五"水利人才队伍建设规划评估和实施保障机制

按照"固底板、补短板、锻长板"要求，对照《"十四五"水利人才队伍建设规划》（以下简称《人才队伍建设规划》）提出的主要目标、发展指标和重点任务，经逐一对照、逐条检视、认真评估，各项主要任务均如期取得重要进展。在此基础上，有针对性地提出下一步工作内容、主要措施、完成时限和责任单位，实施"挂图作战""销号管理"。进一步健全《人才队伍建设规划》落实机制，针对重点任务一对一、点对点督导有关单位加快工作进度，并结合水利人事工作座谈会，就基层水利人才队伍建设中的短板和不足，与地方水行政主管部门协商共抓，推动形成人才工作合力。

## 二、紧紧抓住高层次人才这个"关键少数"，推进水利战略人才力量建设取得丰硕成果

把高层次人才队伍建设作为人才工作的重中之重，整合各方面资源，加大支持力度，努力培养造就更多高层次复合型水利人才。2023 年，组织完成"国家工程师奖""全国创新争先奖"等十余批次国家高层次人才选拔推荐工作，成绩突出。推荐支持 2 名个人和 1 个团队成功当选"国家卓越工程师"和"国家卓越工程师团队"，3 名专家荣获第三届全国创新争

先奖，2 人入选国家高层次人才计划，12 人享受国务院政府特殊津贴。继续加大海外高层次人才引进力度，再次成功获批引进 1 名海外高层次人才来华工作。扎实做好水利部有关人才工程的推荐选拔工作，坚持高标准、严要求，组织选拔新一批 15 名领军人才、20 名青年科技英才、50 名青年拔尖人才、5 个人才创新团队和 10 个人才培养基地，高层次人才队伍规模不断扩大。

### 三、紧紧围绕服务重点任务，加强水利国际化人才培养

修订印发《水利国际化人才合作培养项目人员选派管理办法》，进一步加强对留学人员的选拔和管理，不断提升水利国际人才培养质量。与国家留学基金管理委员会续签国际化人才培养协议，继续实施国际化人才培养项目，完善国际化人才联合培养机制。与亚洲水理事会续签《联合开展访问学者项目的协议》。按照"围绕重点业务、坚持优中选优"的原则，选派推荐 21 人成功入选水利国际化人才培养项目。组织对拟留学人员开展集中培训，进一步统一思想认识，明确目标责任，严肃纪律要求。

### 四、紧紧围绕服务乡村振兴战略，大力抓好基层水利人才培养

强化教育培训帮扶，持续加大对县市水利局长培训力度，组织举办 5 期县市水利局长示范培训班，以线上线下相结合的方式，培训县市水利局长 1000 余名，培训人数再创新高。继续开展人才帮扶，组织开展人才"组团式"援藏，选派 35 名专业技术干部，分成 5 个团组分赴阿里、那曲、山南、日喀则、米林开展为期 3 个月的集中帮扶。落实中央组织部、共青团中央"博士服务团"服务锻炼工作部署，选派 3 名优秀博士分别到山西省、西藏自治区和新疆维吾尔自治区开展帮扶工作。接收来自贵州省、宁夏回族自治区、新疆维吾尔自治区的 6 名民族地区"西部之光"访问学者到水利部相关部属单位交流学习。

### 五、紧紧围绕水利高质量发展的目标任务，加快推进重点专项人才培养

积极开展新时代水利技能人才队伍建设调研，系统梳理制约技能人才

队伍建设的问题，提出相关对策建议。在此基础上，制定印发《关于做好新时代水利高技能人才队伍建设有关工作的通知》，明确具体工作措施，指导加快构建水利技能人才工作长效机制。强化重点领域人才需求分析和源头培养，组织开展水利发展重点领域急需紧缺专业人才需求目录编制工作，面向水利系统开展广泛调研，在此基础上首次编制并面向行业发布需求目录，指导部系统和地方水利单位加大急需紧缺专业人才引进力度，引导高校优化调整水利学科的专业设置及培养方案。落实中央关于进一步加强青年科技人才培养和使用的若干措施要求，以夯实基础、拓展视野、激发潜力为导向，研究提出3方面10项具体落实措施。成功举办第九届、第十届全国水利行业职业技能竞赛和第十五届全国水利职业院校职业技能大赛，加快推动水利技术技能人才培养。

### 六、紧紧围绕人才评价这个关键环节，积极推动水利职称改革

严格落实《中央单位高级职称评审委员会核准备案工作指引（试行）》新要求，完善由1294名专家组成的新一届高级职称评审委员会专家库并报人力资源社会保障部备案同意。严格把关，指导15家部直属单位组建高级工程师评审委员会专家库。进一步破除"四唯"现象，优化职称评审申报条件，在年度职称评审中对论文数量、奖项要求，以及学历限制等进行优化调整，修订职称评审赋分标准，完善职称评审方式，在正高级工程师"网络赋分评审"中增设答辩环节，圆满完成年度职称评审工作。推动水利行业职业技能等级认定工作取得突破性进展。

### 七、紧紧抓住制约人才成长的"堵点""难点"，深入推进人才发展体制机制改革

坚持"破四唯"和"立新标"并举，积极推动科技人才评价改革试点，组织中国水利水电科学研究院（以下简称中国水科院）、南京水利科学研究院编制试点实施方案报科技部获正式批复，进一步健全以创新能力、质量、效果、贡献为导向的科技人才评价体系。组织指导中国水科院编制使命导向管理改革试点实施方案，推动构建使命导向、分类分层立体

化人才培养体系。落实中央关于卓越工程师培养的有关精神，结合行业实际，启动卓越水利工程师培养工程，研究提出卓越水利工程师培养方案，探索试点定点实习实训。指导北京江河水利发展基金会完成换届工作，持续对水利青年科技英才等进行项目资助。

2024年，水利系统将坚持以习近平新时代中国特色社会主义思想为指导，立足推动新阶段水利高质量发展，大力推动水利人才队伍建设提档升级。加快建设水利战略人才力量，打造一流水利领军人才和创新团队，加强青年科技人才培养和使用，实施卓越水利工程师培养工程，推进水利高技能人才队伍建设。持续提升基层人才能力素质，大力推广水利人才"订单式"培养模式，拓宽人才引进渠道，加大教育培训力度，做好重点地区人才帮扶工作。深化人才发展体制机制改革，实施科技人才评价改革试点。让水利事业激励水利人才，让水利人才成就水利事业。

张　伟　张玉卓　张景广　陈　博　执笔

郭海华　王　健　审核

### 专栏六十四

# 水利人才培养全面开花

## 水利部人事司　水利部国际合作与科技司

根据《"十四五"水利人才队伍建设规划》有关部署，水利部组织开展了 2023 年水利领军人才、青年科技英才、青年拔尖人才、人才创新团队和人才培养基地选拔工作，择优选拔了 15 名水利领军人才、20 名水利青年科技英才、50 名水利青年拔尖人才、5 个水利人才创新团队、10 个水利人才培养基地（见表 1—表 5）。

表 1　　　　　　　　　水利领军人才入选名单

（15 人，按姓氏笔画排序）

| 姓　名 | 所 在 单 位 |
| --- | --- |
| 王小军 | 南京水利科学研究院 |
| 王振华 | 石河子大学 |
| 付　静（女） | 水利部信息中心 |
| 刘晓波 | 中国水利水电科学研究院 |
| 刘家宏 | 中国水利水电科学研究院 |
| 吴正桥 | 中水北方勘测设计研究有限责任公司 |
| 张宝忠 | 中国水利水电科学研究院 |
| 范子武 | 南京水利科学研究院 |
| 赵　勇 | 中国水利水电科学研究院 |
| 赵连军 | 黄河水利科学研究院 |
| 郭新蕾 | 中国水利水电科学研究院 |
| 黄书岭 | 长江科学院 |
| 假冬冬 | 南京水利科学研究院 |
| 彭少明 | 水利部水利水电规划设计总院 |
| 谢遵党 | 黄河勘测规划设计研究院有限公司 |

表2                第八届水利青年科技英才入选名单

（20人，按姓氏笔画排序）

| 姓　名 | 所　在　单　位 |
|---|---|
| 王智源 | 南京水利科学研究院 |
| 牛文静（女） | 水利部长江水利委员会水文局 |
| 冯楚桥 | 贵州省水利水电勘测设计研究院有限公司 |
| 许晓亮 | 三峡大学 |
| 李云良 | 中国科学院南京地理与湖泊研究所 |
| 杨　广 | 石河子大学 |
| 来志强 | 黄河水利科学研究院 |
| 宋利祥 | 珠江水利科学研究院 |
| 张延杰 | 云南滇中引水工程有限公司 |
| 张雨霆 | 长江科学院 |
| 陈　飞 | 水利部水利水电规划设计总院 |
| 尚文绣（女） | 黄河勘测规划设计研究院有限公司 |
| 尚毅梓 | 中国科学院新疆生态与地理研究所 |
| 赵春红（女） | 水利部节约用水促进中心 |
| 胡　挺 | 中国长江三峡集团有限公司 |
| 夏润亮 | 水利部信息中心 |
| 漆祖芳 | 长江设计集团有限公司 |
| 谭　超 | 广东省水利水电科学研究院 |
| 戴江玉 | 南京水利科学研究院 |
| 魏　征 | 中国水利水电科学研究院 |

表3                水利青年拔尖人才入选名单

（50人，按姓氏笔画排序）

| 姓　名 | 所　在　单　位 |
|---|---|
| 丁琪（女） | 中国水利水电出版传媒集团有限公司 |
| 王　哲 | 水利部海河水利委员会水文局 |
| 王　祥 | 湖南省水利水电科学研究院 |
| 王　敏 | 内蒙古自治区水旱灾害防御技术中心 |
| 王永涛 | 贵州省水利科学研究院 |
| 王志慧 | 黄河水利科学研究院 |

续表

| 姓　名 | 所　在　单　位 |
|---|---|
| 王俊智 | 黄河勘测规划设计研究院有限公司 |
| 方超群 | 水利部水工金属结构质量检验测试中心 |
| 卢　鑫 | 四川省水利科学研究院 |
| 田　雨（女） | 中国水利水电科学研究院 |
| 刘　博 | 水利部国际经济技术合作交流中心 |
| 刘　淼 | 河北省水利科学研究院 |
| 刘路广 | 湖北省水利水电科学研究院 |
| 汤鹏程 | 中国水利水电科学研究院 |
| 严婷婷（女） | 水利部发展研究中心 |
| 李　佳（女） | 水利部南水北调规划设计管理局 |
| 李成业 | 水利部建设管理与质量安全中心 |
| 李志晶 | 长江科学院 |
| 杨凤威 | 黄河勘测规划设计研究院有限公司 |
| 肖晨光 | 安徽省水利科学研究院 |
| 何小聪 | 长江设计集团有限公司 |
| 何颖清（女） | 珠江水利科学研究院 |
| 张　辛 | 长江设计集团有限公司 |
| 张　磊（女） | 中国水利水电科学研究院 |
| 张之琳（女） | 广东省水利水电科学研究院 |
| 张冠华（女） | 长江科学院 |
| 张继红 | 石河子大学 |
| 陈金明 | 云南省水利水电勘测设计研究院 |
| 武秀侠（女） | 中国水利学会 |
| 欧阳硕 | 水利部长江水利委员会水文局 |
| 罗　琳（女） | 水利部发展研究中心 |
| 罗清元 | 河南省水文水资源测报中心 |
| 和玉璞 | 南京水利科学研究院 |
| 赵兰兰（女） | 水利部信息中心 |
| 赵钟楠 | 水利部水利水电规划设计总院 |
| 胡　江 | 南京水利科学研究院 |
| 侯轶群（女） | 水利部中国科学院水工程生态研究所 |

| 姓　名 | 所 在 单 位 |
|---|---|
| 侯贵兵 | 中水珠江规划勘测设计有限公司 |
| 钱　宝 | 水利部长江水利委员会水文局 |
| 奚　歌（女） | 中水北方勘测设计研究有限责任公司 |
| 曹鹏飞 | 水利部节约用水促进中心 |
| 崔　倩（女） | 水利部信息中心 |
| 董　飞 | 中国水利水电科学研究院 |
| 傅　雷 | 浙江省水利河口研究院 |
| 鲁　锋 | 黄河小浪底水资源投资有限公司 |
| 蔡　梅（女） | 水利部太湖流域管理局水利发展研究中心 |
| 樊　博（女） | 水利部科技推广中心 |
| 滕红真（女） | 中国水利报社 |
| 薛泷辉 | 福建省水利水电勘测设计研究院有限公司 |
| 魏匡民 | 南京水利科学研究院 |

**表 4　　　　　　　　水利人才创新团队入选名单**

**（5 个，按负责人姓氏笔画排序）**

| 团 队 名 称 | 负责人 | 依 托 单 位 |
|---|---|---|
| 滴灌节水高效技术研究创新团队 | 王振华 | 石河子大学 |
| 黄河流域生态水文与水土保持创新团队 | 吕锡芝 | 黄河水利科学研究院 |
| 流域水环境保护与治理创新团队 | 林　莉（女） | 长江科学院 |
| 地下水开发利用与保护研究创新团队 | 林　锦 | 南京水利科学研究院 |
| 三峡工程运行安全保障关键技术研究创新团队 | 黄　伟 | 中国水利水电科学研究院 |

**表 5　　　　　　　　水利人才培养基地入选名单**

**（10 个，按依托单位排序）**

| 基 地 名 称 | 依 托 单 位 |
|---|---|
| 重大水工程建设运行人才培养基地 | 黄河勘测规划设计研究院有限公司 |
| 河道修防技能人才培养基地 | 水利部黄河水利委员会河南黄河河务局焦作黄河河务局 |
| 黄河流域水土保持人才培养基地 | 水利部黄河水利委员会黄河水土保持绥德治理监督局 |
| 水利宣传思想文化人才培养基地 | 水利部宣传教育中心 |
| 水利水文智能监测与标准人才培养基地 | 水利部南京水利水文自动化研究所 |

续表

| 基 地 名 称 | 依 托 单 位 |
|---|---|
| 水利水电国际标准人才培养基地 | 国际小水电中心 |
| 闸站运维管理人才培养基地 | 江苏省江都水利工程管理处 |
| 四川水利人才培养基地 | 四川省水利人才资源开发与档案中心 |
| 贵州水利人才培养基地 | 贵州水利水电职业技术学院 |
| 云南边疆民族地区水利人才培养基地 | 云南省水利厅 |

张　伟　张玉卓　张景广　陈　博　执笔

郭海华　王　健　审核

![专栏六十五]

# 持续组织开展全国水利行业职业技能竞赛

## 水利部人事司

2023 年，水利部门深入贯彻习近平总书记关于治水重要论述精神和对技能人才工作重要指示精神，联合人力资源社会保障部、中华全国总工会有关部门，先后举办了第九届和第十届全国水利行业职业技能竞赛，加快培养和选拔水利高技能人才，大力推进水利技能人才队伍建设。具体竞赛决赛名次和获奖名单见表 1—表 5。

**表 1    第九届全国水利行业职业技能竞赛决赛名次（河道修防工）**

| 名次 | 姓 名 | 推 荐 单 位 |
|---|---|---|
| 1 | 武世玉 | 水利部黄河水利委员会 |
| 2 | 谢思杰 | 水利部黄河水利委员会 |
| 3 | 董现辉 | 水利部黄河水利委员会 |
| 4 | 单海涛 | 浙江省水利厅 |
| 5 | 张林轩 | 水利部黄河水利委员会 |
| 6 | 王 迪 | 浙江省水利厅 |
| 7 | 徐小玲（女） | 浙江省水利厅 |
| 8 | 商 奎 | 北京市水务局 |
| 9 | 陈奕旭 | 浙江省水利厅 |
| 10 | 刘 贝 | 湖南省水利厅 |
| 11 | 周俊杰 | 湖南省水利厅 |
| 12 | 张豪杰 | 湖北省水利厅 |
| 13 | 张 斐 | 安徽省水利厅 |
| 14 | 谢杨修 | 安徽省水利厅 |
| 15 | 黄雪梅（女） | 山东省水利厅 |
| 16 | 李雨洋 | 湖北省水利厅 |
| 17 | 丁 毅（女） | 北京市水务局 |
| 18 | 肖展江 | 广西壮族自治区水利厅 |

续表

| 名次 | 姓　名 | 推　荐　单　位 |
|---|---|---|
| 19 | 费忠浩 | 河北省水利厅 |
| 20 | 王成锋 | 山东省水利厅 |
| 21 | 杨春东 | 天津市水务局 |
| 22 | 李肖男 | 山东省水利厅 |
| 23 | 刘　凡 | 湖北省水利厅 |
| 24 | 唐家永 | 江苏省水利厅 |
| 25 | 方铭峰 | 广东省水利厅 |
| 26 | 吴　涛 | 陕西省水利厅 |
| 27 | 王彦法 | 水利部淮河水利委员会 |
| 28 | 谭　东 | 新疆维吾尔自治区水利厅 |
| 29 | 闫一博 | 河南省水利厅 |
| 30 | 韩彦美（女） | 水利部海河水利委员会 |

表2　　　　第九届全国水利行业职业技能竞赛优秀组织奖名单

| 序号 | 单　　位 |
|---|---|
| 1 | 水利部黄河水利委员会 |
| 2 | 浙江省水利厅 |
| 3 | 山东省水利厅 |
| 4 | 湖北省水利厅 |
| 5 | 湖南省水利厅 |

表3　　第十届全国水利行业职业技能竞赛决赛名次（水土保持治理工）

| 名次 | 姓　名 | 推　荐　单　位 |
|---|---|---|
| 1 | 樊义佳 | 水利部黄河水利委员会 |
| 2 | 侯　芳（女） | 水利部黄河水利委员会 |
| 3 | 贺俊斌 | 水利部黄河水利委员会 |
| 4 | 刘思君（女） | 水利部黄河水利委员会 |
| 5 | 郝姗姗（女） | 水利部黄河水利委员会 |
| 6 | 闫俊飞 | 河南省水利厅 |
| 7 | 郑鹏飞 | 水利部长江水利委员会 |
| 8 | 李浩琮 | 湖南省水利厅 |
| 9 | 左　强 | 新疆生产建设兵团水利局 |
| 10 | 郭春香（女） | 浙江省水利厅 |

续表

| 名 次 | 姓 名 | 推 荐 单 位 |
|---|---|---|
| 11 | 林成行 | 水利部珠江水利委员会 |
| 12 | 陈 童 | 青海省水利厅 |
| 13 | 赵 辉 | 湖北省水利厅 |
| 14 | 孙泉忠 | 贵州省水利厅 |
| 15 | 杨 超 | 湖北省水利厅 |
| 16 | 廖凯涛 | 江西省水利厅 |
| 17 | 高 峰 | 安徽省水利厅 |
| 18 | 尹元银 | 水利部长江水利委员会 |
| 19 | 于 萌 | 新疆维吾尔自治区水利厅 |
| 20 | 刘明欣 | 河南省水利厅 |
| 21 | 顾朝军 | 水利部长江水利委员会 |
| 22 | 刘浩然 | 甘肃省水利厅 |
| 23 | 邱石生 | 江西省水利厅 |
| 24 | 智 超 | 内蒙古自治区水利厅 |
| 25 | 陈 宇 | 水利部海河水利委员会 |
| 26 | 孙伟杰 | 吉林省水利厅 |
| 27 | 王 国 | 水利部珠江水利委员会 |
| 28 | 苟长新 | 新疆维吾尔自治区水利厅 |
| 29 | 蔡卓杰 | 广西壮族自治区水利厅 |
| 30 | 孙坤君 | 广西壮族自治区水利厅 |

表4　第十届全国水利行业职业技能竞赛决赛名次（水文勘测工）

| 名 次 | 姓 名 | 推 荐 单 位 |
|---|---|---|
| 1 | 杜思源（女） | 水利部长江水利委员会 |
| 2 | 陈 攀 | 湖北省水利厅 |
| 3 | 丁吉昆 | 江西省水利厅 |
| 4 | 黄孝明 | 江西省水利厅 |
| 5 | 孙正熙 | 广东省水利厅 |
| 6 | 陈曦宇 | 江西省水利厅 |
| 7 | 胡国山 | 水利部长江水利委员会 |
| 8 | 张良梓 | 河北省水利厅 |
| 9 | 陈 星 | 广东省水利厅 |
| 10 | 解传奇 | 水利部长江水利委员会 |

续表

| 名次 | 姓　名 | 推　荐　单　位 |
|:---:|:---:|:---:|
| 11 | 魏尹生 | 湖北省水利厅 |
| 12 | 徐玉冬 | 广东省水利厅 |
| 13 | 麦凯歌 | 广西壮族自治区水利厅 |
| 14 | 刘凤睿 | 黄河水利委员会 |
| 15 | 尹立明 | 河北省水利厅 |
| 16 | 刘承宇 | 湖北省水利厅 |
| 17 | 罗韵纯（女） | 福建省水利厅 |
| 18 | 朱晓跃 | 江苏省水利厅 |
| 19 | 陈　晓 | 河北省水利厅 |
| 20 | 李文启 | 江苏省水利厅 |
| 21 | 韩威风 | 水利部黄河水利委员会 |
| 22 | 任　彤 | 水利部海河水利委员会 |
| 23 | 霍春宇 | 辽宁省水利厅 |
| 24 | 田家乐 | 辽宁省水利厅 |
| 25 | 赵　东 | 吉林省水利厅 |
| 26 | 杜康宁 | 水利部黄河水利委员会 |
| 27 | 朱彩琳（女） | 上海市水务局 |
| 28 | 纪同同 | 黑龙江省水利厅 |
| 29 | 赵　童 | 广西壮族自治区水利厅 |
| 30 | 邵加健 | 浙江省水利厅 |

**表5　　第十届全国水利行业职业技能竞赛优秀组织奖名单**

| 序号 | 单　位 |
|:---:|:---:|
| 1 | 水利部长江水利委员会 |
| 2 | 水利部黄河水利委员会 |
| 3 | 河南省水利厅 |
| 4 | 广东省水利厅 |
| 5 | 江西省水利厅 |

张　伟　张玉卓　陈　博　执笔
郭海华　王　健　审核

# 水利财会监督工作成效显著

水利部财务司

2023 年，水利系统高度重视财会监督工作，认真组织学习贯彻落实中共中央办公厅、国务院办公厅《关于进一步加强财会监督工作的意见》（以下简称《意见》）精神，准确把握财会监督政治属性，扎实推动水利财会监督落地见效，逐步构建起具有水利特色的财会监督体系，为推动新阶段水利高质量发展提供坚实财务支撑。

## 一、水利财会监督工作开展情况

水利部迅速行动、统筹谋划、多措并举，高标准推进水利财会监督工作，确保水利财会监督工作取得实效。

### （一）深入学习贯彻《意见》精神

把学习宣传贯彻落实《意见》作为一项重要政治任务。认真学习贯彻习近平总书记关于财会监督的重要论述，原原本本学习《意见》全文，研究部署贯彻落实工作。组织研究实施方案，召开水利财会监督工作部署会，提出明确要求。召开动员部署会，强化宣传和培训，督促水利部部属单位全面落实财会监督任务。

### （二）强化水利财会监督顶层设计

印发《水利部进一步加强财会监督工作的实施方案》（以下简称《实施方案》），明确了指导思想、任务目标和保障措施，为加强水利财会监督指明了方向。水利部部属单位按要求制定本单位加强财会监督工作实施方案，进一步夯实水利财会监督工作制度基础。

### （三）建立水利财会监督贯通协调机制

制定《水利部财会监督工作协调机制方案》（以下简称《协调机制方

案》），建立水利财会监督与纪检监察、巡视巡察等其他各类监督横向协同机制，完善水利部部属系统分级负责的纵向贯通机制，构建沟通顺畅、协调有效的财会监督格局。

### （四）深入基层调查研究财会监督实情

结合学习贯彻习近平新时代中国特色社会主义思想主题教育有关要求，深入14家水利基层单位开展财会监督调研，并与财政部地方监管局交流座谈。通过现场查看、面对面访谈、蹲点调研等方式，摸清水利财会监督工作堵点难点，把准脉、开良方，切实提升水利财会监督工作水平。

### （五）高质量完成水利财会监督专项行动

通过全面动员部署、印发行动方案、开展自查自纠、实施"多级联动、三级复核"等，组织水利部部属单位开展财经纪律重点问题专项整治行动，督促相关单位全面整改、彻底整改、长效整改。

### （六）加大财会监督政策宣贯力度

印发7期《水利财会监督简报》，及时发布习近平总书记关于财会监督的重要论述，实时通报财会监督相关政策要求，以及水利财会监督工作动态信息，强化政策解读、经验交流。水利财会监督工作经验和做法得到财政部肯定，并向其他中央部委和地方单位推广。

## 二、水利财会监督工作取得显著成效

积极履行财会监督职责，以踏石留印、抓铁有痕的劲头，勇于担当、善于作为，狠抓落实、讲求质效，水利财会监督工作取得显著成效。

### （一）党领导下的水利财会监督机制不断完善

水利部门始终将推动贯彻落实习近平总书记关于治水重要论述精神和党中央、国务院重大决策部署作为水利财会监督工作的首要任务，将党的领导贯穿水利财会监督工作全过程各环节，水利财会监督体制机制逐步健全。

一是党对财会监督的全面领导进一步加强。水利部党组统筹谋划水利财会监督工作，研究制定《实施方案》，密切跟进推动水利财会监督工作。

水利部部属单位党组（党委）切实承担起水利财会监督主体责任，扎实推动本单位财会监督工作有序有效开展。

二是水利财会监督体系基本建立。成立由水利部党组成员、分管部领导任组长，总经济师任副组长，相关司局负责同志参加的水利财会监督工作专班，建立起权责清晰、运行高效的具有水利特点的财会监督制度。水利部部属单位结合自身实际，健全分工明确、约束有力的内部财会监督机制和内部控制体系。

三是水利财会监督协调机制作用明显。坚持以党内监督为主导，促进财会监督与巡视巡察、纪检监察、审计监督等其他各类监督形成工作合力，协同推动水利财会监督工作高质量开展，大幅提升监督效能。

### （二）财会监督制度更加健全

水利部门在持续抓好水利财务管理"三项机制"等日常监督基础上，启动实施内部控制制度标准化规范化建设三年专项工程，为有效提升监督水平提供坚实制度保障。

一是水利财务管理"三项机制"进一步完善。紧密结合财政新形势和推动新阶段水利高质量发展要求，坚持问题导向，修订《水利部预算项目储备管理办法》《水利部预算执行考核办法》《水利部预算执行动态监控办法》，水利财务管理的科学化规范化水平不断提升。

二是"红黄牌"评价制度首次建立。创新性提出建立水利财会监督"红黄牌"评价管理制度，根据各类监督结果对相关单位出具"黄牌"或"红牌"，并与预算安排等挂钩，财会监督震慑力得到增强。

三是内部控制制度标准化规范化体系初步构建。印发《水利部内部控制制度清单（试行）》，指导水利部部属单位健全内部控制制度，内部控制制度标准化规范化建设三年专项工程正式启动，水利财会监督制度保障网逐步织密织牢。

四是廉政风险防控堤坝加牢加固。根据党风廉政风险防控最新要求，修订完善《水利行业廉政风险防控手册（资金资产管理分册）》，重新排查加固重点领域、重点岗位、关键环节廉政风险防控点，水利廉政风险防控体系进一步巩固。

### （三）财会监督效能显著增强

水利部门坚持"强穿透、堵漏洞、用重典、正风气"，组织部直属单位严格开展财经纪律重点问题、政府购买服务实施情况等专项整治工作。

一是专项整治全覆盖。坚持横向到边、纵向到底，全面覆盖、不"走过场"的原则，切实提升专项整治成效，做到问题事实清楚、责任清晰、证据确凿、定性准确。

二是问题整改落实落细。对发现的问题即查即改、彻底整改。能立行立改的，立即整改到位；不能立即整改到位的，明确了整改措施等，截至2023年年底整改完成率达95%。

三是制度短板补齐加高。深入剖析问题根源，补齐制度短板，并举一反三，建立健全内部控制制度长效机制，强化源头控制。部直属各单位针对发现的财经纪律方面问题，出台和正在出台规范管理文件共480个。

### （四）财会监督本领持续提升

水利部门组织开展财会监督负责人集中轮训，启动实施财会人员素质三年提升工程，财会监督工作履职本领显著提升。

一是水利财会人员信息库首次建立。通过水利财会人员信息库，全面掌握水利企事业单位财会人员专业、职称职务等基本情况，加强水利财会人员精细化管理，为量身定制培养方案奠定基础。

二是首期财会监督负责人培训班成功举办。7月，举办首期财会监督负责人培训班，正式启动水利财会人员素质三年提升工程。

三是以练促学、以干代训成为常态。选派政治强、业务精、素质高的财会业务骨干参加纪检监察、巡视巡察等监督任务，在干中学、在学中干、以学促干，全方位多角度提升财会人员履职能力。

## 三、下一步财会监督工作重点

下一步，水利系统继续坚持以习近平新时代中国特色社会主义思想为指导，全面贯彻落实党的二十大和二十届二中全会精神，坚持习近平总书记治水思路，坚持问题导向，坚持底线思维，坚持预防为主，健全完善财会监督体系，筑牢资金安全防线，以财会监督高效能助力推动新阶段水利高质量发展。

一是持续抓好水利财务管理"三项机制"。以水利财务管理"三项机制"和"红黄牌"评价制度为依据，打好预算项目储备、预算执行考核、预算执行动态监控"组合拳"，提高水利资金安全使用效益。

二是全面推动内部控制制度标准化规范化建设三年专项工程。紧跟新形势新要求，结合财会监督发现的问题，进一步完善内部控制制度体系，强化内部控制制度监督执行，织牢织密制度防线。

三是全力实施水利财会人员素质三年提升工程。统筹考虑水利部部属系统财会人员现状与培训需求，以全面增强财会监督履职能力为重点，分层次开展财会人员培养，实现水利财会人员业务培训三年全覆盖，锻造一支政治素质过硬、专业本领精湛、工作作风扎实的水利财会监督"铁军"。

万　敏　郭家玮　宋秋龄　吴钦山　执笔

俞　欣　审核

# 加快构建现代化运行管理矩阵
# 全面提升水库管理水平

水利部运行管理司

构建现代化水库运行管理矩阵是贯彻落实习近平总书记关于水库安全管理工作重要指示批示精神的具体体现，是推动新阶段水利高质量发展的有效手段和科学路径，能够全方位提高水库运行管理水平，推动实现水库运行管理精细化、信息化、现代化，有力保障水库安全运行、效益充分发挥。

## 一、现代化水库运行管理矩阵建设背景

当前我国已进入全面建设社会主义现代化国家新阶段，人民群众对安全稳定的社会环境有了更高期盼，这对水利工作提出了更高要求。水库大坝安全是国家水安全的重要保障。习近平总书记多次作出重要指示批示，强调我国现有水库数量多、高坝多、病险库多，要坚持安全第一，加强隐患排查预警和消除，确保现有水库安然无恙。水利部党组高度重视水库安全管理，以对党和人民高度负责的精神，提出"人员不伤亡、水库不垮坝、重要堤防不决口、重要基础设施不受冲击"的"四不"要求。

经过多年努力，我国水库大坝安全状况显著改善，运行管理水平显著提升，但水库运行管理的精细化、信息化、现代化水平仍然有待提高，制约水库运行管理高质量发展。

一是水库全方位管控能力有待提高。水库全覆盖监管仍需进一步加强，水库上下游、左右岸、干支流信息掌握不够准确、系统，全天候监控手段不足，建设、运行、报废全周期管理尚不完善。

二是水库管理体制机制需进一步完善。适应现代化水库运行管理的体制机制不健全，法规体系仍不能满足水利高质量发展要求，政策制度执行

力有待进一步提高。

三是水库信息化管理能力有待提升。小型水库监测预警能力依然偏低，很多大中型水库监测设施老化损坏；监测平台建设滞后，监测数据汇集和共享应用不足；数字孪生水库建设尚处于起步阶段，预报、预警、预演、预案"四预"能力不足，数字化、网络化、智能化水平亟须提升。

四是水库安全管理问题依然突出。极端天气事件发生频度强度增加，水库安全面临严峻挑战。部分"头顶一盆水"水库防洪能力不足；病险水库除险加固任务依然艰巨，长效机制需要巩固深化；白蚁等害堤动物危害长期存在；自然淤积导致水库防洪能力下降。

为解决制约水库运行管理高质量发展的关键问题，切实保障水库安全运行、充分发挥效益，李国英部长主持召开专题会议研究水库运行管理工作，提出加快构建现代化水库运行管理矩阵，实施全覆盖、全要素、全天候、全周期"四全"管理，完善体制、机制、法治、责任制"四制（治）"体系，强化预报、预警、预演、预案"四预"措施，加强除险、体检、维护、安全"四管"工作，在全面推进水库工程标准化管理的基础上，注重数字赋能、科技引领，强化水库信息化基础设施建设，结合数字孪生水利建设，全面提升水库运行管理精细化、信息化、现代化水平，为保障水库运行安全和效益发挥提供有力支撑。

## 二、现代化水库运行管理矩阵建设内容

构建现代化水库运行管理矩阵是提升水库现代化管理水平的重要平台，是推动新阶段水利高质量发展的重要措施。按照构建现代化水库运行管理矩阵的要求，围绕水库管理的突出问题，以安全管理工作为核心，通过深入开展专题研究、广泛听取地方意见，水利部制定印发了《水利部关于加快构建现代化水库运行管理矩阵的指导意见》《构建现代化水库运行管理矩阵重点任务分工方案》《构建现代化水库运行管理矩阵先行先试工作方案》等一系列文件，强化了顶层设计，明确了目标任务，提出了建设要求。

### （一）指导思想

坚持以习近平新时代中国特色社会主义思想为指导，全面深入贯彻落实习近平总书记关于水库安全的重要指示批示精神，统筹发展和安全，坚持问题导向、系统观念，在全面推进水库工程标准化管理的基础上，强化数字赋能，加快构建现代化水库运行管理矩阵建设，全面提升水库运行管理精准化、信息化、现代化水平，为保障水库运行安全和效益发挥提供有力支撑。

### （二）重点任务

现代化水库运行管理矩阵基于管理学理论中的矩阵管理概念，结合水库运行管理的特点和需求，建立包含"四全"管理、"四制（治）"体系、"四预"措施、"四管"工作的多视角、多层次、全元素集合，形成横向到边、纵向到底覆盖水库运行管理各个方面的系统性管理模式（见图1）。现代化水库运行管理矩阵对水库管理的方方面面进行了立体式的设计，同时跳出水库管理看水库管理，从防洪安全、工程安全、库区安全、全生命周期管理等多角度、多视野提出了建设任务，既有着眼全局的顶层设计，也有对重点关键环节的细部关注。

"四全"管理就是对全部水库实施监管，掌握全要素信息，进行全天候监测，对水库的"生老病死"和重大事件进行全周期管理。

"四制（治）"体系重点体现为制度完善和制度执行两个方面，一方面要充分加强制度建设，完善政策法规体系；另一方面要加强制度落实，压实责任，依法依规管理水库，保证制度落在实处。

"四预"措施是实现现代化水库管理的重要手段，是智慧水利建设的重要组成部分，也是现代化水库运行管理矩阵建设的重点和难点。通过加强"四预"措施，做到风险早预报、险情早预警，并增强突发事件应对能力。

"四管"工作主要是指除险、体检、维护、安全四个方面，涉及水库安全运行管理的众多环节，通过把握关键环节，带动水库管理水平的全面提升。

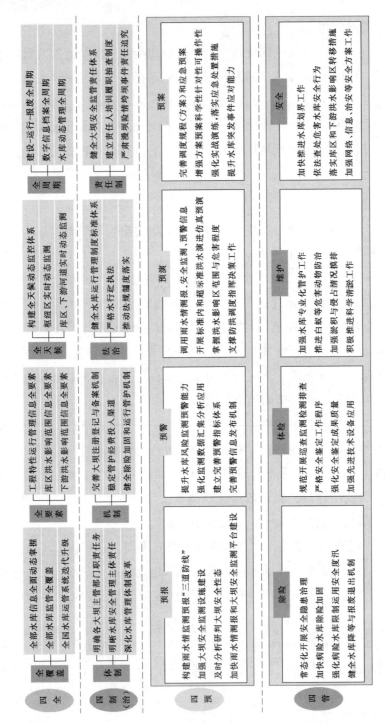

图 1　现代化水库运行管理矩阵建设顶层设计

### 三、现代化水库运行管理矩阵建设路径

现代化水库运行管理矩阵建设是在多年水库运行管理实践的基础上，针对水库运行管理存在的突出问题提出的解决方案，是在已有工作基础上的提档升级，是一项综合性强、涵盖内容丰富的工作。为此，水利部确立了先行先试积累经验、推广经验整体推进的工作安排。

现代化水库运行管理矩阵建设目标是：2024年年底前取得阶段性成果，2025年全面完成现代化水库运行管理矩阵建设先行先试工作，建成一批试点水库和先行区域，形成效果好、可复制、可推广的经验做法。基本建成具备"四全"管理功能的水库运行管理系统，水库"四制（治）"体系进一步完善，"四预"能力明显提升，"四管"工作扎实落地，水库运行管理现代化水平显著提高。到2030年，全国现代化水库运行管理矩阵基本建成，全面实现水库"四全"管理，现代化水库运行管理体制机制、法规制度和技术标准体系健全完善，大型、防洪重点中型及"头顶一盆水"中小型水库"四预"措施全面落实，"四管"工作长效机制建立健全，水库安全得到有效保障、效益得到充分发挥，水库运行管理精准化、信息化、现代化基本实现。

按照点面结合、分步实施的原则，水利部组织指导各省级水行政主管部门和部直属有关单位选取积极性高、代表性强、管理基础好、经费有保障的水库和区域开展先行先试推荐申报工作。水利部对各地推荐的试点水库和先行区域进行审核，印发《现代化水库运行管理矩阵建设先行先试台账》。各地编制完成试点水库、先行区域实施方案并通过审核，报水利部备案后组织实施。

下一步，水利系统将重点依托先行先试工作，积极创新、主动探索，大力推进现代化水库运行管理矩阵建设，在全国范围内积极推动形成一批可复制可推广的优秀案例、典型模式、技术路径，为全面开展现代化水库运行管理矩阵建设积累经验。

蒋有雷　孙　斌　郑洪文　郭健玮　执笔

王　健　审核

# 全面强化水文服务支撑

水利部水文司

2023 年，水利系统坚决贯彻落实党中央、国务院决策部署，持续推进水文现代化建设，构建雨水情监测预报"三道防线"，大力提升水文测报能力，为水灾害、水资源、水生态和水环境治理提供坚强水文服务支撑，全力保障国家水安全。

## 一、支撑水旱灾害防御夺取重大胜利

2023 年，我国江河洪水多发重发，面对异常复杂严峻的防汛抗洪形势，全国水文系统坚持"预"字当先、"实"字托底，抓实抓细水文监测预报预警，支撑打赢洪涝灾害防御战。

一是扎实做好备汛工作。各地水文部门及时完成 1200 余处水文（位）站水毁测报设施修复，积极开展重要预报断面河道地形测量，奠定良好算据基础。制修订水文测站超标准洪水预案 3448 个，制修编洪水预报方案 3801 套，完善水情预警发布机制，提升水情服务水平。开展水文测报应急演练积累实战经验，参与人员达 13637 人（次），完成各类水文测报业务培训 16661 人（次），强化测报人员实战能力和业务水平。

二是积极应对流域洪水过程。各地水文部门全面加强主汛期特别是防汛关键期雨水情监测预报预警工作，在洪水来临的关键时刻抢测雨水情，在防汛调度指挥决策中发挥了重要作用。汛期共采集雨水情信息 30 亿条，时效性在 20 min 以内，畅通率达到 95% 以上；累计出动应急监测 15235 人（次），增设应急监测断面 910 个，紧跟洪水演进，滚动精准洪水预报预警，并直达一线。特别是在应对海河"23·7"流域性特大洪水过程中，水文部门共施测流量 3195 站（次），人工观测水位 33526 站（次），测沙1472 站（次），抢测洪峰 359 场，采集报送雨水情监测信息 142 万余条，滚动预报 9300 余站（次），发布洪水预警 86 次。

三是做好暴雨洪水定性和调查。水文部门系统开展海河、松花江流域暴雨洪水调查，分析成因和评价量级，研判洪水性质，开展海河"23·7"流域性特大洪水降水、地表水、土壤水和地下水"四水"分析计算，为今后流域防汛抗洪、规划设计、工程建设以及水资源调度配置等提供重要的科学依据和基础支撑。

## 二、服务水资源水生态水环境治理成效显著

一是生态补水监测评价有力有效。围绕京杭大运河全线贯通补水、华北地区河湖生态环境复苏、永定河贯通入海、西辽河流域"量水而行"等行动，组织水利部黄河水利委员会、海河水利委员会、松辽水利委员会、信息中心以及北京、天津、河北、山东、内蒙古等省（自治区、直辖市）水文部门，结合卫星遥感、无人机巡测，构建天空地一体化监测体系，加强水量、水质、水生态和地下水监测，加密枯水期监测，深化河湖生态补水全要素、全过程动态监测分析评价，为复苏河湖生态环境提供有效支撑。

二是水文水资源监测分析有序开展。全面完成 533 个省界断面和 356 个重要控制断面水资源监测分析评价，做好水量分配和生态流量考核断面水文水资源监测分析，支撑最严格水资源管理制度考核工作。做好全国 173 个重点河湖 283 个控制断面生态流量监测分析评价和信息报送工作，组织开发全国重点河湖生态流量监测预警系统，推动建立生态流量监测预警机制。

三是水质水生态监测评价持续加强。加快完善水质水生态监测体系，组织编制《丹江口水库及其上游流域水文水质监测系统建设实施方案》，加强重要入海河流、重要饮用水水源地、农村集中式饮用水水源、地下水等水质监测工作，在全国重点水域开展水生生物监测。积极开展重点区域海（咸）水入侵、白洋淀水生态监测分析评价等专项监测。

四是地下水监测分析评价持续发力。强化地下水监测管理，国家地下水监测工程信息到报率、完整率、交换率超 95%。完成 2022 年华北地区

和三江平原等 10 个重点区域地下水水质、地下水降落漏斗现状和变化过程的综合分析评价。以京津冀地市级行政区地下水水位变幅为主要指标，逐月开展华北地区地下水超采区地下水水位变化预警。

五是水文水资源信息发布稳步推进。组织编制、发布 2022 年《中国水文年报》《中国河流泥沙公报》《水文发展年度报告》《全国水文统计年报》和《地下水动态月报》，编制完成 2022 年度《中国地表水资源质量年报》《全国地下水水质状况分析评价报告》等，做好水文水资源信息发布工作。

## 三、水文发展能力持续提升

一是水文现代化建设加速推进。加快构建雨水情监测预报"三道防线"，印发《关于加快构建雨水情监测预报"三道防线"实施方案》《关于加快构建雨水情监测预报"三道防线"的指导意见》，组织召开水利测雨雷达试点建设应用现场会。开展《全国水文基础设施建设"十四五"规划》实施情况中期评估，组织做好新增国债支持灾后重建和能力提升水文项目申报审核等工作。推动国家地下水监测工程二期前期工作。出台《水利部关于推进水利工程配套水文设施建设的指导意见》。

二是水文站网管理持续强化。不断优化完善国家基本水文站网，更新发布《国家基本水文站名录（2023 年版）》。认定发布汉口、城陵矶、三门峡、杨柳青、通州等 22 处水文站为第一批百年水文站。编制发布水文行政许可事项实施规范、办事指南和工作细则，办理 3 项国家基本水文测站设立和调整行政许可事项，完成水文行政许可事中事后监管检查，进一步优化国家水文站网。

三是第七届全国水文勘测技能大赛圆满举办。水利行业从事水文勘测一线技术技能工作的 80 名选手，于 11 月在广东省韶关市进行第七届全国水文勘测技能竞赛决赛。本届大赛是水利行业中项目最多、历时最长、参赛人员最多的竞赛，活动得到了人民日报、新华网等 13 家中央主流媒体和水利行业媒体的广泛关注。

四是水文科技创新有力引领。水文技术标准体系持续完善，修订发布

《水文站网规划技术导则》《地下水监测工程技术标准》，印发《冰情监测预报技术指南》《高洪水文测验新技术新设备应用指南》《水库水文泥沙监测新技术应用指南》《河湖生态补水水文监测与分析评价技术指南（试行）》《水资源量预测预报技术指南》《水利工程配套水文设施建设技术指南》等文件。新技术装备研发应用显著增强，水文科研和生产单位集中力量推进光电测沙仪、量子点光谱悬移质测沙仪、河流泥沙激光粒度仪等先进仪器设备研发及比测投产，推动产学研用平台建设，加强流域产汇流、泥沙水利专业模型研发。

五是国际水文工作成效显著。中国成功连任联合国教科文组织政府间水文计划政府间理事会成员。第五届全国水文标准化技术委员会（SAC/TC199）和第四届水文仪器分技术委员会（SAC/TC199/SC1）成功换届。积极推进跨界河流水文资料交换，圆满完成国际河流水文报汛任务。成功续签《中华人民共和国水利部和越南社会主义共和国自然资源与环境部关于相互交换汛期水文资料的谅解备忘录》。圆满完成中哈跨界河流边境水文站联合考察并签署考察纪要。

六是水文宣传工作持续加强。中央主流媒体和水利行业媒体发布海河流域"23·7"洪水水文测报有关报道150余篇，13人次接受采访，中央广播电视总台《新闻直播间》和"零点故事"栏目专题报道洪水期间水文职工的典型事迹。《湖南㮾梨水文站推进雨水情监测预报"三道防线"建设》入选2023年水利十大基层治水经验。水利部官方微信公众号连续推出4期百年水文站报道，最高点击量超3万次。

2024年，水利系统将坚持以习近平新时代中国特色社会主义思想为指导，认真落实党中央、国务院决策部署，持续大力推进水文现代化建设，全面提升水安全保障服务支撑能力。一是全力做好水旱灾害防御水文测报工作，加快构建雨水情监测预报"三道防线"，深入研究产汇流水文规律，强化"四预"支撑，指导水文站大断面、重点河段河道地形测量等工作。二是强化水资源水生态监测分析评价，组织做好生态补水、省界和重要控制断面水文水资源监测分析，加强全国重要河湖、重点水生态敏感区及重要饮用水水源地的水质水生态监测，强化丹江口库区及其上游流域水文水质监测，加强海（咸）水入侵区、华北地区和三江平原等 10 个重点区域地下水动态监测评价。三是夯实水文发展基础，指导各地加快水文基础设施建设，推进新增国债支持水文项目建设工作，提升水文测报能力，全力推进国家地下水监测二期工程，加快水文标准规范制修订，加强水文站网管理，为推动新阶段水利高质量发展提供坚实水文服务支撑。


吴梦莹　执笔

李兴学　审核

# 持续发挥水利监督支撑保障作用

水利部监督司

2023 年，水利部门强化水利安全生产监督，加强政府质量监督，推进重点领域监督检查，加强直管工程监督检查，不断完善水利监督机制，持续发挥水利监督"压舱石"的保障作用。

## 一、水利安全生产监督持续强化

全面落实党中央、国务院决策部署。水利部党组高度重视安全生产工作，部领导多次主持召开会议，及时传达学习贯彻习近平总书记关于安全生产重要指示批示精神，研究部署贯彻落实工作。按照国务院安全生产委员会（以下简称国务院安委会）统一部署，制定年度安全生产工作要点，深入开展水利重大事故隐患专项排查整治 2023 行动。协同国务院安委会办公室等部门共同推进水利工程隧洞施工、水库水电站放水、浮桥吊桥类设施项目等重点领域安全风险防范。强化元旦春节、全国"两会"、汛期、岁末年初等重要时段安全生产，做好低温雨雪冰冻灾害防范应对工作。

强化水利安全风险隐患排查整治。组织开展水利安全生产风险管控"六项机制"试点建设，每季度开展水利安全生产状况评价，对风险较高、发生事故的地区和单位印发督办函、实施重点监管。聚焦水利工程建设、水利工程运行、水利设施公共安全、人员密集场所等重点领域，组织全行业开展岁末年初水利安全生产风险隐患专项整治等 5 项整治工作，截至 2023 年年底水利行业管控危险源 255.2 万个，全年组织排查整治事故隐患 35.5 万个。

提升水利安全生产保障能力水平。出台《水利部关于推进水利工程建设安全生产责任保险工作的指导意见》。修订重大事故隐患清单指南和水利工程项目法人、施工企业、运行管理单位安全生产标准化评审标准，开展标准化达标评审和动态管理。组织开展水利"安全生产月"、水利工程安全与质量警示教育、全国水利安全生产应急管理公益培训等宣传教育活动。严格水利水电工程施工企业安管人员考核管理，2023 年组织考核 2.8 万人（次）。

各地方各单位结合实际，紧密围绕"六项机制"构建，采取有力措施，不断强化安全生产监管。通过全行业的共同努力，在水利建设投资和规模创历史新高的形势下，未发生重特大水利生产安全事故，水利安全生产形势总体保持平稳。

## 二、政府质量监督不断加强

开展地方水行政主管部门质量监督履职巡查。对各地 192 个单位、96 个工程进行检查，通过引领示范，不断强化质量监督责任意识，有效提升质量监督工作水平。组织流域管理机构开展巡查问题"回头看"，夯实巡查成果。依法办理引江补汉工程等质量监督手续，对施工高峰期重大水利工程开展质量与安全监督巡查。对 20 个工程开展设计质量监督检查，切实履行政府质量监督责任。

统筹推进水利建设项目稽察。聚焦工程质量、安全等目标，对 40 个重大水利工程、24 个水土保持工程、36 座大中型水库除险加固项目的前期与设计、建设管理、计划和进度管理、资金使用和管理、质量管理、安全管理 6 方面开展稽察，促进工程建设顺利实施。选取 2022 年稽察过的部分重大水利工程、大中型水库除险加固工程等 93 个工程进行"回头看"，指导督促整改落实。

各级水行政主管部门结合实际，不断探索创新质量监督模式，政府质量监督责任意识进一步增强，行业质量监督态势总体向好。

## 三、重点领域监督检查有力推进

聚焦重点领域监督检查，紧盯农村饮水安全、水旱灾害防御、水资源管理、水利资金使用、水库除险加固、小水电安全生产与清理整改等重点领域，会同相关单位，统筹组织开展各类部级层面检查，全年累计检查项目 1.5 万个,努力防范化解水利行业风险隐患。

组织开展农村饮水安全监督检查。对全国 28 个省份和新疆生产建设兵团开展农村饮水安全监督检查,共暗访农村供水工程 738 个、走访用水户 5062 户,促进农村供水保障水平不断提高。

组织开展防洪工程设施水毁修复、山洪灾害监测预警、大中型水库防洪调度和汛限水位执行监督检查和汛前检查,暗访大中型水库 621 座、水毁修复项目 109 个、自动监测站点 463 个,努力消除安全度汛风险隐患。

组织开展水资源管理、节约用水和河湖长制落实情况监督检查,暗访取水项目 1280 个、用水单位 640 个、河段 1020 个,对长江经济带 6 项涉水突出问题整改情况进行"回头看",持续提升水资源、节约用水和河湖管理水平。

组织开展水利资金使用情况监督检查。按照三年一次全覆盖计划安排,选取 11 个省份 35 个县(市、区)的 133 个项目,开展水利资金专项检查,进一步规范资金使用、防范资金风险、发挥资金效益。

组织开展水库除险加固监督检查。组织开展 5 个省级水行政主管部门推动水库除险加固任务落实情况检查,抽查项目 140 个,督促地方按时完成年度除险加固工作。

组织开展小水电安全生产与清理整改监督检查。在 10 个省(自治区、直辖市)暗访 30 个县(市、区)300 座电站,切实督促落实小水电站安全生产与长江经济带小水电清理整改工作要求。

各地方根据工作实际,因地制宜组织开展各类重点领域监督检查。通过监督检查发现和整改问题,进一步压实各级水利部门主体责任,促进行业治理管理能力不断提升。

### 四、直管工程监督检查不断加强

制定印发《水利部直属单位水利工程运行管理监督检查办法》,对监督检查的工作主体、对象、内容、流程方法和责任追究等进行了规定,提出针对直管水库(水电站)、水闸、堤防、淤地坝工程的检查问题清单及评分标准,进一步督促工程管理单位严格落实运行管理主体责任,全面提升运行管理水平。

开展水利部直管工程运行安全检查。组织监督队伍对部直属单位直管的 26 座水库、51 座水闸、30 段堤防险工险段、18 座淤地坝开展检查，复查 2022 年第二轮检查未完成整改的 215 个问题的整改情况，紧盯风险管控，督促直管工程及时消除安全隐患，持续发挥行业管理示范引领作用。

## 五、水利监督机制不断完善

加大统筹规范力度。认真落实中央督查检查考核工作有关要求，加大过程统筹力度，编制季度检查计划，实施月度计划控制，调整优化检查批次组次，采取联合组队、一组多能的方式开展多领域检查，将部分督查检查事项由"明查"改为"四不两直"或"自查自纠"方式开展。建立统筹规范督查检查考核工作情况通报机制，按季度通报督查检查考核事项统计情况，定期与地方沟通，及时消除误报风险。2023 年第四季度压减督检考组次 40%，有效减轻基层负担。各地方各单位不断加大计划统筹实施力度，采取有效措施，提升统筹管理工作水平。

提升监督保障能力。进一步完善监督制度体系，制定印发《对黄河流域保护不力、问题突出、群众反映集中地区实施约谈的工作方案》，更新汛限水位执行、节约用水管理等监督检查指导手册、问题清单。举办水利监督培训班、组织百名年轻干部参加监督检查实践锻炼，进一步加强业务学习，提升工作能力。严格落实全面从严治党要求，找准党建与业务工作的结合点，推动党建工作和监督工作的深度融合，充分发挥党支部战斗堡垒和党员先锋模范作用。各地方各单位在体系建设、经费保障、人员培训、信息化建设等方面积极探索，持续夯实水利监督工作基础。

2024 年，水利部门将进一步强化安全生产责任落实，全面落实"六项机制"，开展安全风险整治攻坚，严格安管人员考核管理，开展安全生产宣教培训，持续推进水利安全生产标准化建设和安全生产责任保险工作；加强水利工程质量监督管理，组织实施质量监督和项目稽察；组织开展最严格水资源管理制度考核、水旱灾害防御、水利工程建设与运行 3 大类 14

项监督检查；组织开展直属单位水利工程全覆盖检查，强化部直属单位安全生产监管，建立直属单位安全生产工作考核制度；严格统筹规范督查检查考核，做好计划、管好过程、用好成果；持续推进全面从严治党，强化政治引领，不断改进作风，加强队伍建设，以高质量监督支撑推动新阶段水利高质量发展。

叶莉莉　任炜辰　执笔

满春玲　审核

专栏六十六

# 组织开展直属单位水利工程运行管理监督检查

## 水利部监督司

2023 年，水利部门不断加强直管工程运行管理。李国英部长明确要求，水利部及流域管理机构直管水利工程要在行业内带好头、树标杆、做示范，并强调要以"时时放心不下"的高度责任感，全面提升防范化解风险的能力和水平。为确保直管工程运行安全，上半年水利部组织对部直属单位负责管理的 26 座水库、51 座水闸、30 段堤防险工险段安全管理情况进行了检查；下半年组织对部直管的 18 座水库（水电站）安全管理情况进行了检查，并对问题整改情况进行了复查。

为全面掌握直管工程总体情况，做好直管工程"全覆盖"监督检查工作，水利部指导各直属单位建立了部直管工程项目库，全面汇总了部直属单位水利工程项目档案，包含水库、水电站、水闸工程、堤防、淤地坝、在建工程 6 种类型工程信息名录库。

为加强部直属单位水利工程运行安全管理，进一步规范监督检查工作，结合近年来对部直属单位水利工程检查的情况，水利部于 11 月制定印发了《水利部直属单位水利工程运行管理监督检查办法》，紧紧围绕习近平总书记统筹发展和安全的指示精神，结合当前直管工程运行管理体制，紧盯直管工程运行中易发多发的问题隐患，对监督检查的工作主体、对象、内容、流程方法和责任追究等进行了规定，提出了针对直管水库（水电站）、水闸、堤防、淤地坝工程的检查问题清单及评分标准，进一步督促工程管理单位严格落实运行管理主体责任，全面提升运行管理水平。

李 哲 执笔

曹纪文 审核

# 水利安全生产监管有序开展

水利部监督司

2023 年，水利系统认真贯彻党的二十大精神和习近平总书记关于安全生产重要指示批示精神，强化安全生产组织领导，健全安全风险管控机制，推进安全生产专项整治，提升安全保障能力水平，在水利建设投资和规模创历史新高的形势下，水利安全生产形势总体保持平稳。

## 一、认真落实党中央、国务院有关安全生产工作决策部署

一是水利部党组高度重视水利安全生产工作，李国英部长多次主持召开会议，及时传达学习贯彻习近平总书记关于安全生产重要指示批示精神，研究部署贯彻落实工作。相关领导多次听取安全生产工作情况汇报，部署重点工作任务，赴基层一线检查调研指导安全生产有关工作。

二是制定年度水利安全生产工作要点，提出 16 项重点工作及 36 项具体任务，明确责任单位和完成时限，组织做好水利规划、建设、运行、生产等各环节安全生产工作。定期召开水利部安全生产领导小组会议，分析研判形势，研究解决安全生产重大问题。

三是协同国务院安全生产委员会（以下简称国务院安委会）办公室等部门出台《关于进一步加强隧道工程安全管理的指导意见》《关于进一步加强水库水电站放水安全风险防范工作的通知》《关于加强浮桥吊桥类设施项目安全管理的通知》，共同推进重点领域安全风险防范。做好国务院安委会安全生产考核有关工作。

四是强化元旦春节、全国"两会"、汛期、中秋国庆、岁末年初等重要时段、重要节点安全生产，部署做好低温雨雪冰冻灾害防范应对、秋冬季水利安全生产、冬春消防安全防范等工作。

## 二、推动"六项机制"落实落地

一是组织水利部珠江水利委员会、太湖流域管理局，以及江苏省水利厅、浙江省水利厅、安徽省水利厅，选取右江百色水利枢纽工程等 7 个水利工程建设项目和运行工程开展"六项机制"建设试点，对黄藏寺、百色、大藤峡等工程和浙江省、广西壮族自治区、青海省等地开展现场调研，召开座谈研讨会，指导各地区各单位实施安全生产风险全链条管控。

二是推进"安全监管+信息化"，依托水利安全生产监管信息系统，汇总分析危险源、隐患和事故信息，每季度开展安全生产状况评价排名并实施风险预警。

三是对 15 个风险较高的地区开展重点检查，抽查 96 个水利工程建设项目，印发"一省一单"督促做好整改和责任追究，将检查发现的违反《中华人民共和国安全生产法》的问题线索移交有关省级水行政主管部门调查处理，每季度公布安全生产执法典型案例。

四是对 15 个危险源管控和隐患整治问题突出的省份，以及 5 个发生事故的省份和单位印发整改督办函，跟踪督促整改。

## 三、强化风险隐患排查整治

一是深入开展水利重大事故隐患专项排查整治 2023 行动，结合水利行业实际制定方案，明确 7 个重点整治领域，细化 151 项重点检查事项，修订重大事故隐患清单指南，对阶段性工作进展情况进行总结调度，对 11 个重点省份实行重点督导，指导督促各地区各单位扎实有效开展整治。

二是聚焦水利工程建设、水利工程运行、水利设施公共安全、人员密集场所消防燃气安全等重点领域，组织全行业开展水利安全生产风险隐患排查整治及水利工程隧洞施工、施工现场交通安全专项整治，水利重大事故隐患排查整治，水利安全生产风险专项整治，岁末年初水利安全生产风险隐患专项整治等 5 项整治工作，截至 2023 年年底水利行业管控危险源 255.2 万个，全年组织排查整治事故隐患 35.5 万个，有效防范化解了一批风险隐患。

三是按照国务院安委会统一部署，水利部会同应急管理部等单位组建国务院安委会综合检查组第七组，对黑龙江省、湖南省开展 2 次督导检查和 2023 年度考核巡查。

## 四、提升水利安全生产保障能力水平

一是印发《水利部关于推进水利工程建设安全生产责任保险工作的指导意见》，进一步明确水行政主管部门、水利工程参建单位的工作职责，规范安全生产责任保险实施，强化事故预防服务，探索运用市场机制提升水利工程建设风险防控能力。

二是修订水利工程项目法人、施工企业、运行管理单位安全生产标准化评审标准，开展标准化达标评审，对存在安全生产违法违规行为、发生生产安全事故的，予以黄牌警示、不予延期、撤销证书等动态管理措施，督促持续改进。

三是严格水利水电工程施工企业主要负责人、项目负责人和专职安全生产管理人员安全生产考核管理，修订考试大纲，建设全国电子证照库，实现安全生产考核合格证书"跨省通办"，完善行政审批系统功能，全年组织考核 2.8 万人（次）。

四是组织开展水利安全生产知识网络答题、"一把手"谈安全生产、水利安全生产应急演练成果评选展示等宣教活动，举办全国水利安全生产应急管理公益培训、安全与质量警示教育、水利安全生产监督管理培训等，提升从业人员安全意识和能力，在全行业营造浓厚安全氛围。

当前，水利安全生产形势总体平稳，但整体来看仍处于滚石上山、爬坡过坎的关键时期，形势依然严峻复杂、不容乐观。2024 年，水利部门将深入学习党的二十大和二十届二中全会精神，坚决贯彻习近平总书记关于安全生产重要指示批示精神，认真落实国务院安委会各项部署要求，始终把安全生产工作摆在突出位置，防范化解重大安全风险，确保水利安全生产形势持续稳定向好。一是牢固树立安全发展理念。及时传达学习贯彻落实习近平总书记关于安全生产重要指示批示精神，加强对各级水行政主管部门主要负责人、分管负责人的教育培训，进一步提升水利系统各级领导干部统筹高质量发展和高水平安全的能力。二是严格落实安全生产责任。压紧压实水利行业各领域、各层级、全链条安全生产主体责任和监管责任，将责任落实到具体单位、具体部门、具体人，主要负责人切实担负起安全生产第一责任，全面落实全员安全生产责任制。三是推动"六项机制"落地见效。部直属单位率先全覆盖落实"六项机制"，各省级水行政主管部门制订计划，全面推进，将"六项机制"落实到水利工程建设、工程运行、水文监测、水利科研、后勤保障以及人员密集场所等生产生活全领域，真正做到预防为主。四是认真排查整治安全隐患。组织开展水利安全生产治本攻坚三年行动，各级领导干部带头排查整治安全隐患，实行闭环管理、动态清零，重大事故隐患挂牌督办，完善审核把关销号机制，对整改情况及时"回头看"。加大安全生产执法力度。五是加强安全生产基础保障。加大安全生产标准化建设力度，推进安全生产责任保险制度落实，严格安管人员考核管理，督促生产经营单位对各类从业人员开展安全生产教育培训及应急演练，认真组织开展各项宣传教育活动。

成鹿铭　执笔

钱宜伟　审核

## 专栏六十七

# 推进水利工程建设安全生产责任保险工作

### 水利部监督司

2023 年，水利部印发《关于推进水利工程建设安全生产责任保险工作的指导意见》（以下简称《意见》），部署加快推进水利工程建设安全生产责任险（以下简称安责险）实施。

《意见》指出，要认真落实习近平总书记关于安全生产重要指示批示精神，积极践行习近平总书记"节水优先、空间均衡、系统治理、两手发力"治水思路，坚持安全第一、预防为主、综合治理的方针，落实水利安全生产风险查找、研判、预警、防范、处置、责任"六项机制"，坚持行业推动、市场运作，预防为主、防赔结合，全面推进、规范实施的工作原则，全面推行水利工程建设安责险。

《意见》要求，各级水行政主管部门应统一思想，提高认识，明确安责险实施工作责任，积极推动安责险工作健康有序开展。水利部指导和监督全国水利工程建设安责险实施工作；流域管理机构指导流域管理范围内水利工程建设安责险实施工作，负责所管辖的水利工程建设项目的安责险组织实施与监督管理；省级水行政主管部门负责管辖范围内水利工程建设安责险组织实施与监督管理。水利工程施工企业要依法投保安责险，接受保险机构事故预防服务，落实问题整改；水利工程项目法人和监理单位负责督促参建施工企业依法投保安责险，监督事故预防服务情况。鼓励水利行业协会发挥自律管理作用，建立安责险相关行业管理规则，促进安责险有效实施。

《意见》明确了水利工程建设安责险的实施范围和保险责任。新建、扩建、改建、加固和拆除的水利工程建设（包括配套与附属工程）应当投保安责险。安责险保险责任包括投保项目的施工企业因生产安全事故造成的从业人员（含劳务分包单位从业人员、劳务派遣人员、灵活用工等）人身伤亡赔偿，第三者人身伤亡和财产损失赔偿，事故抢险救援、医疗救护、事故鉴定、法律诉讼等费用。水利工程建设安责险以项目施工标段为单元由承包的施工企业投保，费用在水利工程建设项目安全生产措施费中列支。

《意见》提出，各级水行政主管部门应积极运用信息化手段加强监管，建立安责险社会监督机制，将安责险投保和事故预防服务情况纳入监督检查，要把安责险投保情况作为相关工作考核、评先评优的参考依据，纳入水利安全生产标准化达标评级、水利建设市场主体信用评价等工作。

《意见》强调，各级水行政主管部门要切实加强组织领导，采取有效措施，实现水利工程建设项目应保尽保；要加强与应急管理、保险监督管理等部门的联系沟通，协同开展对保险费率、保险合同范本确定有关工作的指导与监督。水利行业协会要充分发挥在水利工程建设安责险实施中的桥梁纽带作用，健全与投保单位、保险机构、安全生产技术服务机构等相关单位的协商机制。各级水行政主管部门、水利行业协会等有关单位要广泛开展安责险宣传教育活动，营造良好的宣传氛围，推动安责险落实落地。

2024年，水利系统将持续推动水利工程建设安责险落地。组织研究制定水利工程建设安责险事故预防服务指南，规范事故预防服务；在水利安全生产监管信息系统中，建设水利工程建设安责险监管模块，增加水利工程建设安责险监管功能；将水利工程建设安责险落实作为水利安全生产监管培训班重要内容，对部直属单位和各省级水行政主管部门安全监管人员进行培训；组织部直属单位督促其所属水利工程施工单位抓紧投保水利工程建设安责险；将投保安责险纳入水利工程建设安全生产巡查、重大水利工程建设项目稽察等检查内容。

石青泉　执笔

钱宜伟　审核

# 提升水利科技创新支撑引领能力

水利部国际合作与科技司

2023 年，水利系统加快实现水利领域高水平科技自立自强，抓好国家重点研发计划涉水专项、长江和黄河水科学研究联合基金、水利部重大科技项目计划实施，持续推进科技体制改革，加强科技创新基地建设与运行管理，加快水利科技成果推广转化。

## 一、抓好国家科技计划实施工作

会同科技部做好"十四五"国家重点研发计划、"长江黄河等重点流域水资源与水环境综合治理""重大自然灾害防控与公共安全"等涉水重点专项实施工作，水利部部属相关单位共 14 个项目获批立项。会同国家自然科学基金委员会、中国长江三峡集团有限公司发布长江水科学研究联合基金 2023 年度指南 41 项，经申报、评审，立项实施国家自然科学基金重点项目 32 项。会同农业农村部、科技部推进农业关键核心计划攻关项目"农业节水"领域组织工作，支持开展灌区高效输配水、智慧节水技术装备等研发。

## 二、实施水利部重大科技项目计划

完成水利部重大科技项目计划首批项目立项工作，围绕推动新阶段水利高质量发展的需要支持项目 243 项，包括水利重大关键技术研究 42 项、流域水治理重大关键技术研究 12 项、水利专业模型研究 22 项、水旱灾害防御领域 31 项、水资源优化配置领域 15 项、水资源集约节约利用领域 11 项、河湖治理与生态环境复苏领域 38 项、国家水网等水利工程建设与运行领域 31 项、智慧水利领域 40 项、其他有关研究 1 项。水利部将强化流域产汇流、土壤侵蚀、地下水等 6 项水利专业模型研发项目纳入部重大科技项目计划加快实施，组织有关司局、流域管理机构与信息中心、模型研究单位开展供需对接，并组织信息中心开展模型平台集成应用工作，加快推进模型研发和业务化运用。

## 三、深化水利科技改革

根据国家重点研发计划实施改革要求，向中央科技委员会反馈有关科技体制改革和创新体系建设中存在的问题和建议，对接做好"长江黄河等重点流域水资源与水环境综合治理"等涉水重点专项的承接工作。根据国家重大科技项目实施和管理有关要求，做好水利领域选题动议谋划工作。修订印发《水利青年科技英才选拔培养和管理办法》，加快选拔培养高层次优秀青年科技人才，组织完成第八届 20 名水利青年科技英才选拔工作。按照科技部有关工作要求，组织中国水利水电科学研究院（以下简称中国水科院）开展落实使命导向管理改革试点工作，组织中国水科院、南京水利科学研究院开展科技人才评价改革试点工作。按照中央级科研事业单位绩效评价工作要求，组织部属科研院所制定"十四五"绩效评价指标并按计划实施评价。

## 四、加强科技创新基地建设管理

全力推进国家重点实验室重组和新申报工作，推动流域水循环与水安全相关内容纳入地球科学领域或环境领域全国重点实验室布局重点方向，组织 2 家全国重点实验室完成科技部认定重组，新增长江设计集团有限公司为全国重点实验室联合依托单位。内蒙古阴山北麓草原生态水文国家野外科学观测研究站完成科技部评估，取得"良好"等次。批复建设水利部白蚁防治重点实验室。印发水利部重点实验室建设期满验收工作要求和评分标准。编制发布《2022 年水利部重点实验室年报》。启动第二批水利部野外观测科学研究站认定工作，研究提出水利部野外站总体布局和建设运行管理办法初稿。组织水利系统 11 家单位全部通过科技部、财政部组织的2023 年重大科研基础设施和大型科研仪器开放共享评价考核，其中 1 家单位获评"优秀"。

## 五、加快推进科技成果推广转化

围绕推动新阶段水利高质量发展目标和路径需要，强化需求凝练、成果集合、示范推广、成效跟踪工作机制，印发《2023 年度成熟适用水利科技成果推广清单》，遴选发布 101 项成熟适用水利科技成果，开展推广运用和成效跟踪。加强水利技术示范项目组织管理，年度拨款 1268.49 万元，支持 15 个新项目立项及 13 个延续项目实施。编制完成《2022 年水利科技成果公报》，指导发布《2023 年度水利先进实用技术重点推广指导目录》，推进水利先进实用技术宣传与推广。完成 2020 年度和 2021 年度成熟适用水利科技成果推广应用情况成效评估，91 家单位持有的 198 项成果接受了评估。根据国家科学技术奖励工作办公室有关要求，印发《关于开展 2023年度国家科学技术奖提名工作的通知》，组织部属单位、省级水行政主管部门开展水利部提名申报工作。

## 六、发挥水利部科学技术委员会引领作用

完成水利部科学技术委员会（以下简称部科技委）新组建工作，召开2023 年部科技委全体会议，李国英部长出席会议并讲话。根据年度工作计划和部领导有关要求，制定重点任务分工方案，组织开展相关活动。先后组织开展重点咨询论证活动 10 项，包括三峡水运新通道、黄河黑山峡水利枢纽工程坝址坝型比选、南水北调东线二期工程黄河以北线路比选、七大流域防洪规划修编、南水北调西线规划编制 5 项重大事项决策咨询活动，三峡库区危岩崩塌治理、长江中下游河湖水系联通修复、幸福河湖建设 3项重大科技问题调研论证活动，以及 2 项水利科技重点工作咨询活动。举办科技创新与科学普及讲座 4 期。加强成果凝练应用，调研咨询活动均形成咨询意见，编印形成《水利部科学技术委员会咨询与建议》5 期。

2024 年，水利系统将全面贯彻党的二十大和二十届二中全会精神，深入落实习近平总书记"节水优先、空间均衡、系统治理、两手发力"治水思路和关于治水、科技创新重要论述精神，全面坚持创新驱动发展战略，推进以高水平科技自立自强支撑引领新阶段水利高质量发展。

一是做好国家科技计划实施工作。承接"长江黄河等重点流域水资源与水环境综合治理"管理工作，制定发布年度项目指南并组织做好专项管理和成效梳理工作。做好长江、黄河水科学研究联合基金已立项项目实施工作，发布黄河水科学研究联合基金指南。二是实施水利部重大科技项目计划。发布指南启动第二批项目申报、立项工作。进一步推动水利专业模型研发成果凝练和应用，初步实现业务化运行。三是进一步深化水利科技改革。研究提出加强水利科技工作的意见。推进落实使命导向管理改革试点、科技人才评价改革试点以及科研单位绩效评价等改革工作。四是抓好科技创新基地建设与运行管理。积极争取国家级平台在水利行业布局，开展部级科技创新平台清理规范工作，优化完善部级平台布局体系。规范部级科技创新平台建设运行管理。五是加快推进科技成果推广转化。强化供需对接，加强成熟适用水利技术推广应用，遴选印发100项左右年度成熟适用水利科技成果推广清单，推动科技成果产业化。六是组织开展部科技委相关活动。充分发挥专家智库平台作用，重点围绕《中华人民共和国水法》《中华人民共和国防洪法》修订，水利科技体制改革，水利重大科技需求凝练，国家水网规划建设等开展咨询活动。

金旭浩　王洪明　张景广　原杰辉　执笔

金　海　倪　莉　曾向辉　审核

# 水利科技攻关系统推进

水利部国际合作与科技司

表1　　　　　　　　国家级科技计划项目2023年度立项清单

| 序号 | 项目名称 | 牵头单位 | 负责人 |
|------|----------|----------|--------|
| 一 | 长江黄河等重点流域水资源与水环境综合治理 | | |
| 1 | 绿色流域构建指标体系与评价方法 | 长江科学院 | 许继军 |
| 2 | 长江中下游极端枯水预报预警与应急供水保障关键技术研究 | 水利部长江水利委员会水文局 | 陈桂亚 |
| 3 | 高等级航道通航设施高效输水与2×1000t级水力式升船机运行保障关键技术 | 南京水利科学研究院 | 胡亚安 |
| 4 | 潼关高程控制及三门峡水库综合功能提升关键技术研究与应用 | 黄河水利科学研究院 | 赵连军 |
| 5 | 黄河下游河道排洪输沙与生态功能协同提升技术与应用 | 黄河勘测规划设计研究院有限公司 | 张金良 |
| 6 | 鄱阳湖极端洪枯事件的水生态影响及洪泛湿地韧性提升关键技术与示范 | 长江科学院 | 杨文俊 |
| 7 | 流域智慧管理平台构建关键技术及示范应用 | 长江设计集团有限公司 | 罗　斌 |
| 8 | 黄河流域智慧管理平台构建关键技术及示范应用 | 黄河勘测规划设计研究院有限公司 | 安新代 |
| 9 | 黄河中游洪水泥沙及下游河势预报关键技术研究与应用 | 黄河水利科学研究院 | 余　欣 |
| 10 | 长江中下游崩岸险情智能感知预警与防治关键技术研究及示范 | 长江科学院 | 卢金友 |
| 11 | 变化环境下流域生态系统生产总值核算方法与示范应用 | 南京水利科学研究院 | 闫兴成 |
| 12 | 南水北调中线水源区中长期水资源预测技术 | 水利部长江水利委员会水文局 | 牛文静 |

| 序号 | 项 目 名 称 | 牵头单位 | 负责人 |
|---|---|---|---|
| 二 | 重大自然灾害防控与公共安全 | | |
| 13 | 基于多层级水网工程和数字孪生技术的特大干旱协同防控 | 中国水利水电科学研究院 | 吕 娟 |
| 14 | 山洪灾害风险防控区划与全过程监测防范关键技术 | 中国水利水电科学研究院 | 刘昌军 |

**表 2　　　　　长江水科学研究联合基金 2023 年度立项清单**

| 序号 | 项 目 名 称 | 牵头单位 | 负责人 |
|---|---|---|---|
| 1 | 长江源区生态水文协同演变与驱动机制研究 | 清华大学 | 杨大文 |
| 2 | 三峡水库对长江中游地下水循环及典型生态环境演变的影响机制 | 中国地质大学（武汉） | 刘 慧 |
| 3 | 丹江口水库磷循环失衡机制与富营养化风险研究 | 中国科学院南京地理与湖泊研究所 | 朱广伟 |
| 4 | 长江中下游典型城市河道复合污染底泥高效修复与资源化研究 | 同济大学 | 徐祖信 |
| 5 | 长江中下游漫滩湿地生境特征与生态修复方法 | 武汉大学 | 杨中华 |
| 6 | 长江乡镇小流域污染物迁移-消纳机理和靶向防控 | 北京师范大学 | 陈 磊 |
| 7 | 长江流域大型水库碳汇的界面机制及调控：通量、过程与途径 | 中国长江三峡集团有限公司中华鲟研究所 | 王殿常 |
| 8 | 长江流域典型工业园区类生态环境风险识别与预警研究 | 南京大学 | 吴 兵 |
| 9 | 长江典型区域水生态系统完整性退化机制及调控方法 | 南京水利科学研究院 | 陈求稳 |
| 10 | 长江流域地下水模型构建与应用 | 河海大学 | 鲁春辉 |
| 11 | 丹江口库区消落带水土流失与面源污染驱动机制及防治 | 长江科学院 | 张冠华 |
| 12 | 高山峡谷区堰塞湖形成-溃决全过程机制与洪水风险 | 武汉大学 | 杨启贵 |
| 13 | 穿堤坝隐蔽工程灾变机理及风险防控方法研究 | 中山大学 | 王复明 |
| 14 | 特高拱坝库坝区渗流-变形耦合演化机理与协同安全控制 | 武汉大学 | 陈益峰 |
| 15 | 长江流域水库群联合调度数字孪生构建方法研究 | 长江科学院 | 黄 艳 |

续表

| 序号 | 项目名称 | 牵头单位 | 负责人 |
|---|---|---|---|
| 16 | 长江中下游河道岸坡复合生态防护体系与长效服役性能 | 南京水利科学研究院 | 何宁 |
| 17 | 长江口防洪御潮及供水保障对变化条件的响应机制和应对措施 | 南京水利科学研究院 | 窦希萍 |
| 18 | 复杂赋存条件下引调水工程深埋隧洞围岩大变形预测与风险防控研究 | 长江科学院 | 丁秀丽 |
| 19 | 砂泥岩互层顺倾岸坡地质环境水动力致灾演化机制及预警研究 | 长江科学院 | 邬爱清 |
| 20 | 基于数字孪生技术的长江下游感潮河网地区多目标调度研究 | 河海大学 | 袁赛瑜 |
| 21 | 长江流域"河-库系统"产汇流机制及洪水智能预报模型 | 水利部长江水利委员会水文局 | 程海云 |
| 22 | 水位急变条件下水库堆积层滑坡动水启滑机制与分级预测预警 | 中国地质大学（武汉） | 章广成 |
| 23 | 基于数字孪生技术的南水北调中线水源区水碳耦合模拟研究 | 武汉大学 | 程磊 |
| 24 | 长江上游多尺度侵蚀产输沙过程模型与应用 | 清华大学 | 傅旭东 |
| 25 | 考虑不确定性的金沙江下游水风光多能互补系统运行及配容研究 | 中国农业大学 | 李芳芳 |
| 26 | 基于气象水文水动力模拟的长江中游大型通江湖泊水文极值演变机理研究 | 华北电力大学 | 张尚弘 |
| 27 | 长江上游山洪致灾机理与预报预警研究 | 四川大学 | 王协康 |
| 28 | 长江上游典型水库群联合运行防洪特征水位研究 | 武汉大学 | 郭生练 |
| 29 | 长江流域特征鱼类行为机制与鱼道生态水力调控研究 | 长江科学院 | 杨文俊 |
| 30 | 长江中下游百年尺度河型转化机制研究 | 武汉大学 | 张为 |
| 31 | 水库底部缺氧生境互馈机制与温差异重流低扰动增氧模式 | 中国水利水电科学研究院 | 刘晓波 |
| 32 | 基于水沙碳耦合调控的长江上游坡耕地水土流失防治阈值及系统治理研究 | 长江科学院 | 丁文峰 |

金旭浩　张景广　陈学凯　孙彭成　执笔

金　海　曾向辉　审核

# 健全完善水利技术标准体系

水利部国际合作与科技司

2023 年，水利系统深入学习贯彻党的二十大精神，全面落实习近平总书记关于治水重要论述精神，认真贯彻实施《国家标准化发展纲要》《质量强国建设纲要》，聚焦保障国家水安全，提升水旱灾害防御能力、水资源集约节约利用能力、水资源优化配置能力、大江大河大湖生态保护治理能力对标准化的需求，持续加强制度建设，优化标准体系，强化标准实施监督，大力推进标准国际化，有力推动计量与认证工作，各项工作取得积极进展，为推动新阶段水利高质量发展提供了有力的支撑与保障。

## 一、水利标准化顶层设计不断加强

优化完善水利标准化制度体系，发布实施《水利标准化工作专家委员会工作规则》《关于进一步规范水利标准编写有关事项的通知》及标准编制流程图等配套制度，进一步规范标准制定发布机制。聚焦水利行业特色，全面修订《水利技术标准编写规定》（SL 1—2014），进一步规范水利技术标准编写工作，提升标准质量水平。成功召开 2023 年水利标准化工作座谈会，总结近年来水利标准化工作成效，对下阶段重点工作任务提出明确要求。经国家标准化管理委员会批准同意，完成第五届全国水文标准化技术委员会（SAC/TC199）和全国水文标准化技术委员会第四届水文仪器分技术委员会（SAC/TC199/SC1）换届工作。

## 二、水利技术标准体系持续优化

着力构建推动新阶段水利高质量发展的标准体系，组织修订《水利技术标准体系表》，新增水利行业重点领域关键亟须标准需求，理顺标准间的协调关系。逐步废止不适应新形势新要求的标准，经广泛征求意见，研究提出 105 项拟废止标准，并向全社会公示。加快推进数字孪生水利建设、国家水网重大工程、雨水情监测预报"三道防线"、生态流量监测、白蚁防治等领域的标准制修订工作，累计发布 15 项水利技术标准（国家标准 2 项、行业标准 13 项）。《水利水电工程金属结构及启闭设备通用规范》《农业灌溉与排水工程项目规范》《农村供水工程项目规范》《防洪治涝工程项目规范》4 项工程建设类国家标准获批立项。

### 三、水利技术标准实施监督全面加强

水利技术标准实施应用取得显著社会效益，水利部推荐申报的国家标准《土工试验方法标准》（GB/T 50123—2019）和水利行业标准《堰塞湖风险等级划分与应急处置技术规范》（SL/T 450—2021）荣获我国工程建设领域唯一标准奖项"标准科技创新奖"一等奖，2 名个人分别荣获"标准大师奖"和"领军人才奖"，水利技术标准竞争力、影响力进一步增强。完成 56 项水利技术标准复审工作，其中国家标准 38 项、行业标准 18 项。连续 5 年发布《水利标准化年报》，全方位、多层次展示水利标准化工作成效，为水利管理和决策提供支撑。

### 四、水利团体标准监督管理力度进一步加大

创新开展水利团体标准评估工作，研究制定《水利团体标准评估指标体系（试行）》《水利社团团体标准化工作评估指标体系（试行）》，对已开展团体标准研制工作的 11 家水利社团以及 2020 年年底前发布的 87 项水利团体标准进行评估，全面把握水利团体标准化工作开展情况和团体标准质量与实施效果，有力推动水利团体标准规范优质发展。连续 5 年召开水利团体标准工作研讨会，优化完善并上线运行水利团体标准管理系统，组织有关水利社团及时完成团体标准信息报送，建立信息动态更新报送长效机制，充分利用信息化手段提升水利团体标准化工作管理效率和水平。

### 五、水利技术标准国际化取得突破性进展

水利部主导的"中国水利部、国家标准化管理委员会与联合国工业发

展组织签署基于小水电国际标准协同推进乡村可持续发展的合作谅解备忘录"纳入第三届"一带一路"国际合作高峰论坛成果清单。国际小水电中心获批承担国际标准化组织小水电技术委员会（ISO/TC339）秘书处职责，中国水利专家担任主席，召开 ISO/TC339 第一次全体会议暨成立大会。创新构建中国水利标准外文版体系，收录亟须翻译标准 168 项，组织完成 10 项水利标准英译本翻译审定工作。持续推动主持编制 1 项 IEC（国际电工委员会）国际标准和 1 项 ISO（国际标准化组织）国际标准，参编 1 项 IEC 国际标准。将水利标准化纳入 5 项水利援外培训项目专题课程，面向有关"一带一路"共建国家宣传推介中国水利标准化经验。

## 六、水利计量与认证认可工作迈出新步伐

组织开展水利行业国家专业计量站可行性研究，申请依托中国水利水电科学研究院（以下简称中国水科院）、南京水利科学研究院（以下简称南科院）分别筹建国家水资源计量站、国家水文计量站，强化水利高质量发展的计量基础保障。加强水利计量工作制度建设，推动制定关于进一步加强水利计量工作的指导意见。支持举办水利行业首次产业计量座谈会，交流水利计量工作经验，促进水利行业产业计量发展。支持中国水科院、南科院设立计量与标准化专职机构，进一步完善水利计量技术支撑体系。组织完成水利行业国家级检验检测机构资质认定评审 45 次，创新建立检验检测机构资质认定监督指导、质量评价和信息报送制度。编印《水利行业检验检测与计量工作季报》4 期，促进检验检测与计量工作信息共享与业务交流。

2024 年，水利系统将全面落实全国水利工作会议各项部署要求，立足推动新阶段水利高质量发展的总体目标和实施路径，全面提升水利标准化支撑能力和引领能力，以高水平标准化支撑服务水利高质量发展。

一是优化完善水利技术标准体系。发布水利技术标准体系表，加快推动水旱灾害防御、国家水网建设、复苏河湖生态环境、维护河湖健康生命、数字孪生水利建设、水资源集约节约利用等重点领域标准制修订，力争出台水利工程白蚁防治技术规程等关键亟须标准。二是不断加强标准实

施监督。组织开展水文、数字孪生、生态流量、大坝安全等领域标准宣贯培训和试点示范工作，加强标准宣贯普及。加强标准复审与标准实施信息反馈、标准实施效果评估等工作的衔接联动。组织开展团体标准监督评估，引导团体标准工作规范有序发展。三是加快水利标准国际化步伐。落实第三届"一带一路"国际合作高峰论坛成果文件，指导签署小水电国际标准有关合作谅解备忘录。积极推动小水电、水文、灌排、水力机械等优势领域国际标准制定，组织完成国际标准化组织水文测验技术委员会仪器设备和数据管理分技术委员会（ISO/TC113/SC5）主席及经理换届工作。四是推动水利计量和认证认可工作提档升级。推动国家水资源计量站、国家水文计量站获批筹建，研究推进计量站配套政策和制度建设，保障计量站规范、有序运行。加强水利计量标准装置及关键技术研究，推动建成一批水文、水资源等重点领域计量标准。争取联合国家市场监督管理总局发布加强水利计量工作的指导性文件，加强水利计量监督管理。推动水利检验检测机构资质认定管理改革创新，建设水利检验检测机构资质认定信息管理系统，实现资质认定管理审批全流程电子化。组织开展检验检测优秀案例征集，宣传推广检验检测服务水利高质量发展的创新举措、典型经验和实践成果。

米双姣　蒋雨彤　执笔

金　海　倪　莉　审核

# 深度参与全球水治理

水利部国际合作与科技司

2023 年，水利系统全面深入贯彻落实习近平外交思想，坚持维护国家核心利益、坚持服务外交大局、坚持对接国家重大战略、坚持保障服务水利高质量发展，主动深入参与全球水治理，大力推进"一带一路"建设水利合作，积极对外讲好中国治水故事，持续推动习近平总书记"节水优先、空间均衡、系统治理、两手发力"治水思路成为国际主流治水理念。

## 一、"一带一路"建设水利合作取得新成效

一是持续推动"小而美"民生工程。贯彻落实第三届"一带一路"国际合作高峰论坛成果，推进"一带一路"建设工作领导小组于 11 月发布《共建"一带一路"未来十年发展展望》，水利已列为"小而美"项目重点领域之一。2023 年，水利部直属单位共推进实施 40 多项政策类及市场类"小而美"项目，主要包括水利基础设施建设以及其他绿色民生项目。举办 9 期"一带一路"援外培训班，累计培训来自 68 个国家和地区的 513 名学员，进一步促进人文交流、夯实民心相通。

二是持续推进水利技术标准对接合作。在小水电领域，水利部专家成功当选国际标准化组织小水电技术委员会（ISO/TC339）主席，《小水电技术导则》在第 21 届南南合作高级别委员会会议上被列为典型成果进行推介。水利部牵头或参编的微灌滴头等 4 项 ISO（国际标准化组织）国际标准和 IEC（国际电工委员会）国际标准均在积极推进。创新构建水利技术标准外文版体系，收录已翻译出版及急需翻译标准 168 项，制定水利标准翻译立项三年计划清单（2024—2026 年），为水利标准翻译出版和海外推广应用提供决策依据。

## 二、水利多双边交流合作成果丰硕

一是全面参与重大国际水事活动。深度参与 2023 年联合国水大会，在北京成功举办第 18 届世界水资源大会，系统、全面、生动地向国际社会展示了中国新阶段水利高质量发展理念与显著成绩，中国实现 2030 年可持续发展议程涉水目标最新进展，以及中国的悠久治水历史、现代水利科技水平，为全球水治理贡献中国智慧、中国力量和中国方案，推动习近平总书记"节水优先、空间均衡、系统治理、两手发力"治水思路成为国际主流治水理念。

二是深入开展多双边水利合作。全年举办多双边交流活动 71 场，线上线下参加多双边交流活动近 90 场。出席第 25 届国际灌排大会、联合国教科文组织第 42 届大会等国际会议，深入参与二十国集团、金砖国家、上海合作组织等机制涉水合作。加强与丹麦、乌拉圭、肯尼亚等国政策对话与技术交流，与荷兰、新加坡水利部门续签合作谅解备忘录，召开中荷、中乌（拉圭）水资源合作联合指导委员会会议，推动技术交流与项目合作。成功举办中欧水资源交流平台第九次年度高层对话会、中国-欧盟水政策对话机制第二次会议，更好发挥中欧水资源合作在全球水治理合作中的示范引领作用。与联合国教科文组织、联合国儿童基金会、世界水理事会等国际组织深入合作，支持中方专家成功当选亚洲水理事会、联合国教科文组织政府间水文计划、国际灌排委员会、国际水文科学协会等重要涉水国际组织负责人。配合外交部接待第 77 届联合国大会主席克勒希，为中方参与联合国水大会预做准备。

## 三、跨界河流合作持续巩固拓展

一是有效服务国家外交。李国英部长率中国政府代表团赴老挝万象出席湄公河委员会第四届峰会，应邀与老挝总理、自然资源与环境部部长等会见交流，并实地调研有关水利项目，引领澜湄水资源合作、中老水利合作提质升级。年内与周边哈、乌（兹）、老、缅、塔五国实现部长级互动。与越方续签相互交换汛期水文资料的谅解备忘录，纳入习近平总书记访问越南成果清单。李国英部长陪同李强总理出席澜沧江－湄公河合作第四次领导人会议，《澜湄水资源合作五年行动计划（2023—2027）》作为重要成果写入会议发表的内比都宣言。田学斌副部长陪同丁薛祥副总理访哈并出席中哈合作委员会第十一次会议，跨界河流合作成效得到双方积极评价。

二是有序推动合作机制常态运行。根据与周边国家有关协议圆满完成69个国际报汛站报汛工作任务。组织完成中哈利用和保护跨界河流联合委员会机制框架下8次专门机制活动，取得丰硕成果；组织召开中俄合理利用和保护跨界水联合委员会水资源组第十四次会议，就成立防洪合作工作组与俄方达成一致，应急向俄方提供绥芬河水情和水库运行情况，持续提升合作互信；赴印度参加中印跨境河流专家级机制第十四次会议，就水文报汛合作进行深入交流；成功举办第三届澜湄水资源合作论坛，召开澜湄水资源合作联合工作组第四次会议，推进联合研究及信息共享平台建设。

## 四、外事管理工作持续推进

一是不断加强外事管理和培训引智工作。按照中央和外交部最新部署，印发相关规定进一步完善因公出国（境）全过程管理，制定水利部2023年度因公临时出国（境）计划、在华举办国际会议计划。进一步提升水利外事工作服务水平，优化团组申报流程，保障重点团组出访。加强水利部部属社团接受境外捐赠和对外交往管理。组织申报引进外国专家项目4项，组织实施外国专家培训专项5项。

二是持续做好国际传播，讲好中国水故事。成功举办水资源领域"澜湄周"等活动，持续打造澜湄外宣活动品牌，为澜湄合作外长会、领导人会营造良好氛围。积极利用第18届世界水资源大会、2023年联合国水大会等重点水事活动，积极向世界传递中国水利的声音，宣传中国治水成就，分享中国治水经验，贡献中国治水智慧，进一步推动中国治水理念国际主流化。编印通用口径，分发给有关司局和单位，提升水利对外交往国际传播质量及水平。

2024年，水利系统将主动谋划、积极作为，不断深化水利多双边交流与合作。一是加强与涉水国际组织交流，密切跟踪联合国等重要国际组织涉水战略和行动。精心组织并积极参与第十届世界水论坛、罗马水论坛、新加坡国际水周等重要国际水事活动，办好第三届亚洲国际水周、第15届国际水信息学大会等在华举办的重要国际会议，积极利用主场优势讲好中国治水故事。积极主动设计筹备中欧水资源交流平台第10次年度高层对话会、中国-欧盟水政策对话机制第三次会议等重要国际会议活动，做好中日、中芬、中乌（拉圭）等交流机制活动。二是贯彻落实好第三届"一带一路"国际合作高峰论坛成果文件，推动5项涉水务实成果取得明显成效。充分利用多双边合作交流活动，加强与"一带一路"国家政策沟通。推进水利高水平"走出去"，协调推动重点项目实施，打造一批"小而美"且具备绿色竞争优势的项目。三是进一步巩固拓展与周边国家跨界河流机制性合作，打造构建周边命运共同体的重要纽带。有效运行与周边国家现有的22个合作机制，推动举办第二届澜湄水资源合作部长级会议等重要机制活动，继续组织开展跨界河流流域60余个水文站点的水文报汛合作，推进中哈联合泥石流拦阻坝建设、中俄联合防洪等互利共赢务实合作，组织实施《澜湄水资源合作五年行动计划（2023—2027）》。

池欣阳　沈可君　彭竞君　杨泽川　执笔

金　海　李　戈　审核

# 推动澜湄水资源合作高质量发展

水利部国际合作与科技司　澜湄水资源合作中心

2023 年，水利部坚持以习近平新时代中国特色社会主义思想为指引，全面落实党中央关于澜湄合作的总休部署，以实现澜湄流域水安全与可持续发展、助力澜湄国家命运共同体建设为目标，与湄公河 5 国水资源主管部门积极协作，推动澜湄水资源合作持续提质升级。

一是顶层引领多双边合作方向。相继发表的《中华人民共和国和越南社会主义共和国关于进一步深化和提升全面战略合作伙伴关系、构建具有战略意义的中越命运共同体的联合声明》《中国共产党和老挝人民革命党关于构建中老命运共同体行动计划（2024—2028 年）》《澜湄合作第四次领导人会议内比都宣言》等重要双多边文件，对水资源领域合作作出了部署，为深化澜湄水资源合作和推进我国与湄公河国家水利合作指明了方向。

二是高层政策对话促进技术交流合作。李国英部长出席澜湄合作领导人会议、湄公河委员会（以下简称湄委会）第四届峰会，就进一步深化澜湄水资源合作和与湄委会合作提出建议。成功举办第三届澜湄水资源合作论坛，部领导与湄公河国家高级别官员、湄委会秘书处首席执行官等举行多场会见，共商推进澜湄水资源合作大计。顺利召开澜湄水资源合作联合工作组第四次会议、联合工作组与湄委会联合委员会首次特别会议，就信息共享平台建设、澜沧江－湄公河流域水文条件变化及其适应策略联合研究等近期重点合作项目进行了深入交流，取得阶段性成果。

三是五年行动计划描绘未来合作蓝图。我国会同流域各国，在充分评估《澜湄水资源合作五年行动计划（2018—2022）》实施成效的基础上，根据澜湄合作总体部署，强化顶层设计，共同组织开展了多轮次磋商，编制完成并审议通过《澜湄水资源合作五年行动计划（2023—2027）》，纳入澜湄合作第四次领导人会议成果。

四是"澜湄兴水惠民计划"推进务实项目合作。2023年，我国积极实施了10个亚洲合作资金项目。其中，继续实施备受当地民众欢迎的"澜湄甘泉行动"项目，在柬埔寨、老挝和缅甸等国家建设农村供水技术示范点，保障居民饮水安全，成果被纳入第三届"一带一路"国际合作高峰论坛务实合作项目清单。

五是公共交流与宣传营造良好合作氛围。水利部会同外交部共同组织开展2023年水资源领域"澜湄周""2023澜湄行"等多层次公众外交活动，积极宣传习近平外交思想、习近平生态文明思想和习近平总书记治水思路，分享先进经验和技术。组织国内外媒体积极宣传澜湄水资源合作，分享中国治水故事。着力提升澜湄水资源合作信息共享平台网站影响力，累计发布中英文信息1034篇，有效浏览次数超20万次。

高立洪　郑　茜　黄　璐　周　敏　执笔

金　海　李　戈　审核

# 深度参与第三届"一带一路"国际合作高峰论坛

### 水利部国际合作与科技司

2023 年 10 月 17—18 日，第三届"一带一路"国际合作高峰论坛在北京成功举办。

在此次高峰论坛上，水利部、国家标准化管理委员会与联合国工业发展组织签署基于小水电国际标准协同推进乡村可持续发展的合作谅解备忘录；建立中国－巴基斯坦小型水电技术"一带一路"联合实验室，与尼日利亚签署尼日尔河治理项目技术协议，发起澜湄甘泉行动，与有关国家开展农村供水技术示范务实合作，在孟加拉国援建莫汉南达橡胶坝工程，这 5 项重要成果均纳入务实合作项目清单，数量创行业历史新高，水利推动共建"一带一路"高质量发展迈上了新台阶。水利相关工作被列为由我国同 26 个国家共同发起的《深化互联互通合作北京倡议》六大重点领域之一，进一步凸显了水利行业在提升共建"一带一路"国家基础设施互联互通水平，建设更加开放、包容、普惠、平衡、共赢的世界经济方面的重要支撑作用。"澜湄甘泉行动计划"作为典型案例纳入高峰论坛前夕发布的《共建"一带一路"：构建人类命运共同体的重大实践》白皮书专栏，彰显水利民生项目为提升共建国家民生福祉做出的巨大贡献。本届论坛期间，《中国日报》发表题为《全球水伙伴共同推动水资源管理》（*Worldwide network boosts water resources management*）的专访英文文章，《中国水利报》专版刊发《水利合作：共享机遇，惠及世界》宣传特稿，全方位宣介 10 年来水利"一带一路"工作成效。

王晋苏　彭竞君　王　可　杨　淳　执笔

金　海　李　戈　审核

# 强化水利宣传引导 坚守意识形态阵地

水利部办公厅 水利部宣传教育中心 中国水利报社
中国水利水电出版传媒集团有限公司

2023 年，水利系统坚持以习近平新时代中国特色社会主义思想为指导，唱响主旋律、提振精气神，持续强化宣传引导，建好守牢意识形态阵地，为推动新阶段水利高质量发展提供坚实的舆论支撑。

## 一、理论宣传有声有色

大力宣传贯彻习近平新时代中国特色社会主义思想，突出宣传习近平总书记"节水优先、空间均衡、系统治理、两手发力"治水思路和关于治水重要论述精神，坚持深入学习习近平文化思想，牢牢把握正确的政治方向、舆论导向、价值取向。

深化理论宣传研究阐释，积极配合新华社深度报道习近平总书记的江河情怀、江河战略，连续播发《习近平的长江情怀》《习近平的黄河情怀》等重要报道及专题纪录片，充分展现习近平总书记亲自擘画确立、亲自推动实施国家"江河战略"的宏阔视野，集中展示新时代江河保护治理的丰硕成果。

强化统筹协调，调动水利系统力量配合中央广播电视总台（以下简称央视）倾力打造 5 集纪录片《治水记》，全面展现新时代水利事业取得的历史性成就。围绕加快推进国家水网建设、水旱灾害防御、重大水利工程建设、水资源节约集约利用、复苏河湖生态环境等重大主题，大力宣传水利系统学习贯彻党的二十大和二十届二中全会精神，扎实推动新阶段水利高质量发展的生动实践和显著成就。

## 二、新闻发布权威高效

全年共组织举行 15 场新闻发布会。李国英部长担任第一发言人，出席国务院新闻办公室"权威部门话开局"系列主题新闻发布会、"加快推进国家水网建设 提高国家水安全保障能力"新闻发布会，深入阐释水利部贯彻落实党中央、国务院决策部署的举措成效。统筹举办 8 场水利基础设施建设进展成效新闻发布会，发布最新建设成效，积极展现担当作为，大力宣传水利建设在促进民生持续改善、社会预期持续向好、经济持续好转等方面发挥的重要作用。紧盯海河"23·7"流域性特大洪水防御情况、丹江口库区及其上游流域水质安全保障工作进展、水库安全等社会关注热点，第一时间召开新闻发布会，权威发声，回应关切。聚焦新时代水土保持工作、华北地区地下水超采综合治理行动、推进水网先导区建设等重点工作进行新闻发布，加强政策解读阐释，取得了积极效果。

### 三、主题宣传亮点纷呈

精心策划举办"依法治水黄河行""建设幸福河湖""守护三江源""寻找最美家乡河"等大型宣传活动。在黄河小浪底水利枢纽调水调沙、大藤峡水利枢纽主体工程完工等重大节点开展网络直播进行宣传。组织开展"节水中国 你我同行"主题宣传联合行动，全国 5691 家单位参与，推出 7697 个节水主题活动，抖音平台相关话题播放量累计超过 16.3 亿次。积极利用联合国水大会、第 18 届世界水资源大会等国际平台讲好中国水故事，多家境内外媒体驻会全面报道中国治水经验，广泛宣传中国同国际社会一道谱写推动构建人类命运共同体治水新篇章的中国行动，展现大国智慧和担当。各大中央媒体聚焦水利重点工作最新进展和成效，全方位、多角度开展宣传报道，报道数量再创新高。

### 四、舆论引导有力有效

在防御海河"23·7"流域性特大洪水期间，积极提供报道素材、协调安排采访对象，央视《新闻联播》连续 13 天播出相关报道，《焦点访谈》《东方时空》《新闻1+1》等重要栏目持续推出水利相关报道，全面展现水利部门超前部署、主动作为、积极应对，全力保障人民群众生命财产安全的有力举措。水利行业媒体派出多名记者奔赴一线，前、后方协作，报刊网微密集报道。积极运用政府网站和政务新媒体传播党和政府的声音，做大做强正面宣传，巩固拓展主流舆论阵地，全年组织联动发布114次。持续加强政策解读，做准做精做细解读工作，注重运用生动活泼、通俗易懂的语言以及图表图解、音频视频等公众喜闻乐见的形式提升解读效果。网络专题《江河奔腾看中国》、主题活动"巍巍三峡"、视频《一滴水的北上之旅》等作品获评"中国正能量网络精品"。官方微博"水利部发布"获选"2023年度走好网上群众路线百个成绩突出账号"。

## 五、阵地管理全面加强

认真贯彻《关于加强和改进出版工作的意见》，着力加强出版管理，全面强化对出版物编印发全流程管理，严格落实选题审批制度、重大选题备案制度、三审三校制度、质量检查制度，开展图书"质量管理2023"专项检查。坚持将社会效益放在首位，努力实现社会效益和经济效益"双效"统一，一大批出版物获2023年度"中国好书"、第八届中华优秀出版物奖、全国优秀科普作品等国家级奖项及国家重大出版项目资助。

坚持每日读网、定期检查，全年检查水利部部属政府网站和政务新媒体195个，持续推进平台清理整合，关停并转网站栏目账号21个。聚焦水利数字政府建设，探索创新服务模式，提升网络服务效能，全力保障水利部网站安全稳定运行，网站年度访问量达8.2亿人（次），连续两年获评"中国最具影响力党务政务平台"，在全国政府网站绩效评估中再创佳绩。

## 六、行业媒体融合发展

《中国水利报》融媒体平台全力做好主题报道、行业报道、融合报道，2023年累计推出宣传作品2.86万篇（幅、件），其中全媒体作品近300篇（幅、件），新媒体各平台累计刊发作品超1.8万篇（幅、件），总阅读量超2.5亿人（次）。聚焦水利行业贯彻落实习近平总书记关于治水重要论述精神的进展成效，推出一系列重点报道，开设"沿着总书记的足迹看江河"专栏，生动阐释思想伟力，系统报道行业实践。推出《共护黄河水利遗产 彰显文化时代价值》等14个专题报道，深入挖掘、系统宣传水文化蕴含的哲学思想、人文精神、治水经验等。综合运用新技术新手段，创新产品形态、话语表达，打通版面页面、大屏小屏，策划推出一批大流量融合作品。首次组织的《从都江堰出发　看灌区中国》大型直播活动总观看次数超 12 万人（次）、点赞次数近 90 万人（次），网络互动访谈节目《听！奋进的声音》、原创节水微电影《"浪"子回头》累计播放量近 600 万人（次），融合报道《实干中国｜黄河水文"哨兵"战凌记》全网浏览量超 6300 万人（次）。

刁莉莉　骆秧秧　刘小东　陈晓磊　蔡晓洁　执笔
李晓琳　王厚军　李国隆　马　加　营幼峰　审核

# 全面提升水利科普能力

水利部国际合作与科技司　水利部科技推广中心

中国水利报社　中国水利水电出版传媒集团有限公司

2023 年，水利系统持续深入贯彻落实习近平总书记关于科学普及工作的重要论述精神，按照《中共中央办公厅　国务院办公厅关于新时代进一步加强科学技术普及工作的意见》《全民科学素质行动规划纲要（2021—2035 年）》《水利部　共青团中央　中国科协关于加强水利科普工作的指导意见》有关要求，以全面提升水利科普能力为目标，在强化政策引导、加强科普供给、推进资源科普化、组织科普活动、推动国际合作等方面取得良好成效。

## 一、持续强化水利科普政策引导

强化水利科普工作的体制机制建设，持续提升水利科普工作的政策引导力度。与中国科学技术协会（以下简称中国科协）、中国科学院联合印发《关于开展 2023 年全国科普教育基地助力"双减"联合行动暨"科创筑梦"青少年科学节活动的通知》，组织引导水利系统 21 家全国科普教育基地、33 家科技创新基地，面向广大中小学生积极开展各类科技实践活动。

## 二、不断提升水利科普供给质量

针对水利行业科技、文化传播和社会公众需求，围绕行业重点领域，水利部有关直属单位不断积累优势科普资源，积极策划出版《中国水利水电科普视听读丛书》《中国水文化遗产图录》《中国水科普动画全系列》等多套具有行业影响力的科普系列图书，出版《你好，大坝》《一滴水》《澜湄奇妙之旅》等多部精品科普绘本。精心制作《打好堤坝保卫战——

"南水坤宁"巡堤查险车来了》《"治"水大师——絮凝剂》《揭秘大湾区"缺水"真相》《海河流域独流减河加大洪水下泄》《北运河洪峰即将到来》等多部优秀原创短视频，通过通俗易懂的语言和可视化的呈现形式，为社会公众普及水利知识。

## 三、着力推进水利科技资源科普化

积极推动水利科技资源科普化，增强适宜开放的水利重点实验室、野外科学观测研究站等科技创新平台基地的科普功能，提高科技工作者科普参与程度，促进科学普及与科技创新协同发展。依托国家重点实验室、野外科学观测研究站，举办公众开放日活动，以图文、视频、展厅等形式，增加社会公众交流互动体验；依托全国科普教育基地、科研设施、水利工程及场馆、水利风景区、水文站等科普载体，开展科普讲座、展览展示、互动体验等形式多样的科普宣传活动。

## 四、持续打造水利特色科普品牌活动

结合全国科技活动周、全国科普日、世界水日、中国水周等重要时间节点，举办科普活动400余场，覆盖人数近140余万人（次）。连续第3年组织举办全国科普日水利科普主场活动，水利部和中国科协有关领导出席活动并共同启动"科普中国"水利科普专题资源包上线仪式，1万余名观众在线收看实况，发挥了较好的示范引领作用。持续巩固品牌活动影响力。开展第四届水利科普讲解大赛，选拔优秀选手参加全国科普讲解大赛，1名选手获最佳人气奖。第四届"节水在身边"全国短视频征集活动共征集到作品1605部，抖音短视频平台相关话题播放量近2亿次，活动平台累计播放量达到17.8亿次。"节水中国　你我同行"主题宣传联合行动累计参与单位5691家，组织开展节水主题活动7697个，活动抖音话题播放量累计超过16.3亿次，水利科普品牌规模效应和社会影响力不断提升。

## 五、积极加强水利科普国际交流合作

强化水利科普国际交流合作，积极宣介中国治水思路，讲好中国治水故事。举办"一带一路"（澜湄）国家大坝安全科普宣讲大赛，来自埃塞俄比亚、巴基斯坦、菲律宾等16个国家的40位选手参赛。依托水利部英文网站"中国历代水利工程"栏目内容，出版《中国历代水利工程（二）》（中英文版），面向国际社会展示中国古代水利工程和新阶段水利重点工程，宣介中国治水历史和治水智慧。

2024年，水利系统将继续深入贯彻落实习近平总书记关于科学普及工作的重要论述精神，按照全国科普工作联席会议和水利部党组有关工作部署，继续围绕水利行业重点领域开展科普工作，不断提升科普工作服务支撑新阶段水利高质量发展的能力。

一是进一步强化水利科普工作顶层设计。加强水利行业科普能力建设研究，从组织机制、作品供给、活动组织、队伍建设、媒体宣传等方面提出加强水利科普工作的具体措施。二是加快推进水利科普载体建设。依托大中型水利工程、国家水情教育基地、重要科研基地、水利风景区、水利博物馆与科技馆等平台，推动建设一批水利科普基地，充分发挥科普基地在水利科普工作中的主阵地作用。三是着力推进水利资源科普化。围绕都江堰、灵渠、大运河等古代重大水利工程，以及红旗渠、三峡工程、南水北调工程、大藤峡水利枢纽等近现代重大水利工程，深入挖掘工程建设和运维过程中的科技元素和科学精神，以多种方式进行专题科普。四是进一步扩大水利科普品牌活动的影响力。持续强化全国科普日水利科普主场活动、全国水利科普讲解大赛等水利科普品牌活动的影响力，进一步提升活动产出质量，积极探索新颖的活动形式。

王洪明　管玉卉　程　璐　王　海　执笔

金　海　曾向辉　审核

# 专栏七十一

# 2023 年度 "中国水利记忆·TOP 10" 评选结果

中国水利报社

一年一度的 "中国水利记忆·TOP 10"，即水利十大新闻、有影响力十大工程、基层治水十大经验 3 个系列评选活动，是水利系统的年度盛事，得到了行业内外的广泛关注。自 2011 年开始，评选活动已连续举办 13 年，成为水利系统扩大传播力、引导力、影响力、公信力的 "品牌栏目"，对进一步讲好中国故事，传播好水利声音，推动全社会关心、重视、支持、参与水利工作，具有重要意义。

2023 年度 "中国水利记忆·TOP 10" 评选活动启动早、准备足，以典型代表性、读者关注度、社会影响力为基准，经历中国水利报社内部、评审专家组等多轮初选和水利部相关领导审阅，确定了候选名单。2023 年 12 月 27 日 0：00 至 12 月 31 日 17：00，在 "中国水事" 微信公众号进行为期 5 天的网络投票。据统计，此次评选活动共吸引 50.37 万人（次）参加投票，比 2022 年增加 14.98 万人（次），投票人员涵盖 30 个省（自治区、直辖市）。

经广大读者网络投票和专家组审议，最终确定 2023 年度 "中国水利记忆·TOP 10" 三大系列评选结果。其中，2023 水利十大新闻为：水利部学习贯彻习近平新时代中国特色社会主义思想主题教育取得积极成效；《深入学习贯彻习近平关于治水的重要论述》出版发行；中共中央、国务院印发《国家水网建设规划纲要》；水利部门有力有序有效应对海河 "23·7" 流域性特大洪水；中国水利为全球水治理贡献中国理念、中国方案、中国力量；2023 年全国完成水利建设投资 11996 亿元；水利部全力做好白蚁等害堤动物隐患应急整治；水利部大力开展母亲河复苏行动，全国幸福河湖建设蓬勃兴起；跨省区域水权交易、水土保持项目碳汇交易取得新突破；数字孪生水利建设全面推进，先行先试取得成效。"引汉济渭工程成功实现先期通水"等被评为 2023 年度有影响力十大水利工程。"浙江丽水市：创新探索'取水贷'助力发展水经济"等被评为 2023 年度基层治水十大经验。

"中国水利记忆·TOP 10"评选，在中国水利发展史上留下深刻的年度记忆。通过开展 2023 年度评选活动，广大读者、网民共同回顾了水利事业波澜壮阔的发展历程，深切地感受了 2023 年水利事业发展取得的巨大成效和突破；激励了水利系统广大干部职工以更加奋发有为的精神状态干事创业，也为推动新阶段水利高质量发展营造了良好的舆论氛围。

赵建平　滕红真　石珊珊　李海川　执笔

李国隆　李先明　审核

# 大力推进水文化建设

水利部办公厅　水利部宣传教育中心
中国水利报社　中国水利水电出版传媒集团有限公司

2023 年，水利系统认真学习贯彻习近平文化思想，牢牢把握新时代新的文化使命，坚定文化自信，坚持守止创新，大力推进水义化建设，为推动新阶段水利高质量发展提供坚强思想保障、强大精神动力和有力文化支撑。

## 一、系统部署水文化建设

2023 年，水利部组织召开首次水文化工作推进会，对水利系统水文化建设工作进行了整体规划和部署推进。制定印发《关于深入学习贯彻全国宣传思想文化工作会议精神的通知》，要求水利系统各级党组织要深入学习领会习近平文化思想，并自觉贯彻落实到宣传思想文化工作各方面和全过程。印发《〈"十四五"水文化建设规划〉重点任务分工方案》，推进规划任务落地。

## 二、深化水文化理论研究

以大运河文化、黄河文化、长江文化为重点，深入挖掘提炼中华优秀传统水文化、红色水文化、社会主义先进水文化的内涵，形成了一批优秀研究成果。组织中国水利水电科学研究院专家深入挖掘红旗渠科技内涵，完成《科技红旗渠——红旗渠工程科技内涵与创新实践研究报告》。修改完善《国家水利遗产管理办法》，推进《水利遗产认定标准》编制工作。协调四川省水利厅围绕都江堰"乘势利导、因时制宜"现实启示，从都江堰治水"三字经"及其在当代的传承和应用，都江堰 2200 多年经久不衰、历久弥新的原因等 8 个方面进行系统研究。组织水利部宣传教育中心开展《良渚水利文明在中国治水文明中的地位和作用》等课题研究工作。启动

"河流伦理"专题研究。

## 三、加强水文化传播工作

水利系统运用报刊、网络、新媒体等多种平台，大力传播先进水文化。统筹全系统力量配合中央广播电视总台倾力打造5集纪录片《治水记》，全面展现水利事业历史性成就。与联合国教科文组织联合举办第三届"水文化国际研讨会"，促进国际水文化交流，对外讲好中国治水故事。推动安徽七门堰调蓄灌溉系统、江苏洪泽古灌区等4项灌溉工程遗产被评为世界灌溉工程遗产。推进国家重大出版项目《中国黄河文化大典》的编纂出版工作，2023年出版3卷册。策划出版《九曲黄河万古流》（黄河水文化科普丛书·慧眼识河）、《中国水利水电科普视听读丛书》、《水文化导论》等出版物。举办科普读物《了不起的通济堰》首发仪式，以情景剧表演的形式，展现中华优秀传统水文化魅力。水利行业媒体运用数字技术对甲骨文进行分解，将传统汉字文化与水结合起来，策划推出《甲骨文还原"大禹治水"，你看懂了吗？》；运用"虚拟演播室+实景"结合的制作方式，策划推出"邮说水利"栏目；运用大模型及人工智能换脸技术，策划推出廉洁文化宣传视频《快来围观！看治水大咖说廉洁》，让古代治水廉吏人物形象生动起来；推出"盛世修文，再绘山川""在守护水脉中赓续长江文脉""民族与水文化"等专题，持续讲好中国水文化故事。

下一步，水利系统将扎实推进《"十四五"水文化建设规划》重点任务落地见效，完善《国家水利遗产管理办法》《水利遗产认定标准》等文件，深化河流伦理研究，推动人水和谐理论与时俱进，进一步提高水文化工作能力水平，激发水文化创新创造活力，丰富水文化传播形式，全面提升水文化社会影响力。

刁莉莉　王浩宇　梁延丽　周　妍　樊弋滋　李　旸　陈思杰
　　　　　　　　　　　　郑浩伟　邓婉颖　罗景月　蔡晓洁　执笔

李晓琳　王厚军　李国隆　马　加　营幼峰　审核

# 第一批百年水文站名单

## 水利部水文司

按照《百年水文站认定办法（试行）》，2023 年 7 月，水利部认定并发布汉口等 22 处水文站为第一批百年水文站（见表 1）。百年水文站是指建立运行时间超过 100 年、能够长期开展观测的水文测站。除建立运行时间外，水文站累计观测资料年限、水文观测资料记录明确、按照水文标准运行等都是百年水文站的认定要求。百年水文站发展至今，已积累了长系列的水文观测资料，在研究水文历史演变规律，预测未来水文情势变化，支撑水旱灾害防御、水资源配置管理、水生态环境保护等方面发挥了重要作用，对经济社会发展意义重大。

水利部统筹各单位水文站发展规划和建设管理情况，优选具有典型代表意义，并能展现水文历史文化价值、现代化建设水平的百年水文站，认定为第一批百年水文站。第一批百年水文站的认定对示范引领水文站建设，切实做好百年水文站监测资料保护，充分发挥长系列水文观测资料作用，深入挖掘其宝贵的历史价值和文化价值，做好水文历史遗产、水文文化、科技保护传承和展陈宣传，提高社会对水文站的认知和保护意识具有重要意义。

表 1　　　　　　　　　　第一批百年水文站名单

| 序号 | 水文站名称 | 所在地 | 所在河湖 | 申报单位 |
|---|---|---|---|---|
| 1 | 汉口水文站 | 湖北省武汉市 | 长江 | 水利部长江水利委员会 |
| 2 | 城陵矶水文站 | 湖南省岳阳市 | 洞庭湖 | 水利部长江水利委员会 |
| 3 | 三门峡水文站 | 河南省三门峡市 | 黄河 | 水利部黄河水利委员会 |
| 4 | 杨柳青水文站 | 天津市西青区 | 子牙河 | 水利部海河水利委员会 |
| 5 | 通州水文站 | 北京市通州区 | 北运河 | 北京市水务局 |

| 序号 | 水文站名称 | 所在地 | 所在河湖 | 申报单位 |
|---|---|---|---|---|
| 6 | 筐儿港水文站 | 天津市武清区 | 北运河 | 天津市水务局 |
| 7 | 枣林庄水文站 | 河北省沧州市 | 白洋淀 | 河北省水利厅 |
| 8 | 沈阳水文站 | 辽宁省沈阳市 | 浑河 | 辽宁省水利厅 |
| 9 | 吉林水文站 | 吉林省吉林市 | 松花江 | 吉林省水利厅 |
| 10 | 哈尔滨水文站 | 黑龙江省哈尔滨市 | 松花江 | 黑龙江省水利厅 |
| 11 | 南京潮位站 | 江苏省南京市 | 长江 | 江苏省水利厅 |
| 12 | 镇江潮位站 | 江苏省镇江市 | 长江 | 江苏省水利厅 |
| 13 | 拱宸桥水文站 | 浙江省杭州市 | 京杭大运河 | 浙江省水利厅 |
| 14 | 芜湖水位站 | 安徽省芜湖市 | 长江 | 安徽省水利厅 |
| 15 | 台儿庄闸水文站 | 山东省枣庄市 | 中运河 | 山东省水利厅 |
| 16 | 长沙水文站 | 湖南省长沙市 | 湘江 | 湖南省水利厅 |
| 17 | 马口水文站 | 广东省佛山市 | 西江 | 广东省水利厅 |
| 18 | 潮安水文站 | 广东省潮州市 | 韩江 | 广东省水利厅 |
| 19 | 南宁水文站 | 广西壮族自治区南宁市 | 郁江 | 广西壮族自治区水利厅 |
| 20 | 桂林水文站 | 广西壮族自治区桂林市 | 桂江 | 广西壮族自治区水利厅 |
| 21 | 都江堰水文站 | 四川省成都市 | 岷江 | 四川省水利厅 |
| 22 | 昆明水文站 | 云南省昆明市 | 盘龙江 | 云南省水利厅 |

崔晨韵　执笔

李兴学　审核

# 扎实开展定点帮扶和对口支援

水利部水库移民司

## 一、发挥行业优势，推进定点帮扶县区乡村全面振兴

2023 年水利部全面落实党中央、国务院关于推进乡村全面振兴的重大决策部署，充分发挥水利行业优势，坚持"四个不摘"，深化"组团帮扶"，实施"八大工程"，督促指导湖北省十堰市郧阳区，重庆市万州区、武隆区、城口县、丰都县、巫溪县 6 个定点帮扶县区（以下简称 6 县区）和江西省宁都县持续巩固拓展脱贫攻坚成果，推进乡村全面振兴。

一是加强组织领导。制定印发《2023 年水利部定点帮扶工作要点》、6 县区年度帮扶计划；组织召开水利部定点帮扶工作会议，强调要将党中央、国务院的决策部署落实落细到各项工作中去，推动水利倾斜支持政策措施在 6 县区落地生效，推进乡村全面振兴；部领导带队先后赴 6 县区调研考察 7 次，确保年度任务顺利实施；新选派 8 名县区挂职干部和 2 名驻村第一书记。

二是坚持实施"八大工程"。继续实施水利行业倾斜、技术帮扶、人才培养、技能培训、党建引领、消费帮扶、以工代赈、内引外联工程，全年下达 6 县区水利投资 18.61 亿元；直接投入和引进帮扶资金 3.67 亿元；培训基层干部、乡村振兴带头人、专业技术人才共计 3642 人（次）；直接购买和帮助销售农产品 1385.57 万元；支持定点帮扶县建设 19 个乡村振兴示范村。

三是对口支援江西省宁都县工作取得显著成效。积极推进《"十四五"时期对口支援江西省宁都县振兴发展实施方案》各项任务落实，加强人才支援和技术支持力度，支持宁都县增强供水保障能力、提升防洪排涝减灾

能力、建设水美乡村和幸福河湖。

## 二、对口支援三十载，倾力共筑三峡情

2023 年是全国对口支援三峡库区工作实施 30 年。水利部全面总结全国对口支援三峡库区 30 年的工作成效和经验，组织指导《全国对口支援三峡库区合作规划（2021—2025 年）》落地实施，扎实推动对口支援合作提质增效，持续提升对口支援合作水平，着力共同推动三峡库区高质量发展。

自全国对口支援三峡库区工作开展以来，在党中央坚强领导下，中央和国家有关部门、单位、企业，21 个省（自治区、直辖市），10 个大城市，始终坚持对口支援"优势互补、互惠互利、长期合作、共同发展"的方针，讲政治、顾大局、动真情、办实事、求实效，推进政府和市场"两手发力"，深化合作、成效显著，在基础设施建设、社会事业进步、公共服务保障、产业发展扶持、生态环境保护等方面，给予三峡库区极大支持，为有效破解百万移民搬迁、稳定、逐步致富的世界性难题提供了中国方案、贡献了中国智慧。全国对口支援三峡库区工作彰显了社会主义集中力量办大事的制度优越性，创造了令人振奋的非凡成就。

30 年来，对口支援省（自治区、直辖市）累计为三峡库区引进项目资金 3408.34 亿元，其中，经济合作类资金 3302.38 亿元、社会公益类资金 105.96 亿元，有力保障了三峡工程顺利建设和安全运行、百万移民搬迁安置，为三峡库区经济社会发展注入强劲动力，成为推动库区高质量发展的关键"引擎"。

付群明　姜远弛　执笔

朱闽丰　审核

专栏七十四

# 水利援疆援藏工作进展

水利部规划计划司　水利部水利工程建设司

2023年，水利部门深入学习贯彻习近平总书记关于新疆工作和西藏工作的重要讲话指示精神，贯彻落实新时代党的治疆方略和治藏方略，认真落实第三次中央新疆工作座谈会部署和党中央关于西藏工作决策部署，始终把水利援疆援藏工作作为一项重大政治任务和政治责任，有力有序推动水利援疆援藏各项任务。

## 一、水利援疆工作进展

一是强化水利援疆工作机制。11月5日，水利部在新疆维吾尔自治区伊犁哈萨克自治州召开水利援疆工作会议，全面总结"十四五"以来水利援疆工作开展情况，研究部署水利援疆重点任务，加快推动新阶段新疆水利高质量发展。自治区党委书记马兴瑞、水利部部长李国英出席会议并讲话。开展"组团式"帮扶、结对帮扶，加强水利部有关司局和单位与自治区、新疆生产建设兵团水利部门精准对接，统筹援助方所能和受援方所需，切实提升援助实效。

二是大力推进项目援疆。安排中央水利投资91.28亿元，支持新疆全面加强水利基础设施建设，加快完善以蓄水为基础、调水为补充、节水为关键的全疆水资源配置工程体系。大石峡、玉龙喀什、库尔干等水利枢纽加快推进，规划内南疆控制性调蓄水库全部开工建设，支持8处大型、20处中型灌区续建配套与现代化改造，加快推进农村供水工程建设，实施小型水库全覆盖、专业化管护。指导督促新疆在水利建设中推广以工代赈，吸纳就业人数5711人，发放劳务报酬8272万元。

三是深入做好技术和人才援疆。组织专家深入开展南疆水资源问题以及农业用水保障专题研究。指导新疆编制涉水重要规划。主动介入、优先安排、倾斜支持新疆重大水利工程，及时派遣专家赴工程现场，帮助解决制约工程建设的各类技术难题。加强与自治区、兵团干部的双向挂职交流，各类培训资源向新疆倾斜，积极培养新疆高端水利人才和基层水利干部。

## 二、水利援藏工作进展

一是加快推进经济援藏。支持西藏自治区加强水利基础设施建设，扩大水利投资规模，加快补齐水利基础设施短板。推进湘河、帕孜、旁多等工程建设实现重大节点目标。加大农村供水工程建设力度，实施大中型灌区续建配套与现代化改造。加快水土流失治理。

二是统筹实施技术援藏。推动重要流域综合规划审批工作，开展组团式科技帮扶，指导西藏提升水利建设质量工作水平，开展江苏、西藏东西部质量帮扶，推动水利工程运行管理标准化建设，指导做好河湖生态流量保障、加强取用水管理及重要河湖生态保护和修复有关工作，深入实施国家节水行动，用水效率进一步提升。

三是大力推进人才援藏。选派优秀干部赴藏工作，开展专业技术人才援派帮扶，选派专业技术人才赴阿里、那曲、山南、日喀则地区开展"组团式"帮扶，帮助解决制约当地水利发展的技术问题。加强年轻干部培养储备，派出技术人员进藏对口指导工作。组织西藏水利干部赴其他省（直辖市）考察学习。开展教育培训帮扶，通过多种形式的人才支援和培训，西藏水利干部职工技术能力水平显著提升，水利人才队伍不断壮大。

四是深入开展对口援藏。《水利部"十四五"援藏工作规划》明确了16个部直属单位和西藏26个单位的对口援助关系，确定了对口援藏103项具体任务和责任单位。各责任单位认真落实责任与分工，充分发挥人才、技术、资金优势，积极开展对口援藏工作，加快了西藏高质量发展步伐。

五是着力抓好定点帮扶。按照中央和国家机关做好定点帮扶要求，有序推进帮扶工作"八大任务"，加快农村供水、水美乡村、防洪减灾等工程建设，实施产业帮扶、人才帮扶和技术帮扶，开展支部共建，为推动定点帮扶县长治久安和高质量发展提供水利支撑与保障。

丁蓬莱 鲁立三 黄 晨 张 昕 执笔

王九大 赵 卫 审核

# 党 的 建 设 篇

# 充分发挥机关党建政治引领保障作用
# 推动新阶段水利高质量发展

水利部直属机关党委

2023 年，水利部直属机关各级党组织坚持以习近平新时代中国特色社会主义思想为指导，深入学习贯彻习近平总书记关于党的建设的重要思想，持续深入学习贯彻习近平总书记在中央和国家机关党的建设工作会议上的重要讲话精神，以党的政治建设为统领，坚定不移推进全面从严治党，全面提升机关党建质量水平，为推动新阶段水利高质量发展、全面提升国家水安全保障能力提供坚强保证。

## 一、扎实开展学习贯彻习近平新时代中国特色社会主义思想主题教育

坚持以"深"的尺度抓理论学习，部党组理论学习中心组集体学习 8 次，举办专题读书班，赴红旗渠现场调研学习，组织党员干部及时跟进学习习近平总书记关于治水重要讲话精神。坚持以"实"的举措抓调查研究，制定部党组关于大兴调查研究的实施方案，做好部领导重点调研的服务保障协调，建立调查研究课题台账和动态跟踪机制，指导相关单位抓好调研成果转化运用，推动形成一批政策举措。坚持以"高"的定位抓推动发展，水利部部属系统党组织成立党员先锋岗示范岗 540 个、青年突击队先锋队 92 支，推动办好民生水利实事 82 件。坚持以"严"的标准抓整改整治，部党组查摆问题 13 个，部机关司局、部直属单位查摆问题 175 个，全部整改完成；形成部层面制度机制成果 42 项，部机关司局、部直属单位层面制度机制成果 100 项。坚持以"细"的作风抓教育整顿，部党组查摆问题 7 个，全部整改完成。坚持以"久"的韧劲抓巩固深化，切实抓好主题教育整改落实"回头看"工作，不断巩固、深化、拓展主题教育成果。

## 二、坚决走好践行"两个维护"第一方阵

深入学习贯彻党的二十大精神，举办 7 期局处级干部轮训班，开展"学习党的二十大精神"网络答题、心得体会征集、党建课题研究，举办线上线下学党章知识竞赛。坚决贯彻落实习近平总书记重要讲话指示批示精神和党中央决策部署，紧盯国家重大水利工程项目建设、国家水网建设、水旱灾害防御、河湖生态治理保护等国家重大战略和重大部署开展政治监督。持之以恒抓好中央巡视整改，协助召开 2 次部党组会议，听取中央巡视整改情况汇报；召开 2 次调度验收会议，开展中央巡视整改落实情况"回头看"，部党组 356 项整改措施已验收销号 350 项。严肃认真开展党内政治生活，协助部党组召开专题民主生活会，指导部机关司局和部直属单位党组织开好领导班子民主生活会、组织生活会，开展民主评议党员。扎实推进内部巡视巡察工作，印发《水利部党组巡视工作规划（2023—2027 年）》，开展 2 轮部党组巡视，组织对 8 个部直属单位党组织进行巡视监督；修订完善 7 项巡视工作制度，落实选调优秀干部到部党组巡视岗位锻炼机制，持续深化巡视巡察上下联动、贯通融合。

## 三、坚持不懈用习近平新时代中国特色社会主义思想凝心铸魂

组织学习贯彻《深入学习贯彻习近平关于治水的重要论述》，指导督促水利部部属系统党组织第一时间开展多形式、分层次、全覆盖的学习研讨，迅速掀起学习贯彻热潮。持续深化党的创新理论武装，协助部党组理论学习中心组学习 54 次，健全完善年度通报、列席旁听、一学一报等机制，召开中心组学习经验交流会，加强对部直属单位党组（党委）中心组学习的指导督促。持续强化青年干部思想政治引领，制定部党组深入推进年轻干部下基层接地气工作具体措施 20 项、贯彻落实工委年轻干部教育引领工作座谈会精神具体措施 27 条，举办青年干部学习贯彻党的二十大精神优秀成果展示交流活动，评选青年理论学习小组优秀创新案例 19 个，"关键小事"调研获中央和国家机关团工委通报表扬。

## 四、着力锻造坚强有力的基层党组织

持续推进"四强"党支部建设，举办"四强"党支部建设论坛，10个党支部作交流展示；开展"四强"党支部推荐评选复核，22个党支部获评第二批中央和国家机关"四强"党支部。不断提升党建工作质量，制定关于进一步明确和落实党组织关系在地方的部直属单位党建工作责任的通知，对水利部部属系统党支部主题党日、政治仪式进行规范，深入推进中央和国家机关模范机关创建，1个司局获评2021—2023年度中央和国家机关创建模范机关先进单位。加强党员教育管理，组织参加中央和国家机关工委举办的党支部书记、党小组长、党员教育管理示范培训班，参加中央和国家机关"学思想、强党性、共奋斗"知识挑战赛并获"学习优秀团队奖"；做好党员发展，严格党费收缴、使用和管理，向30名老党员发放"光荣在党50年"纪念章。

## 五、持之以恒正风肃纪

做细做实日常监督，督促有关司局单位针对暴露出的违纪违法问题，建立问题台账，制定整改措施，完善相关制度办法；协助部党组作出对9名司局级干部的处分决定、对1名司局级干部中止党员权利的决定；制定印发《水利部直属机关纪委党风廉政意见回复工作实施办法》，做好375人次廉政意见回复工作。强化日常教育提醒，开展"以案促教、以案促改、以案促治"专项行动，印发部党组专项行动方案，召开推进会暨部属系统警示教育大会，制作警示教育片，组织以党支部为单元集中观看，每名党员干部谈心得体会并汇编成册。持续加固中央八项规定堤坝，开展专项检查，组织案例通报，在重要时间节点加强教育提醒，开展部直属系统纪检干部队伍教育整顿。

## 六、深入推进精神文明建设和群团统战工作

持续深化精神文明建设，印发《关于学习贯彻习近平总书记重要指示精神推动水利志愿服务高质量发展的通知》，开展"关爱山川河流·润泽

千村万户"志愿服务、《中华人民共和国长江保护法》和《中华人民共和国黄河保护法》志愿宣传、第四届"最美水利人"推荐等活动。统筹抓好群团统战等工作，组织参加中央和国家机关第二届运动会，取得优异成绩，并获"精神文明奖"；举办水利部直属机关乒乓球、羽毛球、游泳、健步走等赛事，开展主题读书、青年联谊等活动，做好元旦春节慰问和残疾重病子女帮扶等工作；开展全国青年文明号、全国五四红旗团委（团支部）等推荐创建工作；开展"三八"妇女节、主题展示、恒爱行动等活动；组织参加无党派人士理论研究班、中央和国家机关统战干部学习贯彻党的二十大精神培训班，做好第九届首都民族团结进步奖先进集体推荐工作。

## 七、压紧压实全面从严治党政治责任

认真贯彻落实中央和国家机关部门党组（党委）落实机关党建主体责任座谈交流会议精神，协助部党组召开党的工作暨纪检工作会议、部直属系统党风廉政建设工作会议、部党建工作领导小组会议，印发部党组落实全面从严治党主体责任 2023 年度任务安排、部党建工作领导小组 2023 年工作要点；对落实全面从严治党主体责任情况进行专项检查，按季度印发党建工作重点任务清单，将任务完成情况作为党组织书记抓党建工作述职评议考核重要依据。李国英部长发表署名文章《坚持"五个强化" 推动机关党建主体责任全面有效落实》，水利部有关工作经验做法在中央和国家机关部门党组（党委）落实机关党建主体责任座谈交流会上进行交流。加强水利廉政风险防控体系建设，督促排查重点领域和关键环节廉政风险点，修订完善廉政风险防控手册；派出监督组对 4 个在建国家重大水利工程开展现场廉洁监督。加强水利廉洁文化建设，制定加强新时代水利廉洁文化建设的实施意见，举办水利廉政大讲堂，组织编写《中华历史治水人物廉洁文化读本》。

2024 年，水利部直属机关党的建设坚持以习近平新时代中国特色社会主义思想为指导，持续深入学习贯彻习近平总书记关于党的建设的重要思想，以党的政治建设为统领，进一步深化理论武装，进一步夯实基层基础，进一步强化正风肃纪反腐，全面提升机关党建质效，以高质量机关党建引领保障新阶段水利高质量发展。

廖晓瑜　执笔
罗湘成　审核

# 学习贯彻党的二十大精神　实现局处级干部轮训全覆盖

### 水利部直属机关党委

根据中央有关要求和水利部党组相关工作安排，2023 年 2 月 17 日至 4 月 19 日，水利部举办了 7 期局处级干部学习贯彻党的二十大精神轮训班，完成了部本级 683 名应训人员的集中轮训工作，做到了应训尽训。

一是领导重视，组织有力。水利部党组高度重视学习贯彻党的二十大精神集中轮训工作，部党组书记、部长李国英审定轮训工作方案，水利部机关党委等司局按照部党组要求，认真履行职责，把这次集中轮训作为重要培训任务，制定详细的轮训方案，精心组织、周密安排，统筹协调、有序推进，确保集中轮训工作各项任务落实落地。

二是专家辅导，系统引领。围绕课程内容的权威性、理论学习的深入性、思想引领的实效性，轮训班邀请了中央党校 6 位专家教授，对党的二十大精神进行全面系统的解读，讲授了"开辟马克思主义中国化时代化新境界""习近平新时代中国特色社会主义思想的世界观和方法论""以中国式现代化全面推进中华民族伟大复兴""实施科教兴国战略，强化现代化建设人才支撑"等课程，引领学员全面学深悟透党的二十大精神。

三是内容丰富，形式多样。在专家辅导的基础上，轮训班还安排了线上自学、观看辅导报告录像、小组集体研讨、大会深入交流等丰富多样的学习形式。线上自学内容为党的二十大报告、党章和习近平总书记在党的二十届一中全会上的重要讲话，观看两场辅导报告，学员在线上完成学习内容并参加测试。小组集体研讨时，每名学员结合个人思想和工作实际谈思想认识、谈学习体会、谈落实措施。大会交流时，每组选派 3 名学员谈收获、说体会、提建议、谋发展。

　　四是管理有序，学风严谨。轮训班每班次均组建班委会进行自主管理，班委成员分工协作，主持辅导讲座，组织分组研讨，总结学习成效，汇编发言材料，发挥了示范带头作用。全体学员以饱满的热情和优良的学风投入到轮训中，严守学习纪律，服从教学管理，准时考勤上课，认真学习研讨，提交学习体会，高质量完成各项学习任务。

　　此次轮训主题鲜明、重点突出，安排紧凑、内容丰富，学风严实、组织高效，进一步增强了忠诚拥护"两个确立"、坚决做到"两个维护"的政治自觉，深化了对习近平新时代中国特色社会主义思想的理解认识，明确了中国式现代化的使命任务，增强了推动新阶段水利高质量发展的责任担当。

林辛锴　执笔

罗湘成　审核

# 举办青年干部学习贯彻党的二十大精神成果交流展示活动

水利部直属机关党委

## 一、周密筹划部署，掀起学习热潮

根据《中共水利部党组学习宣传贯彻党的二十大精神工作方案》，2023 年上半年组织开展水利部青年干部学习贯彻党的二十大精神成果交流展示活动。水利部党组高度重视，部党组书记、部长李国英亲自审定方案，提出要创新方式方法，开展各具特色的学习教育活动，推动学习提质增效，引导水利青年切实把思想和行动统一到党的二十大精神上来。部属系统深入开展动员部署，1132 个青年理论学习小组迅速掀起学习、宣传、贯彻党的二十大精神的热潮，动员广大青年干部积极参与展示活动，营造了浓厚学习氛围。

## 二、创新形式方法，形成丰硕成果

为充分展现水利部部属系统学习党的二十大精神成果，彰显新时代水利青年新风采新面貌，各司局各单位在创作过程中，紧密结合学习贯彻习近平新时代中国特色社会主义思想主题教育，认真践行习近平总书记"节水优先、空间均衡、系统治理、两手发力"治水思路和关于治水重要论述精神，充分发挥青年干部的积极性主动性创造性，创新运用演讲、朗诵等多种形式载体展示学习成效，形成了一大批具有水利特色、青年特色的原创性学习成果。各司局各单位通过内部选拔、集中审核等方式，共推荐报送 47 项学习成果。

### 三、扎实开展评审，确保优中选优

4月，水利部成立评审组，本着优中选优的原则组织评审、遴选推荐，水利部办公厅报送的"在新征程上答好青春三问"、水利部长江水利委员会报送的"守江河安澜　护人民安康"、水利部黄河水利委员会报送的"让青春在奉献中绽放绚丽之花"等12个优秀成果入选。

### 四、精心严密组织，展示青年风采

5月，水利部举办青年干部学习贯彻党的二十大精神成果交流展示活动，来自12个司局单位的29名青年干部以真实的情感、生动的语言，描述了学习党的二十大精神的深刻体会，讲述了水利人坚守岗位履职奉献的青春故事，展现了新时代水利青年昂扬奋进、锐意进取的精气神。水利部党组书记、部长李国英出席活动。

严丽娟　执笔

罗湘成　审核

专栏七十七

# 深化"四强"党支部创建

### 水利部直属机关党委

## 一、持续推进"四强"党支部建设

水利部党组把深化"四强"党支部创建作为深入学习贯彻党的二十大精神、全面落实习近平总书记关于加强中央和国家机关基层党组织建设重要批示的实际行动，加强统筹谋划，持续推进党支部标准化规范化建设，着力增强基层党组织政治功能和组织功能。

一是学习教育强政治功能。加强政治机关建设，持续深化政治机关意识教育，组织开展学习贯彻习近平新时代中国特色社会主义思想主题教育，教育引导党员干部不断增强坚定拥护"两个确立"、坚决做到"两个维护"的政治自觉。深化党的创新理论武装，建立完善学习机制，指导督促党支部发挥组织研学主体作用，推动学习贯彻习近平新时代中国特色社会主义思想走深走实。组织党员干部深学细悟《深入学习贯彻习近平关于治水的重要论述》、习近平总书记关于国家"江河战略"重要论述，确保水利事业始终沿着习近平总书记指引的方向前进。

二是压实责任强支部班子。加强党支部班子建设，指导督促党支部按期换届，选优配强班子成员。制定印发党建任务安排，深化党支部书记抓党建工作述职评议考核，推动党支部书记切实履行第一责任人责任，班子成员落实"一岗双责"。选派党支部书记和委员参加各类培训，提高履职尽责能力水平。

三是严格标准强党员队伍。严肃党内政治生活，指导督促党支部认真落实"三会一课"、谈心谈话、民主评议党员等党的组织生活制度，规范党支部主题党日和政治仪式。加强党员教育管理，严把发展党员关口，规范党员组织关系管理，严格党费收缴、使用和管理。开展党内关怀慰问，认真做好党员思想政治工作。

四是引领保障强作用发挥。指导督促党支部健全完善党建与业务深度融合的长效机制，充分发挥党支部战斗堡垒作用和党员先锋模范作用，引导党员干部担当作为、履职尽责，扎实做好水旱灾害防御、水利建设投资、水利工程运行管理、水资源节约集约利用、江河湖库生态保护治理等各项水利工作，以高质量党建引领保障新阶段水利高质量发展。

## 二、认真开展"四强"党支部评审

按照中央和国家机关工委工作部署，组织开展2023年"四强"党支部推荐评选。一是开展自查自评。指导各级党组织围绕"四强"要求，系统梳理党建工作开展情况，总结经验，查找不足，明确改进措施。二是组织申报推荐。基层党组织对照"四强"党支部推荐条件，在自评的基础上开展申报工作。三是严格评选程序。召开会议研究评审中央和国家机关"四强"党支部推荐对象，报水利部党组审定并进行公示后，向中央和国家机关工委推荐参评。2023年，直属机关22个党支部获评中央和国家机关"四强"党支部。

## 三、总结推广"四强"党支部经验

举办水利部"四强"党支部建设论坛，推选10个党支部在论坛作交流展示，党支部书记或委员讲"'四强'党支部是怎样建成的"，党员代表讲"我与'四强'党支部建设的故事"，发挥示范引领作用，营造后进赶先进、中间争先进、先进更前进的氛围，推动党建工作整体上台阶。推荐水利部农水水电司党支部参加中央和国家机关"四强"党支部建设论坛第七期分论坛，展示"四强"党支部创建经验成效。

严丽娟　执笔
罗湘成　审核

# 深入开展学习贯彻习近平新时代中国特色社会主义思想主题教育

水利部直属机关党委

水利部党组和部属系统 53 个机关司局、直属单位党组织深入学习贯彻习近平总书记有关重要讲话指示批示精神，认真落实"学思想、强党性、重实践、建新功"的总要求，坚持学思用贯通、知信行统一，把学习习近平新时代中国特色社会主义思想转化为坚定理想、锤炼党性和指导实践、推动工作的强大力量，在以学铸魂、以学增智、以学正风、以学促干方面取得较好成效，有力推动了新阶段水利高质量发展。

## 一、坚持以"深"的尺度抓理论学习，进一步增强了坚定拥护"两个确立"、坚决做到"两个维护"的政治自觉

水利部党组充分发挥理论学习示范领学作用，印发理论学习安排，先后开展 8 次集体学习研讨和 15 次党组会学习，认真研读党中央规定的 8 种学习材料，及时跟进学习习近平总书记系列重要讲话、重要指示批示精神。举办为期 7 天的专题读书班，水利部党组书记、部长李国英带队赴河南安阳林州市红旗渠开展现场调研式学习，讲授"中国水治理为全球水治理贡献中国智慧中国方案中国力量"专题党课；其他党组成员结合实际到分管司局和有关单位或所在党支部讲专题党课。坚持全面学与重点学相结合，深入学习贯彻习近平总书记关于治水重要论述精神，按照"深入学习、深刻领悟，专业解读、精准表达，系统思维、辩证考量，精益求精、最高质量"的原则，谋划编写《深入学习贯彻习近平关于治水的重要论述》，做到以编促学、以学促编、学用结合。2023 年 7 月，经党中央批准，《深入学习贯彻习近平关于治水的重要论述》一书由人民出版社出版，这是水利部主题教育取得的重要理论成果和实践成

果。注重创新学习形式、丰富学习载体，组织党员干部观看大型纪录片《根脉》之《红旗渠精神》，举办水利部"四强"党支部建设论坛，组织开展青年干部学习成果交流展示和"中国水事杯"学党章知识竞赛等活动，推动理论学习走深走实。广泛开展宣传引导，在部网站开设主题教育专题，发布稿件600余篇；以"党建通讯"编发主题教育专项简报33期，在人民日报等中央媒体刊发主题教育信息26次，为主题教育营造良好氛围。

## 二、坚持以"实"的举措抓调查研究，进一步提高了用党的创新理论研究新情况解决新问题的能力本领

水利部党组突出问题导向，制定印发关于大兴调查研究的实施方案，针对水利工作中最突出的难点、堵点问题确定调研课题。水利部认真落实习近平总书记关于白蚁危害水利工程问题的重要批示精神，李国英部长先后两次深入湖北、河北、浙江等地，现场查勘水利工程白蚁、獾等害堤动物危害及防治情况、共商防治对策，部署开展白蚁等害堤动物隐患应急整治。主题教育期间，部领导领题调研20人次，调研覆盖12个省、30个市、39个县，发现问题38个，制定措施40项。驻部纪检监察组、司局（单位）领导班子成员262人全部开展调研，调研覆盖31个省（自治区、直辖市）和新疆生产建设兵团、350个市、915个县，开展调研1102人次，发现问题815个，制定措施798项。创新方式方法，把调查研究与落实党中央、国务院决策部署的各项水利重点工作结合起来，建立调查研究课题台账和调查研究情况动态跟踪机制，加强对调研时间、地点、人员、方式等方面的统筹协调，防止扎堆调研、力戒形式主义。针对部领导和司局（单位）领导班子成员调研查找的853个问题建立台账，研究提出整改措施，形成问题清单、责任清单、任务清单。推动调研成果转化运用，部党组和司局（单位）均召开调研成果转化交流会，做实做细调研"后半篇文章"，针对调研发现的问题精准施策，推动形成一批可持续、可复制、可操作、可落地的政策措施，做好调研成效跟踪评估，建立健全调研长效机制。

### 三、坚持以"高"的定位抓推动发展，进一步强化了为民服务的宗旨意识

水利部党组树立和践行正确的政绩观，组织学习贯彻习近平总书记关于树立和践行正确政绩观的重要论述、"浦江经验"和"千万工程"经验案例，对照水利高质量发展六条实施路径，着力抓好水利改革发展各项工作。水利部部属系统党组织成立540个党员先锋岗和示范岗、92个青年突击队和先锋队，推荐评选第四届"最美水利人"，开展"关爱山川河流·润泽千村万户"志愿服务活动。围绕山洪灾害防御、病险水库除险加固、农村饮水安全保障、河湖库"清四乱"等办理民生水利实事82件，让新阶段水利高质量发展成果更多更公平惠及全体人民。把抗洪救灾工作作为检验主题教育成果的重要标准，在2023年第4号台风"泰利"、第5号台风"杜苏芮"，特别是在海河流域、松辽流域暴雨洪水防御工作中，水利部党组坚决贯彻落实习近平总书记关于防汛救灾工作的重要指示精神和党中央、国务院决策部署，锚定"人员不伤亡、水库不垮坝、重要堤防不决口、重要基础设施不受冲击"目标，连续开展滚动会商，根据洪水预报，及时启动应急响应。水利部党组书记、部长李国英多次连夜主持防汛会商，滚动部署海河、松花江流域防汛抗洪工作，紧要关头两次赴北运河、永定河、大清河系现场指挥防汛工作，在白沟河左堤、南水北调中线北拒马河中支段，现场提出工程险情应对处置策略，指导做好一线抗洪抢险工作。水利部部属系统广大党员干部在防汛抢险救灾中冲锋在前、迎难而上，闻汛而动、向险而行，确保了流域防洪安全和人民群众生命财产安全。

### 四、坚持以"严"的标准抓整改整治，进一步激发了推动水利高质量发展的使命担当

水利部党组发扬自我革命精神，组织各级党组织边学习、边对照、边检视、边整改，专门成立整改整治组，印发整改整治工作通知，坚持实事求是查摆问题，注重听取干部群众意见。水利部党组带领司局（单位）系

统查找梳理问题，形成部党组问题清单、司局（单位）问题清单，实行项目化清单化管理；建立整改整治工作月调度机制，3次召开会议调度问题整改情况；完善问题清单动态管理机制，建立问题销号工作机制，形成工作闭环。部党组主题教育办建立周调度机制，召开水利部主题教育整改整治工作推进会，督促抓紧抓实整改工作。主题教育期间，部党组共查摆13个问题，将"水库大坝、堤防白蚁和獾等害堤动物危害情况底数不清，防治工作制度不完善"问题列为部党组专项整治问题，成立工作专班、专责推进；司局（单位）共查摆175个问题。部党组查摆的问题和司局（单位）查摆的问题全部完成整改销号。部党组召开主题教育专题民主生活会，盘点梳理形成6个方面19个问题，制定整改措施。水利部部属系统基层党组织召开主题教育专题民主生活会、组织生活会，进一步增强了党员意识、强化了党性观念。坚持把建章立制贯穿主题教育始终，坚持"当下改"与"长久立"相结合，建立完善了流域防洪工程体系、国家水网重大工程、复苏河湖生态环境、全面从严治党等7个方面的部层面制度机制成果42项、司局（单位）层面制度机制成果100项。组织开展主题教育整改落实情况"回头看"，围绕持续推动学习贯彻党的创新理论入心见行、善思善用，问题清单整改落实，专项整治落实，上下联动整改等情况全面开展自查，对7家司局（单位）进行回访、抽查，不断巩固深化整改整治成果。

### 五、坚持以"细"的作风抓教育整顿，进一步锻造了忠诚干净担当的干部队伍

水利部党组坚持以严肃教育纯洁思想、以严格整顿纯洁组织，研究制定干部队伍教育整顿实施方案，成立工作组，召开工作推进会，坚持抓机关带系统，督促指导司局（单位）协调推进、一贯到底。坚持学习在先、教育在先，制定印发"以案促教、以案促改、以案促治"专项行动方案，召开专项行动推进会，制作田克军、李志忠严重违纪违法案件警示片，做好案件查办"后半篇"文章。组织水利部部属系统开展自查自纠，统一制作党员、干部自查自纠事项报告表，研发"自查自纠事项报告表管理系

统"。深入开展干部队伍状况专项调研，水利部党组组建 6 个调研检查组，对司局（单位）开展全覆盖现场调研；司局（单位）开展百余项专项调研，为解决问题、推动发展提供了有力支撑。研究制定水利部党组干部队伍教育整顿问题清单 7 个，研究提出 25 项整改措施，建立整改台账、分解整改任务、明确整改要求、实行对账销号、压实整改责任。严肃处置问题线索，对于教育整顿期间收集的、自查自纠主动报告的涉及违规违纪问题线索专项登记、快速流转、稳妥慎重处理。紧盯党员干部违规违纪违法问题，做好监督执纪工作。主题教育期间，完成了 1 个党组织、73 名党员干部的查处工作，给予党纪政务处分的 13 人、诫勉和批评教育等处理的 60 人。

严丽娟　执笔

罗湘成　审核

# 坚决打好水利党风廉政建设持久战

水利部直属机关党委

2023年，水利部党组坚持以习近平新时代中国特色社会主义思想为指导，深入学习贯彻落实党的二十大精神，认真履行管党治党政治责任，一体推进不敢腐、不能腐、不想腐，推动全面从严治党向纵深发展。

## 一、强化责任担当，压紧压实管党治党政治责任

一是部党组发挥示范带头作用。认真贯彻落实中央和国家机关部门党组（党委）落实机关党建主体责任座谈交流会议精神，水利部党组坚持以上率下、以机关带系统，以更高标准、更实措施落实机关党建主体责任。部党组书记认真履行第一责任人职责，坚持"第一议题"制度，全年共主持召开52次党组会议，传达学习习近平总书记重要讲话指示批示精神，研究"三重一大"等事项，扛牢全面从严治党政治责任。部领导班子成员认真履行"一岗双责"，深入党支部工作联系点调研基层党建工作，指导督促分管部门和联系单位抓好全面从严治党和党风廉政建设工作。水利部党组主要负责同志在《机关党建研究》杂志发表题为《坚持"五个强化"推动机关党建主体责任全面有效落实》署名文章。

二是层层压实管党治党责任。召开水利部直属系统党风廉政建设工作会议、党的建设工作暨纪检工作会议，印发水利部党组2023年工作要点、落实全面从严治党主体责任2023年度任务安排，按季度印发党建工作重点任务清单。研究制定《关于进一步明确和落实党组织关系在地方的部直属单位党建工作责任的通知》，认真落实《中央和国家机关工委关于规范中央和国家机关基层党组织有关政治仪式的意见》要求，进一步规范基层党组织政治仪式。抓实"三会一课"，开好民主生活会和组织生活会，严肃党内政治生活。派出6个检查组对48家司局单位落实全面从严治党主体责

任进行专项检查。深入推进基层党组织建设，22个党支部获评中央和国家机关"四强"党支部。

三是加强水利廉政风险防控和廉洁文化建设。举办两期水利廉政大讲堂暨水利纪检监察业务大讲堂。组织观看电视专题片《永远吹冲锋号》，学习《中央和国家机关党员干部违纪违法案例选编》。派出4个现场监督组，对4个在建国家重大水利工程开展现场监督，防范水利工程建设领域腐败风险。加强廉洁文化建设，开展新时代水利廉洁文化探源与发展路径研究工作，研究制定加强新时代水利廉洁文化建设的对策措施。

四是深入开展"以案促教、以案促改、以案促治"专项行动。坚持主体责任和监督责任同向发力，根据驻部纪检监察组的纪检监察建议，在部属系统开展"以案促教、以案促改、以案促治"专项行动。制定专项行动方案，召开专项行动推进会暨部属系统警示教育大会，通报查处的部属系统违纪违法典型案例。制作并发放警示教育片，以党支部为单元组织全体党员干部职工集中观看并撰写心得体会。制定印发《水利部干部选拔任用工作监督检查和责任追究办法》《关于进一步规范部属系统党支部主题党日的通知》等制度办法，织密预防腐败的制度笼子。

## 二、聚焦中心工作，提升水利监督治理整体效能

一是强化政治监督。围绕全面加强水利基础设施建设、长江经济带发展、黄河流域生态保护和高质量发展、南水北调后续工程高质量发展、中央审计反馈问题整改、中央巡视整改等工作开展政治监督。制定印发《中共水利部党组巡视工作规划（2023—2027年）》，组织开展两轮政治巡视，派出8个巡视组，对8家水利部直属单位党组织开展常规巡视、机动巡视和巡视"回头看"。驻部纪检监察组印发《关于把纪律挺在前面保障增发国债水利项目筛选审核廉洁高效推进的工作提醒》，针对中央审计发现的南水北调东中线一期工程竣工决算、甘肃石羊河流域重点治理、重大引调水工程建设运营、黄河流域生态保护和高质量发展水利支撑保障等方面的问题，制定监督方案，细化监督措施，督促抓好整改落实。

二是做实日常监督。认真贯彻落实《中央和国家机关部门机关纪委工

作规则》，研究制定《水利部直属机关纪委工作规则》。印发《水利部直属机关纪委党风廉政意见回复工作实施办法》，完善部机关干部廉政档案。对25家水利部直属单位党组（党委）理论学习中心组学习研讨开展列席旁听，对6家部直属单位意识形态工作情况开展进驻式核查。

三是加强行业监督。联合国家发展改革委等部门开展工程建设招标投标领域突出问题专项治理，修订印发《水利工程建设监理单位资质评审工作细则》《水利工程质量检测单位甲级资质评审工作细则》等制度办法。开展实行最严格水资源管理制度、水旱灾害防御、水利工程建设与运行监督检查，全年发现并整改问题1.6万个。开展规划和建设项目节水评价，强化水资源刚性约束，从严叫停77个节水评价不达标项目，核减水量14.8亿 m³。开展水利财会监督专项行动，建立纪律监督、巡视监督、财会监督、内审监督协作机制，实现部直属单位内审监督全覆盖。

## 三、强化正风肃纪，营造水利系统风清气正政治生态

一是深化整治形式主义、官僚主义。严守精文减会要求，从严从紧控制重点精减类文件数量，2023年水利部印发重点精减类文件64件，部机关召开纳入精减范围口径的会议107个，符合控制计划数。统筹规范督查检查考核，水利部1项中央计划事项和2项备案事项均严格按照计划执行。印发《关于认真贯彻落实习近平总书记重要批示精神坚决防止和纠正调查研究不良倾向的通知》，水利部领导采用"四不两直"等方式开展调研，直插基层、直奔现场，轻车简从，不搞层层陪同，不给基层增加负担。

二是严格执行中央八项规定及其实施细则精神。修订印发《中共水利部党组贯彻落实中央八项规定精神实施办法》。开展贯彻落实中央八项规定精神情况专项检查，严肃查处违规吃喝、违规收送礼品礼金等行为。组织学习有关违反中央八项规定精神和党员干部酒驾醉驾典型案例通报，通过发送廉洁短信、办公场所大屏提醒等形式，在重要时间节点加强教育提醒。

三是严肃查处各类违规违纪问题。2023年水利部党组和驻部纪检监察组对21名党员干部违纪违法问题进行了查处，对20人作出党纪政务处分，对31人作出诫勉处理，对40人进行批评教育。

敖　菲　执笔

罗湘成　审核

# 专栏七十八

# 开展"以案促教、以案促改、以案促治"专项行动

### 水利部直属机关党委

为深入学习贯彻党的二十大和二十届中央纪委二次全会精神，深刻汲取严重违纪违法案件教训，充分发挥反面典型案例的警示作用，根据驻部纪检监察组的纪检监察建议，水利部党组结合深入开展学习贯彻习近平新时代中国特色社会主义思想主题教育和干部队伍教育整顿，2023年4—12月，在部属系统开展"以案促教、以案促改、以案促治"专项行动。

## 一、专项行动开展情况

一是水利部党组高度重视、高位推动。把开展"以案促教、以案促改、以案促治"专项行动作为一体推进不敢腐、不能腐、不想腐的重要抓手，纳入主题教育、干部队伍教育整顿实施方案，列入水利部党组落实全面从严治党主体责任2023年度任务安排。水利部党组书记、部长李国英高度重视，多次作出指示、提出要求。制定专项行动方案，召开专项行动推进会暨部属系统警示教育大会，通报查处的部属系统违纪违法典型案例。拍摄制作警示教育片，举办水利廉政大讲堂，开展集体廉政谈话，加强廉洁文化建设。

二是司局单位压实责任、全员覆盖。水利部机关各司局、直属各单位结合职责任务和工作实际，制定本司局本单位专项行动方案，把重点任务逐项明确到岗、落实到人，实现专项行动党员干部职工全覆盖。以党支部为单元，组织全体党员干部职工集中观看警示教育片，每名党员干部职工都谈心得体会，并将心得体会汇编成册，部属系统2678个党支部全部组织

观看了警示教育片。组织学习中央和国家机关工委、中央国家机关纪工委有关违反中央八项规定精神和党员干部酒驾醉驾典型案例通报，引导党员干部职工增强纪律意识和规矩意识。紧盯水利工程招标投标、水利资金使用管理、水利项目审查审批等重点领域和关键环节，认真排查廉政风险点，完善廉政风险防控措施，51个司局单位重新修订了廉政风险防控手册。

三是重点司局单位紧盯关键、抓实整改。重点司局、重点单位深入查找自身存在的问题，建立问题台账，深入剖析问题根源，制定整改措施，立行立改、坚决整改。召开专题民主生活会，全面查找政治信仰、党员意识、理论学习、作用发挥、纪律作风等方面问题，严肃开展批评与自我批评。全面梳理排查薄弱环节，制定改进工作措施，抓好落实。

## 二、取得的主要成效

一是不敢腐的震慑更加有力。通过开展专项行动，体现了水利部党组坚持以零容忍态度惩治腐败的坚强意志和坚定决心。让党员干部职工深切感到腐败是危害党的生命力和战斗力的最大毒瘤，反腐败绝对不能回头、不能松懈、不能慈悲，必须永远吹冲锋号。

二是不能腐的制度更加严密。通过开展专项行动，进一步完善了相关制度办法，先后制定或修订了《关于进一步做好水利工程质量监督工作的意见》《水利工程建设监理单位资质评审工作细则》《水利工程质量检测单位甲级资质评审工作细则》《中共水利部党组贯彻落实中央八项规定精神实施办法》《水利部干部选拔任用工作监督检查和责任追究办法》《关于进一步规范部属系统党支部主题党日的通知》等一系列制度办法，进一步织密不能腐的制度笼子。

三是不想腐的自觉更加坚定。通过开展专项行动，进一步深化了理想信念教育、警示教育、纪律教育，加强了对党员干部职工的教育管理监督。党员干部职工要深入学习贯彻习近平新时代中国特色社会主义思想，不断巩固深化主题教育成果，坚持从思想上正本清源、固本培元，始终保持对"腐蚀"和"围猎"的警觉，树立正确权力观、政绩观，严以修身、严以用权、严于律己，以实际行动做习近平新时代中国特色社会主义思想的坚定信仰者、忠实实践者。

敖　菲　执笔

罗湘成　审核

# 扎实推进中央巡视整改
# 持续深化内部巡视巡察

水利部直属机关党委

水利部党组坚持以习近平新时代中国特色社会主义思想为指导，深入学习贯彻习近平总书记关于巡视工作的重要论述，贯彻落实中央关于巡视工作新部署新要求，持续推进中央巡视整改落实，扎实做好内部巡视工作，以中央巡视整改和内部巡视监督实效推动水利高质量发展。

## 一、坚持把中央巡视整改作为重大政治任务

将中央第九巡视组反馈意见整改、有关专项检查反馈意见整改、中央纪委国家监委和驻部纪检监察组有关意见整改等统筹推进、一体整改，先后研究制定356项整改措施，截至2023年年底，已验收销号350项。

一是压实政治责任抓整改。先后召开6次水利部党组会议，跟进学习习近平总书记关于巡视工作的重要讲话精神和党中央新部署新要求，听取中央巡视整改进展情况汇报，研究决定整改工作重要事项；把抓中央巡视整改列入2023年水利部党组工作要点、水利部党建工作领导小组工作要点等。驻部纪检监察组把中央巡视整改作为政治监督重要内容，靠前监督、全程监督，推动形成整改落实强大合力。

二是突出结果导向抓整改。制定实施中央巡视整改年度工作计划，加强跟踪督办，开展专项检查，督促有关责任司局按时保质完成整改任务。

三是坚持举一反三抓整改。组织对已完成的整改任务进行全面梳理排查，举一反三，根据党中央新部署新要求和形势任务变化，结合正在推进的工作，进一步丰富完善整改措施，不断巩固拓展整改成效。

四是完善制度机制抓整改。按季度检视整改进展，及时召开调度和验收会议，对未完成的整改措施进行调度，对已完成的整改措施进行验收销

号。把落实中央巡视整改情况作为领导班子年度考核和党组织书记抓党建工作述职评议考核的重要内容。深化标本兼治，结合整改建立完善制度机制 191 项。

## 二、坚持全面贯彻巡视工作方针

坚定不移深化政治巡视，扎实推进巡视工作向深拓展、向专发力、向下延伸，为推动新阶段水利高质量发展提供了坚强保障。

一是坚决扛牢巡视主体责任。水利部党组会议深入学习贯彻党的二十大精神以及中央纪委二次全会关于巡视工作的部署，跟进学习习近平总书记、党中央关于巡视工作的新部署新要求，研究部署贯彻落实工作；听取内部巡视情况汇报，研究决定内部巡视工作重要事项。邀请中央巡视办负责同志围绕深入学习贯彻习近平总书记关于巡视工作的重要论述作专题辅导，将巡视工作纳入水利部党组工作要点、水利部党建工作领导小组工作要点和落实全面从严治党主体责任任务安排。驻部纪检监察组切实履行监督责任，积极协助水利部党组做好巡视工作。部党组巡视工作领导小组及办公室认真履行职能责任，加强对巡视工作的统筹协调和督促指导，持续完善制度机制，推动提升巡视质效，确保党中央关于巡视工作的部署要求和水利部党组工作安排落到实处。

二是高质量谋划部署推进巡视全覆盖。将编制巡视工作规划作为贯彻落实党中央关于巡视工作决策部署的具体行动，作为落实巡视主体责任、领导巡视工作的重要抓手，制定印发《水利部党组巡视工作规划（2023—2027 年）》，谋划推动巡视工作高质量发展。召开部属系统巡视巡察工作会议，对做好巡视巡察工作进行全面部署。科学安排巡视任务，先后开展两轮巡视，派出 8 个巡视组，综合使用常规巡视、机动巡视、巡视"回头看"等方式，对 4 个流域管理机构党组、4 个直属单位党委开展巡视监督。坚持实事求是、依规依纪依法开展巡视，精准发现问题、客观分析问题、如实报告问题、推动解决问题，切实提升监督质效。

三是切实落实政治巡视要求。坚持把"两个维护"作为巡视的根本任务，紧密结合水利实际，研究制定巡视监督重点清单，"一单位一策"制定实施巡视工作方案。紧紧围绕贯彻落实习近平总书记"节水优先、空间均衡、系统治理、两手发力"治水思路和关于治水重要论述精神深入查找政治偏差，督促被巡视党组织以履职尽责的实际行动、具体举措、工作成效践行"两个维护"。深入学习领会习近平总书记关于统筹发展和安全的重要论述，强化对防范化解风险隐患的监督，督促被巡视党组织牢固树立安全发展理念，严格落实水利安全生产风险管控"六项机制"，层层筑牢水利安全防线。树牢以人民为中心的发展思想，把水旱灾害防御、农村饮水安全、水源地水质保护、河湖生态环境复苏等群众反映强烈和急难愁盼涉水问题作为巡视重点方向，推动办好民生水利实事。盯住"一把手"和"关键少数"，在制定巡视工作方案、巡前通报、个别谈话、巡视反馈和整改等各环节落实加强对"一把手"监督要求，对涉及"一把手"的重要问题深入了解，形成专题材料。聚焦水利工程建设、水利资金管理使用、水行政执法、水利质量安全监督等重点领域、关键环节开展政治监督，层层压实管党治党责任。

四是强化巡视整改和成果运用。把加强巡视整改和成果运用作为推动巡视深化发展的着力点，压实被巡视党组织整改主体责任，督促被巡视党组织举一反三全面整改，以更坚决的态度、更有力的行动推动整改落实。持续完善巡视整改指导督促联动机制，分门别类移交巡视发现问题，加强对巡视整改的跟踪督促和指导，推动具体问题即知即改、重点问题合力攻坚、共性问题分类施治。进一步抓实巡视整改审核评估，组织开展水利部党组第一轮巡视集中整改进展情况审核；压茬推进整改、评估、再整改，组织开展十九届中央委员会任期内部党组第十轮巡视整改后评估，对 4 家直属单位党组织整改落实情况进行评估，进一步提升以评促改工作成效。

五是完善贯通协调、上下联动的巡视巡察工作格局。制定印发《关于健全完善部党组巡视与审计工作协作配合机制的意见》《关于建立部党组巡视办与监督司协作机制的意见》等，进一步完善驻部纪检监察组与巡视机构、部党组巡视办与有关司局协作配合机制，推动信息、资源、力量、成果共享，提升巡视综合监督效能。持续推动巡视巡察上下联动，组织水利部有关直属单位党组织结合实际制定巡察工作规划，完善巡察工作体系，明确全覆盖目标任务和进度安排。结合内部巡视对直属单位巡察工作开展专项检查，形成巡察工作问题清单，加强巡察工作指导，提高巡察工作质量。

六是进一步提升巡视工作规范化水平。认真落实选调优秀干部到内部巡视岗位锻炼的工作机制，抽调部属系统巡察干部参加内部巡视工作"以干代训"，更新调整巡视干部人才库，举办水利巡视工作培训班。加强巡视机构政治建设，结合主题教育、干部队伍教育整顿、纪检干部队伍教育整顿，组织专兼职巡视干部系统学习习近平新时代中国特色社会主义思想，深入学习领会习近平总书记关于巡视工作的重要论述，开展政治建设专题学习研讨，进一步提高政治能力和监督本领；建立巡视组临时党支部，落实党建工作责任和各项组织制度，强化政治功能，发挥战斗堡垒作用。完善巡视制度体系，修订印发 7 项部党组巡视工作制度。加强巡视信息化建设，按要求做好与巡视巡察工作网络平台对接工作，试点使用现场巡视单机系统，持续完善巡视巡察基础数据库，发挥信息化在提升监督质效等方面的保障作用。

王 茵 执笔

罗湘成 审核

# 多措并举推动水利精神文明建设
# 再上新台阶

### 水利部直属机关党委

2023年，水利精神文明建设坚持以习近平新时代中国特色社会主义思想为指导，扎实开展学习贯彻习近平新时代中国特色社会主义思想主题教育，围绕学习宣传贯彻党的二十大精神主线，广泛践行社会主义核心价值观，积极培育水利行业新风正气，水利系统文明程度大幅提升，干部职工精神文化生活更加丰富，为推动新阶段水利高质量发展提供了坚强思想保证和强大精神力量。

## 一、扎实开展学习贯彻习近平新时代中国特色社会主义思想主题教育

一是坚持以"深"的尺度抓理论学习。水利部党组开展8次集体学习研讨和15次党组会学习，举办为期7天的专题读书班，赴红旗渠开展现场调研式学习，部领导讲授主题教育专题党课。党员干部及时跟进学习习近平总书记关于主题教育重要讲话精神，学习《深入学习贯彻习近平关于治水的重要论述》。

二是坚持以"实"的举措抓调查研究。水利部党组制定关于大兴调查研究的实施方案，部领导领题调研20人（次），发现问题38个，制定措施40项；部机关司局（直属单位）领导班子成员开展调研1102人（次），发现问题815个，制定措施798项。召开调研成果转化交流会，推动调研成效转化。

三是坚持以"高"的定位抓推动发展。教育引导党员干部树立和践行正确政绩观，深入学习"浦江经验""千万工程"经验案例等，推动水利高质量发展。成立540个党员先锋岗和示范岗、92个青年突击队和先锋

队，办理民生水利实事 82 件。认真落实习近平总书记关于防汛救灾工作的重要指示精神，印发通知激励党员干部在防汛救灾中担当作为。

四是坚持以"严"的标准抓整改整治。发扬彻底的自我革命精神，水利部党组查摆问题 13 个，部机关司局（直属单位）查摆问题 175 个，全部整改销号。建立完善水利部层面制度机制成果 42 项、部机关司局（直属单位）层面制度机制成果 100 项。

五是坚持以"细"的作风抓教育整顿。水利部党组查摆问题 7 个，全部整改销号。开展"以案促教、以案促改、以案促治"专项行动，制作党员、干部自查自纠事项报告表，研发"自查自纠事项报告表管理系统"，开展干部队伍状况全覆盖调研，严肃查处违规违纪违法行为。

## 二、深入学习习近平总书记关于治水重要论述精神

一是坚持学编相促。水利部党组把《深入学习贯彻习近平关于治水的重要论述》（以下简称《治水重要论述》）编写工作作为学深悟透习近平新时代中国特色社会主义思想的实际举措，作为主题教育的重要内容，深入学习研究习近平总书记关于治水重要论述的时代背景、思想脉络、核心要义，不断深化对其历史逻辑、理论逻辑、实践逻辑的认识和理解。

二是开展全员学习。水利部党组将学习贯彻《治水重要论述》作为当前和今后一个时期部属系统的重大政治任务，坚持以上率下，带头围绕《治水重要论述》开展集体学习研讨，制定学习方案、印发通知组织部属系统党组织第一时间学习，通过党组（党委）理论学习中心组、党支部"三会一课"、青年理论学习小组等开展多形式、分层次、全覆盖的学习研讨，在部属系统迅速掀起学习贯彻热潮。

三是注重学用结合。水利部党组坚持把学习《治水重要论述》与推动水利中心工作结合起来，提升推动新阶段水利高质量发展的过硬本领，将所学所得及时运用到实践中、贯彻到具体工作中，转化为推动水利中心工作的具体举措，不断推动理论学习成效转化为推动新阶段水利高质量发展的生动实践，确保水利事业始终沿着习近平总书记指引的方向前进，确保

党中央、国务院各项决策部署不折不扣落到实处。

### 三、持续深入学习宣传贯彻党的二十大精神

一是抓好学习培训。举办 7 期水利部局处级干部学习贯彻党的二十大精神轮训班，对部本级 648 名培训对象进行了轮训，做到了应训尽训、不落一人，将学习党的二十大精神作为领导干部教育培训的重要内容和水利部党校课程的必修课。

二是丰富活动载体。开展水利部"学习党的二十大精神"网络答题活动，在职干部职工参与率达 100%；组织开展党的二十大精神学习心得体会征集活动，评选优秀作品 60 篇；组织开展"中国水事杯"学党章知识竞赛，开发线上答题系统，2.2 万余名党员参加个人赛，1458 个党支部参加团体赛，8 支团队进入现场决赛。

三是营造浓厚氛围。组织开展"学习党的二十大精神"暨 2023 年度党建课题研究工作，收到 57 个报送课题，向中央和国家机关工委报送重点课题 3 项。做好学习贯彻党的二十大精神宣传，在水利部网站进行专题报道，编发《党建通讯·学习贯彻党的二十大精神专刊》6 期。

### 四、广泛践行社会主义核心价值观

一是加强新时代思想政治工作。向中央和国家机关工委报送 2022 年度机关干部职工思想状况调查分析情况报告，开展 2023 年度机关干部职工思想状况调研。

二是开展爱国主义教育。坚持开展升国旗活动，研究制定《部机关迎国庆、升国旗仪式工作方案》，以"学习水利先进典型、弘扬爱国奉献精神"为主题，从近年来获得省部级以上表彰奖励、及时奖励记三等功和连续 3 年年度考核优秀记三等功的公务员集体和公务员中遴选 28 名代表作为护旗方阵人选，将升旗仪式作为部机关精神文明建设、爱国主义教育的具体行动，激励广大水利干部职工立足岗位再建新功。

三是弘扬宪法精神。举行水利部机关新任职公务员宪法宣誓仪式，2023 年 1 月以来任命的机关 41 名司处级公务员参加；举办宪法专题辅导

讲座，邀请专家围绕"贯彻习近平法治思想，推进宪法全面实施"主题，对习近平法治思想和宪法进行辅导解读，教育引导干部职工强化宪法意识、弘扬宪法精神。

四是常态化选树先进典型。举行"学治水重要论述、建防汛抗洪新功"专项任务及时奖励表彰仪式，对在深入学习贯彻习近平总书记治水重要论述精神、防御海河"23·7"流域性特大洪水和松花江流域洪水中作出突出贡献的21个集体和139名个人进行表彰；举行2022年度考核奖励表彰仪式，对考核优秀的集体和个人给予记功嘉奖；持续开展"践行核心价值观，争做最美水利人"主题实践活动，组织推荐评选第四届"最美水利人"，评选出特别奖1名、集体奖1名、个人奖6名、提名奖5名。

## 五、积极培育水利行业新风正气

一是高质量推动水利志愿服务工作。印发《关于学习贯彻习近平总书记重要指示精神推动水利志愿服务高质量发展的通知》，强化对新形势下水利系统志愿服务工作的指导；中央文明办、水利部联合主办"关爱山川河流·润泽千村万户"志愿服务活动，在贵州省毕节市设主会场，在全国各地农村供水工程（含水源地）设44个分会场，向社会各界发出"关爱山川河流·润泽千村万户"的倡议，水利系统各单位以多种形式开展保护农村供水工程志愿服务活动，为保护农村供水工程、助力乡村振兴作出贡献。

二是组织开展第五届"守护幸福河湖"短视频征集活动。活动共收到作品3079部，覆盖30个省（自治区、直辖市），评出一、二、三等奖35个，优秀奖80个，最佳人气奖5个，优秀组织奖14个。其中，"跟着河长去巡河"专题活动一、二、三等奖16个，优秀奖40个，优秀组织奖10个；"水美中国"专题活动一、二、三等奖18个，优秀奖60个，优秀组织奖10个，从不同视角展现宣传各地推行河湖长制做法成效、典型经验和巡河爱河护河事迹。

三是开展"世界水日""中国水周"系列活动。举办第二届寻找"最美家乡河"活动，11条入选河流沿线群众代表讲述"最美家乡河"故事和河流两岸百姓幸福生活，从不同角度展示了河湖之治、河湖之变、河湖之美；开展《中华人民共和国黄河保护法》和《关于加强新时代水土保持工作的意见》宣贯活动，组织开展《中华人民共和国长江保护法》《中华人民共和国黄河保护法》志愿宣传活动，营造尊法学法守法用法、依法保护长江黄河的浓厚氛围；举办第三届全国节约用水知识大赛、"节水中国 你我同行"主题宣传联合行动，为进一步增强全社会依法治水、惜水护水意识营造良好氛围。

四是开展水利系统文明单位创建情况调研。面向水利系统各级文明单位开展书面调研，到浙江省、海南省、深圳市 3 地 10 个单位开展实地调研，发放调查问卷 1000 余份。按照有关工作安排，对全国水利文明单位创建活动成效进行评估。

五是推动水工程与水文化有机融合。公布 117 项"人民治水·百年功绩"治水工程项目名单。评选 20 个第四届水工程与水文化有机融合案例并予以通报。

林辛锴　执笔

罗湘成　审核

# 水利部"中国水事杯"学党章知识竞赛成功举办

## 水利部直属机关党委

水利部深入推进党的政治建设，认真贯彻落实中央和国家机关工委"把党章党规党纪作为理论学习、党校培训的必修课"的要求，于2023年5—8月组织开展了水利部"中国水事杯"学党章知识竞赛。5月，印发比赛预通知，全面启动知识竞赛，广泛发动部属系统各司局单位组织党员学习党章。6月，研发答题系统，印发竞赛通知，发布赛制规则。7月，采用线上线下结合、个人赛与团队赛结合方式开展比赛。党员参加个人赛，同时团队赛经过线上淘汰赛、5轮PK赛，决出32强。7月25日，举办团队赛半决赛，决出8强。8月17日，在水利部机关举办现场总决赛，经过激烈角逐，产生团队赛一等奖1个、二等奖2个、三等奖5个，现场还公布了团队赛优秀奖8个、优秀组织奖20个、个人赛优秀奖100名。

一是水利部党组高度重视。水利部党组把学党章知识竞赛作为学习贯彻党的二十大精神的重要任务，作为开展学习贯彻习近平新时代中国特色社会主义思想主题教育的重要内容，作为落实中央和国家机关工委年度党建工作任务的重要举措。

二是组织方精心谋划。水利部按照"严谨规范、方式创新、扩大影响、广泛参与"的目标要求，组建工作专班，制定工作计划。活动全流程实行"周调度"工作机制，多次召开专题会、协调会，研究竞赛方案，审核竞赛题目，优化测试系统，制定应急预案，对活动开展实行清单化管理、项目化推进，有序推进知识竞赛各项工作。

三是高质量搭建题库。为确保知识竞赛严肃规范，竞赛题目完全出自党的二十大新修订的《中国共产党章程》，共1500多道，设单项选择题、多项选择题、填空题、判断题、问答题等题型。所有题目均对照党章原文逐一核对，并邀请党建领域的权威专家审核把关。

四是信息化支撑竞赛。创新运用信息化手段，搭建知识竞赛线上答题、现场竞技2套答题系统，融知识性、趣味性和竞技性为一体，以赛促学、以赛促用。知识竞赛线上答题系统打破时间、地点、机构、人员的限制，通过信息技术将知识竞赛覆盖到全系统，特别是PK赛模块的开发使用，实现了自动匹配、实时观赛、同频共振，为部属系统所有党组织、党员搭起了同台竞技、比学赶超的交流平台。

五是全覆盖成效显著。部属系统党组织高度重视此次竞赛活动，广泛发动党员参加个人赛，积极组织本单位党支部参加团队赛。驻部纪检监察组、部机关各司局、部直属各单位共有22004名党员参加个人赛，1458个党支部组队参加团队赛，涵盖部属系统所有层级的党组织。通过参加活动，部属系统广大党员干部进一步加强了党性修养，增强了党章意识、党的意识、党员意识，真正使党章内化于心、外化于行。

六是广宣传营造氛围。按照知识竞赛时间节点，通过《中国水利报》和"中国水事"微信公众号等平台，推出图文信息、快闪视频等进行广泛宣传，阅读量超10万人（次）。总决赛当天，设置主会场和视频分会场，在"中国水事"微信公众号对总决赛进行全程线上直播，部属系统干部职工观看人数及点赞量超3万人（次）。

肖文蕊　执笔

罗湘成　审核